# 木工表面处理

## 正确选择和使用涂料

[美] 鲍勃·弗莱克斯纳◎著　　曹　值　陈　洁◎译

# UNDERSTANDING WOOD FINISHING

U0217239

北京科学技术出版社

声明：由于加工木材和其他材料的过程本身存在受伤的风险，因此本书无法保证书中的技术对每个人来说都是安全的。本书没有任何明示或暗示的保证，出版商和作者不对本书内容或读者为了使用书中的技术使用相应工具造成的任何伤害或损失承担任何责任。出版商和作者敦促所有操作者在开始任何操作之前仔细检查并熟练掌握每种工具的使用，并遵守木工和表面处理操作的安全指南。

Understanding Wood Finishing
Text Copyright © 2005 by Bob Flexner
Photographs and illustrations copyright © 2005 AW Media, LLC, except as follows:
Photo 1-4 copyright © 2005 Michael Puryear; Photos p. 1, 1-6 copyright © 2005 Charles Radtke; Photos p. v(1), 1-7 copyright © 2005 Bob Flexner; Photos 15-4 through 15-8 copyright 2005 © Jim Roberson; Photos p. vii(2), p. x, 1-1, 1-2, 1-3, 2-3, 4-4, 4-5, 4-8, 4-13, 4-14, 14-1, 15-2, 15-3, 15-9, 15-10, p. 205, 17-1, 17-2, p. 221, 17-3, p. 225, p. 226, pp. 228 –232, pp. 234–236, p. 238, pp. 240–242, pp. 245–248, p. 271, 20-5 copyright © 2005 Rick Mastelli
The “completely revised and updated” edition published by Fox Chapel Publishing Inc., 2010, c2005. All rights reserved.
Simplified Chinese translation copyright © 2018 by Beijing Science and Technology Publishing Co., Ltd.
All rights reserved. Published under license.

著作权合同登记号　图字：01–2016–2987

**图书在版编目（CIP）数据**

木工表面处理：正确选择和使用涂料 /（美）鲍勃 · 弗莱克斯纳著；曹值，陈洁译. —北京：北京科学技术出版社，2019.9（2023.5 重印）
书名原文：Understanding Wood Finishing
ISBN 978–7–5304–9824–8

Ⅰ. ①木… Ⅱ. ①鲍… ②曹… ③陈… Ⅲ. ①木制品—涂漆 Ⅳ. ① TS664.05

中国版本图书馆 CIP 数据核字（2018）第 195923 号

---

策划编辑：刘　超　田　恬
责任编辑：刘　超
营销编辑：葛冬燕
责任校对：贾　荣
封面制作：异一设计
图文制作：天露霖文化
责任印制：张　良
出 版 人：曾庆宇
出版发行：北京科学技术出版社
社　　址：北京西直门南大街 16 号
邮　　编：100035
电　　话：0086–10–66135495（总编室）
　　　　　0086–10–66113227（发行部）
网　　址：www.bkydw.cn
印　　刷：北京宝隆世纪印刷有限公司
开　　本：787 mm × 1092 mm　1/16
字　　数：500 千字
印　　张：24.5
版　　次：2019 年 9 月第 1 版
印　　次：2023 年 5 月第 2 次印刷
ISBN 978–7–5304–9824–8

---

定　　价：168.00 元

京科版图书，版权所有，侵权必究。
京科版图书，印装差错，负责退换。

# 序 言

中国拥有世界上最为悠久灿烂的木文化和木工传统，也是世界上最早对木料进行表面处理的国家。中国先民最早发现了生漆的特性，并将生漆调和成各种颜色，用于木料的表面防腐处理与装饰美化。以距今六七千年的河姆渡文化遗址中出土的红漆木胎碗为代表的多款原始木胎漆器，就是中国乃至世界上最早的木料表面处理的实例。

作为一名致力于木工家具设计、制作及精细木工教学与实践的专业人士，我对木材加工本身的各项技术工序非常熟悉，但不得不说，我对作品完成后的木工表面处理知识知之甚少，相信很多木工领域的业内人士与我有相似的感受。很多人会肤浅地认为，木工表面处理是一项比木材加工更为简单的技艺，只需把容器里面的液体通过布、刷子或者喷枪分散到木料表面，任务就完成了，这样的操作相比制作木工作品的结构来说容易多了。为什么我们精于复杂的木材加工，而对更加简单的木工表面处理更加陌生呢？我想这与我们的感官感受有直接的关系，因为表面处理属于化学的范畴——它需要把多种不同的材料混合在一起才能形成具有特定属性的液体，这个过程无法从视觉角度看出差别。就像你无法通过眼睛分辨出油漆的组成成分，却能很容易地看出燕尾榫与普通榫卯的差别，也能轻易地区分台锯与带锯那样。

本书的作者从 20 世纪 70 年代开始接触木料表面处理，并经过几十年的实践积累，收集第一手资料，将它们整理成有助于木匠和表面处理师学习的形式，在化学家与使用表面处理产品的木工工作者之间架起一道桥梁。本书共分为五部分。第一部分系统讲解了为什么要为木料做表面处理，木料表面预处理的类型及所使用的工具；第二部分介绍了木料染色的各种知识；第三部分介绍了木料表面处理产品的使用和选择，包括油类表面处理产品、蜡、膏状木填料、虫胶、合成漆、清漆、水基表面处理产品等；第四、第五部分则进一步介绍了木料表面处理的高级技术，比如上色、不同木料的表面处理、表面处理涂层的后期维护等。

这是我迄今见过的最为系统且深入浅出地介绍木工表面处理科学的专业书籍，既适合业余木工爱好者及发烧友，也适合职业院校及高等院校与木工相关专业的学生学习使用。本书图文并茂，如同一本专业词典，你可以从中找到大部分想要了解的木工表面处理的知识。通过学习本书，我们可以解决在木工房遇到的实际问题，不用再通过反复的试错和品尝失败的苦涩完成木工表面处理知识的积累。相信广大读者也能从中找到解决自身疑惑的方法。兹为序。

**余继宏博士**

**东华大学产品设计系副教授**

**世界技能大赛第 44/45 届精细木工项目中国专家组组长**

# 引　言

20 世纪 70 年代中期，我跟着一对在木工房附近做表面处理的夫妻开始学习木料的表面处理。回想起来，我就是从那个时候开始变成一个优秀的表面处理师的。我学习如何喷漆、如何使用催化型表面处理产品、如何使用染料、如何上釉调色、如何填充孔隙以及如何擦拭表面。

在学习这些技术的同时我还阅读了一些木工杂志，但却事与愿违，我反而在这个过程中逐渐丧失了自信。读过的表面处理的文章越多，我就变得愈加困惑——这种状况持续到了 20 世纪 80 年代初。然后我放弃了自己完成表面处理，把这些工作转交给了他人。

就这样又过去了几年。但我对结果并不满意，因为一切都不在我的控制之内。我的作品是经他人之手最后完成的，我也开始收到一些客户的投诉。这一切都让我变得越来越有挫败感。

我发觉我自认为的困境是说不通的，表面处理应该没有那么难。我必须把它弄清楚。然后我开始去图书馆查阅有关木料表面处理以及重做表面处理的书籍，我还付出双倍的努力阅读相关的木工杂志。但是这一切努力丝毫不起作用，我反而变得更加困惑。每当我理解了一些说明或者步骤的时候，接下来我便会读到一些与之矛盾的内容。

## 全新的突破

有一天，我给我的朋友吉姆（Jim）打电话，他有很好的化学背景知识。我问他是否能够解释，为什么那些用动物胶黏合的家具拼接处可以用酒精分离。

他问："什么是动物胶？"我回答道："动物胶就是用动物皮革制作出来的黏合剂。""哦，那不就是蛋白质嘛！"他惊呼道。他随后向我解释了有关动物胶的知识——这些知识在我之前查阅的木工书本上从未被提及。比如，它是如何发挥作用的，它是如何退化、为何会退化，为什么它不需要夹具就能完成黏合，为什么酒精会使它结晶化，为什么蒸气会使它溶解等一系列的疑问。

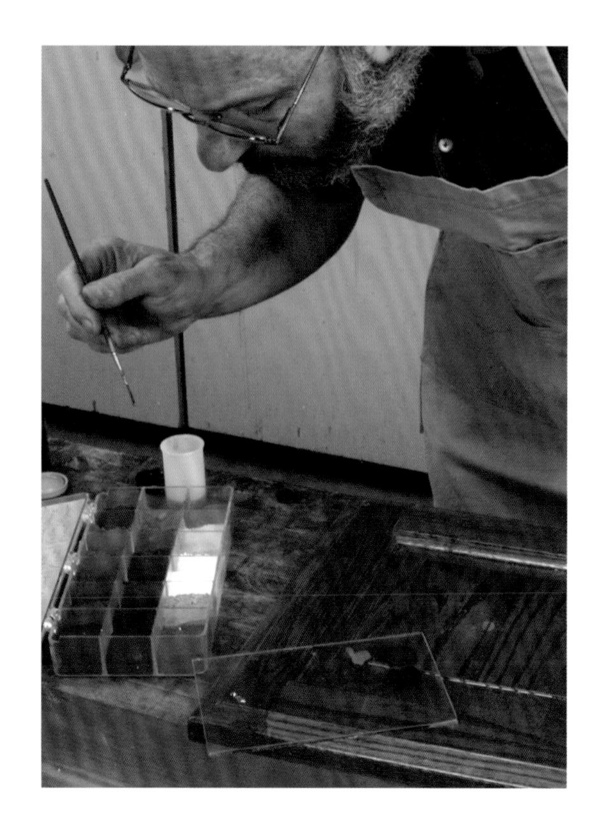

我当时就惊呆了。这么多年以来我一直在寻找那些被用在古董家具上的动物胶的知识都无济于事，但是吉姆却一直是知道的——仅仅是因为他了解蛋白质的化学知识。

那次交谈之后，吉姆带我去当地大学的工程图书馆挖掘我们需要的资料。当我走出来的时候，我的手上捧满了介绍动物胶知识的书籍。

在介绍胶水的书籍旁还有几个架子，上面放着介绍染色剂、染料、溶剂、油和蜡的化学知识和使用技术的书籍。几周之后，我借阅了几本这样的书继续钻研。

因为欠缺化学和工程方面的知识背景，所以开始的时候我觉得这些书很难理解。为了深入学习，我加入了美国涂料和表面处理化学家协会，参加了很多研讨会和座谈会。我投入了大量时间向这些化学家请教，他们是真正为表面处理产品制作原材料的人。我发现这些化学家与我之前接触过的很多木匠一样：只要对方感兴趣，他们很乐意去分享他们了解到的知识。

我开始慢慢地了解了一些表面处理的知识。如何了解每种产品的性质、如何使这些产品的应用效果更显著，以及如何运用所学的知识帮助我解决在木工房遇到的实际问题，它们在我的头脑中变得清晰起来。我不必再通过不断地尝试、一次次的失败寻找真相了。那样成本太高，也会使我越来越有挫败感，而且通向成功的路异常漫长。说实话，如果你没有机会经常地做表面处理，我很难想象你如何能够仅凭一己之力、通过不断地尝试和失败掌握它。

同样，我也很难理解，为什么之前没有人有效地收集这些资料，并将它们整理成有助于木匠和表面处理师学习的形式。之前没有人尝试在化学家——他们非常清楚表面处理材料的本质——与使用表面处理产品的木匠之间架起一道桥梁。所以，我决定亲自完成这样一本书，并在 1994 年完成了它的第 1 版。

## “半保留规则”

这本书真的非常成功——而且超出了我的想象！但它并没有真正地解决问题。发表的那些关于表面处理的信息依然让人感到困惑和矛盾。我们仍然受到“半保留规则”的困扰——我们所读到的或者听到的关于表面处理的知识只有一半是正确的。但是我们不知道哪一半是正确的！

为什么会这样呢？为什么木工表面处理的知识依然如此匮乏呢？木工表面处理应该是一项很简单的技艺啊。把容器里面的液体用布、刷子，或者喷枪分散到木料表面就可以了。而且这些工具都很容易掌控——相比那些制作木工制品时用

到的工具要容易得多。

我想可以从两个方面解释这个现象。其一，表面处理属于化学的范畴——它需要把多种分子混合在一起才能形成具有特定属性的液体，这个是无法从视觉角度看出差别的。这完全不同于使用的木工工具（它们都是物理范畴的物品）。比如，无论是在容器里还是木料表面，你都无法分辨出清漆和合成漆。相反地，你却能很容易地看出燕尾榫与普通榫卯结构的区别，也能轻易地区分台锯与带锯（即使带锯也是带有台面的）。

无法从视觉上区分也催生了第二个层面的问题，并使它看起来不可避免。其二就是，很多表面处理产品的制造商在产品的命名和宣传上给用户造成了误导。制造商不仅误导了大众，同样造成了编辑相关书籍的人们理解上的困惑，使他们无法判断哪些是正确的，哪些是错误的。你也没有什么有效的途径能够检查制造商宣传的产品属性是否比产品的实际属性要好或者根本不同。

我相信，如果没有很多错误信息的话，对表面处理的理解不会比一件家庭琐事更复杂（这本书也可以更薄一些）。你会发现，你的时间更多的是花在了排除错误信息而不是学习正确的信息上。

## 秘密就是没有秘密

制造商常常会对他们的产品信息缄默不语，最明显的体现就是他们不愿意告知大家他们使用的确切成分是什么。制造商不愿意泄露他们所谓的“秘密”。他们常用知识产权来做借口。

曾经有一段时间，制造商，甚至一些自己制作表面处理产品的油漆工都要保守这些秘密。但是在过去的 100 年间，表面处理产品的配制已经发展为了成熟的科学。大多数表面处理产品的化学成分也在最近的几十年变得广为人知。

现在，木料的表面处理产品已经没有什么新鲜可言了。“新鲜”的东西几乎已经被生产原材料的大型化工企业开发殆尽了。这些公司会向任何有需求的人，特别是那些作为潜在客户的、表面处理产品的制造商，提供相关制作工艺的新的信息。这些原材料供应商甚至会提供使用其产品的配方。表面处理产品的制造商所要做的只是将这些材料混合起来。

所以，所有表面处理产品的制造商，以及你和我，都可以获得原材料和生产表面处理产品的相关信息。而信息不流通的环节只存在于把原材料生产成产品的制造商与最终用户之间。

各个制造商之间也不存在这种秘密。因为每个大型制造商都能够借助相关的设备分析竞争对手的产品。每个制造商都能够找到其他制造商的

# 安全

在这本书中，我指出了使用各种表面处理产品时需要的安全防护措施。这样的内容贯穿全书，这里只是综述。

表面处理用到的大多数材料都是对身体有害的。溶剂，比如油漆溶剂油、石脑油以及漆稀释剂，都会引起皮炎、眩晕、头痛、恶心的症状。化学成分，诸如碱液、草酸、氯漂白剂容易引起支气管和皮肤问题。即使厂家宣称的“安全”剥离剂或者水基表面处理产品同样包含一些有机溶剂成分，如果吸入过多的话，也是有害健康的。

你必须在自己的工作区域安装通风设备，保持空气的持续流通，从而保护自己免受伤害。如果不能保证空气的流通，你必须佩戴经过美国国家职业安全与卫生研究院（National Institute for Occupational Safety and Health，简称NIOSH）认证的有机蒸气防护面罩。（美国国家职业安全与卫生研究院是美国的一家国家级研究机构，专门负责与职业工人健康以及呼吸保护相关的测试和认证。）除此之外，你还要在接触表面处理产品时佩戴手套来保护手部。

尽管需要采取安全措施，但使用表面处理产品也无须过于担心，它们并不会比使用木工工具更麻烦。这一点非常重要，因为现在关于使用某些表面处理产品的警告越来越多。有些警告是来自制造商的竞争对手的，还有一些警告则来自一些作者，他们在没有经过考证的情况下过分夸大了安全隐患。在有些情况下，如果你对产品缺乏了解，使用了随意从一家油漆店买来的产品，的确可能出现事故。

正如你使用电动木工工具时那样，使用表面处理产品同样依赖于常识。多关心自己的身体。如果你觉得头晕或者开始咳嗽，或者手开始变得干燥或者开裂，你就要采取更有力的措施保护自己。长期接触会增加表面处理产品中的溶剂以及其他化学成分引起健康问题（身体会变得更加敏感）的风险，所以，如果你的工作以此为基础，那么你要在使用这些产品时采取更有力的防护措施。

卖点。现代表面处理的先驱之一、威廉姆·科伦布哈尔（William Krumbhaar）曾经说过：“保守秘密的真正原因其实是在掩盖根本没有秘密这个事实。”

现代的木工表面处理产品供应商与销售公司差不多，他们寻求积极的商业运作模式以达到最大的销量。在过去的几十年间，出于控制成本的原因，这些公司里十分了解产品的人已经非常少了。这同样能够解释，即使致电询问，你也很难得到正确的答复，以及标签上的说明常常是不正确的原因。

## 接近理解

如果不能每天实践，就无法通过不断地尝试和失败掌握表面处理技术，同时又不能过于依赖制造商以及供应商提供的信息。面对这样的双重困境，我们要如何应对呢?

根据我的经验，只需知道产品的类型、它们如何起作用，以及你最终期待获得的效果就可以了。你不需要查询产品的原始化学成分，因为我已经为你做好了这项工作。10余年来，我不断精炼第1版的内容，也增加了一些新的知识，促成了第2版的问世。

我期待这本书提供的内容能够帮助你成功地掌握木工表面处理技术。我也希望别人可以拾遗补阙，完善这本书的内容。毕竟，表面处理的类型是多样的，应用表面处理产品的方式也是无限的，产生的效果也会千差万别。（不过，正确定义产品的方式只有一种。）

总之，我希望从现在开始，制造商可以帮助我们了解他们的产品。他们应在容器表面贴上正确的标签，并在标签上列出确切的成分。这样才能使表面处理技术恢复它本来的简单面貌!

# 如何使用这本书?

讲解表面处理的书籍很难直截了当地读懂，因为如果没有经验,很多部分你是很难跟得上的。这本书的内容按照实际完成表面处理的过程做了线性安排。但这并不意味着，你必须首先完成前面章节的阅读才能学习后面的内容。这门技术的学习过程是一个循序渐进的过程，但并不是完全线性的。你需要通过实际操作来阶段性地理解概念性的知识。

首先翻阅你感兴趣的章节，并在处理完整的木工制品之前，先在一块废料上进行试验。（就像你在制作燕尾榫抽屉之前所做的那样。）

随着技术的进步，你感兴趣的内容也会随之改变，这时候你就可以学习其他部分了。你会发现，表面处理中用到的各种材料和技术是彼此关联的。你在某个主题上学习得越多，对其他内容的理解就会越好。

# 目　录

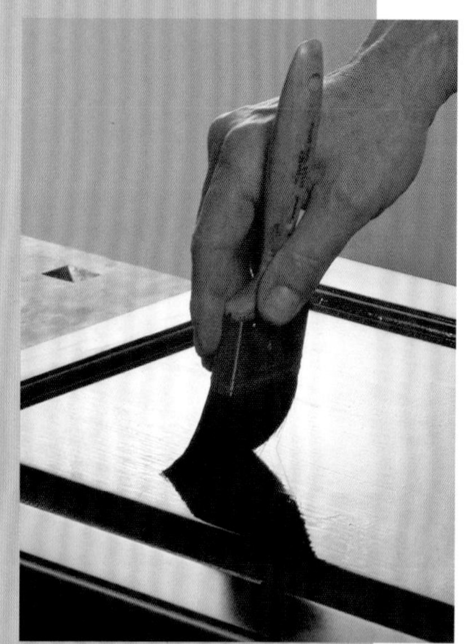

# ◆ 第一部分 ◆

# 准备工作

1

# 为什么木料必须做表面处理？

## 简介

- 卫生
- 稳定性
- 装饰性

为什么我们必须为木料做表面处理呢？作为额外的步骤，这个过程夹杂着臭味和脏乱，还可能出现各种错误，木匠们也很难从中找到乐趣。而且很多作品在做表面处理之前已经看起来非常棒了，为什么还要做表面处理呢？有三个主要原因，即便于保持卫生、提高作品的稳定性和增添装饰效果。

## 卫生

木料是多孔材料，包含无数大大小小的孔洞。这些孔洞会因为手摸、接触空气中的悬浮物以及食物而积累尘垢和产生污渍。肮脏的木料不仅外观难看，而且不利于使用者的健康，因为它们为细菌提供了温床。通过表面处理可以把多孔的表面密封起来，使木料不易被污染，并且便于清洁。

# 稳定性

木料除了多孔，还很容易吸收和释放水分。木料含水的多少叫作含水量。环境中的水既包含液态水也包含水蒸气（构成环境湿度）。木料通常会随环境含量水的不同做出反应。如果把干燥的木料放入水中或高湿度的环境中，木料就会吸水膨胀；如果把含水量较高的木料放在相对干燥的环境中，那木料就会释放水分并收缩。

木料尺寸的这种变化通常被称为木料形变。木料形变通常不会在整块木料上发生。比如，木料表面的形变要比木料中心的形变更为明显。木料的膨胀和收缩主要出现在横向的纹理部分。这意味着，相对于木料的长度方向来说，木料的宽度与厚度方向更容易发生变化。而且，木料通常会在年轮的周围——而不是垂直于年轮的方向——膨胀或收缩。

这些不同反应造成的结果就是，木料形变会在木料内部和木工制品的接合部位产生巨大的应力。这种应力会造成接合部件的断裂、龟裂、翘曲，降低接合的强度。木料表面处理则可以延缓含水量差异带来的变化，从而减少应力，使木料更加稳定。

一般情况下，表面处理涂层越厚，水分对木工制品的影响越小。木料吸收水分的情况并非必须遇到液态水才会发生，更多的时候是环境中的水蒸气对木料产生影响。

水蒸气的吸收对那些未作保护的木家具和木工制品的影响很大，液态水环境的影响速度反而相对慢一些。

### 传言

在木料的侧面做好表面处理能够避免或者至少减少翘曲的情况出现。

### 事实

表面处理只能延缓，但不能防止或减少由木料收缩导致的翘曲。而且，相对于放射性收缩（垂直于年轮），表面处理对切向收缩（围绕年轮）的减缓作用更明显。水蒸气依然会穿过表面处理涂层，导致同等程度的翘曲。由于木板的侧面暴露在潮湿与干燥交替的环境中的机会更多，所以由加压收缩导致的翘曲（通常发生在桌面一侧）是无法完全避免的。因此，一旦桌面浸水，应立刻用干布将其擦掉。如果表面处理的涂层退化或者磨损严重，则需要及时重新进行表面处理。

## 断裂、龟裂和翘曲

为了能够更好地理解湿度变化对木料断裂、龟裂和翘曲的影响，请参阅图 1-1。用夹具将一块经过烘干的木板紧紧地夹住，使木板无法沿宽度方向膨胀，然后将其在相对湿度 100% 的环境中放置一段时间。你会发现，木板出现膨胀（由于细胞的扩张），但是因为被夹具限制住了，所以木质细胞的截面在外力作用下从圆形变成了椭圆形。

如果把夹具拿掉，把环境相对湿度下调到 30%，随着水分的挥发，木质细胞会收缩，但是不会再回到之前的形状了，它们会保持在扁平状态。所以，木板会收缩，其宽度也会比之前更窄。如果再次夹紧木板，并使其再次经历从高湿度环境到低湿度环境的过程，木板会进一步地收缩。这种现象被称为加压收缩（也叫作压缩形变）。这就可以解释，为什么时间久了木工制品上的钉子和螺丝会变松，锤子和斧头的木柄也会变松，这是木料持续地吸收和释放水分造成的。

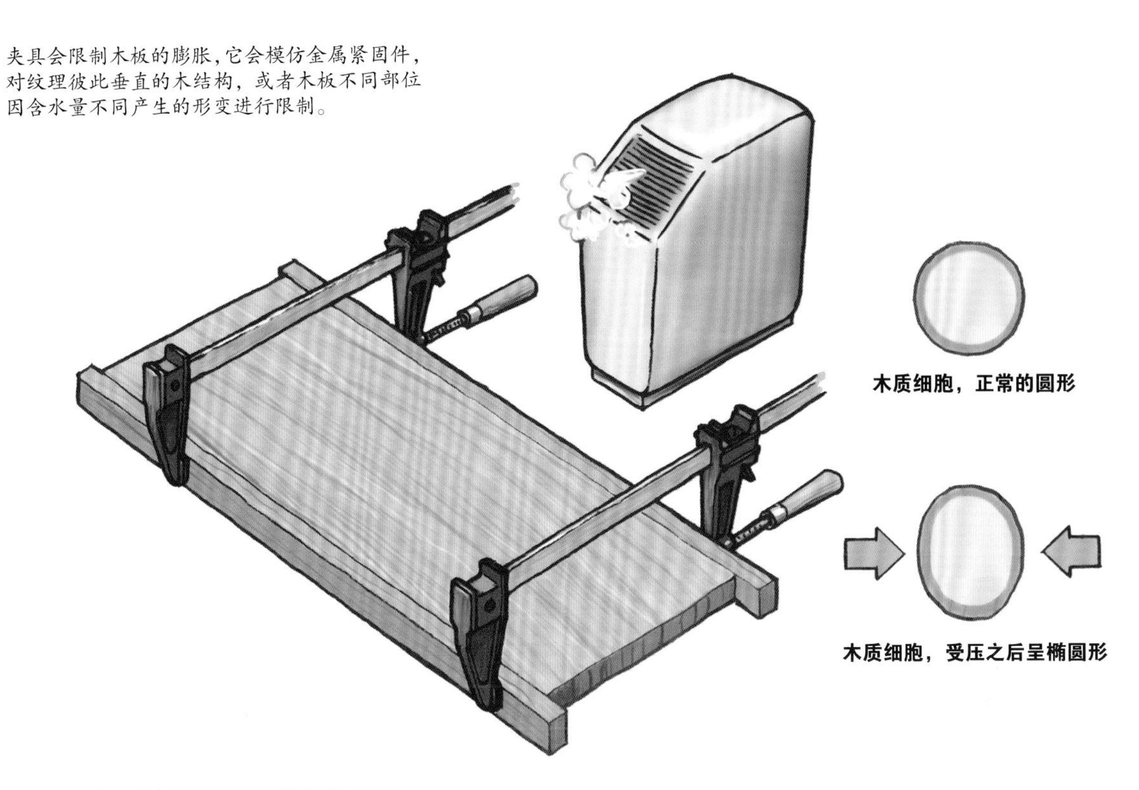


**图 1–1** 当干燥的木板暴露在潮湿的空气中时，细胞会吸水扩张。如果木板不能膨胀，细胞就会受到挤压

> 小贴士
>
> 理解木料加压收缩可能有些困难，但可以有效地帮助你解决因为木板的一侧反复接触水环境产生的翘曲问题。用夹具夹住木板，将凸起的一面（通常是面板的底面）多次打湿，并且每次都要等木板干透。凸起的部分会受到来自周边的压力并收缩，使木板恢复平整。

当木板暴露在湿度较大的环境中时，加压收缩就会产生。这会导致木板的两端出现裂纹、中间部分龟裂，木板产生杯形形变（翘曲的一种形式，照片 1-1 至 1-3）。如果木板的一部分与水接触，那么这部分的膨胀会超出剩余部分的承受限度。在经历多次这样的膨胀与充分收缩的循环之后，这部分木板的形状就会改变甚至产生裂纹。当然，这些问题不太可能发生在做好表面处理的木工制品上。经过表面处理的木料的吸湿能力会减弱。

# 接合失败

通常，与液态水相比，水蒸气导致的木材形变会加速接合的失败。木细胞就像吸管一样沿着木板的纵向延伸。因此，细胞的扩张和收缩会改变木板的宽度与厚度，但不会影响木板的长度。当木板接合部件的纹理彼此垂直的时候，位于同一结构中的两个接合部件会沿不同的方向膨胀和收缩，从而在接合部位产生巨大的应力。随着胶水老化并失去弹性，存在于任何纹理彼此垂直的接合结构中的、方向相反的形变都会导致接合的失败。这就是用胶水黏合的家具年深日久后会解

**照片 1–1**　当木板吸湿的时候，它的端面会比中间部分吸收更多水分。一方面是因为端面比其他表面存在更多的孔，另一方面是因为端面与相邻的几个面一起形成了更大的空气接触表面。所以，木板的端面比中间部分的膨胀幅度会更大。而中间部分就像两端被夹具夹住一样，产生了加压收缩。经过多次循环之后，木板的端面会开裂以释放这个过程产生的应力。在那些反复与水接触的木板的端面，你会看到这种加压收缩带来的影响

**照片 1–2**　当水分只与木板的某一部分接触的时候，那部分的木质细胞就会膨胀，但是其周边的部分就会像夹具一样阻止这种膨胀，这就造成了加压收缩并产生了龟裂。在桌面上经常会接触水的某个部分，比如来自某个盆栽植物的漏水，你能看到这种加压收缩

**照片 1–3**　当木板的一面比另一面接触水的机会更多时，这种失衡会使其发生杯形形变。受木板厚度的限制，吸水较多的那一面会出现加压收缩。这种收缩常常发生在户外地板、桌面，并且杯形形变的方向总是指向木板的顶面。即使年轮方向不同，木板只有顶面做了表面处理仍会如此。你要记住，即使顶面做过表面处理，随着时间的推移，涂层也会因为老化和磨损而丧失防水能力。所以，在吃完饭之后，你需要用湿布将桌面擦拭干净

体，以及任何胶水都无法永远把家具黏合在一起的原因（图 1-2）。

水分变化损坏木料的速度以及破坏接合结构中胶水黏合作用的速度取决于环境条件。暴露在室外的木料或家具出现断裂、龟裂、翘曲以及接合失败的速度比存放在罩子下的快得多，而存放在罩子下的木料或家具出现问题的速度则要比放置在可控环境（比如室内）中的快得多。即使是做好表面处理的家具，如果从新奥尔良潮湿的环境转移到菲尼克斯干燥的环境中，一两年内也会引发很多接合问题。保存木料以及木工制品最好的环境就是恒温恒湿的环境。这也是博物馆一直致力于做到这一点的原因。

无论周围环境的温度与湿度如何变化，表面处理都可以延缓木料的水分交换过程。表面处理能够帮助木料或者木工制品存续更久。但事物都有它的两面性。能够长久使用的特性使某些人产生了“无须重做表面处理”的极端想法。如果人们都这么做，那么长此以往就会导致大量家具的损坏（图 1-3）。

### 注意事项

没有一种表面处理方式或油漆能够完全抑制木材的水分交换。比如，完成表面处理的门窗在冬天的时候会收缩，导致冷空气进入室内，而在春天和夏天的时候，门窗会膨胀，并紧紧地挤住墙体。良好的表面处理能够减少由于季节性的湿度变化带来的极端影响，但并不能完全阻止变化的发生。

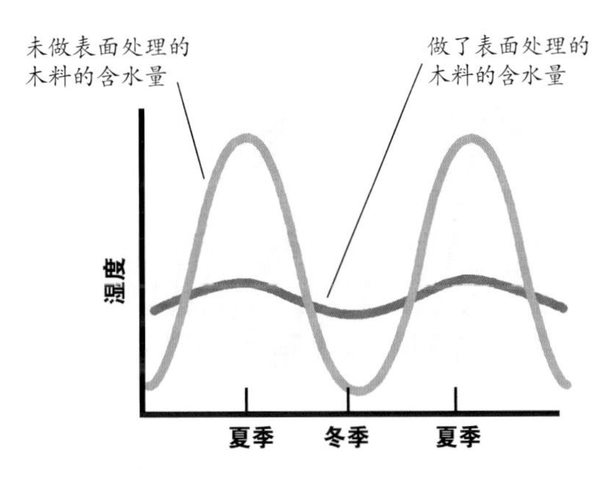


**图 1–3** 本图展示了在季节更替、环境湿度变化的过程中，良好的表面处理如何有效地稳定木料中的含水量。抑制水蒸气交换能够有效地将木料中因湿度的大幅波动产生的应力减至最小

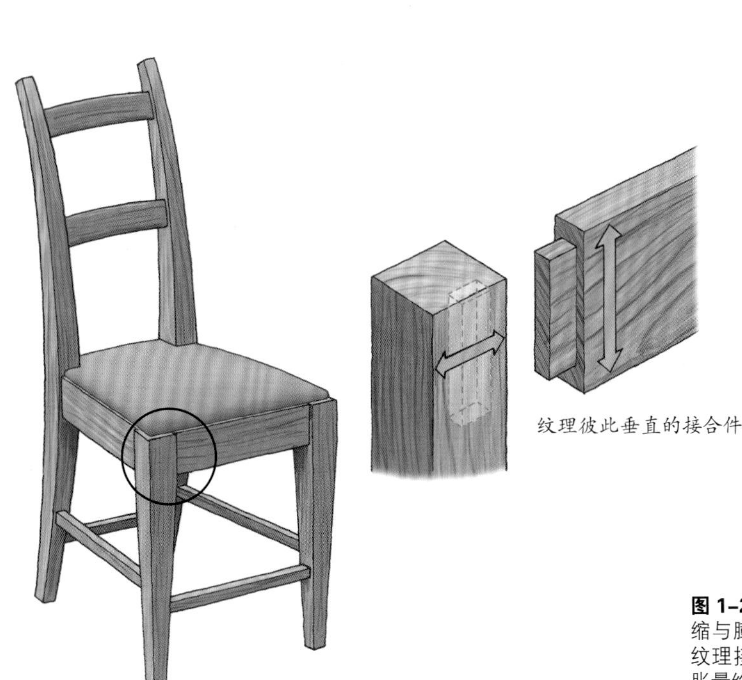


**图 1–2** 木料垂直于纹理方向的收缩与膨胀。当木板沿着彼此垂直的纹理接合时，方向相反的收缩与膨胀最终会导致接合失败

# 装饰性

除了增加木料的稳定性、保护其免于污渍的污染之外，表面处理还具有装饰作用。即使仅仅是用油或者蜡做了简单的处理，你也是完成了一次对木工制品的装饰。装饰的方法成千上万，但基本上可以归为三类：上色、增加质感和提高光泽度。

## 颜色

共有四种为木料上色的方法。如果通过化学反应来上色，称为漂白或化学染色；如果使用染色剂直接为木料上色，称为染色；如果是在不同的表面处理涂层之间涂抹染色剂，称为上釉；如果将染色剂直接混入表面处理剂中，并用其处理木料表面，此时如果能透过着色的涂层看到木料本身的纹理，就称作调色或描影，如果看不见基底的木料表面则称作浑水（涂漆）。不同的方法会产生不同的装饰效果。

- 漂白就是把木料本身的颜色提取出来，使它呈现白色（照片 1-4）。这种方法基于化学染色剂与木料的天然成分之间的化学反应或者加入到木料中以改变其颜色。
- 应用在裸色木坯上的颜料会使木料的图案和纹理更清晰。当然，染色也会放大木料本身的瑕疵，比如刮痕、刨削痕迹、机器加工的痕迹和密度不均匀等。
- 如果薄而均匀地涂满整个表面，釉料会改变木料颜色的色调，并能突出木料的孔隙和凹陷等细节（照片 1-5）。可以用不同的工具来上釉，涂抹厚一点的话可以模仿木料的纹理、大理石纹理以及其他做旧效果。

**照片 1-4** 双组分漂白剂用于除去这个白蜡木咖啡桌桌面原来的颜色。黑色染料则用于染黑白蜡木桌腿。照片由迈克尔·佩里尔（Micheal Puryear）友情提供

**照片 1–5** 为了加深雕刻的深度，木匠在这种动物球爪式桌腿的第一层表面处理涂层上运用了上釉工艺。然后把较高部位的釉料擦掉，从而使凹陷部分的颜色更深。最后完成外涂层的处理

- 描影、调色以及浑水都能在不突出孔隙和凹陷的情况下改变木料的色调。描影和调色能够让人看到木料表面的图案和纹理。浑水则完全遮盖住了木料的表面特征。描影能够按照你的想法只改变某个特定区域的色调，调色则能够用来改变整个木料表面的色调。

还有一种更加精细但又非常重要的控制木料颜色的方法：使用表面处理剂。有些表面处理剂是完全无色的，有些则会呈现轻微的橙色（通常被认作黄色）。还有一些表面处理产品，比如说琥珀色虫胶，会产生比较深的橙色（照片 1-6）。

**照片 1–6** 这件由桃花心木、桑木和美洲花柏木制作的床头柜通过上油使木料呈现出自然本真的颜色。继续涂抹一层薄薄的虫胶，则会使其呈现出温暖的琥珀色。本照片以及第 3 页的照片由查尔斯·雷特克（Charles Radtke）友情提供

## 纹理

所有木料都拥有天然的纹理，这取决于木料的尺寸以及导管的分布。如果表面处理涂层做得非常薄，木料本身的纹理就能保留下来。这种薄涂层的表面处理方式非常流行，习惯上被称为“天然木外观”，只需上油或上蜡就可以达到预期的效果。使用薄膜型表面处理产品也可以达到同样的效果，比如清漆、虫胶、合成漆或者水基表面处理产品。当然，同样需要薄薄地涂一层才能达到这样的效果。名闻遐迩的斯堪的纳维亚（Scandinavian）柚木家具就是使用薄膜型表面处理产品（通常是改性清漆）薄薄地涂上一层完成的处理，没有用到油。

通过完全或部分填充导管，可以完全改变木料的纹理。可以用膏状木填料填充导管，或者完成多个涂层，再经过打磨或刮擦处理来达到目的（照片 1-7）。最精细的表面处理同样需要填充导管。这种表面处理方式常用于一些昂贵的餐桌面板的处理。

## 光泽度

光泽度是指表面处理涂层展现出来的光亮程度。有两种方式能够控制光泽度。第一种方式是选择一款能够达到预期光泽度的表面处理产品：高光、缎面光泽和亚光。第二种方式是对已经完成的表面处理涂层进行擦拭或抛光。

**照片 1-7** 这款由夏威夷寇阿相思木和乌木制作的椅子，其导管经过了膏状木填料的填充，表面处理涂层最终达到镜面般平滑的效果，并在擦拭后呈现出缎面光泽

2

# 木料表面预处理

## 简介

- 选择木料
- 打磨和抛光
- 砂纸
- 去除毛刺
- 胶水污渍
- 压痕、刀痕和孔洞
- 木粉腻子的工作特性

如果木料没有经过妥善的前期处理，很难获得高质量的表面处理效果。你可能早就清楚这一点，至少听别人说起过。很多木匠为了回避准备阶段的繁杂过程而直接跳过这个阶段，最终的表面处理结果往往非常糟糕；还有一些人则在刮削、打磨、填补、再打磨、消除水蒸气痕迹、继续打磨的过程中耗费了比预期更多的时间和精力。这两种极端情况的出现都是因为木匠对需要达成的目标缺少理解。

对表面预处理缺乏理解而导致处理结果低劣，最典型的例子发生在完成家具制作和表面处理的工匠不是同一个人，而他们之间又缺乏沟通的情况下。这种情况在建造房屋的过程中很普遍，制作橱柜和完成装饰加工的木匠很少会注意与表面处理相关的细节。他们本来可以做得更好，使表面处理工作可以更轻松、更高效地完成，但他们却经常说：“表面处理师会处理好那些问题的。”

预处理过度则往往是因为，很多人认为用 400 目或粒度更细的砂纸打磨时表面处理的效果会更好。用400目砂纸打磨的确会使木料表面看上去更光滑，但为什么随后的表面处理效果没有得到改善呢?

当你从始至终掌控着一件木工制品的制作流程时，你会发现，从一开始就应当考虑到后期的表面处理问题。事实上，那些历久弥新的经验会告诉你，漂亮的表面处理结果始于最初对木料的选择。

开始进行表面处理之前的预处理过程包含以下4个步骤。

1 **木料的选择、切割和成形**。在这一步投入适当的关注，很多潜在的表面处理问题都可以避免。

2 **打磨或抛光木料表面**。这是大多数木匠最不喜欢的一项操作。了解相关的工具知识以及合理确定预期目标可以帮助你节省体力，并提高处理效果。

3 **处理掉残留在木料表面的胶水**。因为在染色和上漆等工序完成后，胶水的残留痕迹会显露出来。

4 **消除木料表面瑕疵**。常见瑕疵包括压痕、刀痕、裂纹，以及因胶合不够理想留下的缝隙等。这个步骤可以称为“一个木匠对可染色木粉腻子的永恒追求”。

# 选择木料

不同种类木料的纹理之间存在巨大的差异，即使在完成表面处理之后也不可能看起来一样。比如，橡木永远不会看起来像桃花心木，松木也不会看起来像胡桃木，枫木也不会看上去像白蜡木。所以，在制作木工制品之前你就需要考虑，木工制品经过表面处理之后应该是什么样子的，并确保选择的木料能够达到预期的外观效果（照片2-1）。

即使是同种木料，颜色和纹理也存在很大的差别，甚至有些树种的心材和边材之间也存在明显的区别。因此，当你制作需要拼板的制品时，需要注意相邻木板的排列顺序。相比工业化产品，这样做的最大好处就是使你更加注重木料的选择和排列。

不管你是从木材厂还是自己的库存里选择板材，都要仔细检查材料，并想象它们出现在木工制品的不同位置时所呈现出的纹理和图案样式。注意木料上的节疤、裂纹或者其他缺陷，然后确定你是要利用这些缺陷，还是必须消除它们。如果你准备使用贴面胶合板或者自己为木料贴皮，则应该想一想如何利用这些木皮的纹理优势获得最佳效果。总之，你需要特别注意木料颜色的变化，比如心材和边材的颜色差别，当然，如果你想完全覆盖木料表面原有的纹理，就不需要考虑这些了。

对于桌子或柜子的顶板，你可以尝试不同的木板分组方式，或者把木板掉头翻转过来，不断尝试，直至找到最合适的排列方式。然后在这些木板上做好标记，以免在随后的拼接中将它们弄混（图2-1）。如果选择贴面胶合板制作桌面，你需要认真考虑，一块标准胶合板的哪个部分最为适合。制作带抽屉的橱柜时，你同样需要认真选择抽屉的正面面板。当人们看到你的作品时，他们可能看不到你耗费时间、精心制作的漂亮的榫卯结构，但是他们肯定会看到你的整体设计，其中包含对板材的选择和排列，同时他们也会注意到表面处理。你不会因为投入时间选择和排列板材而后悔的。

**照片 2–1** 这四种木料从上向下依次是松木、枫木、桃花心木和橡木，右侧的图片是每种木料经相同染料染色后的效果。染色后的四种木料看起来仍然是不同的，因为它们天然具有的颜色、图案和纹理是完全不同的。请坚持按照你的需要选择木料，因为你永远无法让一种木料看起来像另一种木料

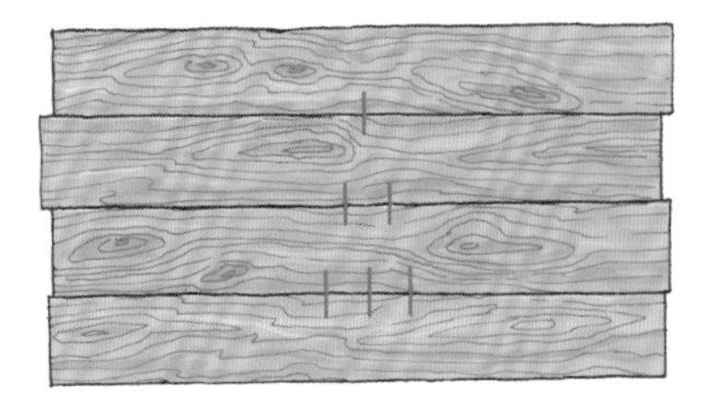

**图 2–1** 为排列好的木板做好标记，防止在随后的拼接过程中弄混。这里介绍了两种不同的标记方法

小贴士

磨痕和其他的小瑕疵在染色之前很难被发现，等到染色之后才发现就太迟了。在染色之前确定这些瑕疵的最佳方法是，通过光照来观察木料表面。将木料表面正对光源，或者将单一光源放置在木料平面上方高一点的位置。如果之前从未如此尝试过，那么你肯定会被数量如此之多的问题惊呆的。

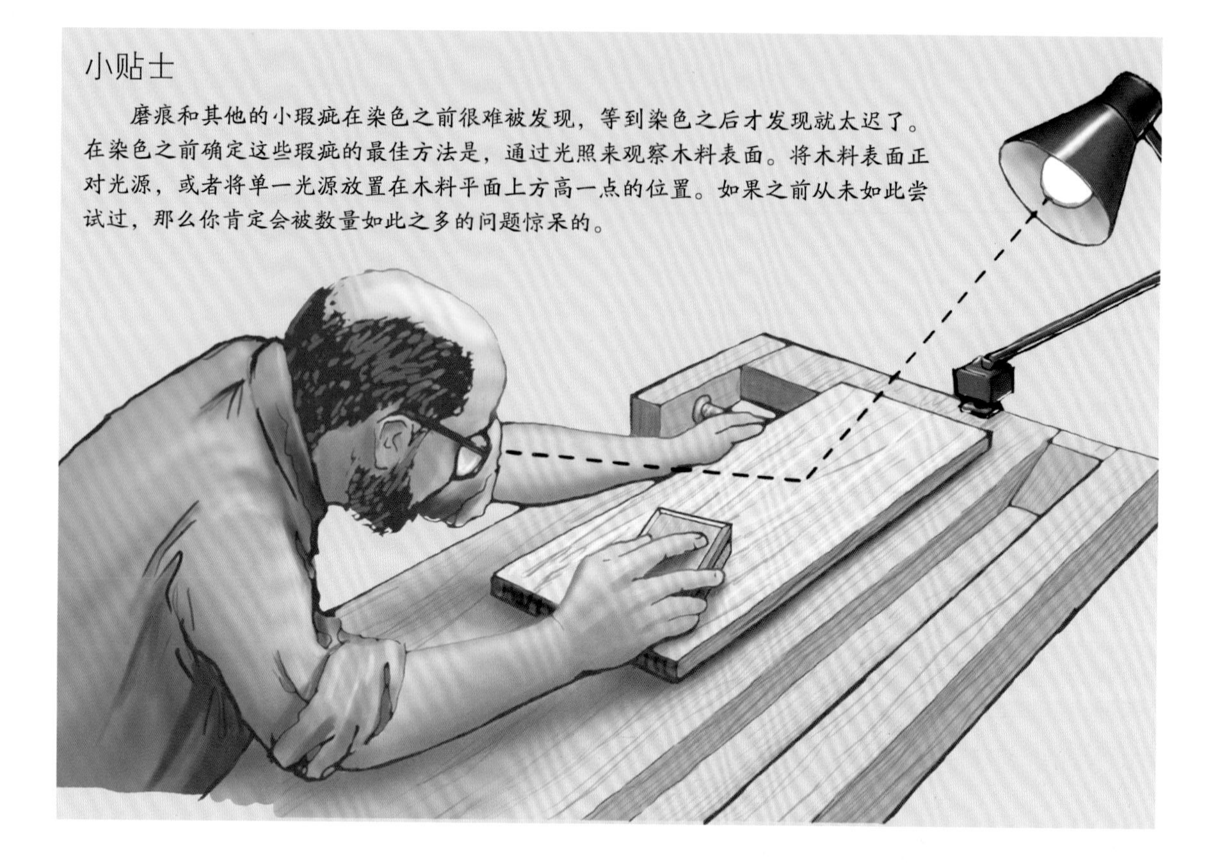

在开始处理木料之前，请先检查你的工具，确保刀片锋利，机器调试正常。较钝的压刨、平刨和成形机刀片以及破损的电木铣铣头会在木板上留下明显的搓衣板式的切痕，为了消除这些痕迹，你需要投入额外的精力。损坏的刀具会留下难看的脊线，调整不到位的机器会导致木板啃尾。如果机床的刀具太钝，导致木料表面出现了釉质的磨痕，你的木工作品可就毁了（照片 2-2）。

小贴士

需要打磨的唯一原因是，要消除压刨、平刨和成形机留在木板上的、搓衣板式的切痕，以及电木铣刀头留下的较轻微的痕迹。在木工机器发明出来之前，木料极少需要打磨，当然，可能那时候也没有砂纸。打磨是为了使用机器更省力、更便捷地完成木料加工过程所要付出的必要代价。

最干净的切削和不留痕迹的表面是木匠们永恒的追求。

# 打磨和抛光

在木料加工和表面处理的所有流程中，打磨通常是最让人厌烦，也是最费功夫的环节。很多人都认为，打磨越多，最终效果就会越好，可经验老到的表面处理师却说："如果已经洗干净了，继续躺在浴缸里就是浪费时间！"一旦木料的表面变得光滑，所有的加工痕迹或其他缺陷已经消失，且磨痕已经细致到难以分辨的程度，就没有必要继续打磨了。

你的目的已经达成，你的目标应该是用尽可能少的工作完成任务。

在木工机器诞生之前，家具表面抛光使用的都是手动工具——台刨、成型刨和刮刀等。这些工具现在仍被广泛使用，它们可以非常有效地消除木料表面的痕迹。对某些木工作品来说，用手工工具完成的、细致的刨削表面甚至可以当作最终表面来使用。某些时候，手工刨留下的痕迹，无论是圆头刨刀两侧留下的凸起，还是刮刨留下的凹痕，可以形成一种表面特色，表明这件作品是手工制作的。此外，对那些财力不足或者没有兴趣使用大型砂光设备的木匠来说，刮刀一类的简单手工工具简直是天赐的宝物。

无论使用什么样的工具，在组装前准备好所有的部件，可以使你的作品完成得更加出色。首先将加工部件固定在工作台上，那里光线良好，便于你清楚地看到所做的工作，也便于你找到一个舒适的位置，选用合适的工具完成操作，同样可以减轻你在打磨或刮削以直角形式完成组装的接合件（比如门梃和冒头或者支撑腿与横挡）时的困难，同时不会在垂直的部件上产生横向于纹理的刮痕（图 2-2）。

需要注意的是，在组装前准备好各个部件与在组装前完成各个部件的表面处理是不同的，虽然在有些情况下像后者那样操作是有道理的，但通常不会那么做。

木旋件和木工雕刻件不需要额外准备。木旋件的打磨是在车床上完成的。大多数的雕刻作品完全不需要打磨，因为打磨不可避免地会弱化雕刻刀留下的清晰刻痕。

桌子和箱体的顶板、侧板、嵌板、横挡，门和抽屉的面板，以及绝大多数的线脚，都含有需要消除的切削或打磨痕迹。除了手工刨和刮刀，能够完成这个任务的最有效的工具就是砂纸了。

## 打磨的基本要素

有效打磨的关键在于，使用颗粒足够粗的砂纸起始操作过程——砂纸要粗到既可以投入最少的精力除去缺陷，同时不会产生更大的擦痕。这

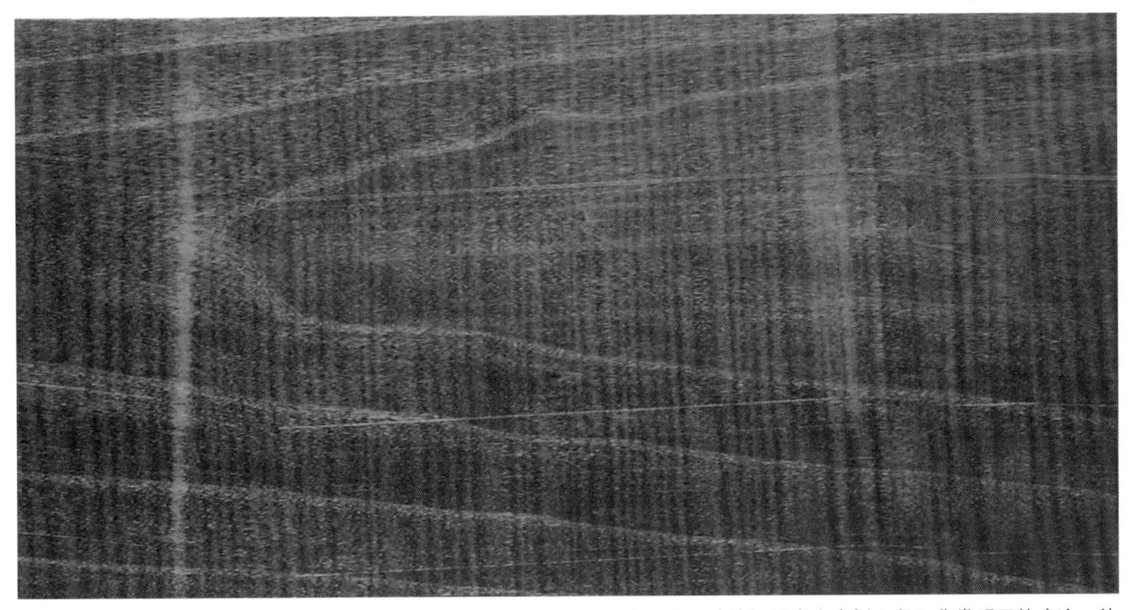

**照片 2-2** 与锋利的刀具和调试到位的机器相比，变钝的刀具或没有正确调试的机器会在木板上留下非常明显的痕迹。染色和表面处理不会消除这些痕迹，反而会使其更加凸显

个原则对于机器打磨和手工打磨都适用（图 2-3 和图 2-4）。实践证明，砂纸的最佳起始目数通常是 80 或 100。如果问题很严重，以至于 80 目的砂纸都无法快速去除痕迹，就需要降低砂纸的目数，或者使用刮刀或手工刨来去除痕迹（请参阅第 18 页“砂纸”）。

另一方面，如果使用更细的砂纸（比如 120 目或 150 目的）可以消除痕迹，那么使用较粗糙的砂纸起始打磨就是在浪费时间。当使用 180 目或 220 目的砂纸才能将木料表面的涂层去除干净的时候，很多人却从使用 100 目的砂纸开始打磨带有涂层的木料。这完全没有必要。毕竟，最初的木料也是打磨得到的。

选用错误目数的砂纸起始打磨是低效的，但更常见的错误是继续使用钝化的砂纸完成打磨。结果显而易见，砂纸的打磨效率会极速降低。如果较为频繁地更换砂纸，你就可以保持较高的打磨效率，打磨时间肯定会减少。

瑕疵去除之后，你可以使用更精细的砂纸打磨除去粗砂纸留下的痕迹，直到取得令你满意的效果。打磨痕迹的粗细程度直接决定了染色时着色的均一程度，尤其是在使用色素染料时（照片 2-3）。通常使用的最精细的砂纸会达到 150、180 或 220 目。我通常会打磨到 180 目的细度，这样完全能够做到在染色后不会明显看出机器或砂纸留下的痕迹。如果之前刮削的痕迹非常均匀，那 120 或 150 目的砂纸已经足以令你获得满意的效果了。那些性能稳定的砂光机可以很好地做到这一点。

如果使用震动砂光机或轨道砂光机进行打磨，你要选用最精细的砂纸，并应沿着木料的纹理手工完成最终的打磨工作，这样做可以去除不规则的边缘磨痕。

如果你可以非常准确地掌控不同型号砂纸的磨削量，按照下面给出的顺序连贯地使用砂纸可以获得最高的打磨效率：80 目—100 目—120 目—

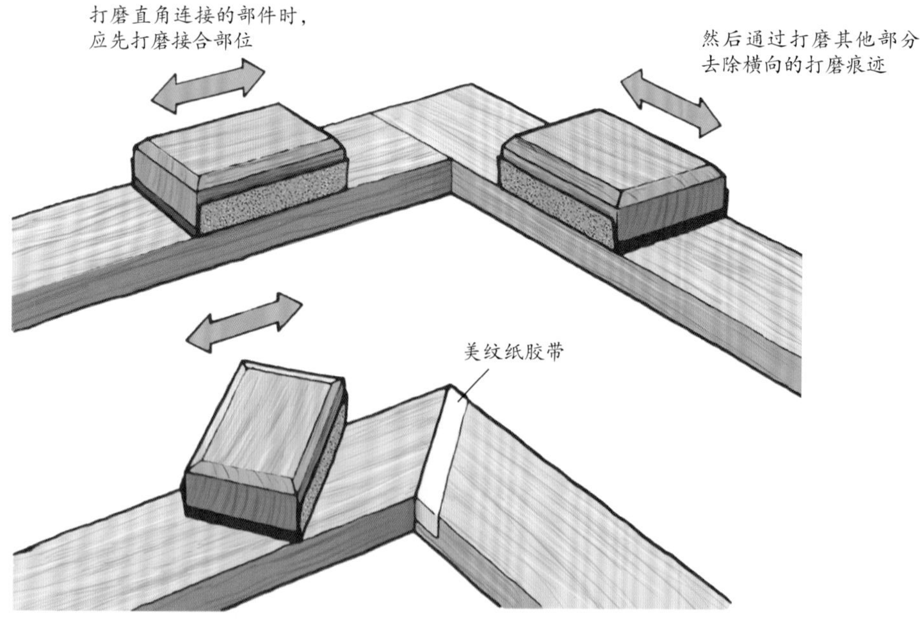


**图 2–2**　打磨直角部件

150 目—180 目。不过，大多数人在按照目数连贯使用砂纸时存在过度打磨的问题。相比之下，跳跃使用砂纸比较省力，这种差别在使用砂光机时尤为明显。

打磨是一项非常个性化的操作。每个人会施加不同的压力，使用磨损程度不同的砂纸，以及投入不同的时间。检验打磨是否充分的唯一方法是给木料染色，并观察涂色之后机器刮痕或打磨痕迹是否会凸显。因此，明智的做法是，用废木料勤加练习，直至找到最适合自己的操作感觉。

## 传言

打磨到 400 目或使用更细的砂纸完成打磨工作时，可以取得更好的效果。

## 事实

在做表面处理之前，打磨到 400 目的木料的确会比打磨到 180 目的木料拥有更高的光泽度。但是在完成任何薄膜表面处理之后，你不会看出或感受到二者存在任何区别。试一下吧！你可能会因此节省大量时间，避免将其浪费在打磨上。请参考“使用油和油与清漆的混合物”部分，学习在使用这些表面处理产品时如何有效地减少无谓的打磨工作。

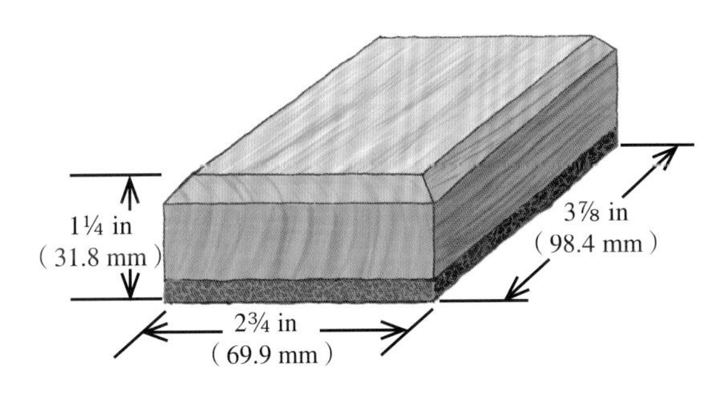


**图 2–3** 手工打磨平面时需要使用砂磨块。理想的砂磨块尺寸要根据使用者的手掌大小决定。图中展示的是一个常规尺寸的砂磨块。如果你的砂磨块是用实木制作的，可以在砂磨块的下表面粘贴一片 ⅛~¼ in（3.2~6.4 mm）厚的毛毡块、软木垫片（可在汽车零配件商店买到）或橡胶垫，以减少砂纸的堵塞

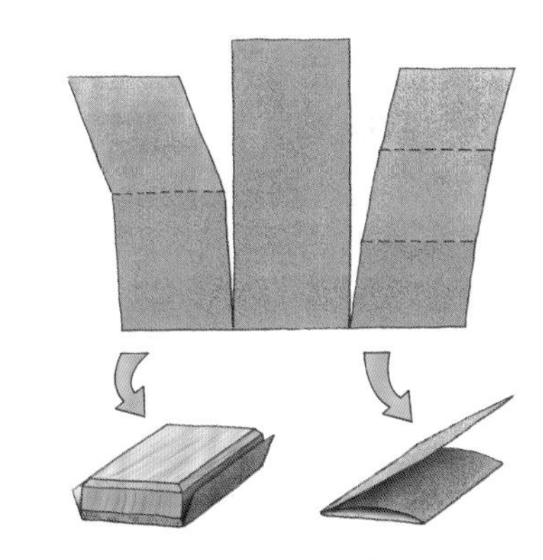

**图 2–4** 使用砂纸的最佳方法是将 9 in × 11 in（228.6 mm × 279.4 mm）砂纸横向三等分，然后将每条撕好的砂纸对折撕开配合砂磨块使用，或者将每条砂纸折成三折用于徒手打磨

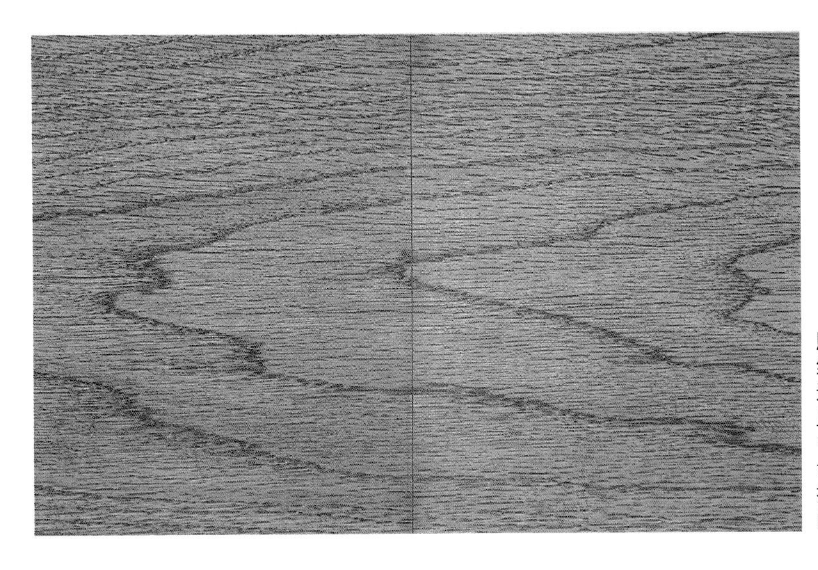

**照片 2–3** 打磨木料所用的砂纸越细，木料染色后的颜色就会越浅。这一点在使用色素染色剂时尤其明显，因为打磨留下的划痕越细，其中能够嵌入的色素就越少。图中颜色较浅的一侧使用了 400 目的砂纸打磨，而深色的一侧只用了 150 目的砂纸打磨

# 砂纸

如果算一算所有手持式和固定式砂光设备使用的砂纸，你会发现市面上的砂纸种类非常繁多，完全可以单独出一本书来介绍。关于砂纸，你有必要知道三个非常重要的事实。

## 砂纸分类

可以把片状砂纸撕成小块并用于手工打磨，通过颜色对砂纸进行分类是最简单的（见下图）。

- 橙色砂纸使用石榴石磨料制成，最高支持280目。它价格低廉，可用于打磨木料。
- 棕黄色砂纸由氧化铝磨料制成，最高支持280目。它比石榴石磨料的砂纸要贵一些，但是耐磨性更好，可用于打磨木料。
- 黑色砂纸（湿/干）由碳化硅（金刚砂）磨料和防水胶制作而成，最高支持2500目，需要以水或油充当润滑剂来打磨木料表面的处理涂层。
- 灰色和金色砂纸（干料润滑）由碳化硅或氧化铝磨料制成，最高支持600目。这种砂纸的表面覆有一层干燥的、肥皂状硬脂酸锌润滑剂,或者类似的润滑剂,所以它们不易堵塞。它们可用于打磨木料表面的处理涂层，尤其是那些在湿磨情况下不足以提供保护的封闭层和薄涂层。为了区别不同的干料润滑砂纸，明尼苏达矿务及制造业公司（Minnesota Mining and Manufacturing，简称3M）的产品商标名为“Tri-M-ite”和“Fre-Cut”；诺顿（Norton）使用“Adalox”和“No Fil”商标;金世博（Klingspor）使用“Stearate”的商标。

对木匠来说，有4种类型的片状砂纸可供使用。这些砂纸可以通过颜色加以区分：橙色（石榴石）砂纸是打磨木料时最常用的；棕黄色（氧化铝）砂纸也是打磨木料常用的砂纸，同时是最常见的机器用砂纸；黑色（湿/干碳化硅）砂纸最适合在加入润滑剂的情况下打磨涂层；灰色和金色（碳化硅或氧化铝）砂纸最适合打磨木料表面的封闭层和薄涂层

# 砂纸分级

世界上有两种常见的砂纸分级标准：CAMI（Coated Abrasives Manufacturing Institute）标准和 FEPA（Federation of European Producers Association）标准。CAMI 标准是传统的美国砂纸分级标准。FEPA 标准属于欧洲标准，与它对应的产品在砂纸目数前都加有字母“P”。在 220 目以内，这两种标准对应的产品在目数和分级上都相当接近。超过 220 目之后，差别开始显现。相对于 CAMI 标准，带有“P”标记的产品分级更多，对应的数字也上升得更快。在打磨的初始过程（粗磨木料），你不必考虑两种标准的不同，但是在打磨的收尾阶段，当你需要使用更细的湿 / 干砂纸时，两种标准对应的产品会产生巨大的不同。例如，如果你打算使用 600 目的砂纸完成打磨工作，并在实际操作中用 P600 的砂纸作为替代，那么你的实际打磨效果只达到了 360 目左右（请参照“砂纸分级表”）。

# 圆盘砂纸

最受欢迎的手持型砂光机是不规则轨道砂光机。这种砂光机配有两种常用的圆盘砂纸：压敏黏合剂背胶（Pressuresensitive Adhesive，简称 PSA）砂纸和钩毛搭扣型背面植绒砂纸。PSA 砂纸相对便宜，但是不能在更换一张砂纸之后换回原来的那张砂纸。因此，PSA 砂纸更适合在批量生产的条件下使用，这样在你更换其他目数的砂纸之前，使用的砂纸很可能已经完全磨损了。钩毛搭扣型背面植绒砂纸很像维可牢尼龙搭扣，你可以根据需要随意更换砂纸。

## 砂纸分级表

市售的大多数片状砂纸使用的都是 CAMI 或 FEPA 分级标准。CAMI 是传统的美国砂纸分级标准，FEPA 则属于欧洲标准，它对应的产品在砂纸目数前都加有字母“P”。在 220 目以内，这两种标准对应的产品在目数和分级上相当接近。但超过 220 目之后，两种标准的差异迅速显现，特别是在用黑色湿 / 干砂纸将作品表面处理平滑时更是如此。

两种标准砂纸目数的对应关系如下。

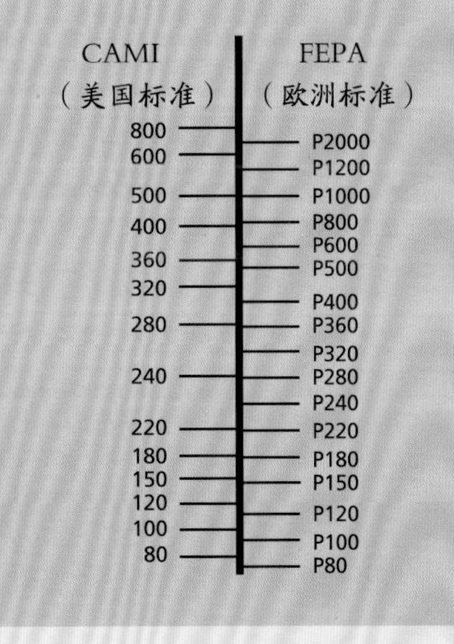


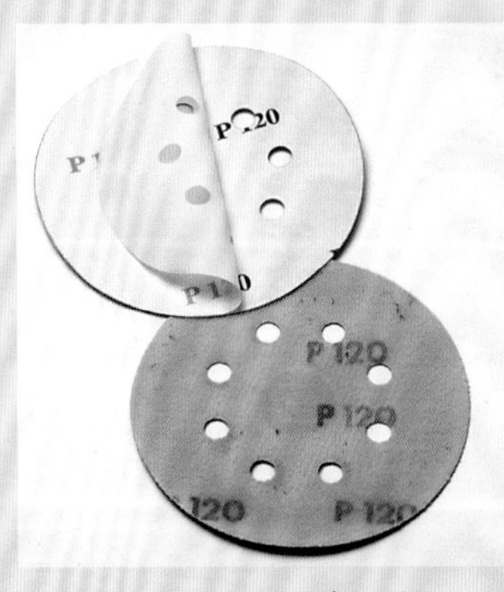


不规则轨道砂光机使用两种砂纸：背胶型的 PSA 砂纸（图片上方）价格相对较低。钩毛搭扣型背面植绒砂纸（图片下方）的工作原理与维可牢尼龙搭扣类似，并且价格较高

如果手工打磨，你需要一直顺着纹理方向打磨（木旋和木雕作品除外），否则在完成表面处理后，横向于纹理的磨痕就会显现。另一个需要注意的细节是，应将砂纸的折叠边朝向打磨的方向，因为砂纸的开放边缘很可能会蹭下一些碎木屑，这些木屑很可能会撕裂砂纸或者刺入你的手掌造成伤害。

最终工序使用的砂纸无论多么精细，也无法去除所有细小的木纤维，它们可能导致木料受潮膨胀而变得粗糙。如果使用的染料或表面处理产品含水，你在正常打磨结束后还需要处理毛刺。把木料打湿，待其干燥后重新打磨光滑（请参阅“去除毛刺”部分）。

在打磨的最后，你要用砂纸轻轻打磨直角边缘，去除那些容易造成压痕的、摸起来不是很舒服的、过于锋利以至于很难涂上涂料的边角部分。这个步骤称为倒角。

## 清除粉尘

只要最后的步骤涉及打磨，就一定会在木料表面留下粉尘。这些粉尘必须在做表面处理之前去除。去除粉尘通常有 4 种方法：

- 用刷子将其刷掉；

## 去除毛刺

无论何时木料接触到水，木纤维都会膨胀，并使木料在干燥后摸上去感觉很粗糙。这些膨胀的木纤维通常被称作毛刺。所有含水的染料和表面处理产品都会使木料产生毛刺。毛刺会穿过染料和表面涂层，使木料摸起来很粗糙，并造成表面处理层变薄和清晰度变差。

无论木料在前期被打磨得多么光滑，都会出现毛刺。既然无法阻止毛刺出现，那么最有效的处理方法就是，在染色或做表面处理之前让木料吸水膨胀，待木料干燥后再将其打磨平滑。毛刺一旦被去除就不会再次明显地出现。去除毛刺的操作也被称为水拭、起须或起纹理。

首先将木料打磨至 150 目或 180 目，然后使用海绵或布料将木料表面打湿到与经过染色或其他表面处理方式处理后相同的湿润程度，短暂按压即可。

让木料干燥一夜，然后使用砂纸打磨掉毛刺。若要保证表面平整且不会打磨过深，一般要选用更精细一些的砂纸。用过的旧砂纸最好用，因为它们刚好可以去除毛刺。如果你手边没有使用过的旧砂纸，你也可以将两块砂纸互相研磨来快速获得。

轻轻打磨，只需打磨掉薄薄的一层，让木料表面重新变得光滑即可。如果打磨得稍深了一些，就会磨去那些已经膨胀的纤维，导致木料再次湿润时仍会出现毛刺。在操作过程中，你可能仍然会发现一些毛刺，但是问题已经明显地减少。请记住，永远顺着纹理方向打磨。

- 使用粘布（一种涂抹了薄薄一层类似清漆的材料，并因此保留了一些黏性的织物）擦除；
- 用吸尘器吸除；
- 用气枪吹掉。

用刷子除尘是最简单也是最方便的，但是它会将粉尘扬起到空气中。你如果不是在高效的喷漆房中操作，要等待尘埃落定之后才能开始进行表面处理。

使用刷子后，用粘布去除表面残留粉尘是最有效的方法。当残留的粉尘很少的时候，裸露的双手也是非常管用的。（当你准备使用水基染色剂或表面处理产品时，不应该选择粘布，因为粘布清漆样的薄层会粘在木料表面，影响涂料的流动性和黏合性，应使用其他替代方法。）

如果进行表面处理时房间飞扬的粉尘给你带来了麻烦，使用吸尘器是去除粉尘最好的方法。另外，气枪的除尘效果也不错。在室外或通风良好的环境中使用气枪，粉尘会被有效地驱散。

尽管从逻辑上来说，孔隙中的粉尘全部被清除会使表面处理的效果更好，但没有必要吹毛求疵，而且实际的操作结果与理论上的完美相比并没有显著差别。

# 胶水污渍

无论你如何努力地想要避免胶水形成污渍，你还是经常会在胶合过程中把胶水弄到木料的表面上。胶水可能会在各部件被夹紧的时候从接合处溢出，或者被你用手指涂抹到了别处。胶水能够封闭木料的表面，导致染料或其他表面处理剂不能顺利地浸入木料。因此，你必须将木料表面的胶水全部去除，否则会导致处理后的木料表面颜色不均匀。

下面介绍的技巧可以帮助你防止木料表面被胶水弄脏。

- 不要在接合处涂抹过多的胶水，只有在边对边拼接木板时，才会涂抹相对过量的胶水。这时需要用力挤压木板，通过胶水的溢出来确认其用量是否足够，同时应保证夹具夹得足够紧。
- 榫眼和圆木榫孔要切得略深一些，这样可以让多余的胶水沉集到底部，而不会从接合处溢出（图 2-5）。同时，要记得为榫头或圆木榫的末端以及榫眼和圆木榫孔的开口处进行倒角。
- 身边要同时备有一块湿布和一块干布，这样可以随时擦除弄到手上的胶水：首先用湿布擦手，然后快速地用干布将手擦干，这样就不会弄湿木料了。

即使按照要求操作，你仍然会遇到胶水渗出的情况。以下两种方法可以使渗出的胶水凸显出来，便于你将其去除。

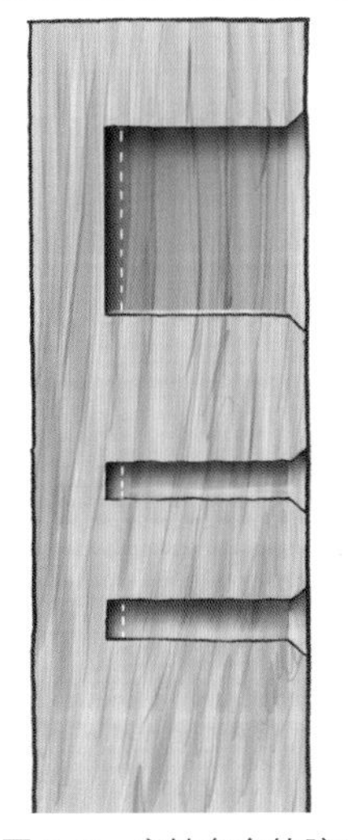


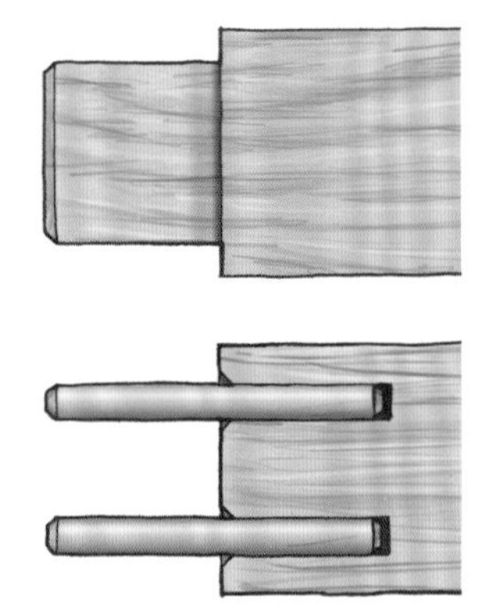


**图 2-5**　容纳多余的胶水

- 用液体将木料表面完全打湿。最常用的液体是水或油漆溶剂油。在没有胶水的地方，这些液体浸入较深，相比之下，有胶水的位置由于胶水阻止了液体的渗入而颜色较浅（照片 2-4）。浸水会导致毛刺出现，所以需要将木料重新打磨光滑。
- 涂胶前，可在胶水中添加染料或紫外线染色剂（可以从木工产品供应商处获得）。染料的显色作用非常明显，但是随后必须将其彻底去除。紫外线染色剂在照射紫外线后会发出荧光，从而发挥显色作用。

# 去除木料表面干结的胶水

胶水在木料表面干结后，只有两种方法可以将其去除，即机械去除（直接刮掉或打磨掉）和溶剂去除。

**机械去除**。对开放区域来说，刮掉或打磨去除既方便又直接。可以将凿子伸入接合部周围业已紧密接合的区域，轻轻沿着木料的边缘刮除胶水，注意是刮除而不是凿刻。你必须清理被胶水污染的表面，然后使用同样的砂纸重新打磨这些区域，才能确保经过染色或表面处理后的木料表面颜色均匀。

**溶剂去除**。先将白胶或黄胶软化，再用水将其刷洗干净。热水的效果会好一些，如果在其中加入少许醋效果会更好（醋属于弱酸，可以软化白胶和黄胶）。

很多常用的有机溶剂同样可以软化白胶和黄胶。根据效果的强弱可排序如下：甲苯、二甲苯、丙酮和漆稀释剂。这些溶剂不会像水那样使木料产生毛刺，但需要的擦洗时间更长。

不管使用哪类溶剂，都需要一点点地刷洗，才能将木料孔隙中的胶水清除掉。通常使用牙刷的效果不错，但你还需要准备一把软铜刷。在将木料孔隙中的胶水被全部清除之后，需要彻底打磨木料，以去除粗糙的部分，必要时可以使用较粗糙的砂纸，但要确保最后使用的砂纸目数与打磨木料其他表面时使用的相同，从而保证最终的染色或表面处理后的颜色是均匀的。

其他黏合剂，比如接触型胶合剂、氰基苯烯酸酯黏合剂（超级胶）和热熔胶可以使用丙酮溶解，但是环氧树脂、聚氨酯和塑料树脂（脲甲醛）黏合剂只能通过刮削或打磨去除。

**照片 2–4** 在干燥的木料表面，干结的胶水很难被看出来。通常在用水或油漆溶剂油将木料表面打湿后，胶水的痕迹就可以凸显出来。（木板的上部没有打湿。）裸露的木料会吸收更多液体，而被胶水封闭的表面部分则会因为吸水较少而颜色较浅

# 染色后去除胶水污渍

即使尽了最大的努力，在染色或表面处理后仍有可能留有胶水污渍（照片 2-5）。这时该如何处理呢？此时的处理方法与在染色前发现并解决问题时完全一样，仍然需要去除所有胶水，同样只有两种方法：机械去除法和溶剂去除法。

去除胶水后需要重新染色，新染色的区域比最初的染色区域颜色更浅一些。这可能是因为之前渗入木料中的染色剂成了砂纸的润滑剂，导致其不能更深入地进行打磨。所以，尽管你使用与原来一样目数的砂纸重新打磨，但染出的颜色还是会淡一些。

解决这个问题的简单方法是，在整个区域加入较多的染色剂（支撑腿、梃、冒头，甚至台面），并在染色剂潮湿的情况下重新打磨每个角落，之后再除去多余的染料。湿磨可以保证整个区域表面的划痕分布均匀。如果经过湿磨后的区域着色仍然太浅，你可以使用更粗糙的砂纸重新湿磨。

### 小贴士

如果使用水基的色素染色剂涂抹在了白胶或黄胶形成的污渍上，可以等待染色剂自行溶解胶水。这些染色剂使用的溶剂是乙二醇醚，它与水一起能够分解胶水，使其很容易用布擦除或用刷子刷洗掉。只需让染色剂在胶水污渍的表面保持 1 分钟左右，就可以将其擦除或刷洗掉了。应保持处理区域被湿润的染色剂覆盖。不到 1 分钟你就会看到，染色剂开始被“吸收”。这种方法并不适合其他的染色剂。

如果仍然存在你无法接受的色差，那么你需要剥离整个部件的表面处理层，并重新打磨（不需要去除木料上的所有着色），然后重新完成染色操作。

# 压痕、刀痕和孔洞

无论如何小心操作，仍有可能在准备阶段或组装工件时压伤或划伤木料表面，也有可能留下

**照片 2-5** 如果胶水残留在木料表面，它会阻止染料和表面处理剂的渗入，并形成着色偏浅的斑点

一些小孔，比如需要遮盖的钉眼。

# 汽蒸压痕

汽蒸压痕是木料受到挤压后形成的，只要木纤维没有被破坏，通常可以用蒸汽抚平。蒸汽会使木纤维膨胀，从而填补被压缩的空间。水平表面的压痕是最容易用蒸汽抚平的。用滴管（也可以用挤压瓶或注射器）在压痕处滴上几滴水，让水分稍稍浸润压痕，如有需要可添加一些水。然后用非常热的物体与之接触，使水转化为蒸汽(照片 2-6）。你可以选用焊枪、烙铁的尖端，或是用火烤过的金属物体的尖头（与水接触前要擦除残留的炭黑）。

汽蒸压痕并不能保证百分百有效，结果很难预测，但处理效果很接近原有的木料表面。如果让凸起的部分完全干透后再将其打磨平整，通常留下的痕迹会非常细微，很难观察到。

当然，如果纹理断裂，是不太可能再次恢复平整的。断裂的纹理应该按刮痕处理。可以把这块木料切下来，用另一块木料填充，或者选用其他材料填补。

> 小贴士
>
> 对于异常顽固的压痕，可以用一块薄薄的衬衫纸板盖住润湿的压痕，然后将熨斗压在上面。这会使蒸汽被限制在压痕处，强制其向下进入木料中。注意：很多人通常会在压痕和熨斗之间垫上一块湿布，用于产生蒸汽。这种方法会导致与蒸汽接触的木料表面过大，使处理后的表面出现大面积湿气破坏的痕迹。

# 木补丁

如果刮痕很大，采用木补丁是最好的处理方式，因为木补丁很容易修饰，并且也很耐用（照片 2-7）。木补丁也很适合填补木料上的裂缝和不完美接合留下的缝隙。木补丁的纹理应与周围的木料纹理走向一致，这样才能与之同步收缩和膨胀，不会在日后开裂或脱落。木补丁的颜色还应与周围木料的颜色接近。外来材料的效果则差很多，比如木粉腻子，在填补较大的刮痕、裂缝或缝隙时既没有伸缩性，又不能长久保持，而且

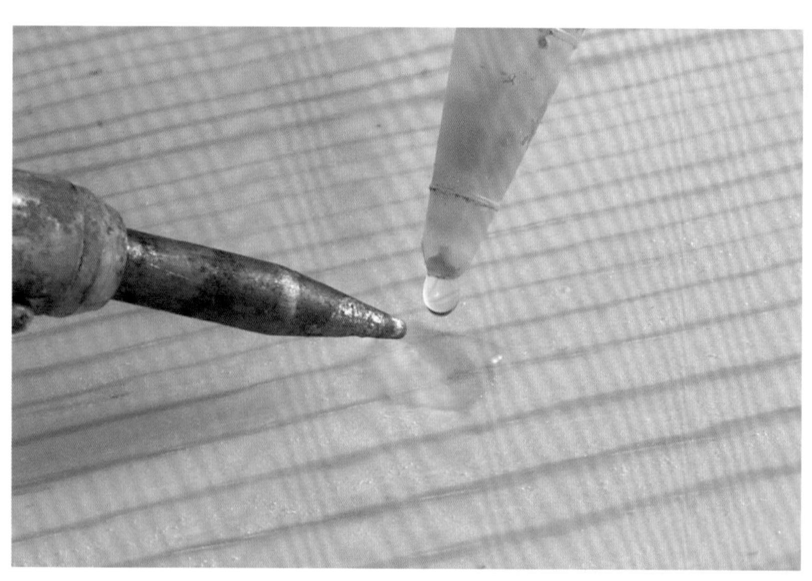

**照片 2-6**　可以通过汽蒸的方法去除压痕。将压痕处彻底浸润，然后用焊枪、烙铁的尖端或者用火烤过的金属物体的尖头接触水滴使之汽化

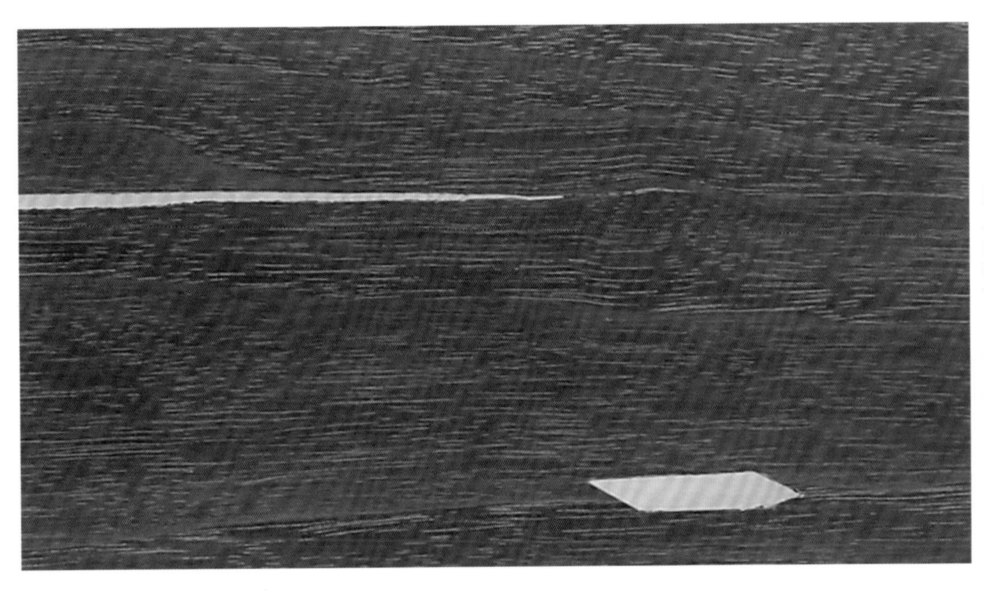

**照片 2-7**　使用相同种类和纹理相近的木料制作补丁，可以填补较大的刮痕和裂纹。木补丁经久耐用，并且比纯色木粉腻子更易于装饰。（为了方便观察，这块胡桃木板上的裂纹使用的是枫木来打补丁。）

它的颜色与木料颜色差别很大。

给刮痕制作补丁的原则与用木销填补螺丝孔是一样的。不过，除非是菱形或细长的木补丁，一般的圆形和方形木补丁很难看得出来。首先要确认补丁的形状，并将其从另一块与目标木料的颜色和纹理相近的木料上切割下来。然后找到需要修补的部位，将木补丁的轮廓画上去，并用凿子去除适量的木料。如果受损的区域很大，可以使用电木铣和夹具精准地控制切削过程。（当然，你也可以先挖掉待修复的区域，然后使用描图纸拓出其形状，并切割出木补丁。）最好把木补丁做得稍厚一些，这样在完成黏合后木补丁会高出木料表面，待胶水凝固后可以使用凿子、刨子或手工刮刀将其修平。

填补木料的裂纹或不完美接合留下的缝隙非常简单，只需从同种木料上切下一些薄片或者把木皮切到合适的厚度嵌入开口处即可。将木条削出小的锥度可以使其更容易地滑入并填满缝隙。待胶水凝固后修平填充部位的表面。这种修复方式通常易于修饰，并且能很好地与周围的木料融为一体。

小贴士

**如果压痕很深，最好反复涂抹腻子，直至其与木料表面齐平。较厚的涂层需要很长时间才能固化，并可能因为固化不均匀导致开裂。所以，要在每一层腻子完全固化后再涂抹下一层。**

# 木粉腻子

相比木补丁，使用木粉腻子填补刮痕、裂缝或缝隙要省事得多。木粉腻子在填补小缺陷方面很有效。

木粉腻子通常由黏合剂和一些固体材料组成。黏合剂是指表面处理剂、胶水或石膏（熟石膏），固体材料则包括锯末、石灰（碳酸钙）或木粉（非常细的锯末）。用黏合剂将固体颗粒黏在一起并固化，就形成了腻子。你之前可能没想过，大多数的市售木粉腻子与你使用的表面处理产品具有相同的成分，只是额外添加了一些石灰或木粉。这也解释了，为什么木粉腻子染色性较差以及固化后的表面处理效果也不太好。

市售的木粉腻子有三种常见类型——硝酸纤

维素类、水基丙烯酸酯类和石膏类（请参考第27页“木粉腻子的工作特性”）。你可以通过包装上的说明加以分辨：

- 硝酸纤维素类木粉腻子可以用丙酮或漆稀释剂（含丙酮）稀释或清除。
- 水基的丙烯酸酯类木粉腻子在硬化前可以用水清除。
- 石膏类木粉腻子呈粉末状，需要加水与其混合。

自制木粉腻子通常用胶水和锯末混合制成。取一些锯末，最好是来自于与待填补部分相同的木料，将其与任何一种胶水混合即可。环氧树脂胶、白胶、黄胶、氰基丙烯酸酯胶（超级胶）都可以。注意，胶水的用量要尽可能少，木粉的用量要尽可能多。如果加入的胶水过多，补丁的颜色会比周围的木料颜色更深。

无论哪种腻子，其使用方法都是相同的。在腻子刀（如果孔隙很小，可以使用较钝的一字螺丝刀）上涂抹一些腻子，然后将其向下压入孔洞或刮痕中。如果压痕不是很深，可以通过横向移动腻子刀来抹平表面。你需要保持木粉腻子稍稍高于木料的表面，这样在其凝固后不会因为收缩留下空隙。除了必要的操作，不要过多地摆弄腻子，因为腻子暴露在空气中的时间越久，其可操作性就会越差。木粉腻子中的黏合剂是表面处理产品、胶水或石膏，所以它们会与接触的木料黏合在一起，并阻止染料和表面处理产品的渗透，留下一块斑点。

### 注意事项 ▼

成品的彩色木粉腻子通常是根据其需要匹配的木料本身的颜色来选用，而不是根据木料染色后所呈现的颜色选择的。如果你不准备给木料染色，这些腻子非常适用。

一旦木粉腻子完全固化，要参照周围的木料将其打磨平整。如果你打磨的是一个平面，可以在砂纸背面垫一个木块。

## 给木粉腻子染色

为了匹配周围木料的颜色，可以通过两种方法为木粉腻子染色，即在木粉腻子处于膏状时染色和在木粉腻子固化后染色。

你可以使用通用型染色剂（UTCs）给木粉腻子染色，大多数的油漆店或美术用品店都有这种染色剂。通用型染色剂适合三种类型的成品木粉腻子和自制的胶水-锯末木粉腻子。你配出的颜色要与染色或表面处理后的“背景色”，或者说木料表面最浅的颜色相同。配出这样的颜色可能需要经过一些试验，你可以先在一些废料上练习。配色的技巧是在染料快要干燥之前（仍保持湿润）判断颜色。这个时候的颜色最接近完成表面处理之后的颜色。染料或木粉腻子干燥后呈现的颜色并不准确。

通常情况下，在涂抹之前为木粉腻子染色较为容易，给涂抹好的中性腻子（涂抹前未经染色的腻子）染色同样可以获得很好的效果。为了让木粉腻子（无论是否染色）与周围的木料融为一体，要在整个木料表面涂抹染料（你正准备使用的）以及第一层表面处理剂（封闭层）。这可以确保得到你想要的颜色（请参阅第144页“封闭剂与封闭木料”）。一旦封闭层凝固，需要在木粉腻子补丁上绘出纹理和图案，并调整其背景颜色。（详见第19章“表面处理涂层的修复”，学习如何让纯色的木粉腻子补丁获得与木料相似的纹理。）

无论你使用何种木粉腻子填补刮痕，无论木

粉腻子的染色多好，几年后它依旧会显露出来。随着时间的推移，周围木料的颜色会变深或变浅，而材质上的差别使木粉腻子的颜色无法与木料同步变化，最终导致木粉腻子凸显出来。从根本上避免出现这个问题的方法是保证制作腻子的木屑取自被修补的木料本身。这样可以最大限度地保持颜色的一致。

## 使用蜡笔给木粉腻子染色

用木粉腻子填补细小的钉孔或刮痕并不划算（除非它们在桌面上），这会让孔洞周边变得很糟糕，因为木粉腻子只要与木料接触便会粘住。通常情况下，等到封闭层或整个表面处理完成后再操作会简单一些。

封闭层完成后可以使用彩色木粉腻子填补小孔洞。彩色木粉腻子是传统油漆腻子的商品形式，是在亚麻籽油和碳酸钙（石灰）中添加植物色素制成的。这种产品在家居中心随处可见。用手指刮出一些颜色合适的木粉腻子压入孔洞，之后再用布或干净的手指将表面多余的腻子擦除即可。你可以用清漆、虫胶或油漆涂抹在油基的彩色木粉腻子上。对于水基的彩色木粉腻子，则可以使用任何表面处理产品（照片 2-8）。

## 木粉腻子的工作特性

| 工作特性 |
| --- |
| 硝酸纤维素类：<br>凝固迅速，使用丙酮和漆稀释剂稀释和清洗 |
| 丙烯酸酯类：<br>固化前可以使用水清洗，固化之后可以使用丙酮、甲苯、二甲苯或漆稀释剂清洗。很难有效地稀释 |
| 石膏类<br>呈粉末状，使用时需要加水，凝固后无法再次溶解 |

在完成表面处理后也可以使用蜡笔填补小孔。蜡笔有各种不同的颜色。使用颜色相近的蜡笔在孔洞处来回擦拭，然后用布或干净的手指擦除周围多余的蜡（照片 2-9）。

**照片 2–8** 使用彩色木粉腻子填补小孔洞。染色并封闭木料表面，用手指刮出一些颜色合适的彩色木粉腻子压入孔洞。然后用布或干净的手指将表面多余的腻子擦除，接下来继续完成其他表面处理步骤

**照片 2–9** 使用蜡笔填补小孔。选择颜色相近的蜡笔在孔洞处来回擦拭，直至孔洞被填充到与周边平齐的程度。然后用布或干净的手指除去多余的蜡

3

# 表面处理使用的工具

## 简介

- 制作擦拭垫
- 抹布
- 刷子
- 刷子的使用
- 常见的刷涂问题
- 喷枪及其辅助装备
- 典型喷枪的工作原理
- 喷漆房
- 常见的喷涂问题
- 喷雾器表面处理产品
- 压缩机
- 常见的喷枪问题

表面处理使用的工具有三种：抹布、刷子和喷枪。擦拭垫属于抹布，涂垫属于刷子，喷雾器属于喷枪。使用的工具如此之少正是表面处理与木工制作的主要区别。木工制作需要的工具种类繁多，而且市场上不断有新工具推出。如果你是个木匠，需要花费大量时间学习使用这些工具，包括它们的工作原理和使用技巧。

表面处理则完全不同，使用上述三种工具不需要太多的技巧。

除了保持手部干净，使用表面处理工具的主要目的是将容器中的产品转移到木料表面，并将其均匀、平滑地分散在木料表面。当然，你也可以把表面处理产品倒在木料表面，再用干净的手将其涂匀。等到表面处理剂凝固后再将其打磨平滑，使用研磨膏擦拭后可以得到非常好的结果（请参阅第 259 页照片 16-2）。如果表面处理一开始就完成得足够平整光滑，事情会更加简单，完全不需要重新打磨，或者只需要极少的打磨，就可以得到光滑平整的表面。

# 制作擦拭垫

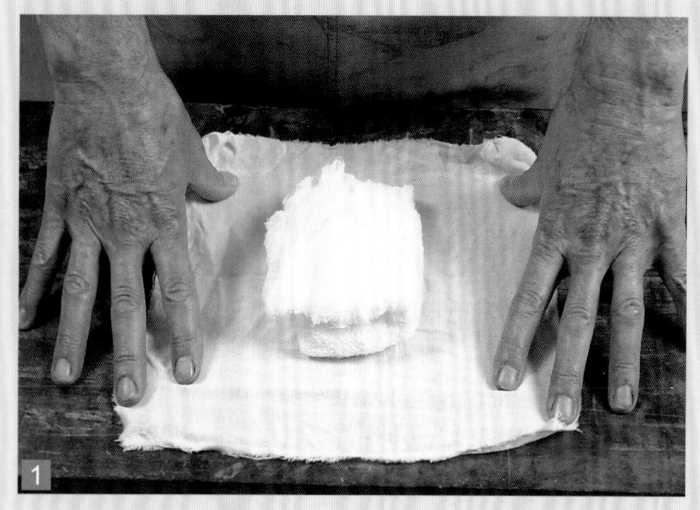

1 将一小块干净的、紧密编织的、不可伸缩的棉布摊开（床单、手帕或粗棉布都可以），在中间放上一块软绵布或羊毛布。将内层布折叠，防止出现褶皱。如果你要进行大面积的表面处理，需要使用一块大的内层布制作一块大的擦拭垫；如果表面处理的面积较小，则只需要一块较小的内层布制作擦拭垫。

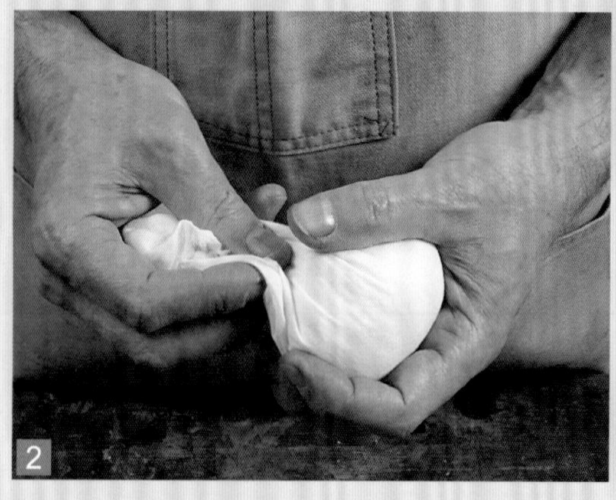

2 将外层布的四个角向内折叠至一点并拧紧。

3 将外层布的四个角充分拧紧，使其紧紧包裹住内层布。此时擦拭垫的底部摸起来应该是光滑且没有褶皱的。

接下来你需要了解这三种工具的基本知识。

# 抹布

用于表面处理的抹布应该是棉布材质的。聚酯纤维和其他化纤材质的抹布没有足够的吸湿能力。如果你没有大量的棉布或表面处理的工作量不大，也可以使用便宜的纸巾作为替代品，尤其是在涂抹不含水的表面处理产品时。如果表面处理产品含水，则可以使用斯科特抹布（Scott Rags），这种纸质产品在各大超市和折扣店很容易买到，并且遇水后不会散架。

你可以先将一块棉布折叠，然后用另一块抹布将其紧紧包裹，制成一个底部没有褶皱的擦拭垫，这是完成法式抛光和擦涂式表面处理最好的工具（参阅第162页“法式抛光”和第16章“完成表面处理”）。这种擦拭垫还可以在任意尺寸的木料表面完成任何形式的薄膜表面处理。唯一的限制来自表面处理的干燥速率。相比填絮和折叠的抹布，使用擦拭垫进行表面处理留下的痕迹更少。并且与普通棉布相比，擦拭垫还能减少表面处理产品的浪费。

内层的填充布可以使用任何种类的棉布或羊毛布：粗纱布或者来自纯棉T恤、羊毛衫的面料都可以。外层的棉布不能具有太强的伸展性，密织的棉布、旧床单或旧手帕（我的最爱）都是理想的材料。为了制作擦拭垫，要用外层抹布裹紧填充布，就像上一页描述的那样。简单地拧紧外层的棉布，就可以获得一块底部没有褶皱的擦拭垫。

# 刷子

刷子是历史最为悠久的表面处理工具。随着喷涂设备的日益流行，刷子似乎不那么重要了，但是，没有准备几把刷子的表面处理师还是很少见的。

## 选择刷子

要想获得好的表面处理效果，选择一把优质的刷子很重要。优质刷子可以吸附更多的表面处理材料（这样就无须频繁地蘸取涂料，节省了时间），并能使涂料分散得更为均匀，从而获得更加光滑的刷涂效果。这样的刷子不仅用着顺手，并且更耐用。

有三种类型的刷子：天然鬃毛刷、合成毛毛刷和泡沫橡胶刷。涂垫通常也被当成一种刷子，因为它与刷子的使用方式相同（照片3-1）。

**照片 3–1**　从左至右：尖头天然鬃毛刷；尖头合成毛毛刷；方头合成毛毛刷；泡沫刷；涂垫

## 传言

慢慢刷涂可以获得最佳效果。

## 事实

无论你从事何种工作，都不会因为慢而获得收益。试想一下，如果你雇来刷房子的油漆工人每 8 秒钟只能刷进 1 ft（30.5 cm），你会是什么反应？你要坚持一点：在保持控制的同时快速刷涂！

## 传言

你应该先横向于木料的纹理刷涂，然后再顺着木料的纹理刷涂。

## 事实

这种方式适合刷涂慢干型的表面处理产品，比如清漆。你可能会因此比采用其他方式获得厚度更均一的表面处理涂层，但其差别肉眼可能是分辨不出来的。

天然鬃毛刷和合成毛毛刷，是刷毛的顶部用环氧树脂胶黏合后，通过铁箍包裹并与木柄或塑料柄连接制成的（图 3-1）。制作刷子的手柄、胶水和铁箍的品质会有不同，这通常与刷毛的品质是对应的。因此，一般情况下可以通过刷毛的品质来判断一把刷子的好坏。好的刷毛通常具有三个重要特征：

- 刷毛排列整齐，刷头形成类似凿子的尖端，而不是被切得方方正正；
- 每一根刷毛都有锥度，头部比尾部更细；
- 大多数刷毛的刷头是开叉的——也就是分裂出了几根纤维。

尖头刷（中间部分的刷毛比两侧的长）做出的表面处理涂层比方头刷更光滑。但方头刷更便宜，而且适合涂抹染色剂、剥离剂或漂白剂，因为光滑度对这些操作来说不那么重要。

锥形刷毛通常比没有锥度的刷毛更好用。靠近铁箍处的刷毛较粗，有利于提高刷子的刚性；

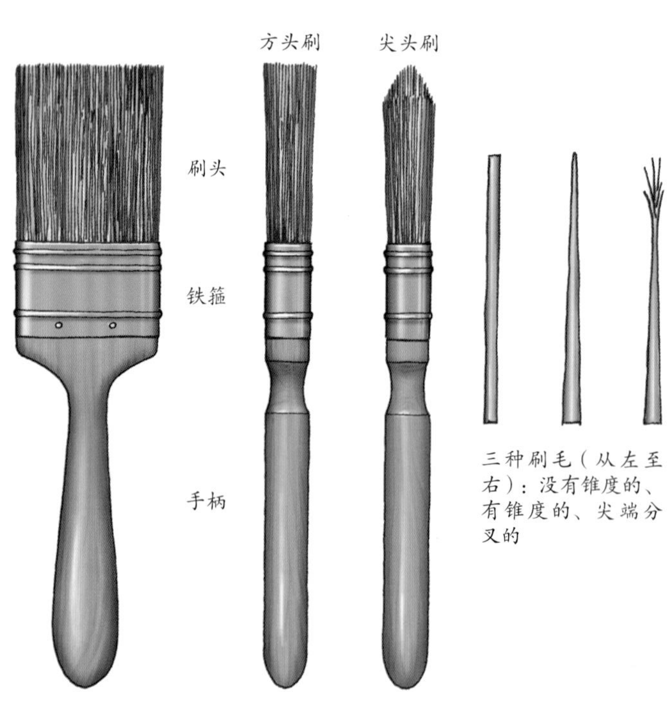


**图 3-1** 刷毛解剖图

刷毛尖端较细，使刷子具有较好的韧性和柔软度。尖端较软的刷毛相比尖端较硬的刷毛不易留下刷痕。（拖动刷子使其末端划过手掌，可以对比出刷毛的柔软度。）

刷毛分叉可以使与木料表面接触的刷毛的数量增加 1 倍甚至 2 倍。因此，相比刷毛没有分叉的刷子，刷毛分叉的刷子可以蘸取更多的表面处理材料，并获得更为光滑的刷涂效果。

天然鬃毛和合成毛之间的差别就像头发与塑料之间的差别。头发质地柔软，在水中会变得难以控制，塑料则不会这样。因此，天然鬃毛刷不适合与水基染色剂或表面处理产品配套使用，合成毛毛刷却可以与之搭配。这两种刷子与溶剂型的染色剂和表面处理产品搭配效果都很不错，不过大多数的油漆匠和表面处理师更喜欢天然鬃毛刷的处理效果。

天然鬃毛刷是用动物毛发制作的，最好的用来刷涂溶剂型表面处理产品的刷子是用来自中国的猪鬃制成的。合成毛毛刷通常由聚酯纤维或尼龙制成，有时也会用这两种材料混合制成。大多数情况下，完成表面处理最适宜的刷子宽度是 2~3 in（50.8~76.2 mm），刷毛长度是 2~3 in（50.8~76.2 mm）。

市面上有数百种样式、质量不一的刷子，很难断定哪种最好用。通常情况下越贵的刷子品质越好。判断刷子品质优劣的标准是：尖端刷头类似凿子、刷毛分叉、刷毛头较为柔软并且极少掉毛。根据个人经验，我认为选择表面处理产品比选择刷子更重要。有些品牌的表面处理产品，无论使用哪种类型的刷子，都能获得比其他厂家的产品更好的刷涂效果。

泡沫橡胶刷留下的刷痕最少，但是它们在每次刷涂后都会在刷涂边缘留下两道因表面处理产品堆积而形成的明显凸痕。泡沫橡胶刷的密度越高，刷涂效果越好。泡沫橡胶刷价格低廉，因此对于那些完成表面处理后不想清理刷子而是选择直接扔掉的人是不错的选择。泡沫橡胶刷会在漆稀释剂中溶解，这取决于泡沫橡胶的种类，有些还会在酒精中溶解。这意味着，这种刷子不能用于刷涂油漆。对虫胶产品来说，你需要在使用前进行测试。

涂垫包含成千上万根嵌入泡沫塑料衬背上的细丝。它们的使用方式与泡沫橡胶刷很像，只是一般被安装在塑料或金属支架上，因此它们只适合处理木料的平面部分。因为它们可以吸附大量的表面处理剂并且尺寸很大，很受为地板做表面处理的工匠的青睐。与泡沫橡胶刷一样，涂垫不能刷涂油漆，并应在使用虫胶前进行测试。

## 清洁和储存刷子

刷子每次用完，必须妥善地清洗和储存，否则很容易被残留的表面处理剂损坏。虫胶和合成漆是为数不多的在表面处理产品完全固化后可以使刷子恢复如初的产品。将沾有虫胶的刷子浸入酒精中，沾有合成漆的刷子浸入漆稀释剂中，洗净即可。

如果你打算在当天的晚些时候或第二天继续使用这把刷子完成相同的表面处理工作，可以把刷子浸入合适的溶剂中保存。具体做法是：将涂抹油基处理剂或清漆的刷子浸入油漆溶剂油中；将涂抹虫胶的刷子浸入酒精中；将涂抹合成漆的刷子浸入漆稀释剂中；将涂抹水基表面处理产品的刷子浸入水中。你也可以用保鲜膜将刷子包起来，防止刷子与空气接触。如果需要将刷子浸入溶剂中，你可以用一根圆棒穿过刷柄上的孔（如

# 刷子的使用

以下是使用刷子刷涂表面处理产品的基本步骤。记住，你的目标是尽自己所能，让表面处理完成得光滑平整。

1 如果刷子是新的，你要首先用手敲击铁箍，抖掉那些松动的刷毛。更好的做法是，在第一次使用前清洗刷子。

2 将适量的表面处理产品倒入一个容器中，比如咖啡罐或者其他的广口容器。这样可以防止刷子粘到的脏东西弄脏所有的涂料。

3 将工件放在光源下合适的位置，使你可以看见工件表面的反光，这样你可以在表面处理出现瑕疵的时候及时发现并加以修正。

4 如果你在高效喷漆房中操作，可以使用气枪和刷子将需要处理的表面清理干净。否则，你需要使用吸尘器或粘布完成清理工作（参阅第 20 页“清除粉尘”）。在开始刷涂前，你可以用干净的手除去任何可能存在的粉尘。

5 抓住刷子的铁箍，此时手柄应该处在你的拇指和食指之间。将刷毛长度的三分之一到二分之一浸入涂料中，吸取涂料。

6 把待处理的木料放在一个大块的、水平的表面上（比如桌面），将蘸好涂料的刷子向下按，使着力点位于其投影区域的中间。然后来回刷涂，将表面处理产品涂开，注意每次的刷痕首尾相接。顺纹理方向刷涂，这样之前的刷痕就会被掩盖。在每次刷涂的尽头，你要像飞机起飞那样提起刷子，再次蘸好涂料返回时则要像飞机降落那样落下刷子。这样可以避免在处理的表面和刷痕两侧留下痕迹。刷涂宽大的表面时，你可能需要多次蘸取涂料，并从不同的位置多次起始刷涂才能将涂料刷开并延伸到两端。你的目标是从表面的一端到另一端刷出至少一个刷子宽度的、均匀覆盖的薄涂层。对于水平表面，可以从任意一头开始刷涂。你要用另一只手拿着盛放表面处理产品的容器，或者将其放在合适的位置，确保蘸好涂料的刷子不会出现在已完成刷涂的表面的上方，这样不会有涂料滴落在已经完成刷涂的木料表面。

7 在从一端至另一端刷涂完后，应调整“笔锋”，将刷子竖起来以戳破出现的气泡。此时需要保持刷子几乎垂直于表面，然后用刷头轻轻地回刷一遍。

8 每次蘸取涂料后，都要在上一次刷涂结束位置的前方约 20 cm 处重新开始，当其与上一次刷涂的边缘接上后再离开。你要刷涂得足够快，以保证上一次刷涂的边缘仍然足够湿润，这样不会在边缘留下明显的痕迹。很显然，相比于刷涂清漆，刷涂虫胶或水基表面处理产品时要更快些。

9 刷涂垂直表面时，要减少刷子上的涂料量以减少涂料的滚动和流挂。可以在瓶口处轻刷或按压刷子以削减涂料的含量。如果可能，刷涂时尽量将“笔锋”从一端延伸至另一端，并且顺着纹理刷涂。在光线下观察涂料，一旦出现滚动和流挂，立刻将其刷去。

10 在刷涂木旋、雕刻作品和线脚等不规则的表面时，可减少刷子蘸取的涂料量，避免在凹痕处留下滚动和水痕。对于木旋件，沿旋切方向刷涂的效果比沿轴向刷涂的效果更好。

刷涂非常依赖直觉。讲解如何抓握和移动刷子的内容非常多（我在这里已经说得够多了）。有个很重要的方法是，在反光下操作，这样可以随时观察刷涂的效果。如果出现了错误，可以及时加以修正（请参阅第 36 页“常见的刷涂问题”）。

有必要，可以在靠近铁箍的位置打孔）并架在瓶口，使刷毛悬浮在溶剂中，不会碰到瓶底（照片 3-2）。在瓶口罩上一个塑料咖啡罐的盖子可以减少溶剂的挥发。在盖子的底部钻一个中心孔，能让刷柄穿过即可。

清洗刷子上的表面处理材料的最后几个步骤通常是相同的：使用清水和肥皂清洗刷子，再将刷子放回原来的包装中，或者用纸将其包裹，这样既能保持其干直，又能保持清洁（照片 3-3）。在用清水清洗前，针对不同的产品要使用不同的方法。

- 将家用氨水和清水对半混合，可清洗虫胶（最有效的方法），或者用工业酒精多次漂洗。
- 使用漆稀释剂反复漂洗合成漆。
- 使用油漆溶剂油反复漂洗油或清漆，然后用漆稀释剂漂洗，以除去含油的油漆溶剂油。
- 使用肥皂水清洗水基表面处理产品。

**照片 3-2** 你可以将刷子挂在放有合适溶剂的容器中暂时储存且无须清洗，或者用保鲜膜将其包好

# 常见的刷涂问题

刷涂的主观性非常强，也常会出现各种问题。这里列出了一些常见问题。对于不同类型表面处理的特殊问题，请参考相关章节

| 问题 | 原因 | 解决方法 |
| --- | --- | --- |
| 刷痕 | 刷子的质量很差 | 使用质量好的刷子（请参考“选择刷子”） |
| | 涂层太厚 | 使用合适的稀释剂稀释表面处理产品，表面处理剂越稀，留下的刷痕就会越少，当然涂层的厚度也会越薄 |
| | 以上两种情况都有 | 将表面打磨平整并擦拭至理想的亮度（请阅读第16章“完成表面处理”） |
| 气泡 | 气泡是暴力刷涂的结果，表面处理产品干得太快，气泡没有足够的时间自行破裂 | 在温度较低的环境中刷涂，气泡会有足够的时间破裂 |
| | | 在表面处理产品凝固前戳破气泡（保持刷子几乎垂直于表面，用刷头轻轻地回刷一遍） |
| | | 添加合适的稀释剂或缓凝剂延缓涂料的干燥 |
| 灰点 | 空气、木料表面、涂料或刷子是脏的 | 在开始刷涂之前让尘埃落定，用粘布或干净的手擦除木料表面的粉尘；过滤表面处理产品；使用合适的溶剂清洗刷子 |
| | 表面处理产品干燥得太慢 | 使用快干型表面处理产品 |
| | 以上两种情况都有 | 将表面打磨平整并擦拭至理想的亮度（请阅读第16章“完成表面处理”） |
| 滚动和流挂 | 表面处理涂层过厚 | 在滚动和流挂的涂料硬化前将其刷去，如有必要，可以通过在另一个表面刷涂或者在盛放涂料的罐口边缘轻刮去除多余的涂料，然后刷涂更薄的表面处理涂层 |
| | | 将涂层表面打磨平整并擦拭至理想的亮度（请阅读第16章“完成表面处理”） |
| 拖痕 | 在刷涂的时候，上一次刷涂的涂料边缘在连接下一次刷涂之前已经干了。你没能保持湿润的边缘 | 动作快一些，如果温度偏高可以换到凉快的地方刷涂 |
| | | 添加合适的稀释剂或缓凝剂延缓涂料的干燥 |
| | | 使用慢干型表面处理产品 |

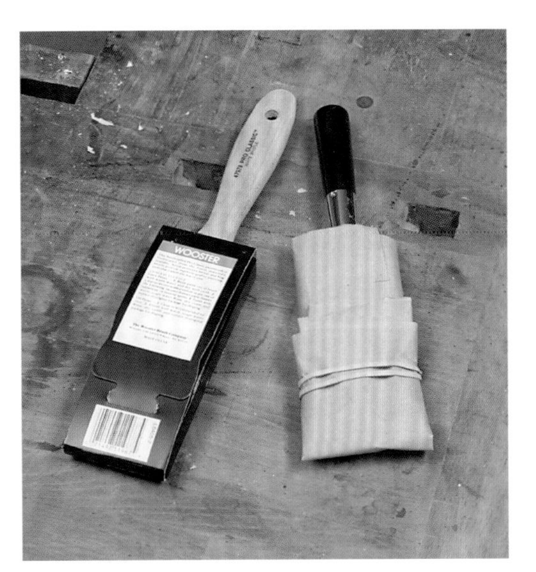


**照片 3-3** 在清洗完刷子后将其用原包装包好，或者将其包裹在吸水纸中，以保持刷毛干净、平直

如果你只是用刷子刷涂溶剂型表面处理产品，则可以在刷毛上涂抹几滴轻油，比如矿物油，以保持刷头柔软。但是不要在任何可能使用水基表面处理产品的刷子上涂油。保持刷子的良好造型是一项困难的工作，其间精神上的挑战比体能挑战更容易让人抓狂，尽管这个过程只要 5~10 分钟。你要养成及时清洗刷子的良好习惯。如果在下次使用的时候刷子仍然保持柔软，用起来很顺手，你会感觉很愉快的。如果能够一直保持刷子干净整洁、刷毛顺而直，刷子的使用寿命也会延长，并为你提供多年的优质服务。只有分叉的刷毛严重磨损时，才需要购买新刷子。但是磨损的刷子也不要扔掉，可以用它们做一些要求不高的工作，比如涂抹剥离剂。

# 喷枪及其辅助装备

喷枪是一种将染色剂、油漆、其他表面处理产品转化为细雾形态（这个过程被称为“雾化”），并使雾气覆盖加工面的工具（请参阅第 43 页“喷雾器表面处理产品”）。喷枪可以使大多数液体雾化，当然最浓稠的液体除外。相比抹布和刷子，喷枪处理液体的效率更高，形成的表面涂层更为平整。但其成本偏高，且由于回弹和过喷（喷雾时错过了目标）会造成很大的浪费。耗费在空气中的雾气也会影响操作者的身体健康。为了防止这些气雾回落到木料表面，需要添加一些设备，这进一步提高了喷枪的操作成本（请参阅第 40 页“喷漆房”）。

如果换用喷雾器，你不仅可以获得喷枪的诸多好处，且无须大量的费用。喷雾器适合处理较小的木工制品和修补工作。很多表面处理产品、调色剂和其他产品会跟喷雾器一起打包销售（请参阅第 43 页“喷雾器表面处理产品”）。

## 喷枪的分类

喷枪可以分成 5 类：

- 传统型；
- 涡轮-HVLP（高流量，低气压）型；
- 压缩机-HVLP 型；
- 无气型（液喷）；
- 气辅式无气型。

**传统型喷枪**为高压喷枪，气体压力通常为 35~45 psi（241.3~310.3 kPa），由压缩空气驱动，已经有百年的使用历史（请参阅第 45 页“压缩机”）。液体涂料的供给方式如图 3-2 所示，可分为三种：虹吸式、重力式和远程压力进给式。现在，传统喷枪几乎全部被 HVLP 喷枪所取代。

**涡轮-HVLP 型**。这项技术早在 20 世纪 50 年代已经出现，但一直没有被广泛接受，直到 20 世纪 80 年代，更严格的环保法的颁布才使其受到重视。涡轮–HVLP 使用涡轮风机所产生的高流量空气代替压缩空气来雾化液体。压力的减小有助于形成更柔和的喷雾，相比传统的高压喷枪有效减少了涂料的回弹和浪费。涡轮的风叶和分级越多，能够提供的空气流量和气压就会越高。3 级涡轮通常可以提供 110 cfm（3.1 m³/min）的空气流量和 6 psi（41.4 kPa）气压，这是最受欢迎的数值范围，同时可以获得干净的表面处理效果。相比 3 级涡轮，5 级涡轮可以提供的空气流量和压力可以高达 135 cfm（3.8 m³/min） 和 10 psi（69.0 kPa）。涂料一般由分离的远程加压罐或喷枪下方的加压杯提供（图 3-2）。

**压缩机–HVLP 型**。该技术是在 20 世纪 80 年代晚期引入行业的。通过这项技术，压缩空气会在喷枪内转换为大流量的低压气流。和涡轮–HVLP 技术一样，压缩机–HVLP 技术形成的喷雾柔和，回

## 传言

涡轮产生的热空气加热了表面处理涂层，因此合成漆和虫胶的雾浊减少或消失了，表面处理涂层流布得更好。

## 事实

热空气在其喷出喷枪之前不会与表面处理产品接触，等到喷出后已经太迟了，完全失去了加热液体的作用。你可以试一下，将冷水放入喷壶或压力杯中，然后将其喷到手上。无论喷枪中的气体有多热，水雾仍然是冰凉的。为了减少雾浊或提高流动性，可以将表面处理产品加热后使用，通常用水浴法加热表面处理产品。

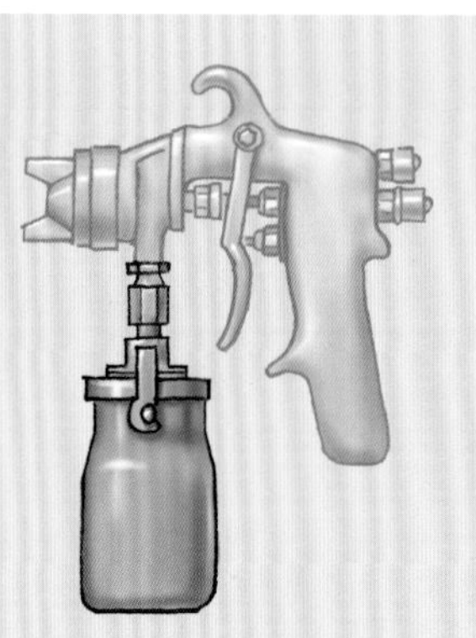

虹吸式（气吸式）喷枪的加压杯容量约为 1 L 或更小。压缩空气喷出风帽后，在喷嘴尖头的前方形成一个低压区，这会将喷壶中的液态涂料吸到管路中，将其喷出喷嘴并雾化。
传统型

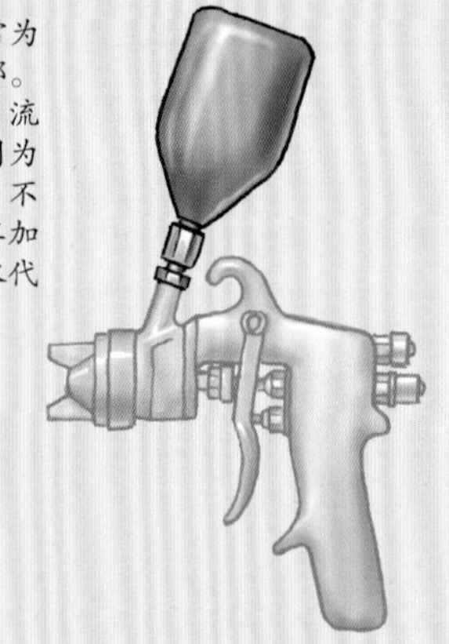

重力式喷枪的加压杯容量通常为 1 L 或更小，安装在喷枪上部。液体涂料完全借助重力作用流入喷嘴并雾化。重力式喷枪因为具有更好的平衡性和高效性（不需要将空气转至加压杯并为其加压），所以很受欢迎，并有取代压力进给式喷枪的趋势。
传统型
压缩机–HVLP 型

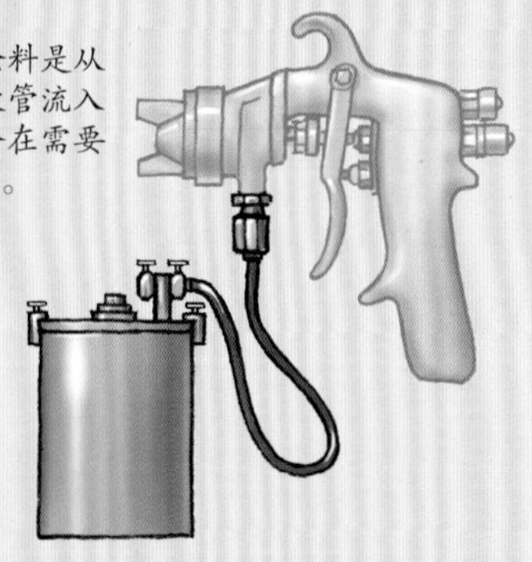

远程压力进给式喷枪的涂料是从一个分离的压力容器经软管流入喷枪的。这套系统最适合在需要完成大量喷涂工作时使用。
传统型
压缩机–HVLP 型
涡轮–HVLP 型

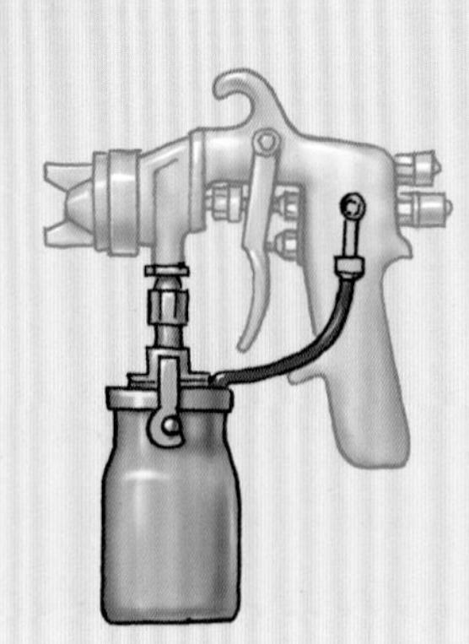

压力虹吸式喷枪是专门为涡轮–HVLP 和压缩机–HVLP 系统设计的。因为 HVLP 系统无法产生足够的气压以形成低压区域，从而将喷壶中的液态涂料吸到管路中，所以必须为加压杯加压。通常需要用一根塑料管连接到枪身上，将涡轮或压缩机产生的部分气体转入加压杯中。
压缩机–HVLP 型
涡轮–HVLP 型

**图 3–2** 喷枪类型

# 典型喷枪的工作原理

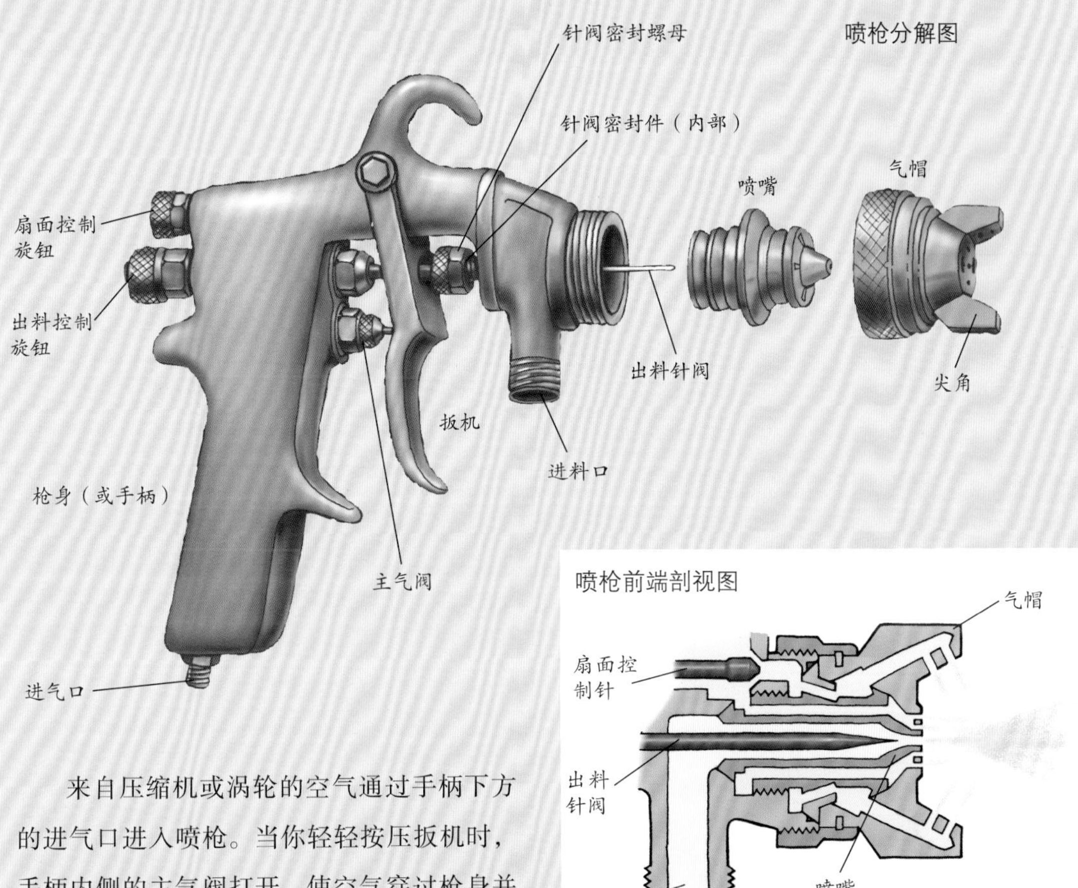


来自压缩机或涡轮的空气通过手柄下方的进气口进入喷枪。当你轻轻按压扳机时，手柄内侧的主气阀打开，使空气穿过枪身并通过风帽的中心和尖角处的小孔流出（图中蓝色部分即为空气流动的示意）。在 HVLP 喷枪中，即使没有按压扳机，空气也在不停地流动。

进一步按压扳机会使出料针阀回缩，这样液体就可以流出喷嘴了（如图中黄色部分所示）。雾化的涂料会垂直于两个尖角所在的平面喷出，并且喷雾模式可以从圆形变为椭圆形。

大多数喷枪在背侧有两个控制钮。上控制钮调节进入气帽的空气量，可改变扇面的宽度；下控制钮调节流出喷嘴的涂料流量。通过拧紧上控制钮，你可以调整喷雾扇面至圆形；拧紧下控制钮可以限制扳机回退的幅度（即针阀的退回量），减少涂料的喷出量。

某些涡轮-HVLP 喷枪只有一个控制钮——扳机控制钮，喷雾扇面的宽度则会根据扳机压力自动调整。通过调节气帽或气帽下方的模块可以在一定程度上创造出椭圆形的喷雾模式。

# 喷漆房

配置了专业设备的工房和工厂会使用商业化的喷漆房去除多余的喷雾。实际上，喷漆房就像一个一端开口、另一端装有排气扇的箱子，过滤器则安装在中间位置，以吸走多余的喷雾。商业喷漆房有以下特点：

- 钢结构，可防火。
- 过滤器，在多余的喷雾到达风扇之前将其吸走。
- 收集废气的气室，借助比风扇面积大得多的过滤面积，将空气均匀地抽走。
- 一个排气量达到 100 cfm（2.8 $m^3$/min）的风扇，完全可以将多余的喷雾从工件表面吸走。
- 一组防爆风扇和电机，用于消除可能导致密集的表面处理产品和溶剂蒸气发生火灾或爆炸的火花。
- 在墙面和天花板布置气室或管道，引导工件表面的气流通过过滤器。
- 天花板和其他墙面的照明，让操作者可以观察喷涂工件表面的反光。

商业喷漆房是生产型工房的必备要素，但是对大多数的家庭工房来说，喷漆房占用空间过大，而且太贵了（一般需要 3000~5000 美元），同时需要大量换气（热空气或冷空气，以补充被排除的空气）。如果你在家使用喷枪的频率不是很高，且需要在室内工作以排除冷空气、风、飞虫、落叶等外在因素的干扰，那么你可以考虑自己建造或改装一个喷漆房。

## 自己建造

注意，不管你在家中使用何种喷枪，是否有喷漆房，都会影响到你的房屋安全。下面介绍的是如何建造家用喷漆房的方法。这是一个安全且不贵、有足够的空气量，并通过使用 HVLP 喷雾系统将过量喷雾控制在最低水平，占用空间很小的喷漆房（具体方法见下页图示）。

喷漆房需要一个由独立电机通过皮带带动的风扇，一块或多块熔炉（高温气体）过滤板和塑料窗帘。这样的设计可以引导工件附近的空气流经风扇，避免溶剂形成的雾气与电机直接接触，也不会造成多余喷雾颗粒累积在扇叶表面。

对风扇的选择取决于所需换气量的大小，以立方英尺每分钟（cfm）计量，你需要在消除过量喷雾和减少换气量之间找到合适的平衡点。换句话说，风扇交换的空气越多，效果越好，但同时需要在房间对侧打开的窗户也会越多，房间内的冷量或热量流失的速度也越快。通常情况下，风扇越大，扇叶的角度越尖锐，能够有效交换的空气量就越大。

为了安装风扇，你要用胶合板或刨花板建造一个大约 1 ft（304.8 mm）深、两端开口的箱体。箱体四边的尺寸要足够大，可以把风扇装入一端，同时把熔炉过滤板（高温端）装在另一端。过滤板的效率要足够高，以保证多余的喷雾颗粒在接触风扇之前已被全部捕获。

在箱体顶部挖一个足够宽的槽，让风扇皮带可以从中穿过，并连接到外面的电机上。电机的功率应该足够大，通常需要具备 ¼~½ hp

（0.18~0.37 kW，对应转速约为 1725 r/min）。如果你准备喷涂溶剂型表面处理产品，最好选用防爆电机；如果只是喷涂水基表面处理产品，一台标准的全封闭风冷（Totally Enclosed，Fan-Cooled，简称 TEFC）感应电机就足够了。不管是哪一种，电机都应放置在箱体内，防止多余喷雾颗粒在其表面积累。

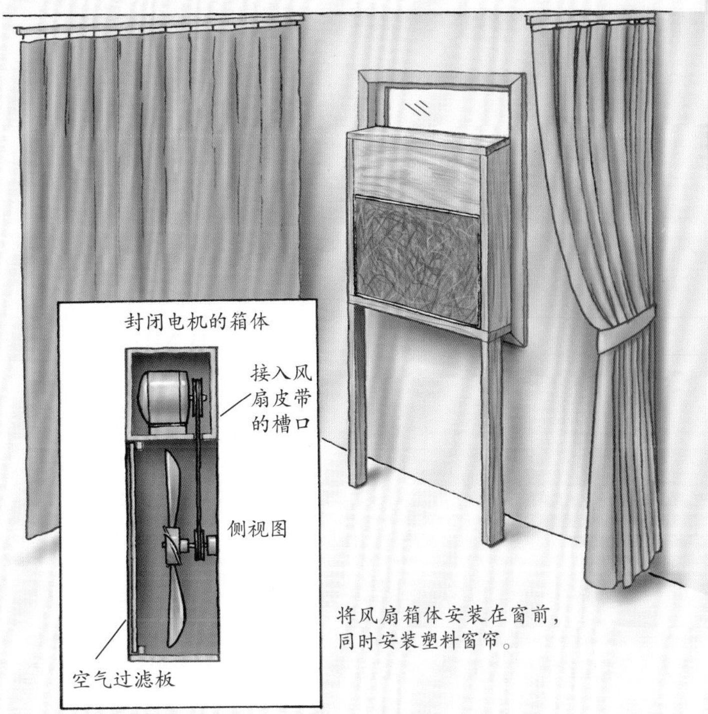

将装有封闭风扇的箱体放在窗口，最好是放置在窗前的支架上，并将箱体外侧与窗户之间的空间密封起来。然后在箱体两侧的天花板上分别挂上一条窗帘，使其从墙面向外延伸 6~8 ft（1.8~2.4 m）。如果窗户靠近一侧墙体，你可以用墙体代替这一侧的窗帘。窗帘应足够宽，这样在操作时你就可以站在气体通道内或刚好位于通道外侧的位置。

封闭电机的箱体

接入风扇皮带的槽口

侧视图

空气过滤板

将风扇箱体安装在窗前，同时安装塑料窗帘。

尽管不能像商业喷漆房那样高效地换气，但这个自制家庭喷漆房造价低廉，占用空间小，并且在保证所有部件干净整洁的情况下非常安全。

厚重的、带有天花板轨道的工业级防火窗帘是最好的。这种窗帘可以在汽车用品店或五金市场买到。你也可以使用任何类型的塑料窗帘，当然，最好不要使用会被流动的空气吹动的过轻的窗帘。

将窗帘挂在位于天花板上的轨道内，便于你在工作时将其拉开，工作完成后将其拉起。这样几乎不会浪费工房内的任何空间。

关于照明，在天花板上的托梁之间嵌入一盏或两盏 4 ft（1.2 m）长的日光灯，并使其尽可能靠近窗户。为了防止日光灯接触雾气，可以在日光灯与天花板之间安装玻璃面板（面板可以嵌入墙角的石膏线内）。要使用全光谱灯泡，以保证色彩平衡。

为了确保喷漆房远离火灾危险，保持其干净非常重要。每次工作完成后要清扫地面，并经常清理或更换空气过滤板。如果在风扇箱体或窗帘上开始出现表面处理产品的胶凝物，你要清洗或更换窗帘。

# 常见的喷涂问题

操作喷枪不会比操作电木铣更难，但是与使用电木铣一样，问题在所难免。下表列出了一些常见问题，对于不同表面处理时出现的特定问题，请参阅相关章节

| 问题 | 原因 | 解决方法 |
| --- | --- | --- |
| 橘皮 | 气压不足 | 增大气压（只有在使用压缩空气时才可以用这个方法） |
| | 表面处理产品过于浓稠 | 使用合适的溶剂稀释表面处理产品。采用这个方案时，必须使用涡轮-HVLP 喷枪 |
| | 喷枪离工件表面太远，或者喷枪移动得太快，导致没有形成完整的湿润涂层 | 使喷枪靠近处理表面或减缓其移动速度。借助反射光线随时观察喷涂效果 |
| | 喷枪离工件表面太近或喷枪移动得太慢，导致涂料堆积形成波纹 | 将喷枪适当远离操作面，或加快喷枪的移动速度。借助反光随时观察喷涂效果 |
| 干喷 | 表面处理涂层干燥过快 | 添加合适的缓凝剂，延长涂料干燥时间 |
| | 喷枪离工件表面太远，或者喷枪移动过快 | 将喷枪适当靠近操作面、放慢喷枪移动速度或添加缓凝剂 |
| | 原有涂层干燥后，多余喷雾颗粒重新附着 | 添加合适的缓凝剂，延长涂料干燥时间；改善换气系统 |
| 滚动和流挂 | 用于喷涂的表面处理产品过于浓稠 | 稀释表面处理产品，喷涂更薄的涂层 |
| | 喷枪离工件表面太近，或喷枪移动过慢 | 借助反光观察喷涂效果，及时进行调整 |
| | 每次喷涂结束后，没有及时松开扳机 | 在转动手腕的同时松开扳机 |
| | 喷枪口没有垂直于操作面，因此在距离喷枪口较近的地方，涂料堆积过多 | 喷涂时应始终保持喷枪口垂直于操作面 |

# 喷雾器表面处理产品

很多受欢迎的表面处理产品都做成喷雾器形，并且从亚光到高光有不同的光泽度可选。这些产品包含聚氨酯、虫胶、合成漆、水基表面处理剂和预催化漆。其他产品，诸如打磨封闭剂、调色剂和雾浊（白色水痕）去除剂也会使用喷雾器包装。

喷雾器表面处理产品与使用喷枪喷涂的产品一样，只是通常稀释的程度更高，以确保其可以顺利通过喷嘴中的小孔。你通常需要喷涂两遍才能获得与一次喷枪喷涂相当的涂层。喷雾器的使用方法与喷枪一样（参阅第 48 页“使用喷枪”）。在处理大的操作面时，你可以在喷雾器的罐身附加按压手柄，从而缓解手指的压力，更好地完成操作。

无论喷雾器含有何种表面处理产品，它们的罐体几乎是相同的，包含喷嘴（由阀门和促动器组成）、汲取管以及推动液体通过汲取管和喷嘴的气体推进剂。

1978 年以前，喷雾器使用氟氯昂（Chlorofluorocarbons，简称 CFCs）作为推进剂将涂料喷出，但是现在，氟氯昂的生产已经基本停止，因为其对臭氧层有破坏作用。现今，大多数喷雾器使用液化石油气（Liquefied Petroleum Gases，简称 LPGs）作为推进剂，比如丙烷、异丁烷和正丁烷。

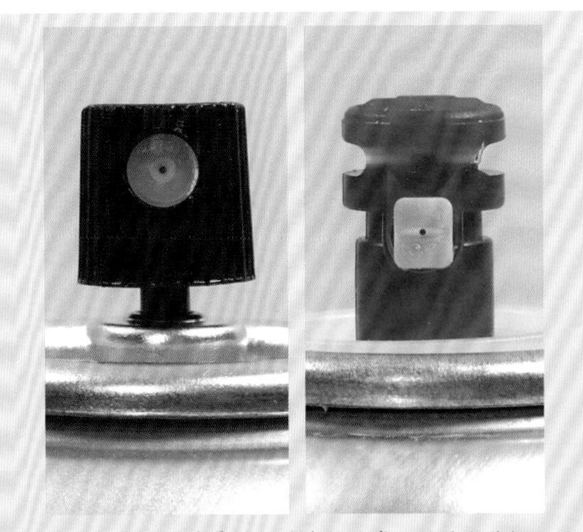

有两种类型的喷雾器。其中较为常见的是当你按压促动器后形成的喷雾呈锥形（左图）的喷雾器。另一种喷雾器形成的是扇形喷雾，通过用钳子旋转喷嘴前端的碟片方向可以调整扇形的方向。后者通常雾化效果更好一些，可以形成更均匀的表面处理涂层

大多数喷雾器的喷嘴有一个简单的圆柱形促动器，将其按下可以产生锥形的喷雾。有些喷嘴在促动器前端有一个方形碟片，通过用钳子旋转碟片调节其方向可以使喷雾器像喷枪那样，形成水平或垂直的喷雾扇面。这种喷雾器相比使用圆柱形促动器的那种可以得到更加均匀的表面处理效果。

这两种喷雾器在使用前都需要充分摇晃。如果罐体中包含固体材料，比如色素或消光剂，当你摇晃时可以听到一个金属球撞击罐体侧壁的声音。这个金属球可以帮助固体颗粒更好地悬浮。如果没有听到小球的撞击声，你就要不停地摇晃喷雾器，直到你听见声音，然后继续摇晃 10~20 秒。

结束喷涂后，及时清洁汲取管和阀门，使表面处理产品不会凝固和堵塞喷嘴。方法是将喷雾器上下颠倒，然后按压喷射，直到没有液体喷出。

弹小，浪费少。用专业术语描述，HVLP 喷枪比传统喷枪具有更高的转换效率。因为其柔和的喷雾速度，大约 2/3 的涂料可以留在喷涂表面，而传统喷枪处理的表面通常只能留住 1/3 的涂料。

根据加州的法律和其他地区广为接受的标准，HVLP 喷枪喷嘴处的雾化气压被限制在 10 psi（69.0 kPa）或更小。不过，很多表面处理师仍会使用更高的气压以改善黏稠液体的雾化效果。对压缩机 HVLP 喷枪来说，液体涂料是通过连接在上方的重力进给式压力杯、连接在喷枪下方的独立的压力进给式压力罐或虹吸式压力杯供应的（第 38 页图 3-2）。

有些厂家还供应一种叫作低流量、低气压（Low Volume，Low Pressure，简称 LVLP）的喷枪。这种喷枪可搭配小型压缩机使用，比如平降式压缩机。除了涂料的输出量较少，LVLP 喷枪与 HVLP 喷枪的性能相当。

**无气型（液压雾化）喷枪**通过一个液泵推动涂料从一个非常小的喷嘴喷出，出口处形成的压力可以高达 3000 psi（20685 kPa）。无气型系统喷射液体涂料的流量非常大，因此经常在粉刷房屋时使用。不过，无气型喷枪的雾化效果没有其他喷枪细致，会产生更多的橘皮效果（请参阅第 42 页“常见的喷涂问题”）。因此，无气型喷枪通常不用于非常细致的木料表面处理。

**气辅式无气型喷枪**及其空气混合系统使用气压范围 800~1000 psi（5516~6895 kPa）的中等压力液泵和压缩空气驱动。大约 80% 的喷雾是通过液压雾化形成的，只有 20% 的喷雾是通过低压空气实现雾化的。这种喷涂系统较为昂贵，通常用于工厂和大型工房，可以快速完成喷涂并保证喷涂质量。

传言

HVLP 喷枪只能喷涂水基表面处理产品。

事实

HVLP 只是一种把液体从容器传递至木料表面的技术。你可以使用 HVLP 喷枪喷涂几乎任何液体。

## 选择喷枪

除非你在专业工房中从事大量的喷涂工作，否则只需从前三种喷枪中选择一种。这些喷涂系统比较便宜，唯一的不足在于喷涂的流量有限。不过，除非你的工作量非常大，否则已经够用了，接下来我会重点讨论这些系统。

如果你准备购买一把新的喷枪，你应选择涡轮-HVLP 或压缩机-HVLP 系统。没有理由选购传统喷枪，除非你之前已经购买了，不想重复投资。如果你已经有了尺寸合适的压缩机，或你需要压缩机完成其他工作，可以选择压缩机-HVLP 喷枪（参阅下一页“压缩机”）；如果你没有或不需要压缩机，可以选择涡轮-HVLP 喷枪。两种喷枪效果都不错。与其他工具一样，一分钱一分货。你的投入越高，产品的耐用性和可靠性就越好。比如，品质不同的喷枪的可调节和控制性能会有非常明显的差别。

## 优化喷枪（进气压调节）

为了让你的喷枪获得最佳喷雾效果，你需要调整液体的黏度以及针阀、喷嘴和风帽的尺寸。比如，浓稠液体相比稀液体需要更高的气压才能达到最佳的雾化效果。大的针阀和喷嘴比小的需要更高的气压。（液体越黏稠或流量越大，雾化

# 压缩机

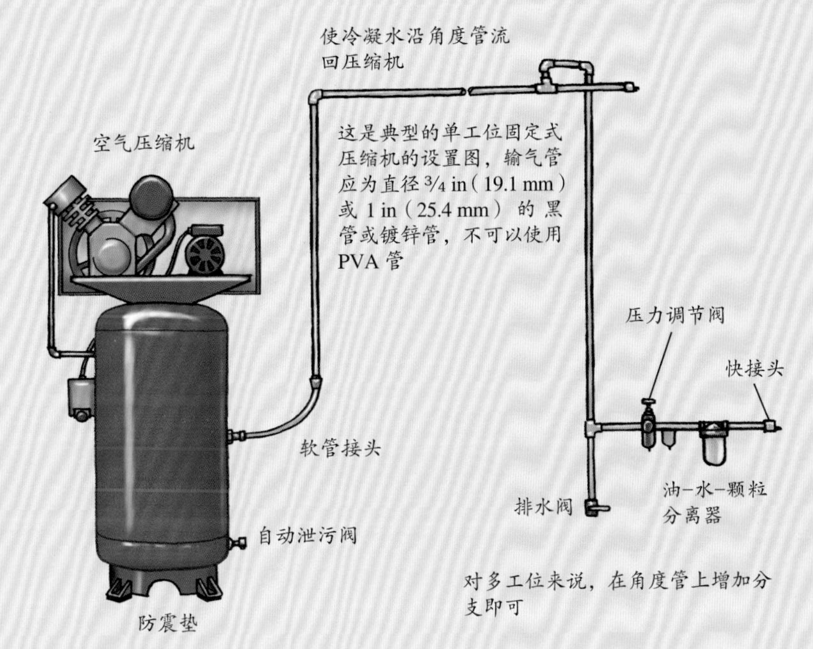


有三种类型的压缩机，即隔膜式压缩机（以自行车气筒为典型代表）、螺杆式压缩机（可以产生恒定气流并且不需要气缸）和活塞式压缩机。最后一种压缩机被广泛用于家庭工房和小型工厂。

活塞式压缩机由一个电机、一台泵（类似汽车引擎，有活塞和飞轮连杆）和一个气缸组成。气缸越大，储存的空气就越多，使用时电机和气泵的脉冲（冲程）间隔就越长。一级压缩机只能完成一次压缩，使气压增至 125 psi（861.9 kPa）。二级压缩机可将空气压缩两次，第一次增压至 125 psi（861.9 kPa），第二次可将气压进一步提高至 175 psi（1206.6 kPa）。

将大量空气泵入气缸中可形成均一的压力。容积的单位是立方英尺，出气量则表示为立方英尺每分钟或 cfm。风量和气压是协同作用、紧密关联的。每一种气动工具都有其实现最优效率的风量和气压要求。比如，压缩机–HVLP 喷枪需要 30 psi（206.9 kPa）的压力和 15 cfm 的出气量，而气钉枪需要的压力高达 90 psi（620.6 kPa），出气量只需 2.4 cfm。

为了能够根据需求选择压缩机，你要首先确定使用的工具对压缩风量和气压的要求。压缩机型号要根据出风量最大的工具来选择，以保证气量供应充足。如果你和使用其他气动工具的人同时使用压缩机，你需要选用可以将每个人的用气量提高 30% 的压缩机。不必将每个人的用气量提高 1 倍，因为并不是所有的工具都在一直使用。

很多家庭工房和小型专业工房使用移动式的压缩机（轮式）。这些压缩机通过一根末端带有快接头的软管与你的喷枪连接。如果使用固定式压缩机，你需要安装输气管通至多个操作位。典型的设置请参考上图。

# 常见的喷枪问题

以下是 6 种常见的使用喷枪的错误，以及原因分析和解决方法。原因和解决方法根据出现频率粗略排布

| 问题 | 分析 | 原因 | 解决方法 |
| --- | --- | --- | --- |
| 涂料从喷枪前端的喷嘴尖处滴落或泄漏 | 针阀没有很好地对齐喷嘴的尖端 | 针阀密封螺母（位于扳机前端）太紧了，导致密封件压住了针阀 | 将螺母拧松一点 |
| | | 针阀密封螺母已经固化变硬，导致针阀无法紧密闭合 | 使用无硅油润滑针阀密封螺母 |
| | | 有杂物、染料或涂料堵塞了喷嘴，阻止了针阀紧密闭合 | 清洗喷嘴 |
| | | 喷嘴头或针阀磨损或损坏，导致液体泄漏 | 更换磨损或损坏的部件 |
| | | 松开扳机后，推动针阀的弹簧无法正常工作 | 更换弹簧 |
| | | 针阀对喷嘴来说太大或太小，导致其无法紧密匹配 | 更换部件，使其可以紧密匹配 |
| 涂料从扳机前方的针阀密封螺母处泄漏 | 针阀密封件没有密封针阀周围 | 针阀密封螺母没有拧紧，导致密封件没有压向针阀 | 拧紧密封螺母 |
| | | 针阀密封件磨损或过于干燥 | 尝试使用无硅油润滑针阀密封件。如果无法防止泄漏，更换密封件 |
| 涂料或表面处理产品在压力杯中起泡 | 空气回流进入压力杯中 | 喷嘴太松了 | 拧紧喷嘴 |

需要的气压就越高。）我们接下来依次讨论每种喷枪的调整步骤。

**虹吸式和重力进给式喷枪。**调节气压型虹吸式或重力进给式喷枪时要逆时针旋转两个旋钮，直至获得宽度最为理想的喷雾模式。对大多数喷枪来说，当你看到螺纹时就调好了。你可以获得最宽的喷雾扇面和最深的扳机按压深度（注意，千万不要把流量旋钮完全松开。）。然后将气压下调至大约 10 psi（69.0 kPa）。如果你使用的是移动型压缩机（平降式或带有轮子的），你会发现压缩机上装有一个压力调节阀；如果你使用的是大型固定压缩机，那么你需要购买一个独立的压力调节阀安装在操作位上（照片 3-4）。

在棕色纸或卡纸上简单地水平喷涂一下（喷

| 问题 | 分析 | 原因 | 解决方法 |
| --- | --- | --- | --- |
| 喷雾跳动或抖动 | 没有足够的空气进入压力杯或喷壶中置换被喷出的液体 | 进气阀被堵住了 | 清洗进气阀 |
| | 空气进入了出料通道，与液体混合后喷出 | 压力杯或压力壶过于倾斜 | 保持压力杯 / 压力壶更为竖直或添加更多涂料 |
| | | 压力杯或压力壶中的液位过低 | 添加更多涂料 |
| | | 针阀密封件太松或太干 | 拧紧针阀密封螺母或使用无硅油润滑针阀密封件 |
| | | 出料通道堵塞 | 尝试使用溶剂反冲或拆下清洗。用手指按住气帽中心孔，然后快速轻压扳机完成反冲操作 |
| | | 喷嘴太松或损坏 | 拧紧或更换喷嘴 |
| 喷雾的重心偏上、偏下、偏左侧或偏右侧 | 空气或涂料在从喷枪中流出时不够均匀 | 气帽或喷嘴堵塞。将气帽旋转半圈，如果不均匀的喷雾扇面保持不变，堵塞在喷嘴处；如果喷雾扇面翻转，问题出现在气帽处 | 清洗出现问题的部件 |
| | | 喷嘴的前端损坏 | 更换喷嘴 |
| 喷雾过于集中在中心或分散在两端 | 气压与涂料的黏度不匹配 | 气压太高导致喷涂扇面分裂 | 减小气压 |
| | | 气压太小导致无法形成最大宽度的喷雾 | 增大气压 |

涂面的形状在白纸上会呈现得更好）。然后调节压力阀，将气压上调 5 psi（34.5 kPa）再喷涂一次。每次上调 5 psi（34.5 kPa），直到喷涂面呈现匀称的椭圆图案。此时喷枪的性能达到最佳。继续增大气压会造成更多的回弹和浪费，也并不会提高涂料的雾化效果（照片 3-4）。

**使用压力壶的喷枪。**使用分离式压力容器需要增加一个步骤，因为进入喷枪的液体压力同样需要调节。为了设置壶压，首先要完全打开喷枪的控制旋钮，然后完全关闭旋钮使空气不再流入喷枪，此时压力壶处于承压状态。接下来完全压下扳机。如果压力容器中的压力能够在液体喷出 8~10 in（203.2~254.0 mm）后开始下降，此时容器中的气压约为 10 psi（68.9 kPa）。然后再

**照片 3-4** 为了优化压力喷枪，需要打开控制旋钮以获得最大的扇面和最深的扳机按压深度。从大约 10 psi（68.9 kPa）的低气压开始，在棕色纸或卡纸上简单地水平喷涂一下，然后以 5 psi（34.5 kPa）为增量上调气压并试喷。当喷雾呈椭圆形并在宽度上保持一致时，喷枪在液体黏度、针阀、喷嘴和气帽的设置上就达到了最优状态

小贴士

除了调整喷枪，你还可以稀释涂料以获得最佳雾化效果。这个方法的缺点是，每次喷涂的涂层很薄，需要增加喷涂次数才能获得想要的效果。

次打开进气阀为喷枪充气，并按照上述的调节方法调节气压。如果喷涂扇面看起来很干，你需要增加壶内的压力；如果喷涂的扇面颜色很浅，则需要调节喷枪。

**涡轮喷枪**。因为涡轮喷枪不需要调节气压，所以你不能按照压缩机喷枪的方式进行调节。你应该调节液体的黏度。如果将控制旋钮全部打开后，在棕色纸或纸板上形成的喷雾扇面不是完整的椭圆形，说明液体过于浓稠，应加以稀释，直到形成正确的喷雾扇面。

如果你想调节这些喷枪的扇面宽度以喷涂更窄的木料表面，你应该旋紧上方的扇面控制旋钮。如果这个步骤导致控制出现问题，造成了喷出的表面处理产品在某些位置堆积过多，你应该旋紧下方的出料控制旋钮，减少扳机的下压量以减少喷涂量。这些操作不会影响喷枪的雾化效率。如果喷枪设置已经优化，但无法喷出足够的涂料，你可以换装一个直径更大的喷嘴和与之配套的针阀。不过这样需要重新优化喷枪的设置，因为需要雾化的液体增加了。

# 使用喷枪

使用喷枪不难，但是在处理重要的作品之前，你应该在纸板或胶合板废料上多加练习。以下是使用喷枪的基本原则（请参考第 42 页“常见的喷涂问题”和第 46 页“常见的喷枪问题”）。

- 布置光源，使你可以通过反光随时观察喷涂效果。不借助反光，你就等于蒙住眼睛完成操作。你的目标是获得一层完全湿润且不流动的涂层。
- 如果你在一个可以有效去除扬尘的喷漆房中操作，你要首先使用高压空气或刷子去除待处理表面的粉尘，用吸尘器或粘布也可以。如果使用的是水基表面处理产品，你需要使用蘸水的抹布。在开始喷涂之前，要用干净的手去除任何可能落在表面的粉尘。

调节喷涂扇面的宽度：完成大表面喷涂要加

宽，处理窄小的表面要收窄。

- 制定系统的喷涂流程。喷涂水平表面时，边缘可以直喷，然后倾斜 45° 喷涂（部分喷雾覆盖边缘，部分喷雾覆盖面板表面）。最终要像照片 3-5 所示的那样完成喷涂。对于复杂的作品，要先喷涂不容易看到的部位。比如，

**照片 3–5** 开始喷涂平整的水平表面时，应使喷雾的一半覆盖前边缘，另一半在边缘之外（a），然后保持每次的喷涂痕迹有一半重叠，直至喷涂到后边缘（b），收尾时应使喷雾的一半覆盖后边缘，另一半在边缘之外（c）。用这个方法可以将整个表面喷涂均匀

先喷涂椅子腿和横挡，然后才是椅面和椅背（照片 3-6）。

- 如果可能，要从距离木料几英寸外的地方开始喷涂，然后靠近木料。持续喷涂，直至越过对侧边缘几英寸再松开扳机。最好在每段冲程结束时松开扳机（这个操作被称为“扳机动作”），这样不仅可以减少过度喷涂，还能避免手部痉挛。

> **小贴士**
>
> 在开始喷涂作品之前，握住喷枪并将其举至视线的水平高度，试喷，检查喷雾扇面的宽度和喷雾的均匀程度。如有问题，可调节相关旋钮，直至喷雾的宽度和均匀程度满足要求。这样尝试几次，你就可以非常准确地调节喷枪了。

- 当喷涂接合处的表面时，比如椅子的横挡，在每段冲程开始和结束时，你要在压下或松开喷枪扳机的同时轻抬手腕，使喷雾方向变得水平。
- 保持喷枪与作品表面的距离一致。这个距离通常是 8~10 in（203.2~254.0 mm），大致与你的手掌完全张开时，拇指尖到小指尖的距离相当。
- 喷雾垂直于表面的喷涂要像图 3-3 所示的那

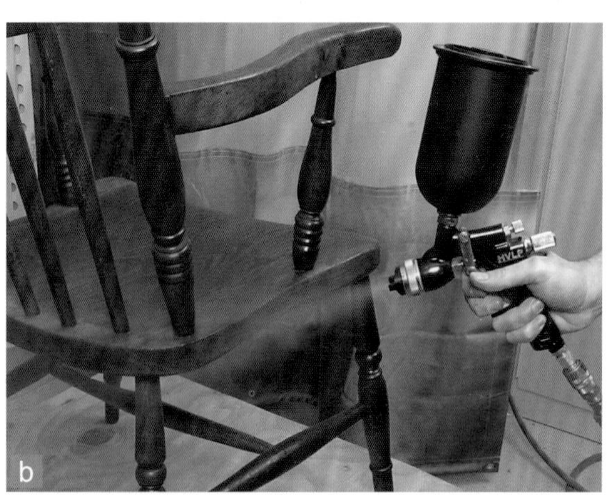

**照片 3-6** 喷涂复杂的表面时，比如椅子，要从最不容易看见的部位开始喷涂。将椅子颠倒放置，喷涂椅子腿的内侧和横挡的内侧以及底部（a）；然后放正椅子，喷涂椅子腿的外侧、横挡的外侧和顶部以及凳面边缘（b）；最后喷涂凳面、椅背和扶手（如果有的话）（c）

样操作，不要晃动喷枪。

## 清洗和储存喷枪

彻底清洗喷枪非常重要。如果表面处理产品的残留物在喷枪中硬化，喷枪就不能再用了，而且很难再次清理干净。具体操作步骤如下。

1. 在每天使用喷枪后或接下的一段时间不会使用喷枪时，应加入溶剂，并通过喷洒使其流过与表面处理产品完全相同的路径。这在使用水基表面处理产品、清漆和双组分表面处理产品时尤其重要，因为这些产品一旦固化几乎不可能去除。如果是合成漆，则可以将其留在喷枪和压力杯中很长一段时间（几周是没有问题的）。对所有表面处理产品来说，最有效的溶剂就是漆稀释剂，当然，水基表面处理产品用水处理也很有效。
2. 每天使用完喷枪后要取下气帽和针阀。将它们浸入漆稀释剂中或清洗干净后装回喷枪。
3. 有些表面处理师喜欢取下并清洗喷嘴。当你

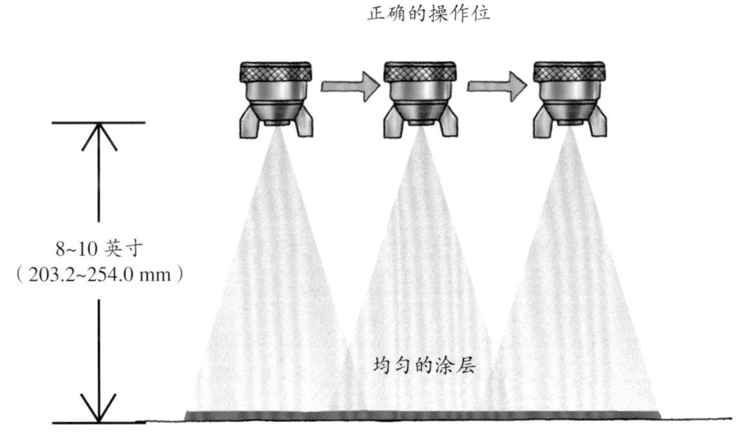


为了获得最佳效果，将喷嘴垂直置于喷涂表面的正上方，然后沿直线移动喷枪

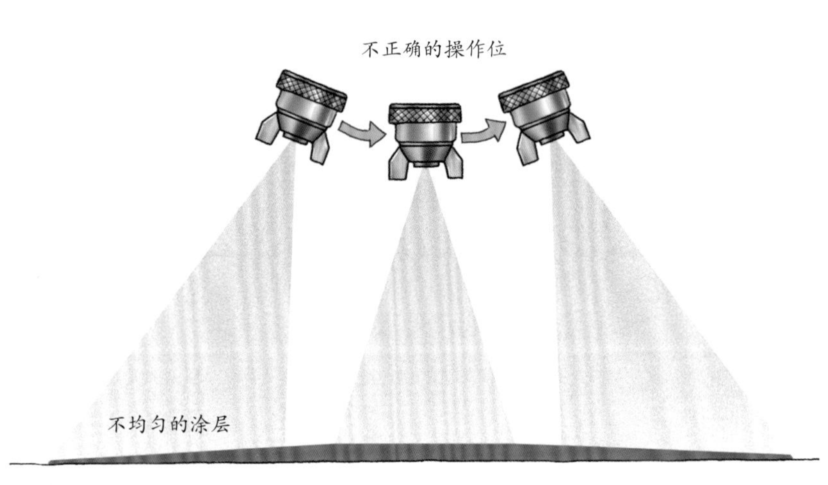


喷嘴的倾斜或喷枪的晃动会导致涂层不均匀

**图 3–3** 恰当的喷涂

处理完一件作品并且很长时间不会使用喷枪时，这么做非常明智。

4 如果你使用杯式喷枪，要彻底清洗压力杯，包括垫圈。如果你使用的是压力罐，那么要彻底清洗压力罐和软管。要在软管中加入合适的溶剂，使其在软管中流动以完成清洗。

5 清洗完喷枪后，最好在针阀密封螺母处点上一两滴油保持其润滑。你可以从喷枪供应商那里购买小管的润滑油或直接使用矿物油。

◆ 第二部分 ◆

# 染色剂的使用和选择

4

# 木料染色

## 简介

- 了解染色剂
- 染色剂的组成
- 选择染色剂
- 化学染色
- 漂白木料
- 黑化木料
- 使用苯胺染料
- 配色
- 染料以及防褪色
- 使用染色剂
- 染色前的基面涂层
- 基面涂层
- 端面染色
- 常见染色问题、原因及解决方法

在木工表面处理的所有步骤中，染色阶段的问题最多。因为污点、斑点、条纹、着色不均以及染色与后期处理之间的不协调造成的问题非常多，很多木匠会放弃染色。我确信，“木料原色”之所以很流行，至少有部分原因在于，木匠认为染色难度太大。

正确染色不仅可以为木料增色，还能解决一些木料本身的问题。染色剂可以给木料添加颜色，丰富木料的视觉层次，可以帮助装饰问题区域，消除不同板材之间或同一板材的心材和边材之间的色差，甚至可以把一些廉价的木料（比如杨木和软枫木）染成与昂贵的胡桃木和桃花心木一样的色（第56页照片4-1）。

染色剂最关键的特性是它的颜色，通常木匠也会因为颜色而选择某款染色剂。当然，你同样需要考虑其他方面，比如制作染色剂使用的原料、染色剂的干燥速度以及它在木料上的染色效果等。厂家不会轻易透露这些信息。除了所谓的“专业效果”，标签上极少会注明你所期待的内容，如果忽视了这些，即使染色剂的颜色没有问题，仍会出现意料之外的结果。

初听起来可能有些匪夷所思，但是当你认识到染色剂和锯一样有太多选择的时候，你就不会觉得，上面的提醒是多余的了。你不会选择台锯去锯切曲线，也不会用曲线锯去锯切斜角。同理，你不应使用擦拭型染色剂凸显虎皮枫木的波纹，也不应该用染色的方式消除松木中的花斑。和锯一样，没有所谓最好的染色剂，只有相对来说最合适的染色剂。

木料是不同的，同样，染色剂对不同木料的染色效果也是不同的。选择染色剂时，你需要考虑木料的两个通用特性。

第一个特性就是木料本身的颜色。很明显，同样的染色剂用在白枫木、粉樱桃木，或者黄桦木和棕胡桃木上，最终呈现的颜色是不同的。

第二个特性则是木料的纹理和图案。木料可以分为四大类：软木，诸如松木和冷杉木；致密纹理硬木，诸如枫木、椴木和樱桃木；中等纹理硬木，比如胡桃木和桃花心木；粗纹理硬木，诸如橡木、榆木和白蜡木。对同一类木料来说，可以通过漂白和染色成功实现任何两种木料的颜色匹配。但要实现两个不同分类下木料颜色的完全匹配则很困难，因为彼此间纹理和图案的差别很大。所以在为木制品选择木材时需要考虑木材的这种局限性（照片 2-1）。

除了不同种类的木料，染色剂在实木和木皮上的染色效果也是不同的。通常实木的染色较深，只有少数情况下木皮的染色较深。

当然，在准备给木料染色时，还需要考虑很多因素。如果你想正确地使用染色剂，则需要理解不同的木料和染色剂之间的相互作用。通常情况下，染色失败的主要原因在于错误地选择染色剂，染色剂的使用方式只能算是次要原因（请参阅第 85 页“常见染色问题、原因及解决方法”）。

**照片 4–1** 染色剂可以使廉价木料的颜色，而不是纹理，更接近令人喜爱的胡桃木或桃花心木。图中显示的是胡桃木贴皮的面板被安装在染成胡桃木色的榉木框架中

# 了解染色剂

有很多种方法对染色剂进行分类。理解染色剂的配方、特性及其与木料相互作用的方式可以帮助你预测染色的结果（请参阅第 60 页“染色剂的组成”）。

以下介绍了一些需要注意的产品特性。

- 染色剂——色素还是染料？
- 染色剂含量——一些还是很多？
- 黏合剂——油、清漆、合成漆，还是水基黏合剂？
- 黏稠度——是液体还是凝胶状？

## 染色剂

用于染色的染色剂有两种：色素和染料（照片 4-2）。色素是经过精细研磨的天然或人造土壤。染料是可以溶解于溶剂中的化学制品。那些沉淀在瓶底的都是色素，在色素全部沉淀后，赋予液体颜色的就是染料（染料只有在没有足够的液剂溶解时才会沉淀）。色素和染料还有其他差异，我们接下来会重点讨论与木料染色相关的不同点。

- 色素只会附着在可以保留色素的、足够大的刮痕（或擦痕）和孔隙中，多余的部分则会被擦除；而染料则可以随溶剂渗入任何地方（图 4-1 和照片 4-3）。
- 残留在木料表面没有被擦除的色素会降低木料的光泽度，而残留的染料看起来仍然是透明的（照片 4-4）。
- 色素不易褪色，但染料暴露在强紫外线的阳光下时褪色相当快，在一些弱紫外线的荧光灯下也会缓慢衰退（请参阅第 76 页图）。
- 色素需要用黏合剂将色素颗粒黏合到木料上，染料可以使用也可以不用黏合剂。这有些令人困惑，并且你无法通过染色剂的名称获得所需信息（请参阅第 62 页“选择染色剂”）。

**色素。**直到最近，所有色素都是在欧美各地开采出来经过精细研磨的土壤。现在，大多数色素是着色后的类似土壤的人造颗粒。因为色素是不透明的，因此常被用作油漆中的染色剂。如果

**照片 4–2** 厂家很少会透露他们的染色产品中使用的染色剂种类（特别是一些有秘方的产品）。有时，你可能不想使用染料，因为木制品常会受到光照，在阳光下，染料的褪色速度要比色素快得多。你需要自己测试产品的类型。首先，花点时间等待色素沉淀下来，然后将一根木棒插入染色产品中，看能否从罐底挖出一些色素。如果可以，而木棒的其他地方没有被染色，则表明产品中只含有色素（左）；如果没有挖出色素，而木棒又被染色了，表明产品中只含有染料（中）；如果你从罐底挖出了色素，同时木棒的其余部分被染色了，说明产品中同时包含色素和染料（右）

在木料表面涂抹足够的色素，你将无法看到木料本身的纹理。因为色素颗粒比其赖以悬浮的液体密度更大，所以色素颗粒会沉淀到容器的底部，你必须在使用前通过搅动使其重新悬浮起来。大多数市售的染色产品中都含有色素。

当多余的色素被擦除后，色素会附着在凹陷处，比如孔隙、刮痕和刀痕处。凹陷处的体积越大，附着的色素就会越多，这些部位的颜色就会变得更深、更不透明。这就是色素染料会使较大的孔隙、刀痕和横向打磨的痕迹更突出的原因。通常附着在顺纹理方向的打磨痕迹中的色素很难与木料本身的纹理区分开来，这就是应该顺纹理打磨木料的原因（照片 4-5）。

通过在木料表面形成一定的厚度，色素也可以为木料上色，只要不擦除多余的色素就可以。这与涂抹一层薄漆的效果是一样的。你可以通过控制残留在木料表面的色素的量来改变木料表面的明暗效果。如果不去除任何多余的色素，可以产生类似上漆的均匀着色效果，只是木料表面会

## 小贴士

通过控制打磨的最终目数，可以在一定程度上改变色素在木料表面染色的深度。砂纸越粗，产生的擦痕就越大，可以附着的色素就会越多。从而让木料的颜色变得更深。砂纸越细，产生的擦痕就越小，可以附着的色素就越少，木料的外观颜色就显得更浅。

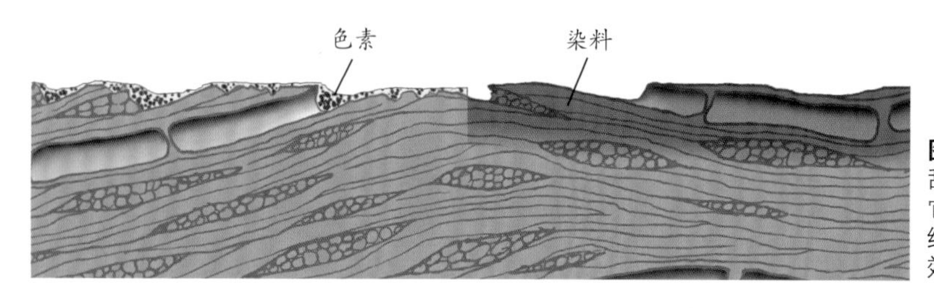


**图 4–1** 色素会附着在木料的孔隙、刮痕（或擦痕）和缺陷处，并凸显它们的存在。染料通过渗透使木纤维饱和，可以产生更加均匀的外观效果

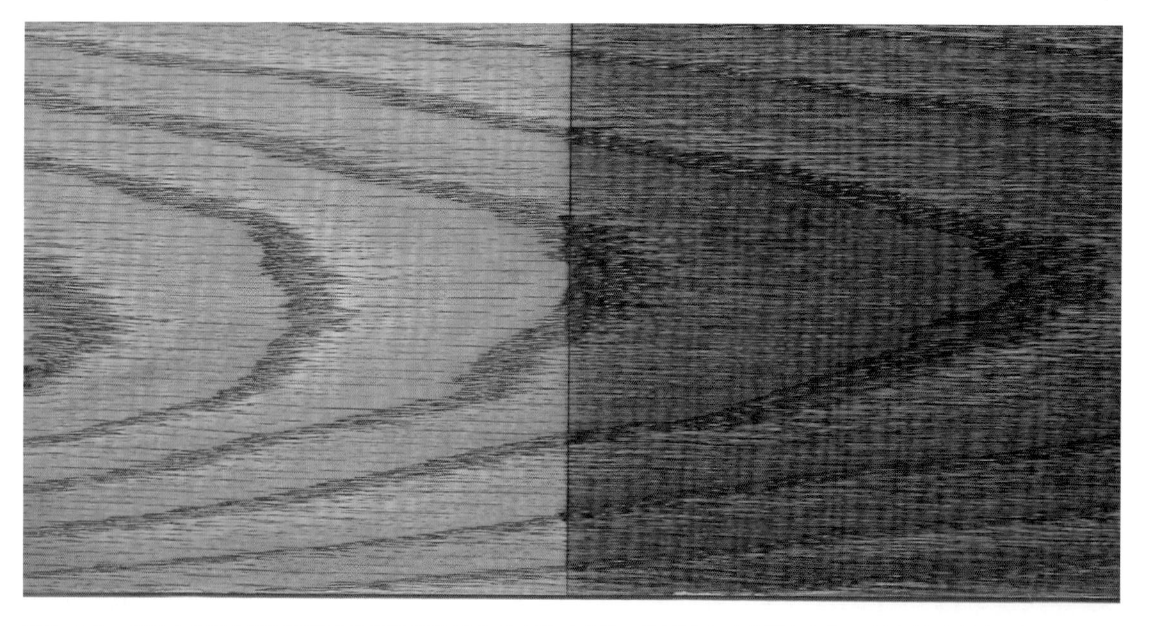

**照片 4–3** 色素（左图）增强了橡木的粗纹理和致密纹理的对比度。染料染色（右图）加深了橡木的致密纹理部分，从而降低了两种纹理的对比度

**照片 4–4**　染料的透明特性可以让一些木料区域变得比其他部分更深，同时不会出现类似色素染色的混浊。面板的左侧使用染料染色，右侧使用色素染色。上半部分只染了一层并擦除了多余的色素，下半部涂抹了多层并且没有擦除多余的色素。注意，染料仍能保持透明。这个特性允许你使用不同类别的木料、相同类别木料的不同板材或者使用心材和边材染出各种颜色，同时都不会产生混浊的视觉效果

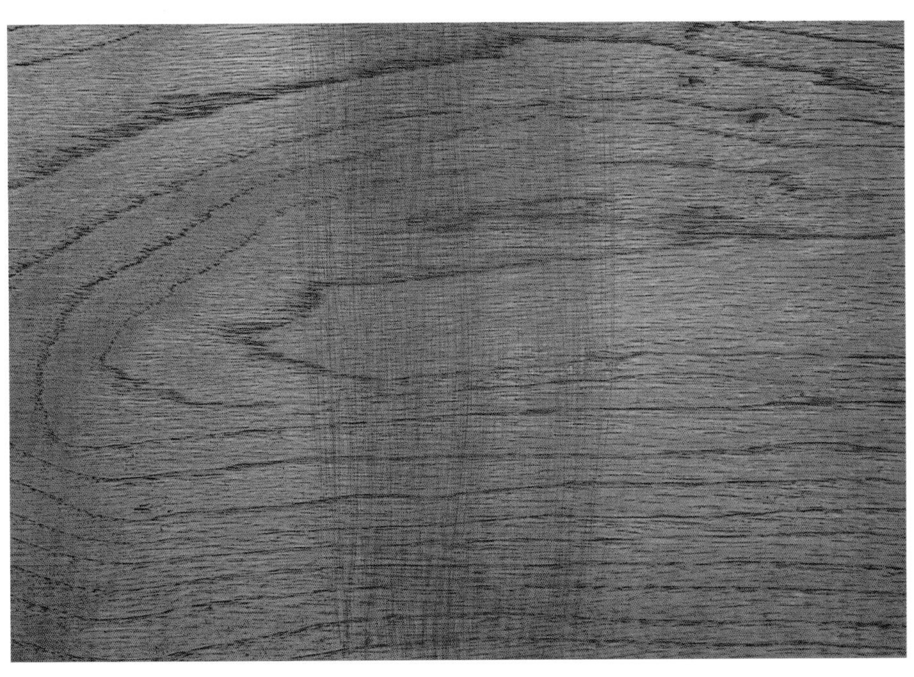

**照片 4–5**　在用色素染色时，色素会附着在所有的孔隙、刀痕和打磨痕迹中，让它们看上去比周围的木料颜色更深。这就是必须顺纹理打磨的原因。顺纹打磨形成的痕迹在染色后并不明显，但是横向于纹理打磨形成的痕迹很容易凸显出来

## 染色剂的组成

染色效果会由于染色剂的类型（色素或染料）、染色剂的含量和浓度的不同以及是否使用黏合剂（表面处理产品）而变化。色素可以与任何黏合剂一同使用，染料一般不需要黏合剂，也可以选择一种黏合剂与其搭配使用，就像色素-染料混合染色产品那样。每种染料和每种黏合剂都有对应的溶剂或稀释剂

| | 色素 | | | | 染料 | | |
|---|---|---|---|---|---|---|---|
| **黏合剂** | 油[1] | 清漆[1] | 合成漆 | 水基产品 | 不需要黏合剂 | | |
| **溶剂或稀释剂** | 油漆溶剂油 | 油漆溶剂油 | 漆稀释剂、快干型石油馏出物 | 水、乙二醇醚、丙二醇 | 水 | 酒精 | 石脑油、甲苯、二甲苯、松节油和漆稀释剂 |
| **其他配方** | 凝胶[2] | 凝胶[2] | | 凝胶[2] | 不起毛刺染色剂[3] | | |

1. 这两种产品可以混合制成油/清漆黏合剂。
2. 凝胶染色产品在染色剂和黏合剂中混合了触变剂，这种方式可以防止染色剂流动，并且只能通过物理操作清除。
3. 不起毛刺（Non-Grain Raising，简称 NGR）染色剂是金属络合染料，溶于乙二醇醚类溶剂。可以用水、酒精或漆稀释剂稀释。

显得有些混浊（照片 4-6）。

**染料**是一种染色剂，它们的存在很普遍，在咖啡、茶叶、浆果和核桃皮中都可以找到。还有其他一些天然材料，比如洋苏木、朱草根、胭脂虫、龙血树等都曾被用于木料染色。（化学制剂也常用：请参阅第 63 页“化学染色”、第 66 页“漂白木料”和第 71 页“黑化木料”）现在，我们有更好的合成苯胺染料可以使用。这些染料提取自石油（最初是从煤焦油中提炼的），是在 19 世纪末期被开发并开始用于纺织工业的。与天然染料不同，苯胺染料有无限的颜色区间和更好的防褪色性能（请参阅第 76 页“染料以及防褪色”）。

在纺织工业中，苯胺染料是按照化学类型或使用方式分类的。木料表面处理产品的厂家则是按照其对应的最佳溶剂来分类的。其中有 4 种类型的染料用于木工表面处理中。

- 水溶性染料。
- 酒精溶解的染料。
- 油溶性染料——在强石油馏出物中溶解，比如石脑油、甲苯、二甲苯，也可以溶解在松节油和漆稀释剂中。
- 溶解于乙二醇醚的不起毛刺染料（第 222 页“乙二醇醚”）。

水、酒精和油溶性染料通常以粉末形态销售。这些染料对应的溶剂非常方便获取，并且粉末形式的染料便于储存和运输。

不起毛刺染料则不同，是以液体形态销售的。这些染料也被称为金属络合染料。它们一旦在乙二醇醚中溶解就可以用水、酒精、丙酮或漆稀释剂加以稀释（照片 4-7）。虽然也存在特例，但只要你发现以液体形态销售的染料，不管其是否浓缩，都可以断定它们是不起毛刺染料。当然，

**照片 4-6** 没有擦除多余色素的部分（右侧）相比擦除了多余色素的部分（左侧）看上去有些混浊

**照片 4-7** 出售给表面处理师的染料是按照其对应的溶剂分类的。从左侧开始，水溶性、酒精溶解和油溶性染料通常以粉末形态销售。右侧，不起毛刺染色剂（溶于乙二醇醚）则是以液体形态销售

如果用水稀释不起毛刺染料，那么它们就不再是不起毛刺染料了。

- 当你用刷子和抹布涂抹时，水溶性染料是最适合家具、橱柜和其他木工制品的染料。水这种溶剂非常便宜且无毒，而且相比其他溶剂，水的“开放时间”更长，这为操作者提供了更多的时间来涂抹并擦除多余染料。
- 酒精溶解的染料主要用于润色。可以将染料溶解在虫胶或填充漆中，然后刷涂至受损的区域（请参阅第 19 章“表面处理涂层的修复”）。

# 选择染色剂

了解各种染色剂的不同是一件很重要的事。把染色剂的名称（无论是厂家提供的还是人们日常讨论时使用的）与染色剂之间的差别联系在一起完全是另外一回事。这种体系上的混杂只会让你更加困惑。以下是相关的指导

## 色素染色剂

任何包含色素的染色剂，很多时候被称为“色素”染色剂，但它们也可以含有染料。色素实际上不会渗入木料中，所以含有色素的染色剂都要使用黏合剂将色素粘到木料上

## 染料染色剂

几乎所有的染料都可以溶解在液体中。因为染料会随液体渗入木料中，所以不需要黏合剂。染料通常包含在带有黏合剂的染色剂中（不管其是否含有色素），但是这些染色剂并不叫作染料染色剂——而是叫作色素染色剂（不正确）、擦拭型染色剂、油性染色剂或水基染色剂

## 擦拭型染色剂

含有色素、染料的一种或两者兼有。这类染色剂都含有黏合剂（通常是油类、清漆或水基表面处理产品），并且干燥的速度足够慢，操作者有足够的时间并以放松的心情擦除多余的染色剂。大多数市售的此类染色剂都属于擦拭型染色剂

## 油基染色剂

任何含有油基黏合剂的染色剂，不管是含有色素、染料，抑或两者兼有，都叫作油基染色剂

## 水基染色剂

任何含有水基黏合剂的染色剂，不管是含有色素、染料，抑或两者兼有，都叫作水基染色剂

## 清漆染色剂

任何含有清漆黏合剂的染色剂，不管是含有色素、染料，抑或两者兼有，都叫作清漆染色剂

## 合成漆染色剂

任何含有快干型醇酸树脂清漆或合成漆黏合剂的染色剂，不管是含有色素、染料，抑或两者兼有，都叫作合成漆染色剂。这类染色剂干燥非常快速，所以它们通常用于喷涂和快速擦拭（有时需要另一个人协助）

## 凝胶染色剂

任何黏稠的染色剂。这些染色剂可以保持在木料表面，但不会流淌。大多数只包含色素，不含有染料

**不起毛刺染色剂**
通常由某种染料溶解在乙二醇醚溶剂中制成，并常用甲醇稀释。这类染色剂通常只能以液体形式存在，并且不包含黏合剂。因为极快的干燥速度，不起毛刺染色剂通常用于喷涂，然后自行干燥

**化学染色剂**
任何通过与木料中的天然成分的化学反应给木料染色的化学物质

**修色染色剂**
与调色剂一样——将色素或染料加入稀释的表面处理产品中制成。区别在于使用方式不同。修色染色剂只能用于木料表面选定的区域，而调色剂则可用于整个表面。具体内容请阅读第15章“高级上色技术”。有些制造商会将他们的色素调色剂命名为“修色染色剂”

注意 ▼

不要将氯漂白剂与氢氧化钠(碱水)混合，它们会产生有毒气体。

# 化学染色

有些化学物质能够与特定的木料反应产生颜色。在苯胺染料出现之前，这些化学物质有时被用作天然染料或土壤色素的替代品。这样的化学物质包括碱液、氨水（用氨气熏蒸着色的方法叫作“氨熏”）、重铬酸钾、高锰酸钾、硫酸铜、硫酸亚铁和硝酸。如果你读过很多关于木料表面处理的资料，则不会对这些名称感到陌生。

这些化学物质会导致两个严重的问题。

- 使用的危险性。大多数化学染色剂与皮肤接触会造成烧伤，并且对身体健康有害。
- 糟糕的可控性。如果将木料染得过深或选择了错误的颜色，除了打磨除去这些颜色重新开始外，没有其他办法。

由于苯胺染料可以模仿任何化学染色剂的效果，因此没有理由再冒险使用颜色范围有限的化学染色剂。但有一个例外。若要为镶嵌工艺和其他的混合木结构设计中的木料染色，同时避免染上别处，需要使用重铬酸钾。

重铬酸钾可以加深所有含有单宁酸的木料的颜色。这些木料包括桃花心木、胡桃木、橡木和樱桃木，它们常被用来制作背景和一些颜色较深的部件。使用重铬酸钾处理可以加深这些木料的颜色，同时不会影响冬青、黄杨和椴木这些浅色木料的颜色。

可以从专业供应商或化学品商店购买重铬酸钾晶体（请参阅第373页“资源”）。将晶体溶解在水中，然后像涂抹苯胺染料那样操作。在用其处理设计作品之前，应该先在废木料上测试，确定获得预期染色效果的溶液浓度。在处理重铬酸钾晶体时，需要佩戴防尘面具和手套。

- 油溶性染料主要用于制作油基和清漆基染色剂，这类染料很少单独用于木料染色。
- 不起毛刺染料最好直接喷涂在木料表面并保留，或与其他表面处理产品组合制成调色剂（请参阅第 250 页“调色”）。以非浓缩形式销售的不起毛刺染料具有相当大的毒性，因为其中含有大量甲醇。所以，应该在有良好通风设备的空间里操作以保护自己。

这些染料的工作特性不同于那些含有黏合剂的染料（油、清漆、合成漆或水基黏合剂）。不含黏合剂可以使颜色的处理更加简单。即使是在染料完全干燥后，依然可以擦拭相应的溶剂来去除部分染料，使木料的颜色变淡。染料干燥后，可以使其再次溶解以去除更多的颜色。对于那些需要借助黏合剂附着在木料表面的染料，这样的颜色深度是最低限度的。

我发现，染料的这种特性在颜色控制上有巨大价值。你不仅可以在保证木料的外观不出现混浊的情况下加深木料的颜色，或者使用不同颜色的染料改变木料的颜色，而且可以在木料染色过深的情况下去除部分染料。（请参阅第 66 页“漂白木料”，学习更多去除木料颜色的方法）不过，去除所有颜色是非常困难的，这通常需要大量的打磨工作。

不管基于什么原因，使用洛克伍德（W. D. Lockwood）品牌的染料（包含水溶型、酒精溶解型、油溶型的非不起毛刺染料）可以让我最大限度地控制木料的颜色（照片 4-8）。这些染料不仅可以提供各种各样的木质色调，而且可以让我更好地实现颜色的匹配。这一点是无价的。

**照片 4–8** 不含黏合剂的染料更容易调节其含量与色调，尤其是洛克伍德品牌的染料。等到染料干燥之后再调节颜色会更成功。两块模板的中间部分只涂抹了一层染料。然后我用抹布蘸取溶剂，擦除了左侧木板上方一半的颜色（这个例子中的溶剂是水），并将这块木板的下方再次涂抹了一层染料，擦除多余的染料后，其深度加重了一倍。在右侧木板的上方，我用蘸有黄色染料的抹布将红色木板染成了橙色；在右侧木板的下方，我用蘸有黑色染料的抹布将红色木板染成了褐色。它们看起来就好像我是提前将染料溶解至合适的浓度或混合成了合适的颜色

更为重要的是，相比其他品牌的染料和不起毛刺染料，这种品牌的染料可以从浅色开始，经过多次涂抹，逐渐获得接近理想的颜色。因为一旦染色过深，再要回到浅色是非常困难的（请参阅第74页“配色”）。

染料的另一个非常有价值的特性是，它们可以消除大多数木料的心材和边材的色差。当然，染色能力强劲的染料比染色能力偏弱的染料更有效。简单地将染料涂抹在整个木料表面，然后边材的颜色就会与心材接近（照片4-9）。

可以将染料与其他表面处理产品混合使用，前提是两者使用的溶剂相同。你会发现，这样做可以调整厂家染料的颜色，或者在染料层之上刷涂其他表面处理产品的时候保持颜色锁定。

比如，在水溶性染料中加入10%的水基表面处理产品完成染色，然后你可以在染色的基础上继续刷涂水基的表面处理产品而不会影响染色效果。这样做的缺点是，染料干燥后你无法对颜色进行调整，就像含有黏合剂的染料一样，一旦干燥就无法改变染色效果。

**色素–染料混合染色剂**通常含有黏合剂，用于将色素黏合到木料表面。很多木匠喜欢这种产品，因为在木料的深色部分，染料与色素搭配使

### Watco是什么？▼

沃特科（Watco）和戴夫特（Deft）丹麦油表面处理剂（Danish Oil Finishes）中的胡桃木染色剂从技术上来说属于色素，但其性能更像染料。它的本质是沥青，也叫作柏油。沥青是一种无纤维的表层柏油，你可以在多数五金店买到。经油漆溶剂油稀释后，沥青就变成了非常棒的胡桃木色染色剂。不过，将沥青与油或清漆黏合剂混合是最好的（这样就制成了沃特科），因为它本身是不会干燥的。

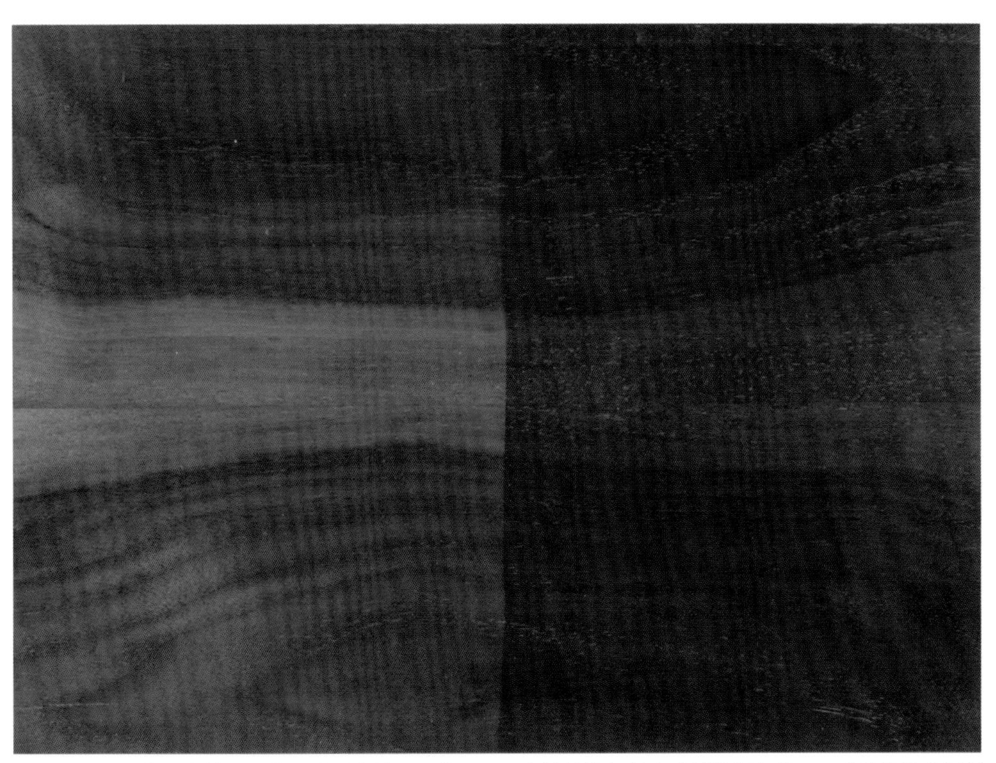

**照片4–9** 为整个木料表面染色时，染料比色素可以更有效地将心材和边材的颜色统一。这款胡桃木板材的中间有一片边材，右侧经过了胡桃木色染料的处理

# 漂白木料

可以使用染色剂使木料获得颜色，也可以通过漂白将木料的颜色去除。通过漂白可以将大多数木料提亮至类白色。然后便可以为其做表面处理，或将漂白的木料染出你想要的颜色。如果希望获得比木料原有的颜色更浅的颜色，或者中和现有的颜色，尽量减少其对后续染色效果的影响，可以使用漂白法。也可以将两块不同颜色的木料漂白，再将它们染成常见的颜色。

木料的漂白过程并不困难。要点在于选用正确的漂白剂。木工制作中使用的漂白剂有三种类型，每一种都有不同的用途。

- 双组分漂白剂（氢氧化钠和过氧化氢）可去除木料的天然颜色，也可以去除由水、锈迹、碱和某些染料留下的深色污点。
- 氯漂白剂可以去除木料中的染料颜色，如果不用大量水稀释，还可将木料漂成白色。
- 草酸可去除由水、锈迹和碱留下的污点，并且不会改变木料原有的颜色（不过，草酸有消除氧化的作用，所以在它的作用下，木料可能会在颜色提亮一点之后，又回复到原有的颜色）。

如果想要木料的颜色变淡，可使用双组分漂白剂。使用稀释 5~10 倍的氯漂白剂，这样既可以去除染料，又能最大限度地保留木料原有的颜色。用草酸可以去除深色染色剂（除了墨水）而不会影响木料本身的颜色。

这三种漂白剂都被标注为“木料漂白剂”。

用于木料表面处理的漂白剂有三种：双组分漂白剂、氯漂白剂和草酸。双组分漂白剂（氢氧化钠和过氧化氢）可去除木料的天然颜色；氯漂白剂可以去除木料中的染料颜色，还可将木料漂成白色；草酸可去除由水、锈迹和碱留下的污点，并且不会改变木料原有的颜色

这更增加了分辨的难度，下面介绍了几个区分漂白剂产品的关键点。

- 双组分漂白剂一般分装在两个独立的容器中销售，通常标注为A和B。
- 氯漂白剂通常为液体，标记为“次氯酸钠”。氯漂白剂也常作为家庭漂白剂出售，或者作为泳池漂白剂以晶体形式出售。（使用时先用氯漂白剂将待处理表面打湿，待其干燥后，再使用清水洗去任何漂白剂的残留成分。没有必要考虑中和的问题，因为其本身就是中性的，既不是酸性也不是碱性。）
- 草酸永远以晶体形态销售（请参阅第354页“使用草酸”）。

双组分漂白剂漂白木料需要以下4个步骤。

1 将标有A或1的漂白剂倒入玻璃或塑料容器中。切记不能使用金属器皿，因为漂白剂中的两种组分都会与金属反应。使用合成毛刷子或抹布将木料表面涂湿。要从下向上涂抹，这样可以防止漂白剂滴落至未处理的表面形成斑点。确保整个表面的涂层都是湿润的。注意保护你的眼睛和皮肤，避免其与这些化学制品接触。这种漂白剂的成分通常为氢氧化钠（也称作碱水或烧碱），有极强的腐蚀性，与皮肤接触会导致严重烧伤（为了以防万一，你应在旁边放一些水，一旦接触立刻将其洗去）。氢氧化钠也会使一些木料变黑，但是不要让这些因素干扰你，下一步就可以改变这个现象。

2 将标有B或2的漂白剂（通常为过氧化氢）倒入玻璃或塑料容器中，在第一层漂白剂干燥之前涂抹第二层。（需要注意的是，有些厂家会颠倒顺序，将过氧化氢标记为A，将氢氧化钠标记为B。这都没有关系，因为漂白效应是由这两种成分反应产生的。）换另一把刷子，或者把之前的刷子完全清洗干净后再涂抹第二层漂白剂。你会看到两种成分混合后开始冒泡，然后木料颜色变淡。将木料静置过夜干燥。

3 使用弱酸（比如白醋）与水对半混合，中和留在木料表面的氢氧化钠。如果在户外，可以用水冲洗木料以去除残留的碱液，然后将木料静置过夜干燥。

4 用细砂纸轻轻打磨木料表面去除毛刺。不要为了追求表面光滑过度打磨木料，以免打磨掉漂白的部分，使未经漂白的部分露出。

你也可以将两种成分混合后一次性涂抹在木料表面。如果这样做，你必须快速涂抹，不然漂白剂就会失效（这也是两种组分需要独立包装的原因）。

一次双组分漂白通常足够了。如果需要进一步漂白木料，你可以尝试其他方法。

- 再次漂白木料。
- 在阳光下完成漂白（一种温和的漂白剂）。
- 在之前的涂层仍然湿润的情况下再次涂抹过氧化氢。
- 在氢氧化钠-过氧化氢涂层仍然湿润的情况下涂抹草酸溶液。

小贴士

当你尝试使用擦拭型染色剂完成大面积木料的染色时通常会导致问题，因为其干燥得太快。如果当你准备擦除多余染色剂的时候部分染色剂已经凝固了，就会出现斑点或条纹。解决这个问题的方法是更换一种干燥速度较慢的染色剂。如果你打算从宽大的表面擦去多余的染色剂，使用基于油基黏合剂的染色剂是最简单的。使用其他三种黏合剂的染色剂干燥得太快，你根本没有时间完成擦除。当你希望快速进入下一工序或者不需要擦除多余染色剂时，它们才会成为更好的选择。

用比单独使用色素的染色效果更好。这种染料的缺点与没有黏合剂的染料一样，并且在直射的阳光和荧光灯下会很快褪色（照片 4-10）。

# 染色剂用量

染色剂（色素、染料或者色素和染料）与溶剂比例的不同会使染色的差别非常明显。染色剂比例越高，木料表面的着色就会越深；染色剂比例越小，木料表面的颜色则越浅。可以向任何染色剂中添加色素或染料，也可以通过沉淀去除染色剂中的色素，同样可以在色素沉淀后倒掉部分上层液体，然后加入稀释剂以减少染料的含量。最简单有效的淡化染色剂颜色的方法就是使用合适的稀释剂稀释（照片 4-11）。

还有一种方法可以控制染色剂的含量，至少其对木料是有效的。在擦除多余的染色剂之前，其在木料表面保留的时间越长，木料的染色就会越深（只要这个过程中染色剂不会干燥）。并不是因为染色剂渗入了更深层的木料中（事实上，所有的染色剂在几秒钟内就已经达到了最大渗透深度），而是因为稀释剂挥发后导致染色剂以更为浓缩的状态附着在木料表面。这与你使用染色剂比例更高的涂料完成染色的效果类似。

# 黏合剂

黏合剂就是将色素颗粒附着在木料表面的胶水（图 4-2）。没有黏合剂，当溶剂挥发后，这些色素颗粒会像粉尘一样被刷掉。所有黏合剂都属于四类常见的表面处理产品（油基类、清漆类、合成漆类或水基类）中的一种。虫胶添加酒精染料、不起毛刺染料或通用染色剂（Universal Tinting Colorants，简称 UTCs）后也可以用作染料，但是没有成品的虫胶染料销售。

你也可以通过在黏合剂中加入色素自制染料，并根据需要稀释：使用油和日式染色剂的混合物与油和清漆混合；使用丙烯酸染色剂与水基表面处理产品混合；使用工业染色剂（Industrial Tinting Colorants，简称 ITCs）与合成漆混合；使用通用染色剂可以与任何表面处理产品混合，但可能需要通过搅动使其在油和清漆中悬浮。

黏合剂的选择并不会明显影响木料表面的染色效果，但可以决定擦除多余的染料需要多长时间。油基黏合剂固化非常缓慢，清漆和水基黏合剂的固化时间中等，合成漆黏合剂则可以迅速固化。一些“合成漆”染色剂实际上是短油醇酸树脂清漆，在第 11 章“清漆”部分我们会详细介绍。

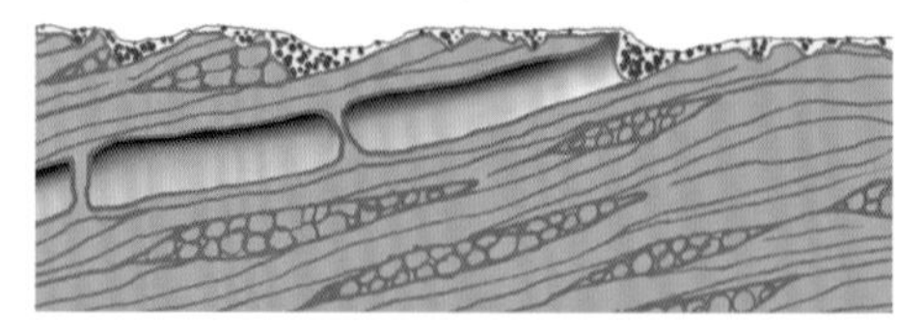


**图 4–2** 黏合剂将粉尘一样的色素颗粒彼此黏合并使其附着在木料表面。如果没有黏合剂，色素颗粒会很容易地被从木料表面刷去或吹掉

因为这些染色剂表现的很像合成漆染色剂，并且在表面处理市场被习惯地称为合成漆染色剂，所以两种产品很容易混淆。温度和湿度会影响所有染色剂的干燥时间。温度越高，湿度越小，干燥时间就会越短。

厂家很少会告诉你他们使用的黏合剂种类，但是产品的包装会提供一些线索。

- 使用油或清漆黏合剂的染色剂产品会列出油

**照片 4–10** 色素染色剂（左侧）附着在橡木春材的粗大孔隙处，并使它们更为凸显，但是色素并不会使致密的夏材附着很多颜色。色素–染料混合染色剂（中间）也可以凸显孔隙，但是总体上春材和夏材的颜色更加均一。染料染色剂（右侧）可以同时为春材和夏材着色，染色效果也最为均匀

**照片 4–11** 染色剂（色素、染料或者色素和染料）相对于溶剂的比例决定了木料被染色的深度。我在左侧使用了普拉特–兰伯特（Pratt & Lambert）胡桃木色染色剂，在右侧使用了明威（Minwax）胡桃木色染色剂——分别在内侧涂抹了一层涂料，在外侧涂抹了两层涂料。中间区域保持未染色的状态。两者都是色素–染料混合染色剂，但是染色剂与溶剂的比例不同。染色剂比例不同产生的差异显而易见

## 传言

染色剂留在木料表面的时间越长，其浸入木料的程度越深，木料的颜色就会越深。

## 事实

染色剂在木料表面保留的时间越长，木料的颜色确实会变得越深，但这并不是因为染色剂浸入得更深，而是因为稀释剂的挥发导致其中的染色剂比例升高。更高浓度的染色剂会产生颜色更深的染色效果。

漆溶剂油作为稀释剂或清洗溶剂。

- 使用合成漆（或短油清漆）作为黏合剂的染色剂会列出漆稀释剂或快速挥发型的石油馏出物作为稀释剂或清洗溶剂。
- 使用水基黏合剂的染色剂会列出水作为稀释剂或清洗溶剂。

一些染色剂包含高出普通含量水平的黏合剂。这些染色剂通常以染色剂和表面处理产品的混合形式销售，比如，明威波利漆（Polyshades）和任何叫作“清漆”染色剂的产品。当使用这些染色剂时，不需要擦除多余的部分，因为它们的用途就是在木料表面固化。这些染色剂会使木料表面看上去有些混浊，并且非常难用，但不会留下明显的刷痕或不均匀的着色。

## 浓度

染色剂的浓度是多样的。大多数染色剂是液体的，但是一些浓度更高的染色剂通常是凝胶状的。它们与凝胶清漆一样，只是添加了染色成分而已（请参阅第195页“凝胶清漆”）。大多数凝胶染色剂是用色素与清漆黏合剂制成的，一小部分产品会使用染料代替色素，还有一些会使用水基黏合剂代替清漆黏合剂。所有凝胶染色剂的共同特性是它们不会流动。有些凝胶染色剂非常黏稠，即使你打开罐子将其开口朝下倒置过来，染色剂也不会流出来（照片4-12）。凝胶染色剂不会流动，是因为其中添加了一种可阻止其流动的触变剂，你只能用机械手段将其取出。番茄酱是加入触变物质的典型例子。你需要晃动瓶子才能让其流出瓶口；在你将它涂抹开之前，它与食物接触时仍会保持原有状态。蛋黄酱和乳胶漆涂料是另外两个使用触变剂的例子。

凝胶染色剂是在最近的一二十年才流行起来的。在此之前，它们一直很难找到。大多数厂家不明白这种染色剂有何优点。巴特利（Bartley’s）是个例外，作为早期的凝胶染色剂生产厂家，他们将樱桃木染色剂与樱桃木家具套装打包销售，用户似乎对获得的结果非常满意。巴特利正是意识到了他们的染色剂使用方便，所以才决定这样促销。其他厂家则把凝胶染色剂作为非常有效的釉料使用（请参阅第15章“高级上色技术”），

**照片4–12** 凝胶染色剂非常黏稠且不会流动。所以它们不会浸入木料中。为松木这种带有天然斑点的木料染色时，它们非常有优势

# 黑化木料

黑化木料意味着使木料变成黑色，这通常需要使用化学染色剂。最常见的用于木料黑化的材料是将铁料（钉子或钢丝绒）在醋中浸泡多日制成的。很多书籍和文献仍然将其作为最好的黑化材料加以推荐。但是在一个多世纪以前，这个配方被苯胺染料取代了，因为后者的使用要简单、高效得多。

可以使用任何黑色苯胺染料——水基、酒精基、油基或不起毛刺类型的。但要注意，黑色染料能够产生多种色阶（有些明显偏蓝色），你要确保产生的色阶是你喜欢的。唯一会碰到问题的可能是水基染料，它们不能有效地完成橡木孔隙的染色，也不适合其他有较大孔隙的木料。如果使用水基染料，可能需要在其干燥后涂抹一层黑色擦拭型染色剂将孔隙染黑。可以直接在染料涂层或封闭层上（类似釉面）涂抹染色剂。

有些时候，涂抹一层染料并擦除多余部分就可以在木料表面留下足够浓缩的染料。但一般情况下，这样的效果需要涂抹多层才能实现。待每层干燥后擦去多余染料，然后继续刷涂或喷涂另一层，直至获得你想要的黑色。也可以直接在封闭层上刷涂或喷涂一层染料，待其干燥后不再擦除多余部分。

黑色染料黑化木料的效果很好，因为染料是透明的。即使木料被完全染黑，仍能透过涂层看到纹理。也可以使用色素染色剂或其他表面处理产品（比如浑水涂料）黑化木料，但是这类染色剂不能将木料染得很黑，而且浑水涂料会完全覆盖木料的纹理。

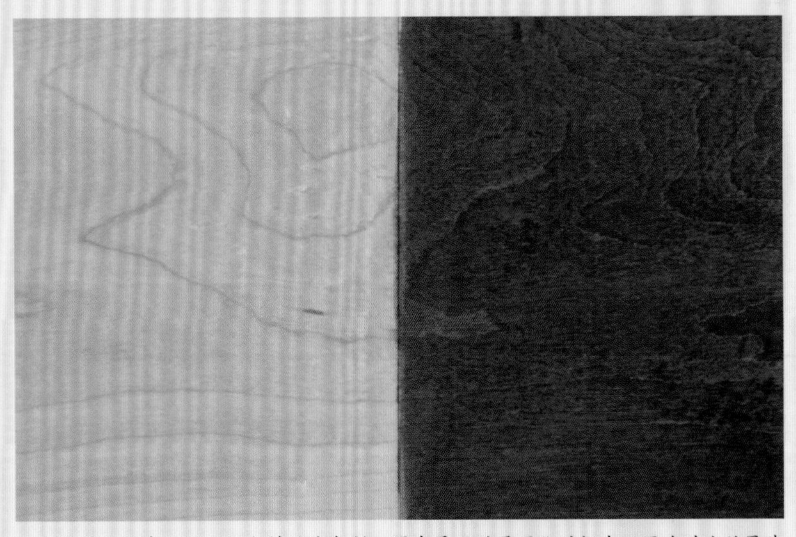

黑色染料是最有效的黑化木料的染色剂。图中展示的是黑化的枫木，因为对比效果非常强烈。但是如果你真的想让木料看起来更像黑檀，那最好使用胡桃木染色，因为它们有类似的纹理

# 使用苯胺染料

水基、酒精基和油基染料染色剂通常以粉末形态销售，需要将其溶解在溶剂中使用。不起毛刺染料染色剂通常已经溶解好了。

## 自己配制染料染色剂

如果用粉末自己配制染料染色剂，请务必使用供应商指定的溶剂（可能包含多种）。用水溶解水基染料，用工业酒精溶解酒精染料，用石脑油、松节油、甲苯、二甲苯或漆稀释剂溶解油基染料。一定要用玻璃或塑料容器，因为金属会与染料起反应从而改变其颜色。根据供应商建议的粉末-溶剂比例配制染色剂，以获得厂家预期的浓度。

开始时，你可能会觉得自己配制染色剂很不方便，但很快你就会因为获得了更好的颜色控制能力而备感欣慰。如果想要获得更深的染色效果，可以加入比推荐配方更多的染料粉末或使用更少的溶剂；如果想要更浅的颜色，就削减染料粉末或增加溶剂用量。可以在粉末状态下混合不同颜色的染料，但是将其分别溶解后再加以混合通常效果会更好。染料粉末的颜色很少会与其溶解后的颜色相同。

你可以将任意品牌的染料以任意比例混合，只要它们溶于相同的溶剂就可以。提前测试一个品牌的染料和溶剂用量的比例，能够帮助你每次都配出相同的颜色。但通常为了保险，需要在完成一件作品时溶解足够多的染料，然后使用过滤器或纱布过滤溶解的染料，去除杂质和未溶解的染料，避免产生污渍。

水基染料在热水中比在冷水中溶解得更快，并且在热水中具有更高的溶解度。染料可以被涂抹在热的或冷的木料表面，但是最好保证每个位置的染色是在相同的温度下完成的，以防止出现色差。为了避免自来水中含有的矿物质影响染料的颜色，最好使用蒸馏水配制染色剂。不过，我使用自来水从未出现过问题。

## 涂抹苯胺染料

提前在与作品所用木料相同的废木料上测试染料的颜色是明智的做法。对所有染色剂来说，在木料表面完成刷涂后仍保持湿润时的效果非常接近表面处理完成后的效果。

和其他染色剂一样，苯胺染料有两种使用方法：第一种，涂抹一层湿涂层，然后在其干燥前擦除多余染料；第二种，刷涂或喷涂一层薄涂层，然后任其干燥而无须擦拭。逐层刷涂，直至获得想要的颜色。因为染料是透明的，所以你可以接着涂抹新的涂层而不会掩盖木料的纹理（照片 4-4）。通常水基染料使用第一种方法，其他染料因为干燥得更快，可以使用第二种方法。

除非工件很小，否则水基染料是唯一一种在涂抹完成后、染料干燥前能够留出足够的时间擦除多余部分的染料。但是，水基染料会导致木料表面起毛刺，所以应该在刷涂前去除毛刺，以获得最佳的表面处理效果（请参阅第 20 页“去除毛刺”）。也可以使用封闭涂层覆盖毛刺，然后再将其打磨光滑。

与其他染色剂一样，只要擦除多余的染料，在使用水基染料的时候不需要考虑木料的纹理方向。大多数说明书会告诉你使用刷子涂抹染色剂，我更倾向于使用湿布、海绵或喷枪，因为它们的处理速度更快。

一次完成整个涂层。快速涂抹以覆盖所有表面，并在染料干燥前将多余部分擦除。在处理垂直表面时，从下向上涂抹比较好，这样即使你在木料表面滴落了一些染色剂也不会形成斑点。

## 保留多余的染料

可以涂抹染料而不擦除多余的部分，并根据需要涂抹多层。每次新的涂层会溶入已经存在的染料中，相当于形成了更高的浓度。颜色将会变深或发生变化，具体情况取决于特定染料的浓度或使用的颜色（照片 4-8）。

如果选择在木料表面喷涂染料而不擦除多余的部分，最好喷涂高度稀释的染料，然后逐层加深，直至获得需要的颜色深度。这也解释了，为什么不起毛刺染料通常以高稀释度的状态销售。如果想一次获得最终颜色，很可能会染色过深，并且很难使其变淡。

使用刷子均匀涂抹苯胺染料的诀窍是，沿纹理方向涂抹很长的一道，并保持其边缘湿润，并确保每次刷涂时重叠的部分都是湿润的。这样染料会分布均匀，不会留下刷痕。

如果染料干燥后出现了条纹，可以用合适的溶剂将抹布打湿并擦拭整个表面，然后擦干表面。这样会去除部分颜色，但是留下来的颜色是均匀的。如果想加深颜色，可以涂抹更多染料。

## 控制颜色的技巧

相比含有黏合剂的染料，苯胺染料最大的优点在于，可以控制最后的颜色而不会使木料表面混浊。

- 如果木料着色过深，可以使用对应的溶剂擦除部分染料从而提亮木料的颜色。
- 如果颜色太浅，需要涂抹更多的染料。
- 如果用错了颜色，可以涂抹一种纠正颜色的染料。最常用的染料颜色是红色、绿色、蓝色、黄色和黑色（没有白色染料）（请参阅第 74 页“配色”）。将其大幅稀释可以避免染色过度。如果颜色仍然过深，可使用对应的溶剂擦除部分染料以提亮颜色。
- 如果你想统一心材和边材，或者一块浅色木料与一块深色木料的颜色，首先选择一种染料涂抹整个表面。待其干燥后，如果第一层混合得不够理想，就在颜色较浅的区域涂抹第二层染料（另一种颜色或另一种浓度的染料）。这种匹配不同木料颜色的方法使用喷枪喷涂时效果最好，使用刷子和抹布也可以完成。也可以在封闭木料后使用调色剂混合木料的颜色（请参阅第 15 章“高级上色技术”）。

**警告**

某些苯胺染料，尤其是那些含有联苯胺的染料可能会导致膀胱癌。据我所知，木工领域使用的染料中不包含这些成分，也不含其他致癌物。但是，你仍需小心对待苯胺染料。至少，它们可能导致呼吸系统问题和一些人的过敏反应。总之，你应在操作苯胺粉末时佩戴手套和防尘面罩，防止其弥散到空气中，并在涂抹溶解的染色剂时佩戴手套。

# 配色

在所有的表面处理步骤中，配色是最有难度，也是最难于描述的。我会为大家提供一些关于配色基本原则的指导，但是你要明白，经验才是最好的老师。

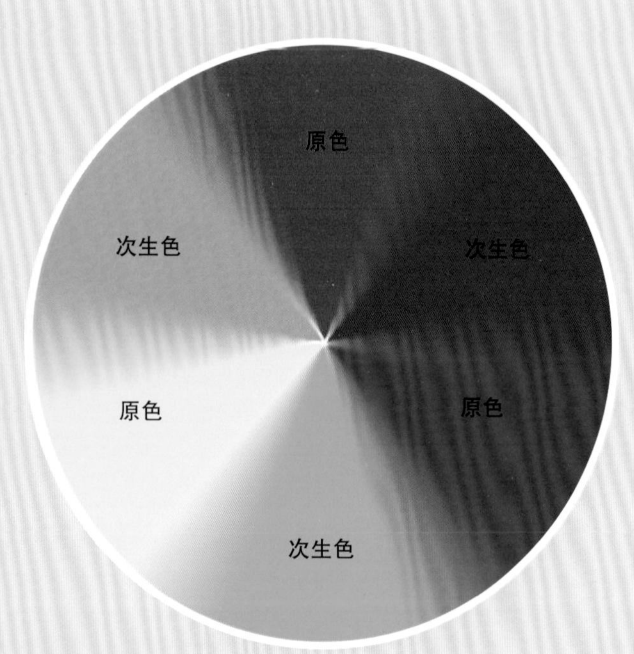


原色包括黄色、红色和蓝色。橙色、紫色和绿色属于次生色。每一种次生色对面的原色是其互补色，也就是其颜色中去除了这种原色。如果你想去除一些木料或染色剂中的红色，那你需要使用或添加一些绿色染料；如果你想减少木料或染色剂中的绿色色阶，则要使用或添加一些红色染料

## 颜色的通用原则

- 学习纯色理论只对一点有所帮助。黄色、红色和蓝色这些纯色是极少用于木料染色的。木料的颜色更接近棕色，土壤的颜色是很好的例子——生褐和熟褐、生赭和熟赭、土黄色和棕色等。不过，为了配色，你必须确定木料颜色中包含的纯色。
- 绿色和红色是互补色。如果需要使木料或染色剂的颜色偏冷色，就要添加绿色；如果想要暖色，就要添加红色。
- 在红色中添加一点蓝色而不是绿色可以制成暗红色。
- 黑色可以削弱任何颜色的色调。
- 黑色加橙色，相当于将红色和黄色混合，可以制成棕色。
- 棕色是木料表面处理中最重要的颜色。你可以以棕色为基础，向其中添加黑色、红色、绿色、蓝色或黄色，调出几乎所有常见木料的颜色。添加白色可做出浅色。
- 光线会影响颜色的视觉效果。来自北面和日光灯管的光线带有更多的绿色光或蓝色光（冷色）。普通白炽灯发出的光包含更多的红色光（暖色）。中性荧光灯较为理想，但它们通常很贵，其色温是 3500 K（日光灯的色温通常为 6300 K，白炽灯则为 2500 K）。也可以将日光灯和白炽灯组合起来使用，从而形成完整的光谱。你应该意识到，即使可以在一种光源下做出完美的配色，但在换用另一种光源时则会出现明显的偏差，因为不同的光源下呈现出的染色剂颜色是不同的。最好的自然光是来自北面的光，因为其在全天中保持相对稳定，但是关于哪种人造光源是最好的则没有固定说法。
- 如果确定了处理作品时使用的光源及其位置，那么你应在相同的光照条件下完成配色。

## 附加的实践注意事项

- 永远要把木料的颜色考虑在内。木料的颜色会影响染色剂的呈现方式。如果可以，应该选择一块与需要染色的木料相同的废木料做测试。
- 木料和染色剂的颜色会随时间而变化，通常是因为光漂白或氧化作用的存在。不同的木料、不同的色素和染料，其变化的方式和速率是不同的。因此，得到的配色只是暂时的。
- 当你为了配色混合颜色时，要从使用少量的染色剂开始（比如，非常少量的黑色染色剂），并保持耐心逐渐添加用量，直至得到想要的颜色。
- 因为你几乎每次都要混合不同的颜色（而不是使用纯色），所以如果能建立自己的染色剂清单，并且每次都从它们开始，那么你的配色技能会提高得更快。你会熟悉这些颜色混合的方式。注意，确保你的配色发生在相同的系统内——水基表面处理产品 / 染料、油基表面处理产品 / 色素，诸如此类。
- 除了从纯色染色剂开始混合得到预期的配色，也可以选择一种接近目标颜色的商品染色剂或与之接近的土壤颜色的染色剂开始操作，然后加入黄色、红色、蓝色或白色（用于浅色）染色剂改变其颜色。稀释染色剂可以减淡颜色，涂抹第二层可以加深颜色。添加黄色可以使颜色更为明亮，添加黑色可以削减亮度。

所以也开始推广这种染色剂，用于玻璃门或其他非木质基材的染色。

我从 20 世纪 80 年代末期开始接触凝胶染色剂，发现它们很难用。它们会覆盖所有的木料细节，并且非常难于清洗。更糟糕的是，每次使用这种染色剂结束表面处理后，刷子或抹布上总是留有很多胶状物，这造成了很大的浪费。所以我停止了凝胶染色剂的使用。

后来我发现，凝胶染色剂不能流动正是用来处理斑点木料（即那些无法均匀吸收染色剂的木料）的理想选择。凝胶染色剂不会浸入木料中，但是它们可以留在木料表面，为那些不能均匀吸收染色剂的木料提供均匀的颜色（照片 4-13）。

**照片 4-13** 斑点是染色剂渗入木料的深度不同形成的。因为木料的密度天然不均匀，所以这种现象很常见。软木中的松木（上图）和杉木，以及一些纹理致密的硬木，比如樱桃木、桦木、枫木、杨木、白杨木和赤杨木，都是典型的例子

# 染料以及防褪色

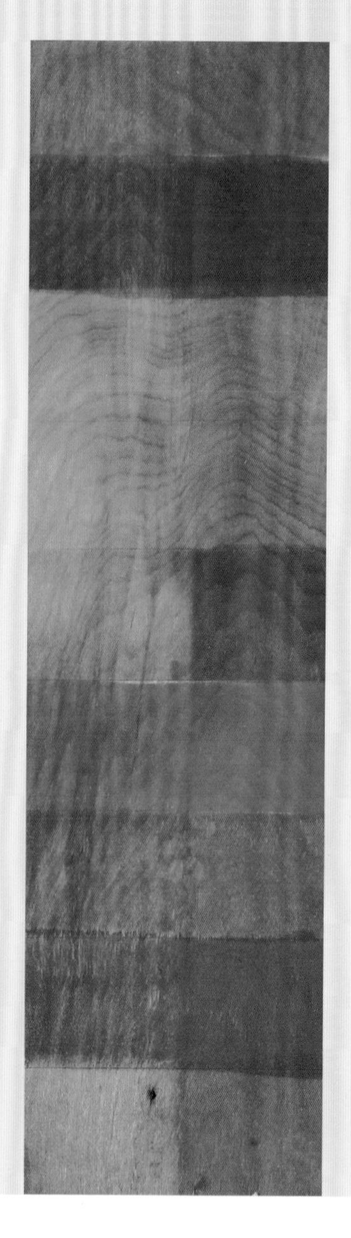

防褪色问题的本质是耐光性，但这个概念已经被生产厂家搞乱了，因为一些厂家的苯胺染料的耐光性有极大的问题。请记住，耐光性是相对的。虽然个别染料或染料类型比其他产品更加耐光，但所有染料暴露在直射阳光下都会快速褪色（几周内就会显现）。与防褪色性能卓越的色素相比，不同染料的防褪色性差别不大。

如果你在阳光直射的地方为木料染色，或者是在室内类似于办公室的荧光灯环境下操作，应尽量避免使用染料给木料染色。不过，在远离窗户和荧光灯的室内环境中，染料的色彩则可以保持几十年，甚至更久。如果你给那些放置在正常室内环境并处在白炽灯光线下的家具或者其他木工制品做表面处理时，你完全不用担心选择染料类型的问题，因为它们的色彩都可以保持得很好。除了颜色，你还应根据染料的操作性能、价格和气味进行选择。

冬天的时候，我将这块面板的右半边用报纸遮盖，然后在西向的窗户处放置了几个月。我使用了每一种染料，包括不起毛刺染料和水溶性染料。你会发现，有些染料比其他染料褪色得更加明显。很显然，你不会希望在任何靠近窗户的制品上使用这样的染料

这也正是购买巴特利樱桃木家具套装的客户非常开心的原因：它们可以让木料看起来更加美观，因为没有斑点。

因此，当你在表面处理过程中遇到了最糟糕的情况——不能通过剥离和重新处理解决问题的时候，凝胶染色剂可以提供简单的一站式解决方案。产生斑点是因为某些木料的密度不均匀，其中包括一些软木（比如松木和杉木）和多数纹理致密的硬木（比如樱桃木、桦木、枫木、杨木、山杨木和赤杨木）。液体染色剂会更深地渗入这

些木料的低密度部分。为了去除斑点，你将不得不打磨、刮削或刨削木料至染色剂渗入的深度之下。这样做的工作量很大，而且你仍然会碰到斑点的问题。

斑点也并不总是有害的。虎皮枫木和雀眼枫木展现出来的美丽图案就是不均匀染色形成斑点的结果。胡桃木中的节疤（也叫树瘤）和斑点也得到了大多数人的赞誉。不应该在这样的木料上使用凝胶染色剂。事实上，应选择液体染色剂（尤其是染料染色剂）处理这样的木料，以获得最显著的突出漂亮波纹的效果。没有更好的例子可以说明，染色剂种类的选择与结果之间存在特定的关系（照片 4-14）。

# 使用染色剂

选择最合适的染色剂处理作品是获得好结果的关键，但使用染色剂的方法也会导致极大的不同。通常有两种使用染色剂的基本方法。

**照片 4-14** 凝胶染色剂非常适合处理松木，因为它们不会渗透，所以会产生均匀的颜色，如左上图所示。液体染色剂则因为其渗透性，会凸显松木密度上的不均匀，导致形成斑点，如左下图所示。对于有图案的木料（比如雀眼枫木），凝胶染色剂（右上图）会将其遮盖。液体染色剂（右下图）则会凸显不规则的图案。尽管我们称其为图案，但本质上这也是一种斑点现象

- 涂抹一层湿润的染色剂，然后在其干燥前擦除多余的部分。
- 涂抹一层染色剂，然后任其干燥无须擦拭。

通常情况下，如果不使用喷枪，第一种方法是最好的。只要木料表面已经处理好，并且没有天然斑点，总能得到一个着色均匀的木料表面。如果使用喷枪喷涂染色剂，那么两种方法都会成功。

使用第一种方法染色需要重点关注，涂抹完成后留给擦除多余染色剂的时间是否充裕。快干型染色剂，尤其是合成漆染色剂和所有有机溶剂类的染料染色剂，干燥速度极快。如果使用这类染色剂处理宽大的表面，并且需要擦除多余的染色剂，你需要一个帮手紧随你的涂抹之后迅速完成擦除。如果因为染色剂开始变干留下了斑点，那你需要加入更多的染色剂，或者使用相应的稀释剂使其重新溶解为液体，然后快速擦除多余的染色剂（照片 4-15）。

### 传言

你应该总是沿着木料的纹理涂抹并擦除染色剂。

### 事实

只要将所有多余的染色剂擦除，涂抹方向并不重要。我通常会使用浸湿的布快速地在木料表面的任意方向涂抹。擦除染色剂时方向是无所谓的。唯一重要的是，最后的擦拭要顺纹理完成。这样你在无意中产生的任何条纹都会变得不那么明显。

使用第二种方法需要重点关注如何在木料表面形成均匀的颜色。尽管用刷子刷涂可以获得均匀的颜色（使用染料比使用色素要容易一些），但使用喷枪要简单得多。不管使用哪种方法，都要用足量的、合适的溶剂将染色成分充分稀释，这样才不会留下条纹和圈痕。从理论上讲，染色剂越稀（添加的稀释剂越多），着色就会越均匀。你应适度稀释染色成分，并根据需要通过多次涂抹获得想要的颜色（照片 4-16 和 4-17）。

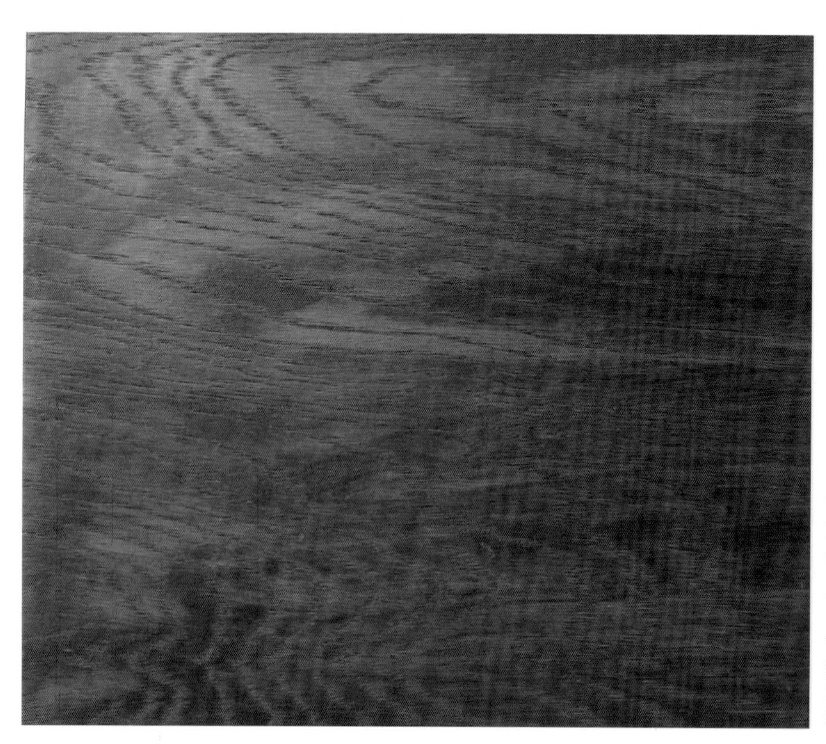

**照片 4-15** 快干型的清漆、合成漆和水基染色剂经常出现在其干燥前很难完成擦除的情况。这可能会由于染色过程而不是木料本身的问题产生斑点。如果遇到了这种问题，你要涂抹更多的染色剂或使用相应的稀释剂将其重新溶解，然后快速擦除多余部分。对下一个待处理作品来说，你应考虑更换慢干型染色剂

**照片 4–16**　圈痕是由于在已经干燥的涂层上重新刷涂了一层染色剂所致。保持“涂层边缘湿润”并刷去重叠的痕迹可以防止出现圈痕。如果染色剂比较浓并且重叠部分不均匀，用喷枪喷涂时也可能产生圈痕。最好的方法是将染色成分充分稀释，这样就不会出现圈痕了

**照片 4–17**　染色剂干燥后颜色会变淡。这可能会使你产生没有使用颜色足够深的染色剂的错觉。但是在你涂抹表面处理产品后颜色会恢复如初，就像这个例子中的下半部分。染色剂仍保持湿润时的颜色与涂抹表面处理产品后的颜色非常接近

# 染色前的基面涂层

基面涂层是直接涂抹在木料表面用于将其封闭的稀释后的表面处理产品（请参阅第 82 页“基面涂层”）。基面涂层限制了染色剂渗入木料的能力，但是它们留下了足够多孔的表面，这样在多余部分被擦除后，仍有一些染色剂可以保留下来。区别基面涂层和封闭层的简单方法是，当你试图将染色剂完全擦除时，是否存在颜色残留。如果使用干净抹布可以擦除所有颜色，这个涂层就是封闭层无疑（请参阅第 144 页“封闭剂与封闭木料”）。

使用基面涂层可以削弱存在天然斑点的木料的斑点效果。由于制作基面涂层会削弱总体的染色效果，所以通常不建议在橡木、桃花心木和胡桃木这些不会出现此类问题的木料上使用基面涂层（照片 4-18）。

涂抹基面涂层以减少斑点的做法存在的问题是，你需要通过实验确定固体（染色成分）的用量和正确的使用方法。如果你在制作大型的木工制品，或者从事相关的生产工作，需要处理潜在的斑点问题，做实验就是很有必要的。在涂抹染色剂之前，在宽大表面涂抹基面涂层非常有效。但是，如果需要染色的是一个中小型制品，使用凝胶染色剂更易获得预期效果。

## 木料调节剂

木料调节剂是一种很受消费者欢迎的基面涂层产品。大多数品牌使用的是 2 倍油漆溶剂油稀释清漆的配方。这种产品自己配制也很容易。有些品牌的基面涂层产品是水基的（照片 4-19）。因为水基表面处理产品的复杂性，通常很难自己

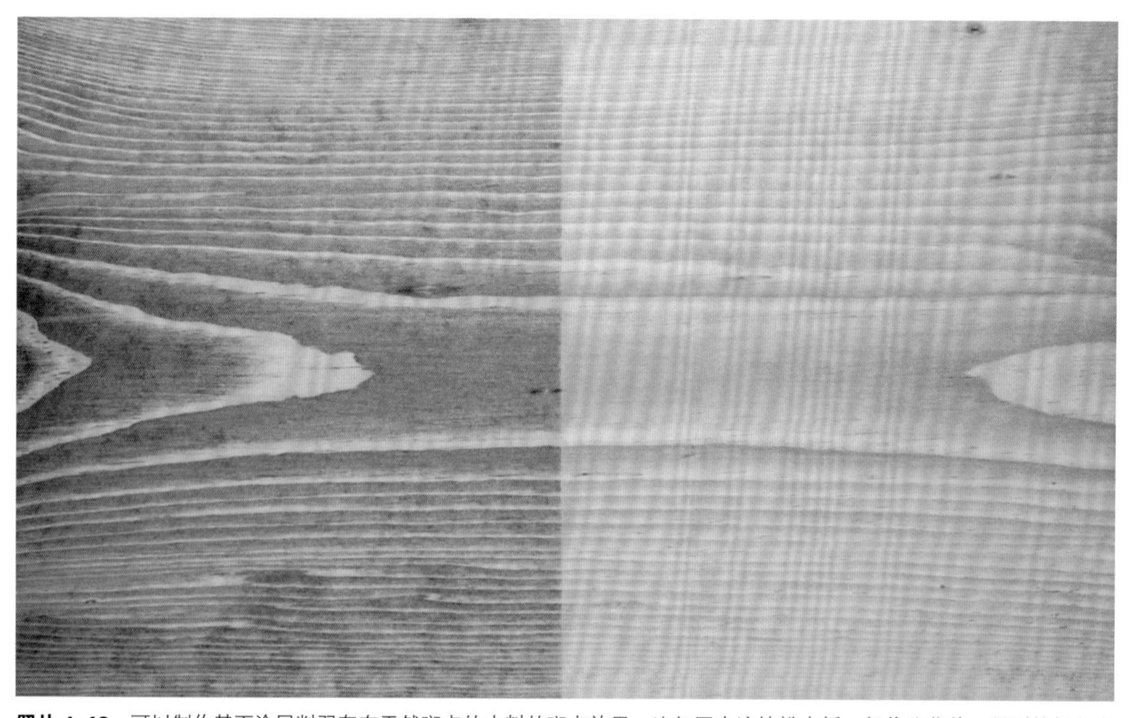

**照片 4-18**　可以制作基面涂层削弱存在天然斑点的木料的斑点效果，比如图中这块松木板。但作为代价，得到的颜色会更浅，因为染色剂浸入木料的能力同样被削弱了

配制出有效的替代品（请参阅第 13 章“水基表面处理产品”）。

不幸的是，一些最具影响力的木料调节剂品牌提供的操作说明并不正确，导致了很多失败的案例（照片 4-20）。与所有基面涂层一样，木料调节剂的薄涂层也需要在其完全固化后才能进行染色操作，否则染色剂会与木料调节剂（可以减少斑点，但并不能完全消除）混在一起，导致染

**照片 4–19** 很多公司提供基面涂层处理产品。大多数基面涂层产品是用 2 倍油漆溶剂油稀释的清漆产品(左侧)，也有一些是稀释的水基表面处理产品(右侧)。不幸的是，使用这些产品辅助染色的说明通常并不正确，导致出现了很多斑点

**照片 4–20** 木料调节剂是用清漆或水基表面处理产品制成的基面涂层产品。与所有基面涂层一样，待其完全干燥后才能开始后续操作。我在上图中使用了清漆基木料调节剂刷涂松木板的两侧。然后，左侧根据产品说明，干燥 2 小时后完成染色；右侧则是过夜干燥后完成染色。结果左侧出现了斑点，右侧则没有

# 基面涂层

基面涂层是将稀释的表面处理产品涂抹在染色涂层下方或染色涂层之间的涂层，用于更好地控制装饰过程（请参阅第 15 章“高级上色技术”）。基面涂层被广泛应用于橱柜等家具生产行业。

大多数情况下，基面涂层可以是任何固体含量稀释到 10%~12% 的表面处理产品、打磨封闭剂（透明底漆）或乙烯基封闭剂（请参阅第 134 页“固体含量和密耳厚度”）。为了获得这个范围的固体含量，可稀释下面这些表面处理产品。

- 用工业酒精将虫胶稀释到 1 磅规格。
- 用漆稀释剂将合成漆的浓度稀释减半。
- 用 2 份油漆溶剂油兑 1 份表面处理产品稀释清漆。
- 用 2 份水兑 1 份表面处理产品稀释水基表面处理产品。如果稀释后的涂料不能顺滑地流动，就改用虫胶制作基面涂层。
- 用 2 份漆稀释剂兑 1 份表面处理产品稀释预催化漆。

使用基面涂层的目的是获得一层非常薄的表面处理涂层，所以如果你准备喷涂或刷涂一层厚的表面处理涂层，那么需要一层更薄的基面涂层。你甚至需要使溶剂量加倍将固体含量稀释到 5%~6%。可能需要在废木料上多次尝试以确定最合适的比例。基面涂层应该非常薄，但不能薄到染色涂层可以透过去的程度。

以下是基面涂层的原则。

- 处理存在一定程度密封问题的木料，比如那些容易形成斑点的木料，使用基面涂层可使染色剂分布得更加均匀（请参阅第 80 页“染色前的基面涂层”）。
- 硬化木纤维，使其可以用砂纸轻易打磨去除。这个步骤对于木料端面的均匀染色非常有用（请参阅第 83 页“端面染色”）。
- 制作光滑的表面，这样就可以轻易擦除或操作膏状木填料了（请参阅第 7 章“填充木料孔隙”）。
- 增加与膏状木填料和釉料之间的黏合性（请参阅第 7 章“填充木料孔隙”和第 242 页“上釉”）。
- 在染色涂层之间形成一个保护层，防止下一个染色涂层污染或弄混上一层颜色。
- 通过多个独立的染色步骤增加表面处理的层次深度——这样的构建最为经济。

一旦基面涂层变干，需要视具体情况决定是否打磨。很显然，如果是为了硬化木纤维，就需要打磨。如果需要在基面涂层上上釉，也需要打磨，因为这样可以提高两个涂层的黏合性，同时在擦除多余的釉料后使更多的釉色得以保留。但是，一般不能打磨凹陷处，因为磨穿涂层的风险非常高，而且这些区域通常都有些粗糙。同样不需要打磨膏状木填料的下方。在膏状木填料干燥后，可以轻轻打磨以去除残留的条纹。

色剂被稀释。在使用清漆基木料调节剂时，最好可以在染色前过夜干燥。在温暖的环境中，干燥只需 6~8 小时。但是清漆永远不会像产品说明描述的那样，在 2 小时内就可以完全干燥。水基木料调节剂的干燥需要 1~2 小时，具体用时取决于温度和湿度的变化，但不会像说明书中描述的那样只需 30 分钟。

没有更好的例子可以说明，为什么表面处理特别难理解。木料调节剂是一种用于解决斑点问题——木料表面处理过程中最糟糕的问题——的产品，但主要厂家提供的产品说明毫无意义。相比之下，凝胶染色剂可以稳妥地解决该问题，并且不需要任何专门的说明，但没有厂家在包装上告诉你它们可以！

# 端面染色

相比经过良好打磨处理的长纹理面，端面染色后的颜色总是更深些。通常给出的原因是端面可以吸收更多的染色剂，但这只是部分原因。另一个更为明显的原因是，端面没有经过良好的打磨处理，经过铣削的表面仍然粗糙，所以在擦除多余染色剂后仍会有较多的染色物质留存下来。这与纹理粗糙的橡木的染色效果很像，更多的染色剂附着在了孔隙深处。为了使端面的染色效果接近长纹理面，最简单的解决方法是，将端面打磨得更细致些（照片 4-21）。

但是这样做工作量很大，并因此经常使人望而却步，尤其是在凸嵌板的斜面处，由于其加工的脆弱性几乎很少打磨。有两种方法可以让端面获得与长纹理面大致相同的染色效果。

- 在所有表面喷涂染色剂并使其留在表面，也就是不需要擦除多余部分。
- 在端面制作基面涂层封闭孔隙并硬化表层木纤维，使其更容易打磨光滑。

两种方法都被广泛应用在家具和橱柜制造行业，但是两者都需要一定的练习才能获得预期的效果。为了成功喷涂染色剂，你最好将其稀释到合适的浓度，然后多次喷涂。为了把基面涂层限

**照片 4–21**　端面比长纹理面染色更深的主要原因并不是染色剂在端面渗透得更深（这也是厂家经常抱怨的地方），而是因为打磨不充分。横向于纹理的锯切会留下粗糙的表面，所以当你擦除多余的染色剂后会留存更多的染色成分。右侧，橡木板的端面与长纹理面打磨的程度相同；左侧，端面经过了比长纹理面更多的打磨处理，获得了较为完美的光滑度。（但我一直使用与长纹理面相同目数的砂纸打磨端面，并没有使用更高的目数。）然后完成染色

制在端面，你要以擦拭或刷涂的方式处理稀释的表面处理产品，并在其完全干燥后再行打磨。你也可以使用稀释的白胶或黄胶以及稀析胶（Glue Size）产品代替表面处理产品，后者比黄胶和白胶更容易打磨。

对有斑点的木料来说，可以在长纹理面和端面刷涂或喷涂基面涂层溶液，然后再将端面打磨光滑（照片 4-22）。

## 传言

凝胶染色剂可以使木料端面获得均匀的染色效果，正如其可以使带有斑点的木料染色均匀一样。

## 事实

不幸的是，并不是这样。端面染色更深并不是因为染色剂渗透得更深（凝胶染色剂也无法深入渗透），而是因为擦除多余染色剂后在粗糙表面留存了更多的染色成分。如果需要擦除染色剂，端面应该被打磨得更光滑。

**照片 4-22** 这块桦木凸嵌板的上半部分涂抹了基面涂层，而且端面已打磨光滑。凸嵌板的下半部分则没有涂抹基面涂层。经过染色后，由于基面涂层消除了长纹理面的斑点，并且端面业已打磨光滑，所以端面部分的颜色更为均匀，与长纹理面更为匹配

# 常见染色问题、原因及解决方法

| 问题 | 原因 | 解决方法 |
|---|---|---|
| 染色剂的颜色与其名字不相符 | 包装上的颜色名称只是厂家的解释，真实的颜色是会变化的，应在正式使用前在废木料上做颜色测试 | 使用合适的溶剂或漆稀释剂尽可能地去除所有颜色。然后使用颜色正确的染色剂再次染色 |
| 染色剂凸显了之前没有注意到的撕裂痕迹和搓衣板似的磨痕 | 染色剂在这些痕迹处的渗透不均匀。应该在染色前通过刨削、刮削或打磨除去这些痕迹 | 重新打磨并染色。没有必要除去所有的颜色 |
| 最终颜色与店内样品不同 | 制作样品的木料来自不同的板材、不同的树甚至不同的树种。不同木板，甚至同一木板的不同部位，木料的颜色、质地、密度和纹理图案都是不同的，都会影响最终的染色效果和整体外观 | 调配染色剂的颜色以达到你的预期（请参考下面的方法）。最好先在废木料上测试调色的结果。可以添加可兼容的色素或染料，或者使用合适的稀释剂稀释，调配出正确的颜色 |
| | 可能是你使用染色剂的方式与制作样品的人（或机器）不同，也可能是你打磨木料所用的砂纸与之不同，或者是染色剂在木料表面停留的时间明显比预定时间更长或更短 | 为了加深木料颜色，你需要再次染色，并且不再擦除多余的染色剂。为了减淡包含黏合剂的染色剂颜色，如果涂层还没有干，可以用合适的稀释剂擦拭，否则要使用脱漆剂将其剥离。如果染色剂中不包含黏合剂，直接用合适的溶剂擦拭即可。为了调配出想要的颜色，你可能需要用稀释的染色剂多次涂抹，然后不再擦除多余的染色剂 |
| 颜色在同一家具或一组橱柜的门、抽屉和其他部位不同 | 染色效果不同的主要原因是木料来源不同，这些木料本身的颜色、质地、密度或纹理图案不同 | 如果问题是木料本身的颜色，请参考上面刚提到的两种解决方法。如果问题是不同的图案、密度或纹理造成的，除了通过上漆和使用人造纹理遮盖木料原有的纹理之外别无他法，但这并不是令人满意的解决方法 |
| | 实木和木皮染色后的外观是不同的 | 调节浅色区域的颜色，使之与深色区域相配合。也可以在染色前制作基面涂层，从而获得更均匀的颜色 |
| 端面颜色过深 | 加工后的端面通常比较粗糙，所以经过擦除后留存的染色剂较多（第 83 页照片 4-21 和第 84 页照片 4-22） | 应在染色前更好地打磨端面；在端面涂抹基面涂层硬化木纤维，从而使打磨更有效；喷涂染色剂，无须擦拭 |

# 常见染色问题、原因以及解决方法（续）

| 问题 | 原因 | 解决方法 |
| --- | --- | --- |
| 木料表面的染色出现斑点 | 木料的密度差异导致染色剂渗透不均匀（第75页照片4-13） | 你无法去除所有斑点，除非将染色剂渗透的部分全部打磨掉。你可以通过上釉、描影或调色的方法掩盖斑点。使用凝胶染色剂或制作基面涂层可避免该问题 |
| | 木料表面有胶水残留，从而阻止了染色剂均匀渗透。看起来就像在涂层下面出现了一些亮点。这个问题经常出现在接合处（第23页照片2-5）。 | 刮掉或打磨掉胶水，然后重新染色。在染色剂干燥前，打磨掉斑点及其周围所有颜色混合不均匀的木料 |
| | 原来的表面处理涂层残留在了被剥离的木料表面，封闭了这些区域，从而阻止了染色剂均匀渗透。封闭区域的颜色是不会改变的 | 重新剥离并重新染色。注意，染色前无须去除所有颜色 |
| | 你没有充分利用第一层湿润的染色涂层，或者说在第一次刷涂的染色剂充分浸入木料前你就将其擦除了。这经常发生在使用合成漆和水基染色剂时。这种斑驳的效果并不是由木料本身的密度差异造成的 | 快速涂抹另一层染色剂，并使其在木料表面保持足够长的时间再擦除。如果这没有解决问题，你只能剥离涂层然后重新处理。不必去除所有颜色，只需使染色均匀 |
| | 你使用的染色剂干燥得太快；你需要一次应对的染色面积过大；你没有足够快速地涂抹和擦除染色剂（第78页照片4-15） | 快速涂抹另一层染色剂或对应的稀释剂，然后擦拭。如果这样不管用，你可能需要使用脱漆剂剥离染色层 |
| 擦拭第二层染色剂并没有加深木料颜色 | 第一涂层过度封闭了木料，所以第二层的全部染色剂都作为多余部分被擦除了 | 涂抹更多的染色剂，不再擦除多余部分。这可能会使木料表面看起来有些混浊 |
| 在完成整个表面的染色后，染料染色剂滴落在某处，从而加深了那里的颜色 | 染料染色剂在最初滴落的位置渗透得更深 | 涂抹更多的染色剂，并使其在木料表面保持湿润的时间足够长，达到与斑点处相同的渗透深度。从下向上、从已染色的区域向未染色的区域涂抹染色剂可避免此类情况发生 |
| 表面处理带起了一些染色剂形成很多斑点，或者染色剂与表面处理产品混在了一起，在孔隙上方形成了一些小斑点 | 表面处理产品包含溶剂成分（通常是漆稀释剂或水），导致染色剂中的黏合剂被溶解，或者导致染料溶解后进入到表面处理产品的溶液中 | 剥离表面处理涂层并重新染色。然后使用不同的、不会彼此干扰的表面处理产品处理，或在进行表面处理前涂抹一层虫胶作为隔离层 |

| 问题 | 原因 | 解决方法 |
| --- | --- | --- |
| 染色剂不干燥 | 木料属于油性木料，比如柚木、花梨木或黄檀木。油性木料会阻止所有油基和清漆基染色剂的固化 | 使用石脑油、丙酮或漆稀释剂擦除部分染色剂，待溶剂挥发后重新染色。溶剂会去除木料表面的油脂，这样染色剂就可以干燥了 |
| | 木料表面的油基染色剂太厚了。油的固化时间很长，尤其是在很厚的时候 | 设置更长的染色剂固化时间；使用细钢丝绒和油漆溶剂油、石脑油或漆稀释剂擦除多余染色剂；使用脱漆剂去除多余染色剂，然后重新染色，并擦除多余的染色剂 |
| 完成染色后木料摸起来非常粗糙或毛糙 | 染色剂中含水（使用酒精配制的染色剂和不起毛刺染料染色剂效果会好一些） | 使用 320 目或更细的砂纸轻轻打磨掉毛刺。要避免将涂层磨穿。如果涂层被磨穿，你只能在整个表面重新染色，然后擦除多余染色剂 |
| | | 涂抹一层封闭剂，将毛刺锁定在适当位置，然后再将其打磨光滑 |
| 染色剂没有将木料染到预定深度 | 色素与黏合剂、染料与黏合剂或者染料与溶剂的比例不足够高。或者是因为木料密度太大，色素很难渗入 | 尽可能均匀地再次染色，不要擦除多余的部分。如果使用的是色素染色剂，可能会使木料看起来有些混浊 |
| 透过表面处理涂层能够看到染色层的条纹 | 或者是你没有擦除多余的染色剂，或者是你涂抹的表面处理产品溶解了染色剂并使其产生了条纹 | 剥离表面处理涂层，这也会同时去除染色层的条纹。重新染色，注意不要产生条纹，然后重做表面处理，如有必要，可涂抹一层虫胶作为隔离层 |
| 当你完成表面处理后，染色剂的颜色变得更深 | 染色剂干燥后颜色会变浅。在涂抹表面处理产品后，染色剂的颜料会再次变深（第 79 页照片 4-17） | 如果颜色太深，可能需要剥离表面处理涂层，并去除部分染色剂。湿润的染色剂看起来与做完表面处理后的涂层颜色很接近。当染色剂变干后，你可以使用不会将其溶解的液体（通常是油漆溶剂油或酒精）打湿染色涂层，以估计完成表面处理后的颜色 |
| 在染色层上完成表面处理之后，表面处理涂层变白了 | 染色剂没有完全干燥。这个现象通常伴随合成漆出现，并在木料的孔隙处最多，因为那里的染色层最厚。原因在于，你没有在染色剂中的所有稀释剂完全挥发后再涂抹合成漆 | 可以尝试使用漆稀释剂喷涂木料。如果这个方法不能解决问题，只能剥离表面处理涂层，然后重新处理。务必留出充足的时间使染色剂干燥，尤其是在潮湿的环境中或天气寒冷时 |
| 水溶性染料不能在木料有大孔隙的位置着色 | 水的高表面张力使其无法很好地渗入木料纹理中 | 使用相同颜色的擦拭型染色剂擦拭整个表面，然后将多余的染色剂擦去。为了更好地保持染料的颜色，需要封闭木料或制作基面涂层，然后再用擦拭型染色剂擦拭 |

◆ 第三部分 ◆

# 其他表面处理产品的使用和选择

5

# 油类表面处理产品

## 简介

- 我们的先辈和亚麻籽油的故事
- 使用油和油与清漆的混合物
- 油类表面处理产品及其渗透性
- 了解油类表面处理产品
- 食品安全的传言
- 了解清漆
- 辨别什么是什么
- 溢出的油类表面处理产品
- 如何辨别表面处理产品
- 选择油类表面处理产品
- 维护与修复

1989年下半年，《木工》（*Woodwork*）杂志编辑杰夫·格雷夫（Jeff Greff）邀请我写一篇关于桐油的文章。我爽快地答应了："没问题。这应该很简单。"但实际情况的发展完全超出了我的预料。我首先花了3个月时间做实验，了解油和清漆，辨别那些贴有错误标签或错误说明的产品。当这项任务完成的时候，我才发现，大多数贴有"桐油"标签的产品其实并不是桐油，而是经过油漆溶剂油（或漆稀释剂）稀释后浓度减半的清漆产品。现在，这种情况仍未改变。

差别是显而易见的。桐油固化后非常柔软，所以每次涂抹完成后都要擦除多余的桐油。因此桐油表面处理涂层非常薄，无法提供足够的保护。而稀释的清漆固化后很坚硬，能够对木料表面提供很好的保护。我把这种表面处理产品称为擦拭型清漆，因为它是经过稀释的清漆，很容易在木料表面擦拭。

我还发现，很多表面处理产品的名字不能提供任何有用的信息，比如沃特洛克斯（Waterlox）、密封巢（Seal-a-Cell）、威士伯油（Val-Oil）和波芬普罗芬（ProFin），其实它们都是用油漆溶剂油稀释的清漆产品。有些贴有“丹麦油”（Danish Oil）、“古董油”（Antique Oil）、“马鲁夫表面处理剂”（Maloof Finish）以及“桐油”（Tung Oil）标签的产品是亚麻籽油（有时候是桐油）与清漆的混合物。因为显而易见的原因，我把这些表面处理产品称作“油与清漆的混合物”。

“油类”表面处理产品市场就是如此混乱。很多时候，人们以为自己用的是油，实际上却是清漆。还有很多人天真地认为，他们使用的表面处理产品相比亚麻籽油与清漆的混合物更特别。为什么我们的木工社区会变得如此混乱呢？为什么对于正在使用的表面处理产品，我们都无法准确地进行交流呢？

这一切源于西方的木匠先辈们与油类表面处理方式的浪漫情缘，以及对它们的盲目信任与偏爱。后来，这种错误的理念通过杂志和广告等途径被大肆传播，导致现在的人们错误地认为，用油做表面处理能够很好地保护木料内部。随后，制造商将这种错误的理念推向了顶峰。他们利用这种神话为产品贴上错误的标签，使消费者误以为自己买到了特别的产品。

### 传言

在木料表面擦拭油类表面处理产品可以增强油的渗透性。

### 事实

擦拭会使木料表面升温。温度越高，表面处理涂层固化得越快，孔隙的封闭就会越快，而这会阻止涂料进一步地渗透。尽管很难测量其中的差别，但是擦拭表面处理产品实际上削弱了这些产品的渗透能力。

## 我们的先辈和亚麻籽油的故事

通常认为，使用油类作为表面处理产品始于18世纪。当时的木匠使用并推崇用油，特别是亚麻籽油，来处理木料表面。如果你之前做过很多木工活儿，肯定会对前辈们的表面处理技艺肃然起敬。认为当时的木匠只是擅长木工制作就太肤浅了，他们同样也是优秀的表面处理师。如果使用亚麻籽油处理木料表面——他们也必须这样选择，因为亚麻籽油可以产生高品质的表面处理效果。

我们的先辈是技艺高超的表面处理师，这一观点被广泛认同，并经常出现在木工书籍和木工文章中。这些文章推荐这样一种表面处理方法：如果你每天用亚麻籽油擦涂一次木料表面并坚持1周，然后每周擦涂一次木料表面并坚持1个月，接下来每月擦涂一次木料表面并坚持1年，之后每年用亚麻籽油擦涂一次木料表面，你会制作出最为美丽持久的表面处理——甚至比迄今为止的任何发明的效果都要好。

这一切都是传言。

- 我们的先辈认为亚麻籽油是最好的表面处理产品这本身就是个传言。当然，他们使用亚麻籽油，亚麻籽油既便宜又常见。但是现存的记录——比如家具工匠的账册——都没有证据证明当时的工匠把亚麻籽油当作表面护理产品使用。恰恰相反，在18世纪，大多数精细的、城市风格的家具都是用蜡、醇溶性清漆（由虫胶这样可溶解在酒精中的树脂制成）或者油基清漆（类似于现代的清漆）来

# 使用油和油与清漆的混合物

油和油与清漆混合的表面处理产品都很好用。在大多数的案例中，只需用它们擦拭木料的表面，然后擦除多余的部分即可。下面介绍更多的细节。

1 **木料预处理**。去除新木料表面遗留的加工痕迹，将其打磨至180目或220目。对桌面来说，去除毛刺是很必要的，这样当溅出的水穿过表面处理涂层的时候，能够避免木料起毛刺。去除毛刺同样能够减少几年后由湿度变化引起的、木料表面重新变得粗糙的概率（请参阅第20页“去除毛刺”）。

2 **清理木料**。用刷子、粘布、吸尘器或压缩空气去除打磨木料表面留下的粉尘。

3 **涂抹第一层**。用表面处理产品覆盖木料表面。可以用刷子、布料或喷枪完成操作，也可以把木料浸入表面处理产品中取出，或者直接将涂料倒在木料表面，然后用布料将其分散并涂抹均匀。让这些表面处理产品在木料表面保持几分钟的湿润状态。如果有干燥点出现，需要再多涂抹一些表面处理产品。最后，在它们变得黏稠之前，要把多余的涂料擦掉。

4 **在涂层干燥之前擦除溢出的涂料**。如果出现任何表面处理产品从木料的孔隙溢出的情况，需要每小时擦一次，直至不再有表面处理产品溢出（请参阅第104页“溢出的油类表面处理产品”）。

5 **涂抹另外的表面处理涂层**。让第一层表面处理涂层过夜干燥。使用280目或更细的砂纸打磨任何残存的粗糙表面。（相比钢丝绒，砂纸将第一层表面处理涂层处理光滑的效果要好得多。）擦除粉尘，然后涂抹下一层表面处理产品。你可以把这两步结合起来，也就是在第二层表面处理涂层还保持湿润的情况下进行打磨，然后擦干木料表面。也可以根据需要涂抹多层，但要确保至少干燥1天再涂抹下一层。不过，表面处理涂层一般不会超过四层。

6 **完成最终的表面处理**。为了获得最终的光滑表面，你应该用非常精细的砂纸（比如600目的砂纸）打磨表面处理涂层，而非直接打磨木料表面（经常被推荐的方式）。这样可以获得同样的效果，但减少了大量工作量。为了获得更好的效果，应在木料表面的油尚未干时打磨，之后再擦除多余部分。油会润滑砂纸，使做出的表面更加光滑。

做表面处理的。

- 我们的先辈耗费了大量精力使用亚麻籽油也是一个传言。将亚麻籽油擦涂到木料中绝对没有益处。想想看，那些家具工匠每个星期、每个月或者每年都去客户家再上一次油的场景，实在是太荒谬了！一些家具工匠的账册上只有将亚麻籽油与砖灰或浮石混合用来填充木料表面孔隙的记录。在你发现18世纪有

传言

用油和锯末填充木料的孔隙可以得到光滑如镜面的表面处理涂层。

事实

这个观点基于在木料表面油迹未干时打磨木料，从而形成油与锯末的膏状混合物以填充孔隙的前提。实际上，当你从木料表面擦除多余油迹时，不可避免地会把大部分浸了油的木屑从孔隙中擦除。所以，这并不是填充孔隙的有效方式。如果那就是你的目的，使用膏状木填料效果会更好。而油基表面处理产品真正的价值在于，它能使孔隙的轮廓变得更为清晰。如果填充或部分填充这些孔隙，这种效果就会消失。如果想获得填充效果，应选用薄膜型表面处理产品，比如虫胶、合成漆、清漆或水基表面处理产品，它们形成的涂层能够更好地保护木料。

警告 ▼

不要把沾满油的布堆放在一起。它们会像副产品一样在吸收氧气之后产生热量。堆在一起的油布由于热量无法散发出去，很容易造成自燃。可以将油布在桌面上、地面上铺开，或者将其悬挂在垃圾桶的边缘（而不是层层叠加）。待油布干燥变硬之后，才可以把它们安全地扔进垃圾桶。如果你和其他人一起工作，应该准备一个大家都认可的、气密性良好或者充满水的容器放置油布，然后集中将其运走烧掉。

关将亚麻籽油单独擦入木料中的记录之前，你看到的是20世纪的相关记录，但20世纪的作者是如何知道的呢？

- 以任何方式使用亚麻籽油都能达到持久的表面处理效果也是个传言。亚麻籽油涂层太薄太软，根本无法有效地防热、防污、防磨损。无论以何种方式涂抹亚麻籽油、无论涂抹多少层，亚麻籽油涂层都会很快、很轻易地被水和水蒸气渗透。

根据现在的标准也不能判定18、19世纪的木匠是不是技术高超的表面处理师。现存的家具工匠的账册表明，当时对木料表面处理的关注非常少。先进的表面处理方式是20世纪才形成的工艺。

所以，事实就是，我们的先辈有时会将油用于表面处理，但这并不能成为我们把油用作表面处理产品的理由。先辈们当时用亚麻籽油是因为缺少更好的选择，而我们拥有完整系列的表面处理产品，它们从各个方面都要胜过亚麻籽油。

# 油类表面处理产品及其渗透性

油类表面处理产品又被称为渗透性表面处理产品，但这个名字并不是因为它们的渗透性（所有表面处理产品都具有渗透性），而是为了与那些能够很好地硬化，并在木料表面建立稳定涂层的产品区分开来。然而，“渗透性”这个词使得油基表面处理产品常常被冠以可以从内部开始保护木料的标签。这与薄膜型表面处理产品是相反的，比如虫胶、合成漆、清漆以及一些水基表面处理产品，它们都是通过在木料表面建立一层薄膜来保护木料的。如果你想要确定一下渗透性表面处理产品能不能从内部开始保护木料，那么你就需要了解渗透是如何形成的，它在保护木料方面有什么价值（或者没有什么价值）。

液体通过毛细作用渗入木料中——这与树木向上运输水分和矿物质的方式相同。液体位于木料的顶部、侧面和底部没有任何区别。只要液体能够接触木料，就可以通过木料的纹理渗入。

使液体深层渗入的关键在于，保持木料表面持续湿润一段时间。可以把一块直纹理的木料放入装有 0.5 in（1.3 cm）高的油基表面处理产品的罐子里，表面处理产品会通过木料中的通路上行并最终从顶部渗出。只有当木料中的表面处理产品固化以后才可以防止进一步的渗透，换句话说，表面处理产品或者在罐子里凝固了，或者像水一样挥发掉了，渗透才会停止（照片 5-1）。

但是渗透有什么好处呢？实际上很少。你完全可以用亚麻籽油填充一块木料，但是这对保护木料表面不受损坏起不到任何作用。粗糙的物品照样会刮伤木料，染色剂照样可以给木料染色，水照样会弄脏木料，而且就好像木料从未做过表面处理一样。用油类表面处理产品填充木料唯一可能得到的好处就是稳定木料状态，防止其因为水蒸气的交换收缩或膨胀。用固化型表面处理剂填补所有的孔洞可以塑化木料。但是如果想寻找一种能够保护木料表面的表面处理产品，那么产品的渗透能力是无关紧要的。

# 了解油类表面处理产品

油是一种天然物质，通常是从植物的种子、鱼类和石油中提取出来的。一些油，比如亚麻籽油和桐油，可以吸收空气中的氧气发生固化，从液态转变为柔软的固态。能够固化的油才能用作表面处理产品。其他的油，比如矿物油、橄榄油和机油，因为不能吸收氧气发生固化，所以不能用作表面处理产品。因为它们无法固化，所以对表面处理来说没有任何意义。还有其他一些油，比如胡桃油、大豆油和红花籽油，它们属于半固化油，其固化过程非常缓慢，并且无法完全固化。它们用作表面处理产品的效果只能说是聊胜于无。

作为表面处理产品的油有一些常见的特点。它们相比于其他的表面处理产品固化速度慢，如

**照片 5-1** 固化速度缓慢是油类表面处理产品的特点，但它们的渗透性却比其他产品更好。亚麻籽油和桐油的固化速度是最慢的，所以它们的渗透效果也最好。这都是因为毛细作用。这个罐子里的亚麻籽油沿着橡木块从下向上渗透，直至顶端

## 食品安全的传言

在很多木匠灵魂的深处，最根深蒂固的观念就是，那些包含金属催干剂的油类和清漆表面处理产品非常不安全，尤其是对儿童来说。很多木工杂志不遗余力地散播这种流言，建议使用亚麻籽油、桐油、半固化胡桃油、虫胶（一种天然树脂）以及带有“沙拉碗表面处理剂”标签的产品作为保障安全的替代品。

很多售卖沙拉碗表面处理产品的公司因为这个传言大获成功。但是请注意，“沙拉碗表面处理产品”是一种清漆产品！确切地说是擦拭型清漆产品。并且清漆产品只有在添加金属催干剂之后才具备合理的固化速度。由于催干剂的选择十分有限，所以几乎所有的油类与清漆表面处理产品都含有同样的催干剂，沙拉碗表面处理产品也不例外。因此，那些标榜“食品安全级”并被杂志大肆鼓吹的表面处理产品，它们的生产厂家都是在犯罪，因为它们隐瞒了油类和清漆表面处理产品中含有相同催干剂的事实！

实际上，只要表面处理产品固化了，将其吃掉或咀嚼都是安全的。根据经验，表面处理产品固化一般需要 30 天时间，但是如果环境温度较高，那么固化进程会加快。对于所有的溶剂型表面处理产品，要想判断它们是否固化，可以用鼻子贴近闻一下。如果可以闻到气味，则表明表面处理产品还没有完全干燥。只有当你闻不到任何气味的时候，经过表面处理的器物才能用来安全地盛放食物或用嘴接触。

金属催干剂的问题都与铅有关。铅是公认的健康杀手，并且因为会造成儿童智力低下而声名不佳。

几个世纪以来，铅作为主要的催干剂被添加在油和清漆里，因为它的效果很突出。同样因为效果显著，铅还经常被添加到色素中。但是，添加到色素中的铅与添加在催干

果涂抹了很多层，经过固化后会呈现缎面效果，而不是光亮效果。它们在固化之后也很柔软。这些特点使其很难成为有效的表面处理产品，除非你不辞辛苦，每次完成涂抹之后都把多余的部分擦除。你无法用油在木料表面制作出如同薄膜型表面处理产品那样的厚实坚硬的保护层（请参阅第 93 页“使用油和油与清漆的混合物”）。如果你在亚麻籽油或者桐油的盖子上发现了一些固化的溢出物，可以用手指触摸一下，感受其柔软程度，注意它们与其他表面处理产品形成的固化涂层之间的硬度差别。

## 亚麻籽油

亚麻籽油是从亚麻植物的种子里提取出来的。生亚麻籽油并不是有效的表面处理产品，因

剂中的铅有两点显著区别。色素中的铅含量高达50%，并且色素很松脆，所以当儿童咀嚼（因为铅盐是甜的）时很容易吸收大量的铅造成中毒。而油和清漆类的表面处理产品中只含有极少量的铅（少于0.5%），并且它们被络合在交联基质中，所以即使儿童不小心吞入了这些产品也没有大碍（铅盐几乎不会被吸收）。

到了20世纪70年代，相关的法律明令禁止了在色素中使用铅盐。当然，在油和清漆类产品中，铅盐也被禁止使用。所以，现在铅的问题已经不存在了。

为了能够进一步说明金属催干剂进入食物中或与嘴接触没有问题，你可以从以下几个方面加以印证。

- 美国物料安全数据表（Material Safety Data Sheet，简称MSDS）是美国政府要求的、需要制造商列出所有有害或有毒方面的信息，并警示消费者不要将这些油、清漆或者任何其他表面护理产品与食物或儿童嘴部接触的提示。现在的产品中没有这些信息，表明它们已不存在安全性问题。
- 美国食品和药品管理局（Food and Drug Administration，简称FDA）列出了所有常见的对食品无害的干燥剂，前提是它们被正确地使用，也就是在完全固化的状态下被使用。FDA并不认可制造商对这些表面处理产品的声明，FDA只认可其成分，并为这些产品的正常固化设置规则。
- 从未听说过有任何人（无论是成年人还是儿童）因为接触了已经完全固化的表面处理涂层而中毒的情况。如果有人因此中毒了，那一定会成为大新闻的！

最后，让我们把这些传言抛诸脑后吧，换一种方式，通过更加合理的标准来选择表面处理产品。

为它需要经过几周甚至几个月才能固化。为了增强处理效果，需要为其添加金属催干剂。这些催干剂通常是含有钴、锰或锌的盐类。它们能够作为催化剂促进氧气的吸收，从而加快表面处理产品的固化。（铅盐也曾被用作催干剂，但是由于其对身体有害现已不再生产。）加入了金属催干剂的亚麻籽油被称为熟亚麻籽油，如果能够及时擦除多余的油，这种产品便可以在1天之内固化。除非你需要油以极慢的速度固化，否则是不能选择生亚麻籽油的（请参阅第96页“食品安全的传言”）。

在所有的表面处理产品中，除了蜡，亚麻籽油是保护力最弱的。它只能提供软而薄的表面处理涂层，并不能提供实质性的保护层以防止刮伤，也很容易被水或水蒸气渗透。液态水只需要几分钟的时间就可以透过亚麻籽油的涂层并弄脏木料

（照片 5-2）。水蒸气同样可以轻松透过亚麻籽油涂层，就好像这个涂层根本不存在一样。

### 传言

熟亚麻籽油是把生亚麻籽油煮沸制成的。

### 事实

熟亚麻籽油是在生亚麻籽油中加入了金属催干剂制成的——而不是通过煮沸的方式。加热生亚麻籽油（而不是煮沸）可以帮助金属催干剂更好地与油融合。现在，液态催干剂随处可见，也就不用再加热了，但是“煮沸的亚麻籽油”这种叫法却流传了下来。

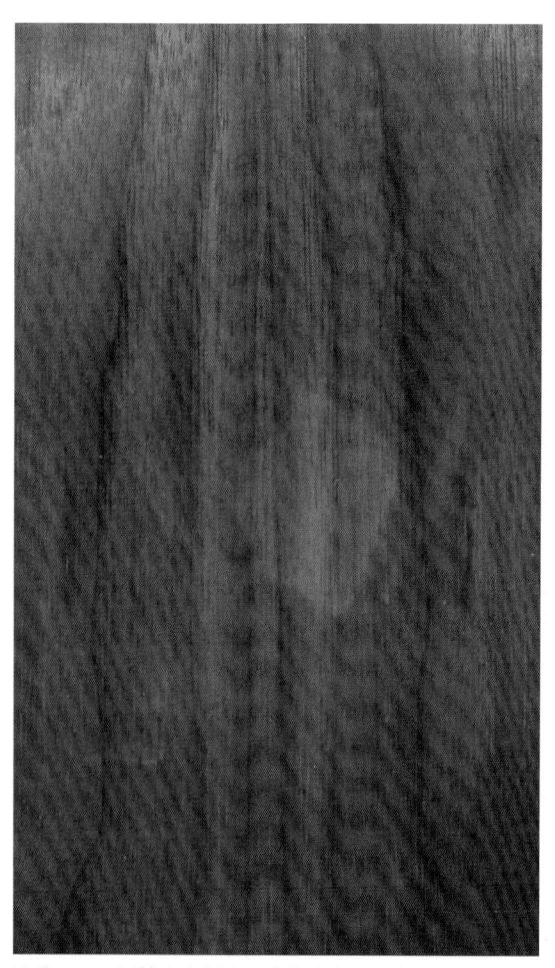

**照片 5-2** 不管在木料表面涂抹多少层亚麻籽油，或者说如何制作涂层，水分都会在极短时间内透过涂层并弄脏木料，就像上图中间的那块污点一样

不过，正是因为水蒸气可以轻易地透过亚麻籽油的涂层，所以以亚麻籽油为基础的老式油漆“透气”效果非常好。这些油漆允许墙壁中的湿气散发出来，并且不会造成表面处理涂层起泡。现代的醇酸树脂涂料很容易起泡，因为它们能够形成非常有效的屏障阻止水蒸气的交换。这就是推荐在室外使用水基乳胶漆的原因。因为水基乳胶漆也像亚麻籽油涂料一样可以“呼吸”。

## 桐油

桐油是从原产于中国的油桐树的种子中提取出来的。桐油在中国已经使用了至少数百年了，但是直到 19 世纪末期西方国家才将其引进。现在，油桐树在南美和墨西哥湾被大量种植。虽然桐油比亚麻籽油贵得多，但是它仍在油漆和涂料行业中拥有稳固的地位，因为桐油是防水性最强的油类之一。很多高品质的清漆就是用桐油配制的。但是，可能与你想象的相反，桐油作为表面处理产品很少被单独使用。

涂抹 5~6 层桐油的木料表面防水性能已经很不错了，但它还是过于柔软和单薄了，对防止刮伤或水蒸气的渗透力不从心。另外，用桐油很难做出漂亮的表面处理效果。在涂抹前面三四层的时候，木料表面会出现很多斑点，摸起来非常粗糙。只有在涂抹了五六层，并且每个涂层都经过了精细的打磨之后，你才能获得一个均匀、光亮的表面。但是桐油的表面处理效果还是不如亚麻籽油的那样平滑。

此外，桐油的固化速度非常慢，比生亚麻籽油快得多，但仍比熟亚麻籽油要慢，所以两次刷涂之间你必须等上好几天。因此，桐油并不是一种高效的表面处理产品。

# 聚合油

正如之前所述，亚麻籽油和桐油因为需要吸收氧气，所以固化速度很慢。但是，如果预先在无氧条件（充入惰性气体）下把这些油烹煮到500 ℉（260℃）使其变得黏稠，就可以大大加快其固化速度。至少有两种你所熟知的表面处理产品是经过这样的过程得到的：萨瑟兰和韦尔斯出品的聚合桐油和聚合亚麻籽油。聚合亚麻籽油常被用来为枪托做表面处理。这些产品的性能更接近清漆，而不是亚麻籽油或者桐油。

在惰性气体环境中烹煮亚麻籽油和桐油可以使其无须经过氧化过程而发生交联。当油类产品重新暴露在氧气中时，这种改变会使其固化过程迅速完成（比清漆的固化速度还快），并获得更硬、更有光泽的固化涂层。与普通的亚麻籽油和桐油相比，这种产品也使得在木料表面涂抹一层较厚的油涂层成为可能。

这些产品需要一个名字。它们通常被形容成“热稠化”，这种称呼很含糊，仅仅告诉你它们经过了烹煮并变得黏稠了。由于木工领域使用的产品都贴有“聚合”的标签，所以称之为“聚合油”更为合理。结合上下文，聚合即是指交联，在你购买这些产品之前，它们的确已经发生了部分交联，所以这个名字还是合理的。不过，你要对“聚合”这个词格外小心，因为制造商经常用这个词作为噱头，让客户以为他们买到了特别的产品，但事实往往不能如你所愿。

在宽大的家具表面使用聚合油做表面处理存在两个问题。首先，这种油的固化速度非常快，所以在使用过程中，在它开始变黏之前将多余部分擦除会比较困难。此外，聚合油也不能像清漆那样涂抹那么厚，否则容易产生一些细小的裂痕。

### 传言

在表面处理领域，“桐油”这个词意味着在配方中含有桐油这种成分。

### 事实

不一定。大多数在售的报以桐油名义的擦拭型清漆实际上根本不包含桐油。这对正确的标签也没有任何影响。因为即使在配方中含有桐油，这些表面处理产品仍然是清漆产品，或者桐油与清漆的混合物，而不是纯桐油！

不过，对一些小部件（比如枪托）来说，使用聚合油的效果非常好。

# 了解清漆

为了了解擦拭型清漆以及油和清漆的混合物，你必须首先了解清漆的性能以及它与油之间的区别。详细讲解参阅第11章“清漆”。

清漆是将一种或多种油混合天然或合成树脂经过烹煮制成的。制作清漆的油包含一些固化油，比如亚麻籽油和桐油，还包含一些经过修饰后固化效果提高的半固化油，比如大豆油和红花籽油。早期使用的树脂都是天然的，但现在合成类的醇酸树脂、酚醛树脂和聚氨酯占据了主导。

油与树脂一起烹煮时会发生化学交联形成清漆。这是一种全新的物质（图5-1）。

**注意：**不要尝试自己制作清漆。因为制作过程比较危险，并有可能会发生火灾。

**图5-1** 清漆是用硬树脂和固化或改性的半固化油经过烹煮制成的。这种新物质相比单独的油类产品固化速度快得多，形成的涂层也更坚硬、更有光泽

虽然清漆是用油制成的，很多制造商也将其称作“油”，但这就像把面包称作“酵母”一样荒谬。（面包是通过酵母和面粉之间的化学反应制成的。）清漆要比油的固化速度快得多，固化形成的涂层也非常有光泽（除非生产商添加了消光剂以产生缎面或亚光效果）。固化的清漆也非常硬（再次提醒使用者，要定期检查盛放清漆或擦拭型清漆的罐盖周边是否有溢出物）。

清漆最重要的特点就是硬化。这使得你能够在木料表面做出相对较厚的涂层。清漆凝固之后，可以保护木料抵御大多数的刮蹭，并建立起应对污渍、水和水蒸气交换的完美屏障。

# 擦拭型清漆被当作油销售

擦拭型清漆只是一种经油漆溶剂油（漆稀释剂）足量稀释的清漆产品（包含聚氨酯清漆在内的各种类型），很容易用来擦拭木料表面。不同产品的稀释剂用量各不相同。大多数品牌都包含稀释剂和清漆等比例配制的产品，但需要这样稀的擦拭型清漆的情况很少见（请参阅第194页“擦拭型清漆”）。可以像涂抹油基表面处理产品那样，在涂抹擦拭型清漆后擦除多余清漆（请参阅第93页“使用油和油与清漆的混合物”），也可以使用全效清漆（未经稀释的）进行表面处理，无须擦除多余的部分，当然，在涂层完全干燥之前去除部分多余清漆也是可以的。

有一点需要特别注意，即真正的擦拭型清漆产品的标签上并没有被冠以正确的名字。你很难根据标签上的名字买到这种产品。它通常会被错误地标记为“桐油”，或者其他专有名称。有三种方式能够帮助你判断买到的产品是否是擦拭型清漆。

- 擦拭型清漆需要稀释后包装，所以标签上通常列有“石油馏出物”或者“油漆溶剂油”（有时被称作“脂肪烃”）字样。桐油从不会稀释后再销售，所以它的标签上不会出现“石油馏出物”的字样。
- 擦拭型清漆像水一样稀薄，闻起来与清漆的气味很接近。桐油则较为浓稠（与煮过的亚麻籽油和全效清漆类似），并且带有明显的、令人愉悦的香气，你一闻到就能辨认出来。
- 擦拭型清漆凝固后很硬，在玻璃或无毒容器的表面低洼处留滞一两天就可以形成一层硬而光滑的表面。桐油的话则需要几周甚至几个月时间才能固化，并且固化涂层会起褶，也比较软（照片5-3）。

# 油与清漆的混合物

油和清漆（包含聚氨酯清漆）是互溶的，所以可以将它们混合起来。混合而成的表面处理产品兼具它们的部分特性（图5-2）。混合产品中的油会减少涂层的光泽度，也降低了产品固化的速度。应对这一点非常简单，只要有足够的时间等待其固化即可（请参阅第93页“使用油和油与清漆的混合物”）。但是油的存在会使固化后的涂层很软（检查盛放油与清漆混合物的罐盖周边的溢出物就可以了解这一点）。这就意味着，无法用油与清漆的混合物做出具有保护性的、较厚的涂层。混合产品中的清漆能够提供防水特性，并使涂层硬而有光泽。

如你所料，使用的油或清漆的类型，以及油与清漆混合比例的不同都会产生不同的效果，即使其中的差别细微得不易察觉。因为店里出售的油与清漆的混合产品从不会明确标记两种成分的种类及其比例，所以你可能需要自己配制。以下这些经验可以帮助你确定一个配方。

- 清漆相对于油的比例越高，在防刮伤、防水、防水蒸气、防污渍方面效果越好，并能够增加涂层的光泽度。但如果清漆的比例过高，也会在使用上造成一定的困难。比如，90%的清漆与10%的油混合，其效果与纯清漆差不多，只是固化的涂层稍微软一些。从等比例开始混合，然后根据需要调整配方，是比较好的策略。
- 使用桐油而不是亚麻籽油的话，混合物的防水性会提高。但桐油的比例越高，形成均匀、缎面光泽的效果需要刷涂的次数就会越多。
- 尽管各种清漆的品质可能会大不相同，但是很难从薄薄的涂层中发现差别。所以清漆的选择并不是一个重要的因素。

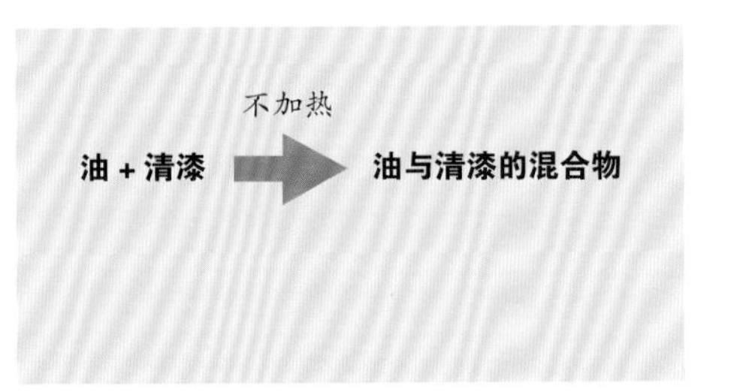


**图 5–2** 油与清漆可以混合形成一种表面处理产品，新产品兼有两者的特性。不经过加热也能达到完全的混合

## 传言

多年以来，生产商一直宣称，沃特科丹麦油能够使木料的硬度增加25%。

## 事实

我不知道这个结论是如何得来的，因为油类表面处理产品固化之后要比一般的家具木料软得多。柔软的表面处理涂层如何能使木料变硬呢?

## 小贴士

稀释清漆非常简单，只需在清漆中添加一些稀释剂，直至它很容易用布抹开。这要比制造商混合的擦拭型清漆便宜，不过一般没有制造商的产品那么有效。

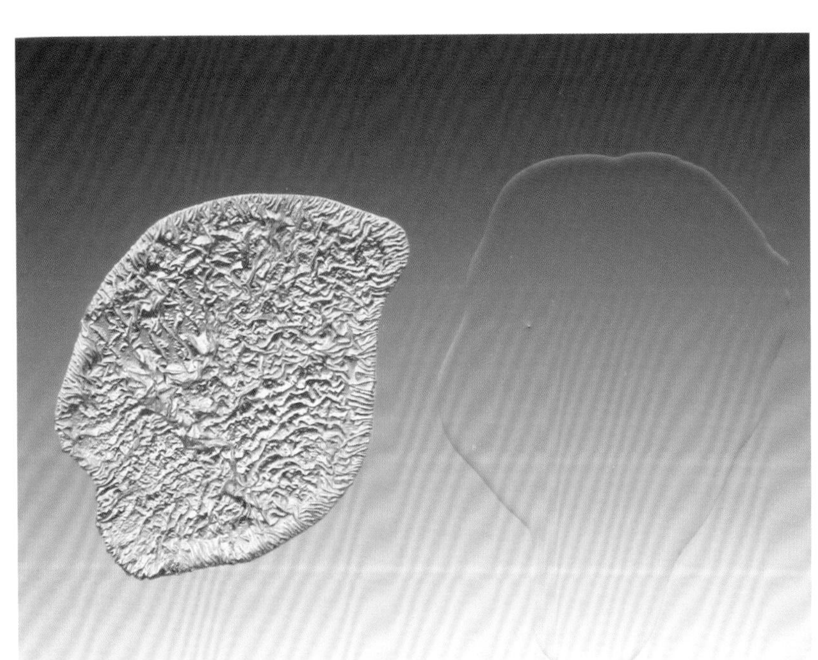

**照片 5–3** 桐油和稀释的清漆都被当作桐油售卖，但它们是两种完全不同的产品。固化的桐油（左）比较软，并且如果没有擦除多余部分的话很容易起褶。固化的清漆涂层（右）硬而平滑，所以能够为木料表面提供较好的保护

传言

沃特科丹麦油以及沃特洛克斯真品油（Waterloc Original）是同一类表面处理产品，它们之间的区别在于树脂含量不同。

事实

沃特科和沃特洛克斯是两种完全不同的表面处理产品。沃特科是油和清漆的混合物，所以它基本不会硬化，每涂完一层必须将多余部分擦除，否则只能得到黏手的表面。沃特洛克斯是一种清漆产品，是将油和树脂混合后烹煮制成的，固化之后非常坚硬，可以在木料表面建立起任何厚度的保护层以满足需要。

- 可以用油漆溶剂油来稀释混合物（松节油也可以），这样可以使油与清漆的混合物更好地在宽大的表面分散开。但这同样会让每个涂层变得更薄，从而很难在涂抹一次后就实现对木料表面的密封。此外，稀释的混合物也会增加涂料流溢的可能性（请参阅第 104 页“溢出的油类表面处理产品”）。

# 辨别什么是什么

很多制造商会用“桐油”来描述 4 种不同类型的表面处理产品：真正的桐油、聚合油、擦拭型清漆以及油与清漆的混合物。

制造商也会使用一些与产品关联不大的名称，比如说丹麦油、古董油、威尔维特油（Velvit Oil）、波芬普罗芬、沃特洛克斯和密封巢。大多数情况下，你并不知道这些东西到底是什么。你需要学会辨别。

纯油——亚麻籽油和桐油——具有独特的气味。只要闻到过某种油的气味，你就不会忘记。它们都散发着坚果的气味。桐油闻起来要更为香甜，亚麻籽油闻起来则更辛辣一些。这两种油都不含有稀释剂，所以它们的标签上不会出现石油馏出物。

擦拭型清漆、油与清漆的混合物以及聚合油闻起来像油漆溶剂油，因为这些产品中都含有大量的油漆溶剂油。因此，仅仅通过气味是无法区分它们的。除了固化速度很快，我不知道还有什么简单方法可以帮助你判断产品中是否使用了聚合油，但你可以通过以下三点区分擦拭型清漆和油与清漆的混合物。

- 表面处理产品的固化速度。油与清漆的混合物固化速度很慢，需要 1 个小时甚至更长时间才能变得黏稠，具体时间则取决于油与清漆之间的比例。擦拭型清漆可以在 20 分钟甚至更短的时间内变黏。当然，表面处理产品的固化时间也会随气温的不同而变化。
- 固化形成的涂层是否坚硬。擦拭型清漆固化之后很硬，而油与清漆的混合物固化之后比较软。
- 较厚的固化涂层起褶是否严重（照片 5-4）。任何含油的表面处理产品（油含量 10% 以上）形成的较厚涂层固化之后都会产生褶皱。擦拭型清漆固化之后一般不会产生褶皱，除非涂层过厚。请参阅第 105 页图表“如何辨别表面处理产品”。

## 额外的困惑：柚木油

对油类表面处理产品的困惑不止存在于纯油、聚合油、油与清漆的混合物以及擦拭型清漆中。有些制造商还生产针对不同木料的“油”。我曾在丹麦一家家具店里见到了使用这种营销手段的最离谱的例子。这家店陈列着满满一柜子的2 oz（59.1 ml）规格的瓶装油，其中包括柚木油、花梨木油、胡桃木油、橡木油、桦木油、白蜡木油——每种家具木料都有与之对应的专用油。客户会被告知，不同的木料只能使用其对应的专用油来处理！

在美国，柚木油的存在造成了巨大的混乱。至少有三种不同类型的表面处理产品被当作“柚木油”售卖。其中包含不能固化的矿物油，以及一种同样不能固化的蜡与矿物油的混合物。还有一种是油与清漆的混合物，这个是可以固化的。（肯定包含擦拭型清漆，但是目前我还没有找到。）沃特科、贝伦（Behlen），还有很多斯堪的纳维亚的家具商店售卖的柚木油实际上都是油与清漆的混合物。这种油本质上与其他油与清漆混合物是相同的。它的紫外线防御功能被夸大了，因为这种表面处理产品无法形成足够的厚度以有效吸收紫外线（请参阅第 348 页“紫外线防护”）。没有任何添加物可以使这些表面处理产品更适用于柚木或者其他油性木料。

油性木料，比如柚木、花梨木、黄檀木、乌木，其表面处理存在一定难度，因为木料天然含有的油成分（非固化）会阻碍油和清漆产品的固化。油也会干扰其他表面处理产品（比如合成漆或水基表面处理产品）在木料表面的黏合。因为油类表面处理产品中不包含任何可以消除木料中的油成分副作用的成分，所以在进行表面处理之前，最好先用快速挥发型溶剂（比如石脑油、丙酮以及漆稀释剂等）擦拭木料。这样可以暂时将木料表面的油分擦除。如果之后的表面处理完成得很快速，表面处理产品就有时间与木料紧密黏合，并在更多的油渗出之前彻底固化。

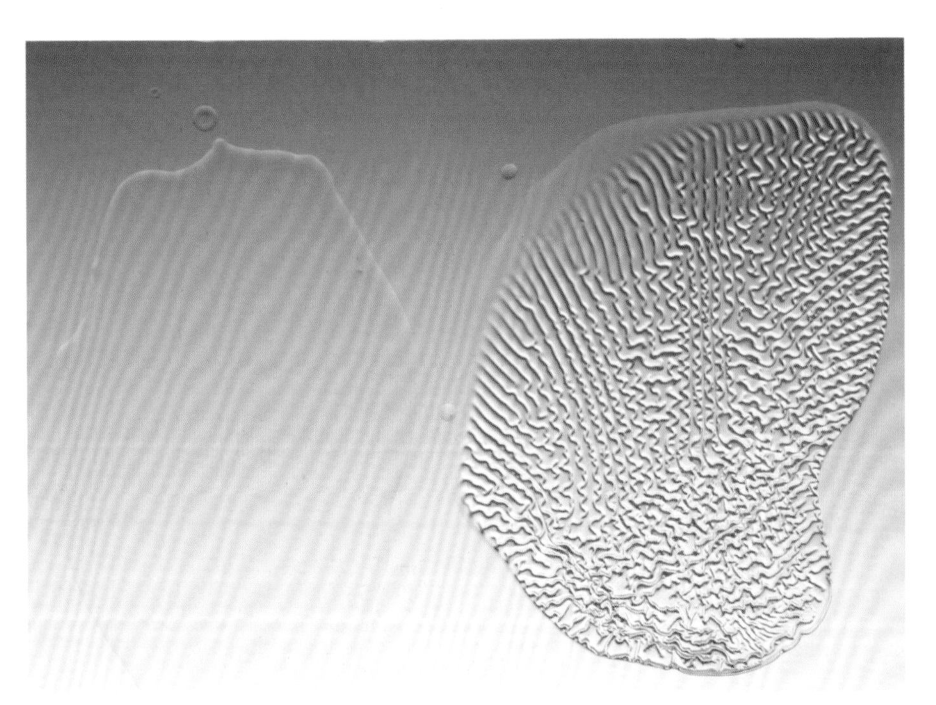

**照片 5-4** 有时候，可以根据容器盖子上的溢出物区分出擦拭型清漆和油与清漆的混合物。如果没有溢出物，你可以取一些表面处理产品倒在一块玻璃或其他无孔的表面上，让其固化一两天。如果固化后形成了平滑坚硬的表面，对应的产品就是擦拭型清漆（左）；如果固化层软而起褶，对应的产品就是油与清漆的混合物（右）。纯亚麻籽油和纯桐油固化之后也会形成软而起褶的表面，并且它们的固化需要好多天甚至几个星期

# 溢出的油类表面处理产品

油类表面处理产品有时会从木料的孔隙中溢出，并围绕孔隙形成微小的凹坑（如下图所示）。在这种情况下，如果任由表面处理涂层固化，形成光亮的疮疤状结构，接下来是很难将其移除的。你必须把这些“疮疤”磨掉或剥除，同时不能破坏其周边的表面处理涂层。所以溢出物的固化是一个很严重的问题。

溢出现象经常发生在有较大孔隙的木料上，通常是由受热之后表面处理产品膨胀造成的。受热原因有以下几种情况：一是在做表面处理时，木料本身的温度比产品更高；二是木料因为剧烈的摩擦而生热；三是木料被转移到了温度更高的环境中，特别是被转移到太阳底下。如果封闭木料的孔隙，溢出的情况就不会发生了——这通常是在第一层或第二层表面处理产品固化之后。油与清漆的混合物溢出最为严重，因为其中添加了稀释剂，而且它们自身的固化速度很慢（可以跟擦拭型清漆做个比较，后者也添加了稀释剂，但其固化速度要快得多）。

为了防止形成“疮疤”，必须在涂料固化之前将溢出部分擦除。你要每隔 1 小时左右观察一下木料并用干布擦除溢出的油，直至不再有油溢出。我通常会在当天较早的时候涂抹第一层涂料，这样有充足的时间在其干燥之前擦除溢出的部分。

有两种方法用来处理固化的“疮疤”。

- 用精细钢丝绒或者思高（Scotch-Brite）合成钢丝绒擦拭或钝化“疮疤”，使其淡化。这种方法通常适用于中等或较小孔隙的木料，比如胡桃木或者枫木。对孔隙较大的木料来说，比如橡木，很难将所有的瑕疵从孔隙处去除。如果你对处理效果非常满意，接下来要另外涂抹 1~2 层涂料替代去除的那一层，也可以将上述的两步操作合成一步，直接用蘸湿的钢丝绒擦拭木料表面。只要孔隙被封闭住了，就不会再有油溢出了。
- 用砂纸或脱漆剂剥离“疮疤”。这意味着，所有的表面处理工作需要重头来过。

油类表面处理产品形成的涂层有时会出现油从孔隙中溢出的现象，其固化之后会在木料表面形成“疮疤”。必须在涂层固化之前擦除溢出的油，否则就得磨掉“疮疤”部分，然后重做表面处理

小贴士

对于油或油与清漆的混合物，如果由于没有将多余部分擦除干净，导致其固化之后仍然黏稠，最好用钢丝绒蘸取油漆溶剂油、石脑油或者更多相同的表面处理产品进行擦拭。在极端情况下，可以使用漆稀释剂擦拭，然后刷涂更多的表面处理产品，并将多余部分擦除。

## 选择一种油类或擦拭型清漆表面处理产品

选择需要的表面处理产品一般出于以下考虑：易用性、保护性、耐久性以及颜色（请参阅第 106 页“选择油类表面处理产品”）。

- 易用性：纯的亚麻籽油、桐油以及油与清漆的混合物使用起来很方便，因为这些产品留给你的处理时间很宽裕。其中桐油比亚麻籽油的操作难度大一些，因为桐油需要涂抹更多层，并且每层之间都要经过打磨。擦拭型清漆的固化速度比较快，聚合油的固化速度更快些，所以这些产品不适合在宽大的木料表面使用。
- 保护性：清漆和聚合油相对于纯油以及油与清漆的混合物来说保护性更强，因为前者能够在木料表面形成较厚的涂层。桐油的防水性能要比亚麻籽油更强一些。
- 耐久性：与那些包含纯油成分的表面处理产品相比，固化后更为坚硬的擦拭型清漆和聚合油耐久性更好，也就是抵御损伤的能力更出众。
- 颜色：纯亚麻籽油和纯桐油一般是黄色的（实际上是橙色）。亚麻籽油比桐油的颜色更重一些。如果你想给木料增加些暖色调，这些

## 如何辨别表面处理产品？

| 类别 | 生亚麻籽油或熟亚麻籽油 | 桐油 | 真聚合油 | 油与清漆的混合物 | 擦拭型清漆 |
| --- | --- | --- | --- | --- | --- |
| 标签永远会标注正确的信息 | 是 | 是 | 是 | 否 | 否 |
| 标签上会列出石油馏出物（油漆溶剂油）成分 | 否 | 否 | 是 | 是[1] | 是 |
| 在吹风机的作用下薄涂层会快速变黏稠 | 否 | 否 | 是 | 否 | 是 |
| 在玻璃上或容器盖子上固化后呈现软而起褶的状态 | 是 | 是 | 否 | 是[2] | 否 |
| 在玻璃上或容器盖子上固化后形成硬而光滑的涂层 | 否 | 否 | 是 | 否 | 是 |

1. 马鲁夫表面处理剂是个例外，它并不包含油漆溶剂油。
2. 与亚麻籽油和桐油相比，油与清漆的混合物固化后更坚硬，褶皱也更少。

# 选择油类表面处理产品

| 表面处理产品 | 保护性[1] | 光泽度 | 应用 | 成本 | 颜色[2] | 渗透性[3] |
|---|---|---|---|---|---|---|
| **生亚麻籽油** | 差 | 缎面光泽 | 非常简单 | 低 | 深 | 强 |
| **熟亚麻籽油** | 差 | 缎面光泽 | 非常简单 | 低 | 深 | 强 |
| **纯桐油** | 涂抹四五层之后保护效果有所提高 | 涂抹四五层之后便不再灰暗 | 非常简单 | 中等 | 中等 | 强 |
| **聚合油** | 只要固化，效果会很好 | 光亮 | 处理小表面比较容易 | 高 | 浅 | 中等 |
| **油与清漆的混合物** | 中等 | 缎面光泽 | 非常简单 | 中等 | 中等 | 强 |
| **擦拭型清漆**（本质上不属于油类产品，但常被当作油类售卖） | 只要固化，效果会很好 | 光亮，除非添加了消光剂 | 简单 | 中等 | 浅 | 中等 |

1. 表示对水和水蒸气交换的防护性。
2. 表示木料表面的涂料颜色的深浅程度。
3. 表示当木料表面保持湿润时，涂料渗入的程度。
4. 表示硬度、固化速度和光泽度。

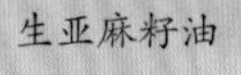
生亚麻籽油

熟亚麻籽油

| 固化[4] | 注解 |
| --- | --- |
| 柔软且固化速度非常慢——达到缎面光泽需要几周甚至几个月 | 除非有特殊需求，必须使用固化速度非常慢的油，一般不用生亚麻籽油做表面处理 |
| 如果擦除了多余涂料，过夜即可固化，固化涂层柔软并具有缎面般的光泽 | 必须擦除多余的涂料，否则涂层会变得柔软且黏稠 |
| 固化速度比熟亚麻籽油慢，固化后可形成缎面般的光泽 | 需要涂抹5层甚至更多层，并且每层都要打磨，以形成缎面般的光泽。防水性比熟亚麻籽油更强。必须擦除多余涂料，否则表面处理涂层会偏软、变黏稠 |
| 涂层坚硬，比擦拭型清漆固化速度更快，固化后涂层光亮 | 如果不用油漆溶剂油稀释，涂料会非常黏稠。如果涂层过厚，会容易产生裂痕 |
| 固化后很软，固化速度非常慢，具体特性随油与清漆的比例不同而变化。可呈现缎面光泽 | 必须擦除多余涂料，否则表面处理涂层会偏软、黏稠 |
| 固化后很硬，且固化速度非常快——在涂抹多层之后会形成光亮表面 | 通过保持每层涂层的表面湿润，可以建立任意厚度的涂层 |

纯桐油

聚合油

油与清漆的混合物

擦拭型清漆

表面处理产品就是理想的选择。油与清漆的混合物能为木料增加一些黄色，具体效果取决于油与清漆的混合比例。擦拭型清漆和聚合油增色的效果最弱（照片 5-5）。

对大多数木工制品来说，油与清漆的混合物和擦拭型清漆是最好的选择。油与清漆的混合物固化之后会呈现缎面光泽，擦拭型清漆形成的固化涂层则很光亮，除非制造商在产品中添加了消光剂。如果是这种情况，你应该在使用表面处理产品之前将其搅拌均匀，然后刷涂薄层，这样消光剂才能发挥作用（请参阅第 138 页“使用消光剂控制光泽”）。两种产品中，擦拭型清漆的保护性和耐久性要强得多，因为其涂层更为坚实。

**照片 5-5** 以上每块木板都用了标签为“油”的表面处理产品涂抹了 3 层，从上到下依次为：亚麻籽油、桐油、聚合油、擦拭型清漆和油与清漆的混合物。它们呈现出完全不同的颜色和光泽

# 维护与修复

维护一层很薄的擦拭型/擦除型油类产品的涂层通常要比除蜡之外的其他表面处理产品形成的涂层更为严格。即使是轻微的磨损也会产生空隙，使裸露的木料表面暴露在溢出的油中。维护薄涂层的最好方法是，只要涂层开始发干或出现磨损，就要重新刷涂。可以使用与最初相同的表面处理产品，也可以使用其他品牌或其他类型的表面处理产品，前提是最初的涂层已经完全固化。你甚至可以在一层油涂层上使用擦拭型清漆，或者在擦拭型清漆涂层上再涂一层油，但这样可能会改变木料的外观（照片 5-6）。

不管与哪种表面处理产品混用，油类表面处理产品都可以用膏蜡来维护。膏蜡会提高暗淡表面的光泽度，同时通过增加光滑度来有效减少刮伤。但是，一旦使用了蜡，就必须在涂抹下一涂层之前用石脑油或油漆溶剂油将蜡先行除去。否则，新的涂层会偏软，且容易弄脏。

木匠们通常把易修复性作为油类表面处理产品的一个主要优点。由于油类表面处理产品形成的涂层很薄，所以精确修复比较容易成功。当你擦拭木料表面的油类产品时，它会渗透其中，并加深所有划痕的颜色。除非划痕过于明显，否则新的涂层一般都能将其掩盖。但实际上划痕并没有消失，只是涂料使表层的颜色混一了。任何表面处理涂层只要足够薄，都能将其有效地修复。

薄薄的油类表面处理涂层的修复难题在于处理水渍与色差。水渍通常会使木料产生毛刺，导致木料的质地看起来与周边不同。在水渍处涂抹一层涂料并不能从视觉上掩盖其存在。通常可行

**照片 5-6** 合成漆会轻微地加深木料的颜色（左），熟亚麻籽油则会使木料变成深橙色（右）。中间部分尚未做过表面处理。这种特性可用于多种木料，比如这种带有缎带条纹的桃花心木，它的颜色变得更深，层次也更为丰富。当你在木料最上面涂抹一层薄膜型表面处理产品时，这一点会尤为明显。需要注意的是，此时你需要使用与原木相同的漆。在涂抹下一层之前，需要将亚麻籽油涂层搁置 1 周或更长时间，以确保其完全固化

## 传言

可以用柠檬油维护油基表面处理涂层。

## 事实

柠檬油是用一种柠檬味的溶质溶解在油漆溶剂油中制成的油性物质，它是一种时效非常短的保养产品。确切地说，它是一种家具抛光剂，在挥发之前，它有助于吸附粉尘，赋予灰暗的表面暂时的光泽——这些都发生在几个小时之内。很大程度上，它的吸引力来自于所散发的清新气味。

## 小贴士

在完成表面处理之后，如果你发现，某块木料或者木料的某个部分，其颜色比其他部分较浅，那你可以使用任何以酒精或漆稀释剂配制的染料染色剂来加深颜色（请参阅第4章“木料染色”）。溶剂/染料溶液会深深地溶入表面处理涂层，这样在擦拭下一涂层并擦除多余涂料时不会影响之前的染色。

的做法是，用一块布或钢丝绒擦拭水渍处，或者用400目或600目的砂纸进行打磨，然后再涂抹更多的涂料。也可以先涂抹更多的涂料，并在涂层仍保持湿润的时候进行擦拭或打磨，之后将多余涂料擦除。如果这样仍然不能消除污渍，你要在损伤区域继续刷涂更多层涂料，直至其光泽与周边区域一致。

色差有时是由于高温和飞溅的污渍改变了木料的颜色，有时是因为年久形成的光泽被去除了（改变了木料本身的颜色），有时则是因为去除了最初的染色。高温或者烧灼造成的伤痕只有通过打磨才能去除。飞溅的污渍有时可以用草酸或家用漂白剂进行漂白处理（请参阅第66页“漂白木料”）。对于年久形成的光泽，可以通过染色或漂白仿造相应的效果。有时候也可以将损坏染色区域修复如初。不过，所有的这些问题都很难获得完美的修复效果。

# 6

# 蜡

## 简介

- 表面处理使用的蜡
- 如何自行制作膏蜡
- 使用膏蜡
- 与其他表面处理产品的兼容性

蜡的使用已经有几个世纪了，不仅可以作为主要的木料表面处理产品，而且能作为其他表面处理涂层的抛光剂使用。作为表面处理产品，蜡几乎被更为耐用的油和薄膜型表面处理产品所替代。关于何时使用蜡做抛光剂，请参阅第 18 章“表面处理涂层的保养”。

蜡提取自三种典型的天然材料——动物、植物和矿物，还有一些蜡则是人工合成的。所有的蜡在室温下都是固态的。将其溶解在一些溶剂中后它们会成为膏状（有一些呈液态）（请参阅第 113 页“如何自行制作膏蜡”）。传统的膏蜡配制会使用松节油溶剂，因为这是唯一适合的溶剂。现在，石油馏出物溶剂更为常见（请参阅第 198 页“松节油和石油馏出物”）。

直到不久前，蜂蜡都是主要的蜡制品，因为它是唯一可用的。现在，蜂蜡仍然是很多商品膏蜡和自制膏蜡中唯一使用的蜡。不同的是，有大量天然的或者合成的蜡制品可供选择，制造商也常常将两种蜡混合在一起使用。蜡的选择主要考虑其价格、颜色和防滑性（用于地板时）。但是每种

### 传言

花费在蜡制品上的钱与其质量有关。

### 事实

并不是这样。典型的 16 oz（453.6 g）罐装膏蜡的零售价格区间是 4~20 美元。我真的很怀疑，在同一表面的邻近区域涂抹任意两个品牌的蜡之后，你能根据结果判断出两种蜡的质量有何不同。当然，前提是蜡的颜色都是相同的。

### 传言

蜂蜡肯定是很好的表面处理产品，因为之前的木匠都用它。

### 事实

我们的木匠前辈使用蜂蜡做表面处理的理由和他们使用亚麻籽油一样：蜂蜡可用，而且比进口树脂更便宜。

蜡的硬度、光泽度和熔点各不相同，所以配制蜡的混合物也要将这些因素考虑在内。

硬度、光泽度和熔点是彼此相关的：蜡的熔点越高，其硬度越大，光泽度越好。尽管厂家通常使用性质类似又便宜的合成蜡，但这里我会介绍几种你很熟悉的天然蜡。

- 蜂蜡（从蜂巢中提取）的熔点在 140~150 ℉（60~65.6℃），硬度中等，光泽度中等。使用蜂蜡做表面处理或抛光非常简单。
- 石蜡（从石油中分离）的熔点约为 130 ℉（54.4℃），它比蜂蜡更软，光泽度也较蜂蜡稍差。它很少单独作为表面处理产品或抛光剂使用——尽管传统上，案板桌的表面处理是用石蜡完成的。
- 棕榈蜡（从巴西棕榈树的叶片上刮取）的熔点约为 180 ℉（82.2℃），其硬度非常高，形成的处理表面的光泽度也比蜂蜡更高，只是单独使用时很难抛光。

为了更好地使用棕榈蜡这样的硬蜡，生产厂家会在其中混合一些较软的蜡，比如石蜡。混合后的蜡制品，其熔点、硬度和光泽度都会降低。所有常见的膏蜡制品的熔点都在 140~150 ℉（60~65.6℃），与纯蜂蜡的熔点范围相当。因此，所有常见的膏蜡产品具有类似的硬度和光泽度。

如果你观察到了处理效果的差别，这很可能是因为待处理的表面不同，而不是使用的膏蜡不同。（如果你觉得存在差别，可以在邻近的表面涂抹两层或更多层蜡以调节色差。）

主要的膏蜡生产厂家很少使用天然蜂蜡，无论是单独使用，还是与其他蜡产品混合使用。因为蜂蜡价格昂贵。此外，蜂蜡有颗粒状纹理，很容易把木料表面弄脏。纯蜂蜡抛光剂通常是由一些小公司生产的，因为他们掌握了用蜂蜡制作传统膏蜡的奥秘。

商品蜡唯一的明显差别在于，涂抹后擦除多余部分所需时间的长短，具体时长取决于将固体蜡制成膏状或液态形式时所用溶剂的挥发速率。有些品牌的膏蜡，比如约翰逊（Johnson's）和布里瓦斯（Briwax），使用的溶剂挥发很快。其他品牌，诸如明威，则使用的是挥发较慢的溶剂。所有溶剂挥发之后，蜡会再次成为固态。

蜡的硬化时间越长就越难被擦除。如果你想为较大的表面涂蜡，同时不影响随后的擦拭，应该选择溶剂挥发速率较慢的蜡制品。不幸的是，你需要多次尝试并经历错误才能找到最适合的产品。制造商是不会提供有用的干燥信息的。

有些膏蜡按颜色销售，它们的颜色来自于染料或色素（请参阅第 4 章“木料染色”）。可以在表面处理时使用有色膏蜡为木料染色，或者在抛光木料表面时为划痕或刮痕处染色。

# 表面处理使用的蜡

在某些方面，蜡与油以及油与清漆的混合物很像：使用简单，能够形成缎面光泽，并且干燥后很柔软（请参阅第114页“使用膏蜡”）。不过，蜡形成的表面处理涂层，其防护性能甚至还赶不上亚麻籽油。事实上，蜡是所有表面处理产品中防护性最差的。涂蜡的木料表面几乎与未经表面处理的木料表面没有差别。

蜡对热、水、水蒸气或溶剂同样缺少明显的防护能力。蜡的熔点约为150 ℉（65.6℃），这样的温度太低了，对高温物体起不到任何防护作用。蜡的质地很软，因此必须擦除多余部分，这导致蜡涂层无法形成足够的厚度以隔绝水或水蒸气。（不过，经常涂抹在板材端面的厚厚的蜡层能够很好地防水。）所有常见的溶剂，包含那些液态的家具抛光剂，都可以溶解蜡。

## 如何自行制作膏蜡？

商品膏蜡与自制的膏蜡效果一样好。你可能只是因为有趣而自制膏蜡，或者你是为了获得特定的颜色和光泽效果选择自制膏蜡。下面介绍自制膏蜡的方法。

1 将一些蜡或混合蜡磨碎放入容器中。

2 按照½ qt（0.24 l）溶剂对1 lb（0.45 kg）蜡的比例加入油漆溶剂油、石脑油或松节油。

3 将容器放入热水中水浴加热，让蜡和溶剂混合，并适当搅拌。你可以将水浴锅放在热源上，但是不能将装有蜡与溶剂的容器直接放在明火或火炉上。这会导致起火。

4 当蜡冷却后，膏蜡会在夏季保持稳定的黏稠状态。如果想让其更浓稠，可以添加更多的蜡并重新加热；如果想稀释膏蜡，可以添加更多的溶剂并重新加热。

5 你可以将硅藻土或染色剂（油或日本色素，或者需要首先溶解在石脑油或甲苯中的油基染料）加入溶解的蜡中，让其更好地掩盖划痕或者创造仿古效果。为了使膏蜡颜色均一，必须加入足够的染色剂。

可以将任何固体蜡或混合蜡与松节油或石油馏出物（油漆溶剂油、石脑油、甲苯等）溶剂混合自制膏蜡。加热可以加速溶解过程，但是不要把容器直接放在热源上，将它放入热水中然后加热水浴锅即可。如果蜡是图左蜂蜡那样的固体块状，你要将其磨碎后放入容器中与溶剂混合；如果蜡是右侧棕榈蜡那样的薄片状，将其直接加入溶剂中即可

# 使用膏蜡

现在已经很少使用膏蜡为家具做表面处理了，因为它的保护性和耐久性非常差。不过，可以将膏蜡作为其他表面处理产品的抛光剂使用（请参阅第18章“表面处理涂层的保养”）。下面会介绍膏蜡作为表面处理产品和抛光剂的使用方法。

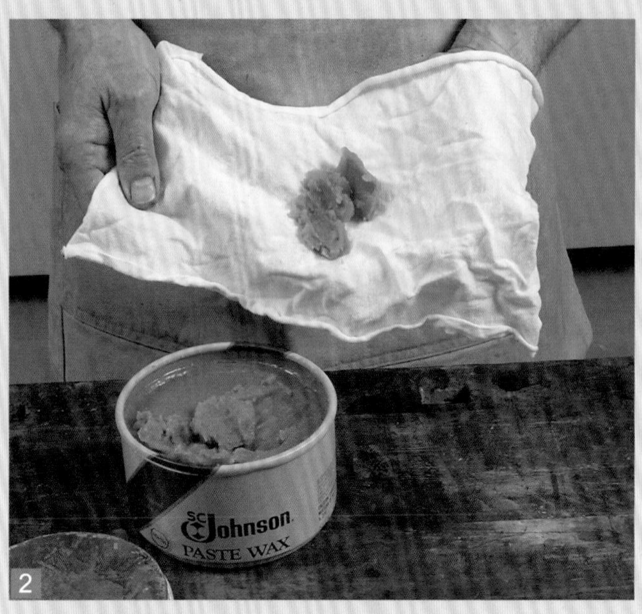

涂抹膏蜡最简单的方式就是取一块膏蜡放在一块软布的中央，将膏蜡包裹其中，然后借助渗透到表面的膏蜡擦拭处理面

1 确保木料表面或涂层表面是干净整洁的。

2 取一块膏蜡放在一块6 in（15.2 cm）见方的柔软棉布中央包裹住。

3 让膏蜡透过棉布渗透到表面，用棉布擦拭涂层表面。可以向任何方向擦拭，因为最终还要擦除所有多余的蜡。将蜡包入棉布可以帮助你控制沉积在表面的蜡的数量。早期沉积在表面的蜡越少，需要擦除的部分就越少。如果蜡很硬，你可以将其握在手中揉捏，直到蜡变热并软化。

4 等待大多数的溶剂挥发掉（处理层的光泽度会从闪亮逐渐变暗）。根据膏蜡使用的溶剂和环境温度的不同，所需时间会有变化。你应首先在一个小区域进行测试，直到能够准确把握溶剂的挥发速率。

5 使用柔软干净的棉布擦除多余的蜡。如果你选择在蜡涂层的光泽度正在变化的时候操作，多余的蜡会非常容易擦除。如果等待的时间过长，你将不得不非常用力地擦拭，因为只有这样才能产生足够的热量（使温度超过蜡的熔点）将蜡熔化，继而擦除。另外，如果下手太快，可能会擦掉过多的蜡。

6 可以使用电动抛光机或安装有羊毛垫的电钻擦除残留的蜡，同时将表面抛光。如果羊毛垫造成了蜡层拖尾但没有将其除去，说明羊毛垫上吸附了过多的蜡。此时你并没有将多余的蜡转移到羊毛垫上，只是让它不停地滚动而已。尝试用棉布擦去多余的蜡，然后换一块干净的羊毛垫重新抛光。必须去除多余的蜡，而不是让它们分散均匀。用手指擦拭一下操作面，如果蜡层出现拖尾，就说明多余的蜡还没有被彻底去除。

### 小贴士

如果你将膏蜡作为另一种表面处理产品形成的涂层的抛光剂使用，并且希望这个表面处理涂层变得更光滑、更暗一些，可以使用钢丝绒擦拭膏蜡，顺纹理擦拭产生的划痕不是很明显。

如果没有擦除多余的蜡，会在处理表面留下上蜡的条痕

## 小贴士

如果蜡干燥后变得过硬，以至于很难去除，可以涂抹更多的膏蜡软化先前的蜡，然后在其变硬前去除多余的蜡。也可以使用石脑油或油漆溶剂油擦去大部分的蜡，然后重新涂抹。

## 警告

不要使用液体家具抛光剂用于蜡涂层，除非你想把这层蜡去除。液体家具抛光剂中的油性溶剂足以溶解膏蜡，在用布擦拭液体抛光剂的时候很容易把蜡层弄乱并擦拭掉。

7 如果涂抹了一层以上的蜡（涂抹不同涂层至少要间隔几个小时），通常会得到更好的结果。你不是在制作第二个蜡层，而是在填补第一个涂层留下的细小空白区域。如果涂层的表面光泽开始时很暗淡，那么涂抹第二层带来的改善通常是很明显的。

8 为了维持蜡表面处理或抛光的效果，应使用鸡毛掸子或软布定期掸去粉尘。对于在其他表面处理涂层上完成的蜡抛光层，可以用水将抹布稍微打湿，这样可以增加吸附粉尘的能力。还可以使用蘸水的麂皮掸去粉尘。如果蜡层表面开始变得暗淡，可以使用柔软的干布重新擦拭，使其恢复光泽。

如果表面光泽无法恢复如初，需要再次涂抹一层膏蜡。因为蜡是不会挥发的，所以没有必要每隔几个月为桌面重新上蜡，或者为多年未使用的表面重新涂蜡。

9 如果多次上蜡后，表面沉积的蜡仍然可以用手指抹出拖尾的痕迹，说明你在之前每次上蜡后并没有擦除多余的蜡。重新涂抹一层蜡，然后擦除多余部分，或者使用石脑油或油漆溶剂油去除大部或全部的残蜡，然后将保留的蜡层抛光。

10 用蜡处理软木表面通常比硬木表面更困难，因为软木会吸附更多的蜡。可以一直涂抹，直到涂层出现光泽并变得均匀，或者，在涂蜡的时候可以使用加热器帮助蜡质熔化，从而使其更快地进入孔隙中加快处理过程。吹风机、热风枪或类似的热源都可以产生超过 150 ℉（65.6℃）的温度使蜡熔化。不过，不能让木料过热产生烧灼的痕迹。

11 如果需要给木旋工件上蜡，可以使用棕榈蜡制成的蜡棒——类似汉特（Hut）和利贝（Liberon）的产品——并在车床启动的状态下使用。当蜡棒接触木料表面时，旋转产生的热量足以使蜡熔化并进入木料中。

注意事项

**作为常见的木旋表面处理产品，虫胶蜡（Shellawax）和晶体镀膜（CrystalCoat）产品充分利用了虫胶与蜡的兼容性，从而兼具二者的优点。这两者的混合物能够产生缎面光泽，也比单独的虫胶产品更软。**

蜡表面处理涂层唯一的保护作用是减少磨蚀性的损伤，比如摩擦或刮削带来的损伤。蜡会使木料表面变得光滑，外力遇到这样的表面更倾向于滑开而不是切入。但是，只是可以防止摩擦或刮削损伤，这样的特性是无法将蜡作为主要的表面处理产品使用的。如果将蜡用作唯一的表面处理产品，那么木料表面会很快变脏。污垢会渗入蜡中，而蜡涂层一旦变脏是无法修复的。只能将其剥离，很多时候木料必须经过打磨处理才能恢复干净的状态。

只有一种情况可以将蜡作为单独的表面处理产品使用，那就是在为了使木料的颜色尽可能地接近原色，同时给木料增加一些光泽的时候。蜡不会像其他表面处理产品那样加深木料的颜色，也不会为木料染色，除非其中添加了染色剂。对于一些无须过多加工的装饰性的、雕刻的或木旋的作品，用蜡做表面处理可能非常有效。对艺术家而言，他们可能会出于美学的考虑选择蜡。上蜡肯定比不做表面处理要好，至少除尘会更方便（要使用鸡毛掸子，而不是家具抛光剂或湿布）。

你可能会看到一些蜡表面处理产品的使用说明，建议你在蜡层之下先涂抹一两层油、虫胶或者其他表面处理产品。这种做法很好，形成的表面处理涂层要比单独的蜡涂层更为耐用。但是，先用其他表面处理产品封闭木料，而后再用蜡，这个过程不能称其为表面处理，只能视为用蜡为其他表面处理涂层做抛光。对任何其他的表面处理涂层来说，蜡都是卓越的抛光剂（请参阅第18章“表面处理涂层的保养”）。

# 与其他表面处理产品的兼容性

有些配方会建议你将蜡与其他表面处理产品，比如亚麻籽油、亚麻籽油与清漆的混合物，或者矿物油，混合起来使用。虽然可以将蜡与这些表面处理产品混合使用，但效果并不好，因为混合后的产品甚至比不含蜡的产品还要软。很多时候，这些产品软到每次用手触摸都会导致涂层被弄脏。

可以在任何表面处理涂层上抹蜡，但并不是每种表面处理产品都可以涂在蜡上。只有直馏矿物油、油与清漆的混合物和虫胶可以涂抹在蜡涂层上。油和油与清漆的混合物会溶解蜡，形成之前描述的混合物。虫胶天然含有蜡，所以只要将木料表面的蜡去除干净，还是可以粘在木料上的。很多18世纪的家具是用蜡做表面处理，并在进入19世纪后用虫胶重新处理的。在蜡涂层上涂抹水基表面处理产品会起褶。合成漆、清漆和聚氨酯固化速度较慢，并且质地较软。在所有案例中，蜡都可能会削弱这些产品的涂层与木料之间的黏合能力。

7

# 填充木料孔隙

## 简介

- 用表面处理产品填充孔隙
- 用膏状木填料填充孔隙
- 表面处理产品与膏状木填料的对比
- 油基填料与水基填料的对比
- 使用油基膏状木填料的常见问题
- 使用油基膏状木填料
- 使用水基膏状木填料

所有木料的天然纹理都取决于木料的孔隙大小和分布情况。有些木料，比如枫木和樱桃木，它们的纹理细致均匀，因为它们的孔隙较小且分布均匀；另一些木料，比如胡桃木和桃花心木，纹理粗糙而均匀，因为这些木料的孔隙较大且分布均匀。还有一些木料，比如弦切的橡木和白蜡木，其纹理不太均匀，细致和粗糙的纹理交替出现，因为它们的孔隙大小不一：春材的孔隙明显比夏材的孔隙大得多。

木料的纹理很大程度上决定了木料在做完表面处理之后的外观。比如，枫木和橡木的纹理是截然不同的，除非为木料上漆，然后在木料上贴上人造木皮，换句话说，就是在木料表面漆出图案和纹理，否则它们不可能看起来相像。

虽然无法通过表面处理使一种木料看起来像另外一种，但只要使用薄膜型表面处理产品，表面处理的过程是会影响到木料的纹理的。如果表面处理涂层很薄，那么做过表面处理的木料，其纹理与表面处理之前的纹理

**传言**

我们必须把孔隙较大的木料（比如橡木、白蜡木、桃花心木和胡桃木）上的孔隙都填上。

**事实**

不管是什么木料，填充其孔隙都不是必须的。这完全取决于审美需求。这种认识源于20世纪早期。那时的一些流行做法主张填充这些木料的孔隙。随着这种做法不断被重复，很多人就把填充孔隙当成了处理这些木料的必备规则。

几乎是一样的。在使用表面处理产品的时候，如果能填充或部分填充孔隙，就可以显著地改变木料的外观。在完全填充了孔隙之后，木料表面会呈现镜面效果，但这并不能说明借助反光看不到凹痕。你通常会发现，高价的桌面看起来很优雅，但达到这样的效果其实并不需要昂贵的材料或设备（照片7-1）。

有两种方式能够完全填充或部分填充木料中的孔隙——用表面处理产品或者用膏状木填料。用表面处理产品填充孔隙面临的问题较少，适合孔隙较小的木料，速度也较快；用膏状木填料处理孔隙较大的木料速度较快，而且能够减少表面处理产品的浪费，同时因为其不易在孔隙中收缩，所以更加稳定。当然，膏状木填料的有益效果远不止此（请参阅第122页“表面处理产品与膏状木填料的对比”）。

## 用表面处理产品填充孔隙

用表面处理产品填充木料的孔隙，必须涂抹多层表面处理产品，然后打磨涂层，直至孔隙处

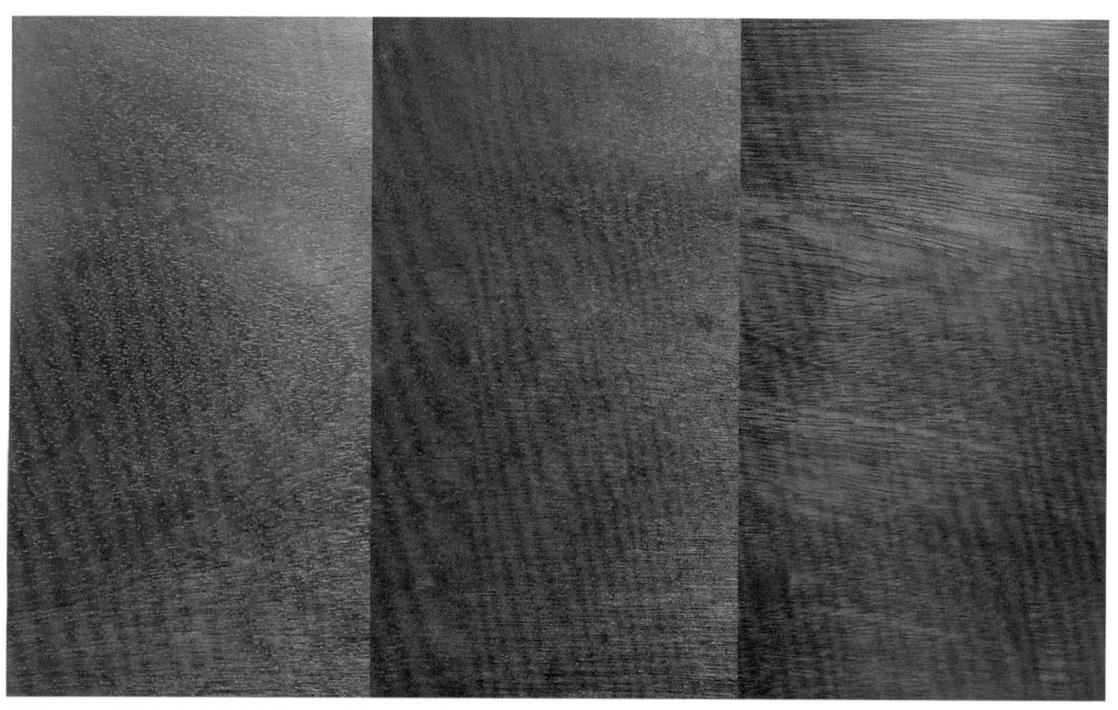

**照片7-1** 桃花心木孔隙状态的不同会产生几种截然不同的效果，正如上图从左到右展示的那样——未填充的、部分填充的和全部填充的

与周边的涂层保持齐平（图 7-1）。使用任何固化后能形成足够硬的涂层的表面处理产品都可以获得这样的效果。虫胶、合成漆、清漆、水基表面处理产品和双组分表面处理产品都能用来填充孔隙。打磨封闭剂或催化型打磨封闭剂也能完成这项工作。

可以在木料表面涂抹多层表面处理产品后一次性打磨到位，也可以每完成一层涂层打磨一次，直至木料表面如镜面般光滑。一次性打磨到位更为有效。不过，如果每完成一层涂层打磨一次的话，可以同时去除粉尘和其他瑕疵。无论哪种方式都要注意，不要磨穿表面处理涂层吃入木料中。这一点对需要染色的木料来说尤为重要。如果磨穿了表面处理涂层，你会发现，这样的损坏很难修复，特别是在问题区域面积很大的时候。你可能需要剥离所有的涂层并重新处理。如果你从未磨平过表面处理涂层，我建议你在处理重要作品之前先找一块废木板练习一下。

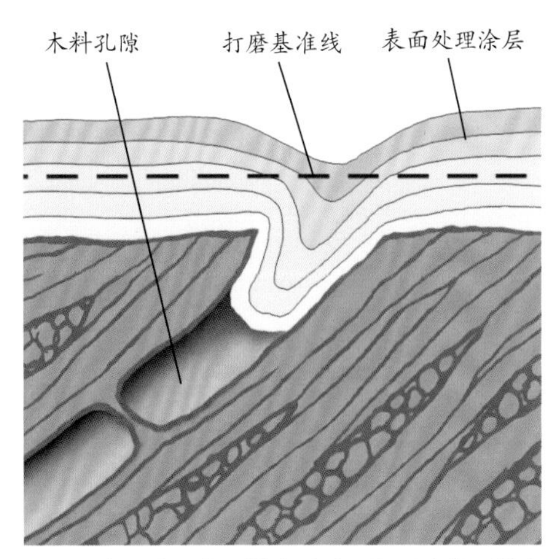


**图 7–1** 用表面处理产品填充孔隙，需要涂抹足够多层的涂料才能将凹陷处的涂层填充至木料表面以上，也就是打磨的基准线之上。之后用砂纸打磨涂层，直至凹陷的痕迹完全消失

> 小贴士
>
> 如果你想使用合成漆或清漆做表面处理，并使用易于打磨的打磨封闭剂来填充孔隙，同时降低磨穿涂层的风险的话，则需要先在木料表面涂抹一层表面处理产品。之后，你要涂抹几层打磨封闭剂并将其打磨平整，直至感受到来自表面处理涂层的阻力。这样打磨封闭剂就会只留存在孔隙中，而不会滞留在木料表面，对表面处理产品形成的薄膜造成明显的破坏（请参阅第 144 页“封闭剂与封闭木料”）。

# 用砂纸磨平表面处理涂层

大多数的表面处理师会用砂纸磨平表面处理涂层，也可以用刮刀，但刮刀磨穿涂层、吃入木料的风险会更高。如果你打算每完成一层涂层打磨一次的话，可以使用硬脂酸盐（干润滑）砂纸打磨最初的几层涂层，这样润滑剂就不会进入到木料中了。在打磨了几层之后，就可以提高效率，使用湿 / 干型黑砂纸以及液态润滑剂打磨了。

以下是一些关于打磨操作的建议。

- 首先用 220~320 目的砂纸（请参阅第 18 页“砂纸”）打磨。
- 为了能在平整的表面上均匀地去除表面处理涂层，可以将砂纸的背面包裹在软木块、毛毡块或橡胶块上使用。
- 如果用油做润滑剂，添加一些油漆溶剂油可以使打磨过程变得更容易。如果用水做润滑剂，则可以加入一些温和的肥皂类产品（比如洗洁精），这样可以减少砂纸的阻塞。大多数情况下，我会使用油和油漆溶剂油。
- 如果同时使用不规则轨道式砂光机与润滑剂的话，气动型要比电动型安全得多。
- 用塑料刮板清除各个区域的淤渣，以此来检查操作进度。如果使用的是光亮的表面处理产品（最好的做法），孔隙中闪亮的斑点表明打磨不够充分，这一点很容易看出来（照片 7-2）。

- 当你对表面处理涂层的平整度感到满意的时候，就可以使用更为精细的砂纸来去除粗糙砂纸留下的磨痕了。逐步使用更加精细的砂纸，或者换成钢丝绒或研磨膏打磨，直至获得你想要的光泽度（请参阅第 16 章“完成表面处理”）。

# 用膏状木填料填充孔隙

膏状木填料又被称为木纹填料或孔隙填料，通常由填充材料、黏合剂和某种染色剂组成。其中填充材料是主要的填充介质，包含二氧化硅、碳酸钙、黏土或微球（用二氧化硅制成的微小的空心玻璃球簇）。黏合剂一般是油或清漆（通常被称为油基表面处理产品），或者水基表面处理产品，负责把填充材料与木料黏合起来。染色剂选用的是色素。染料并不是适合膏状木填料的选择，因为它会随着时间的推移褪色，使孔隙处的颜色比周边木料的颜色变浅。

膏状木填料与木粉腻子不同，木粉腻子更为浓稠，通常被用于填充较大的钉眼或刀痕。但也有些品牌的水基木粉腻子加水稀释后可以作为膏状木填料使用。

可以从一些制造商那里买到木色的膏状木填料，也可以购买没有染色剂的膏状木填料（通常被称为“中性”料），然后自己染色。油基的膏状木填料固化之后难以着色，所以要在使用之前为其染色。而水基的膏状木填料通常都能够很好地着色，所以可以在完成填充之后再染色。应首先在废木料上试验一下，你所选用的染料是否足以为膏状木填料染色。

有两种方式可以为膏状木填料染色：添加兼容性染色剂（即油基填料使用油基染色剂，水基填料使用水基染色剂），或者添加浓缩型染色剂。最好添加浓缩型染色剂，因为兼容性染色剂的干燥时间很难控制。染色剂中的稀释剂用量必须加以控制，因为干燥时间是由它决定的。可以将油

**照片 7-2** 为了快速检查打磨表面处理涂层的进程，可以用一块塑料刮板清除表面的淤渣。如果打磨不够充分，孔隙处的填料就会显露出来，这一点在使用光亮的表面处理产品时尤为明显

基色素或日式色素与油基填料搭配使用，将通用着色剂或美术丙烯酸染色剂配合水基填料使用。

可以将膏状木填料直接涂抹在木料表面，或者涂抹在经过封闭处理的木料表面（图 7-2）。

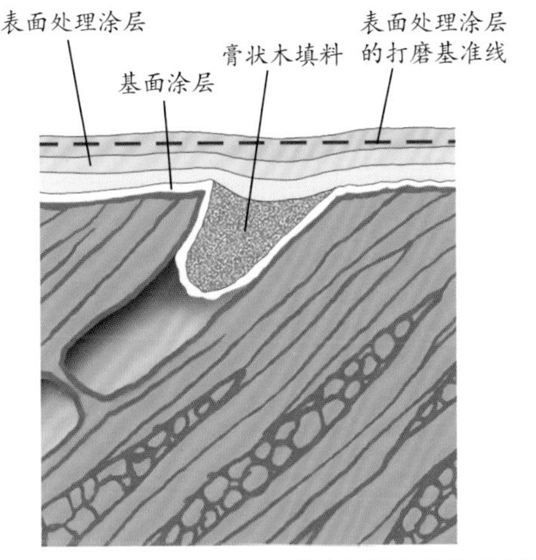


**图 7–2** 为了填充孔隙，要用膏状木填料直接处理木料，或者经过封闭处理（最好如此）的木料，使其进入到孔隙中，然后在填料变硬之前擦除多余的部分。之后刷涂表面处理涂层，并用砂纸将其打磨平滑，使木料表面像镜面一样平整光滑

如果直接使用有色木填料处理木料，那么填料不仅可以填充孔隙，还能为木料染色。如果将有色木填料作用于经过封闭处理的木料，那么木填料就只能为孔隙处染色（照片 7-3）。无论何时，填充两次都能获得更好的效果，不过，要等到第一次的填料干燥后再涂抹第二层。

## 膏状木填料的类型

填料中的黏合剂决定了填料的类型——油基填料或水基填料（参阅第 122 页照片 7-4）。油基填料的使用已经有 1 个世纪了，水基填料的使用只有 20 年左右。油基填料使用起来相对简单，因为它的操作时间更为宽裕，但在完成表面处理时，这种填料带来的问题较多（参阅第 124 页“使用油基膏状木填料的常见问题”）。水基填料用起来较为困难，因为它的干燥速度非常快，但经

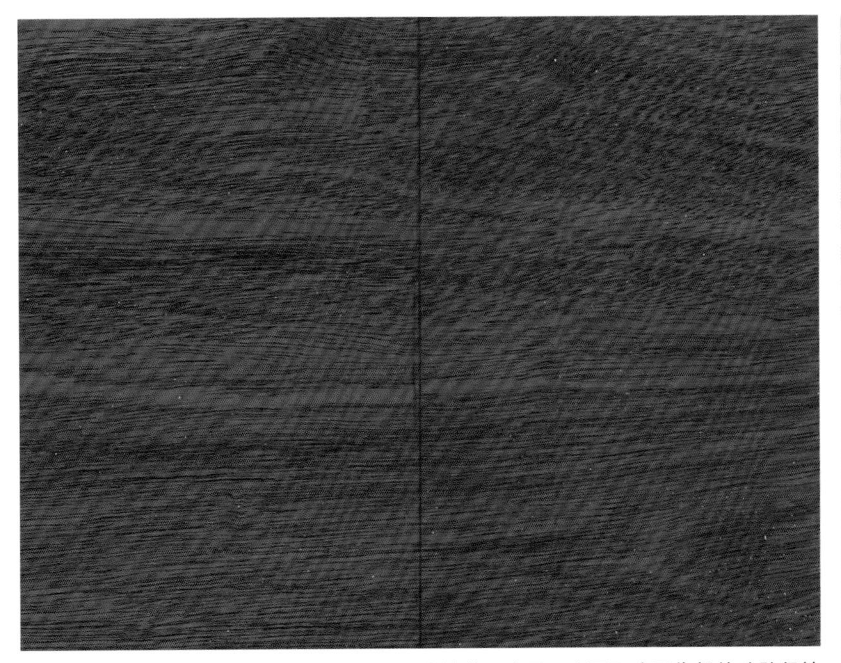

**照片 7–3** 在使用膏状木填料之前是否需要涂抹基面涂层，主要取决于你想使孔隙保持与木料相同的颜色，还是希望其颜色不同于木料的天然色或染色后的木料颜色。图左，直接使用膏状木填料填充孔隙并给木料着色；图右，对于刷涂了基面涂层的木料，只能用膏状木填料填充孔隙并为其着色

### 注意事项

除了用膏状木填料填充木料孔隙，还有其他一些方法，包括使用硝基纤维腻子、石膏基木粉腻子、熟石膏、酸催化封闭剂、聚酯以及其他高固体含量产品的方案。可以加入漆缓凝剂来减缓硝基纤维腻子的干燥速度，也可以用醋酸减缓石膏基腻子和熟石膏的干燥速度。在使用之前，应首先完成这些材料的染色，因为它们固化后不易着色。酸催化封闭剂和聚酯都有非常高的固体含量，并且容易打磨。

## 表面处理产品与膏状木填料的对比

| 用表面处理产品填充孔隙的优势 | 用膏状木填料填充孔隙的优势 |
| --- | --- |
| 使用时问题较少；用来填充枫木和樱桃木这样孔隙较小的木料更快一些；无论是否染色，填充之后都能使孔隙的颜色接近木料的整体颜色 | 孔隙中的填料不会明显收缩，所以几个月后也不太可能再次凹陷；用来填充橡木和桃花心木这样孔隙较大的木料速度明显更快；可用于装饰孔隙（使用与木料本身或染色木料颜色完全不同的填料）；使木料的颜色层次更丰富（使用比木料本身或染色颜色稍深一些的填料）；表面处理时更节省材料（表面处理产品和砂纸） |

过水基填料处理的木料在做表面处理时很少出现问题。关于二者的具体差别，请阅读第 123 页“油基填料与水基填料的对比”。

目前，油基膏状木填料是使用最为普遍的，因为在需要填充孔隙的高端木家具中，溶剂型表面处理产品要比水基表面处理产品常用得多（参阅第 126 页“使用油基膏状木填料”）。这些填料的干燥时间不同，具体时长取决于其中亚麻籽油和清漆的比例。填料中亚麻籽油的比例越高，擦除多余填料所需的时间越长。当然，这也意味着，在刷涂表面处理产品之前，你需要等待的时间越长（关于油和清漆的差别，请参阅第 5 章“油基表面处理产品”）。

制造商基本不会提供填料产品的干燥时间，而且天气对填料的干燥也有非常重要的影响。因此，我们无法预知膏状木填料的工作特性，只能不断尝试各个品牌的填料产品来获取相关信息。如果填料的固化速度过快，可以在填料中加入少量的熟亚麻籽油来减慢其固化速度，开始时可以先在 1 qt（0.95 L）的填料中加入 1 tsp（5 ml）的量。如果填料的固化速度过慢，可以添加日式液体催干剂提高固化速度。首先在 1 qt（0.95 L）填料中添加几滴，之后逐渐增加。不过，最好根据自己的需要选用品牌填料，篡改制造商的配方很容易引发一些问题。

有些表面处理师省略了一步操作，把染色的

**照片 7–4**　有两种类型的膏状木填料：一类使用油 / 清漆类黏合剂（如图左侧所示），可以使用油漆溶剂油和石脑油来稀释和清洗；另一类使用水基黏合剂（如图右侧所示），使用水进行稀释和清洗

## 油基填料与水基填料的对比

| 用油基膏状木填料填充孔隙的优势 | 用水基膏状木填料填充孔隙的优势 |
| --- | --- |
| 很容易擦除多余的填料；<br>很容易控制对孔隙的染色；<br>大多数情况下可以渗入得很深 | 在进行表面处理前等待的时间很短；<br>可以在干燥之后染色；<br>无论填料是否会被覆盖都没有问题，可以被打磨成粉末；<br>可在其上涂抹任何表面处理产品，并且很少出现问题 |

膏状木填料同时作为填料和染料使用。但是对油基填料来说，这并不是最好的选择。通常最好的做法是，先刷涂薄薄的一层表面处理产品，做出基面涂层，之后再涂抹填料（请参阅第 82 页“基面涂层”）。选择涂抹一层基面涂层而不是全封闭涂层（Full Sealer Coat）的原因是，可以保持孔隙的边缘较为尖锐，在随后擦除多余填料的过程中不会擦掉过多的填料（图 7-3）。

至少有 6 个充分的理由支持在填充之前制作基面涂层。

1 可以更好地控制外观。可以使用一种颜色和类型的染色剂（比如染料）给木料染色，使用另外类型和颜色的产品为孔隙染色（比如色素填料）。

2 基面涂层可以起到缓冲作用。如果需要打磨去除干燥后的填料，基面涂层的存在使你不太可能磨穿涂层。

3 可以在较大的表面上一次性填充许多小区段而不会留下圈痕，因为除了孔隙中的填料，表面上的所有有色填料都可以去除。

4 基面涂层创造了一个更光滑、更坚硬的表面，使擦除多余的填料变得更加容易。

5 如果某个环节出现了问题，比如，填料变得过硬很难被擦除，可以使用石脑油或油漆溶剂油来擦拭，基面涂层之下的染色层的颜色不会受到影响。

6 与木料之间的结合力更强。因为基面涂层与木料之间的结合很有力，同时后续的表面处理涂层与基面涂层之间的结合力要比其与膏状木填料留下的油性表面的结合力更强。

油漆溶剂油和石脑油是常见的两种可以稀释油基膏状木填料的溶剂。也可以使用松节油，但与油漆溶剂油相比，松节油并无优势，而且成本较高。油漆溶剂油比石脑油挥发得更慢，所以在

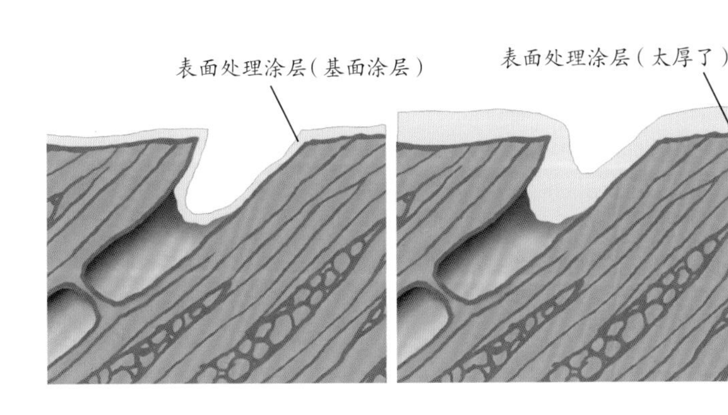


**图 7–3** 在涂抹膏状木填料之前，可以先涂抹一层基面涂层，这个涂层要很薄，使孔隙的顶部边缘保持尖锐（如左图所示），这样才能在擦除多余填料的时候使更多的填料留在孔隙中。如果基面涂层很厚，孔隙的边缘就会显得比较圆润（如右图所示），这样在擦除多余填料的时候就会从孔隙中带出很多填料

## 使用油基膏状木填料的常见问题

油基膏状木填料很容易使用，但是在随后做表面处理的时候容易出现问题。这里总结了常见的主要问题

| 问题 | 原因 | 解决方法 |
| --- | --- | --- |
| 表面处理产品收缩，并且无法干燥变硬 | 你在填料完全固化之前涂抹了表面处理产品，使填料中的油进入到了表面处理产品中 | 把表面处理层和填料全部剥掉，然后重新做处理 |
| 合成漆使填料膨胀并溢出孔隙 | 涂抹的合成漆层过于湿润了。与脱漆剂一样，合成漆中的漆稀释剂也会影响到清漆和油的性能，导致涂料膨胀和起泡 | 打磨表面。这对移除孔隙中的一些填料有重要帮助。重新填充孔隙或涂抹另外一层表面处理产品并重新打磨 |
| | | 剥离表面处理涂层，然后重新处理 |
| 做表面处理的时候，孔隙中的填料变成了灰色 | 这种情况通常发生在使用经漆稀释剂稀释的表面处理产品上。原因尚不清楚，可能是填料中的稀释剂会导致合成漆从溶液中析出 | 也许可以通过上釉掩盖这个问题，但更可行的做法是，剥离表面处理涂层，然后重新进行处理 |
| 当受到敲击的时候，表面处理涂层会与木料表面分离 | 表面处理产品与木料之间的结合力太弱 | 剥离表面处理涂层，然后重新刷涂。在使用膏状木填料之前，先在木料表面涂抹基面涂层。之后的表面处理涂层可以借助基面涂层的帮助与填料结合 |
| | | 如果使用水基表面处理产品，需要在进行表面处理之前，让填料的固化时间更长一些 |

填充较大的表面时，应优先选用油漆溶剂油以获得更多操作时间。填充较小的表面时使用石脑油更合适，这样不会因为等待溶剂挥发耽搁太多时间。当然，也可以将两者混合起来取得折中效果。稀释剂的选择不会影响膏状木填料的最终固化时间，只会影响填料可以擦除之前的固化时间。

可以根据需要在填料中添加稀释剂。稀释剂的用量决定了操作质量。如果没有添加稀释剂，或者只加了一点点，填料就会很浓稠，需要通过揉搓或按压将其挤入木料的孔隙中。这样的填料干燥成形的速度非常快，所以每次只能处理一小块区域。如果填料变得过硬，难以擦除，可以蘸取一些稀释剂来软化它。

如果添加了大量稀释剂，足以使填料变得像水一样稀薄，可以用其刷涂或喷涂木料的表面。如果能保持涂层的厚度均匀，那么溶剂也会均匀地挥发，从而为开始擦去多余的填料提供理想的时间点。（让填料中的稀释剂尽可能地挥发掉是很重要的，这样可以使填料不会太硬，也可以减少其在孔隙中的收缩。）这就是我偏爱使用油基膏状木填料的原因，同时这也是家具行业和多数大型工房使用的方法。

水基膏状木填料干燥迅速，这会影响到后续的步骤和表面处理前的等待时间。实际上，等待时间较短是水基膏状木填料的最大优势，而且这种类型的填料在表面处理的过程中也不太容易出现问题。

通常可以将油基填料在宽大的平整表面上刷涂或喷涂，之后再用粗麻布或棉布将多余的填料擦除。水基填料与之不同。最好先在处理表面抹上一团未经稀释的水基填料，然后用塑料刮板或橡胶滚轴将其涂抹开并挤进孔隙之中，之后快速擦除多余填料。也可以稍后用粗麻布擦除填料，但那时填料会变得过硬而难以处理（请参阅第128页“使用水基膏状木填料”）。

由于水基填料干燥速度快，且易于打磨和染色，所以直接用填料处理木料也是可以的。之后再尽快擦除多余填料，并在填料干燥之后打磨掉多余部分。一旦将涂层打磨光滑，就可以使用染色剂同时对木料以及孔隙中的填料进行染色了。由于来自不同制造商的水基填料对染料的接受程度不同，所以最好在完成填充的废木料上试验一下，以确保染色效果能够达到预期。

与油基填料一样，也可以在染色之后或者在基面涂层上涂抹水基填料，我发现，其实这种处理方式的效果更好。但是很多表面处理师都是直接用填料处理木料，之后再染色。你可以在废木料上分别尝试这两种方式，然后确定适合自己的方法（照片7-5）。

与油基填料的处理方式一样，如果水基填料

**照片7–5** 以上4块桃花心木板材展示了使用不同产品、不同方法产生的不同外观效果。4块桃花心木都是从同一块桃花心木单板上裁切下来的，都使用了适合桃花心木的水溶性染料。样板1（左）：染色后涂抹了一层合成漆作为基面涂层，然后使用胡桃木色的油基膏状木填料完成填充，最后上一层合成漆作为面漆；样板2：染色后涂抹了一层水基的基面涂层，之后使用胡桃木色的水基膏状木填料完成填充，最上面一层是水基表面处理涂层；样板3：首先用水基膏状木填料完成填充，之后染色，最上层用水基表面处理产品做处理；样板4：首先为木料染色，之后涂抹一层虫胶基面涂层，然后用透明的水基膏状木填料完成填充，最上面刷涂了水基表面处理产品。我发现，用油基膏状木填料和合成漆处理的木板颜色最深，其色彩层次也最为丰富（样板1）。在所有用水基填料处理的样板中，无论涂抹的顺序如何，透明填料（样板4）要比“中性”填料（样板2和样板3）染出的颜色更深，色彩层次更丰富

# 使用油基膏状木填料

刷涂油基膏状木填料最有效的方法就是将其稀释得像水一样稀薄，用刷子或喷枪在木料表面做出厚度均匀的涂层。稀释剂会在木料表面均匀地分散开，所以存在一个擦除多余填料的最佳时机。理想情况下，填料中的大部分稀释剂能够挥发掉，以减少填料在孔隙中的收缩

虽然油基膏状木填料最为常用，但是仍有一些木匠和表面处理师因为它们本身存在的问题以及一些道听途说的非议而放弃使用油基膏状木填料。这种产品使用起来并不复杂，操作的容错性也很高，因为即使过了很长时间，也很容易使用稀释剂将其软化或去除。下面介绍使用油基膏状木填料的基本操作步骤。

1 如果你喜欢，可以先为木料染色，并涂抹一层基面涂层（请参阅第 82 页“基面涂层”）。基面涂层可暂时不打磨。

2 如果需要，可在填料里添加油基色素或日式色素以获得需要的颜色。将填料搅拌均匀，并且在使用过程中也要经常搅拌，以保持染料分散均匀。

3 可以直接从罐子中取出填料使用，但是经过稀释的填料使用起来更为方便。添加油漆溶剂油可以获得更为富余的操作时间，添加石脑油则会缩短操作时间。如果填料比较浓稠，则需要在涂抹过程中不断地擦拭或挤压，使填料进入到孔隙中。可以只用一块布擦拭，也可以用塑料刮板或者橡胶滚轴完成操作。如果把填料稀释到像水一样稀薄，则填料会自动流入孔隙之中。这对处理较大的表面来说最为便利，同时可以减少浪费。

4 用一块布、一把刷子或者喷枪把填料涂抹在木料上（可以选用便宜的或旧的刷子，或者一把专用喷枪）。如果填料过于浓稠，则需要在完成涂抹之后快速进行擦拭或按压，使其进入孔隙之中。如果填料比较稀薄，刷涂或喷涂填料在木料表面形成一层厚度均匀的涂层即可（上图）。

5 让稀释剂挥发，直到膏状木填料失去光泽。环境温度、空气流通状况以及稀释剂的类型都会影响这个过程的长短，但一般不会太久。最终会留下柔软、湿润的填料。

6 用粗布，比如说粗麻布，横向于纹理擦除多余的填料（棉布也可以）。所用布料必须干净，并且没有夹带砂砾，以避免刮伤木料表面。横向于纹理擦拭能够减少从孔隙中带走的填料的量（第 127 页照片）。

7 在转角处、雕刻处以及内侧直角处可以用削尖的木销去除多余填料。

8 将木料处理干净后，用棉布轻轻地顺纹理擦

当稀释剂充分挥发、膏状木填料失去光泽的时候，你可以用粗布，比如粗麻布，以横向于纹理的方式擦除多余的填料

**警告**

不要在宽大的表面涂抹膏状木填料，因为在把多余填料全部擦除之前，填料可能已经硬化了。即使一切顺利，此时的擦除工作也颇具挑战性。你当然也不希望操作变得更困难。最好先在较小的区域操作，然后以交叠的方式向周围扩展，只要做好了基面涂层，就不会留下重叠的痕迹。如果填料已经硬化了，你可以用布蘸上油漆溶剂油或石脑油来软化它。

拭木料，以消除横向的擦痕。

9 在继续下一步操作之前，至少留出一夜时间让填料固化。如果天气比较寒冷或潮湿，固化的时间还要相应延长。

10 对于桃花心木和橡木这样孔隙较大的木料，如果能填充两次，木料表面会更为平整。在第一层填料过夜干燥之后再涂抹第二层填料。如果你喜欢，可以在两层之间涂抹一层基面涂层。

11 用 320 目或更细的砂纸顺纹理轻轻打磨，或者用褐红色或灰色的合成材质的研磨垫顺纹理轻轻打磨，确保不要留下横向于纹理的痕迹。如果没有制作基面涂层，并且已经用填料给木料染过色的话，你要加倍小心，因为这时很容易擦掉一些颜色。如果出现了掉色的情况，你必须在那块区域涂抹更多染料，并快速擦除多余部分，待其干燥后再进行下一步。如果无法获得均一的颜色，就只能将染料全部剥离重新做处理了。

12 如果要在填料涂层上涂抹一层经漆稀释剂稀释的表面处理产品，你要遵循以下两个步骤之一来减少孔蚀，即减少漆稀释剂使填料膨胀并溢出孔隙的情况。

- 在涂抹第一层合成漆之前，首先涂抹一层虫胶的基面涂层，然后先涂抹几层薄漆，再涂抹厚重的漆层。虫胶可以减缓漆稀释剂渗透进入填料的速度。
- 在涂抹完全的湿润涂层之前，首先喷涂几层薄膜漆层。几层薄膜样的漆层不足以浸润膏状木填料并使其膨胀。

13 当你在完成填充的木料表面涂抹表面处理产品时，你可能会注意到上面仍存在一些凹痕。这是由于填料收缩或者在擦除多余填料时不小心从孔隙中带出了部分填料。对此我们别无善法。为了得到如镜面般平滑的完美效果，必须将表面处理涂层打磨平整以完成填充（请参阅第 118 页“用表面处理产品填充孔隙”）。

# 使用水基膏状木填料

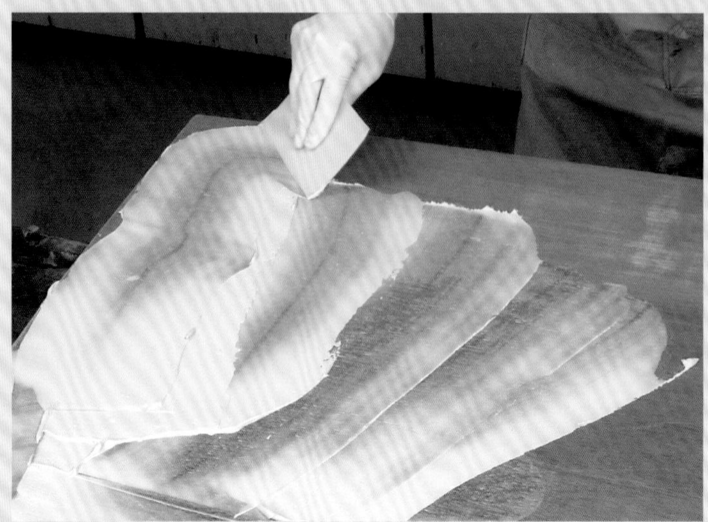

由于水基膏状木填料干燥得特别快，所以必须迅速擦除多余填料。可以用一块塑料刮板把填料涂抹开来并压入孔隙（上图），然后将塑料刮板立起一点并按压得用力一些，快速将多余填料从表面移除（下图）

水基膏状木填料的最大特点就是干燥特别迅速。不论你是从罐中取出填料直接涂抹，还是用水稀释后涂抹，留给你擦除多余填料的时间都非常少。可以从某些制造商那里购买丙二醇缓凝剂或者专用稀释剂来略微延长操作时间。

可以像使用油基填料那样使用水基填料，将其在染色涂层和基面涂层之上涂抹，也可以直接用其涂抹木料，并在填料干燥后染色。这两种方法都比较常用，但是我更喜欢第一种方法。两种方法的实际效果是相同的。

1　想要获得所需的颜色，可以在填料中添加通用型染色剂或丙烯酸类色素染色剂。将填料搅拌均匀，并在使用过程中保持搅拌。

2　可直接从容器中取用填料，也可以用水或丙二醇将其稀释后再使用。

3　先将一团填料涂抹到木料表面，然后用塑料刮板或橡胶滚轴将其涂开（上图）。在将填料涂开的同时，要把填料压入孔隙中。接下来，在填料干燥之前快速擦除多余填料。可以沿任何方向擦除多余填料，但应立刻顺纹理方向回擦这些区域，以抹平任何可能留下的痕迹。用这种方式涂抹填料，可以快速处理一大块表面。但是，每次处理一小块区域并分多次完成仍然是最好的方式。如果刮板上的填料硬化了，需要去除硬化的填料后再用刮板操作，否则很容易刮伤涂层表面。

4 一旦涂开了填料，并已经尽量擦除了多余部分，可以尝试用粗麻布横向于纹理继续擦除多余的填料。如果待擦除的填料仍然很多，无法及时擦除，可以使用被水打湿的布来软化填料。如果因此擦除了孔隙中的填料，需要补充更多的填料。

5 让填料硬化 1~2 个小时。如果添加了缓凝剂，或者天气湿润，硬化的时间可能还需要延长。

6 使用中等目数的砂纸（150~200 目），手动或者借助无规则轨道式砂光机打磨在木料表面已经硬化的填料。此时的填料应该像石膏粉末一样飘落。如果已经完成了染色或涂抹了基面涂层，用砂光机打磨的话会比较冒险，因为一不小心就可能将涂层磨穿。如果使用的是中性或有色填料，必须打磨掉所有多余的填料，一直打磨到接触到木料或基面涂层，否则木料表面会变得很脏乱。如果使用的是透明填料，就不必打磨掉所有多余的填料了，只需将表面打磨得平整光滑。

7 先擦掉粉尘再涂抹第二层填料，这样可以使得表面更加平整，或者可以继续做表面处理。也可以用染料为完成填充的表面染色。

8 在完成填充的木料表面涂抹表面处理产品时，你可能会发现木料表面仍存在一些凹痕。这是由填料收缩，或者在擦除多余填料时从孔隙中带出了部分填料导致的。对此我们别无善法。为了得到如镜面般平滑的完美效果，必须将表面处理涂层打磨平整以完成填充（请参阅第 118 页“用表面处理产品填充孔隙”）。

变得过硬而难以擦除，同样有方法将其软化并擦除过量部分——用被水打湿的布擦除水基填料。如果孔隙中的填料被擦除过多，需要涂抹更多的填料。

市售的大多数水基填料都是“中性的”，它们通常呈浅褐色或灰白色。某些水基填料中包含一些有色色素，但通常不足以把木料染成深色。必须在这些填料中添加更多的色素，或者在填料干燥之后进行染色。但是，有少量的透明水基填料能够产生与油基填料几近相同的清晰度，并且因为其透明度，这类产品还具备一个明显的优点，即无须打磨去除所有多余的填料。只需将涂层打磨得光滑平整，之后再根据自己的选择刷涂表面处理产品。

8

# 薄膜型表面处理产品

## 简介



表面处理产品可分为两种：渗透型和薄膜型。渗透型表面处理产品更准确的叫法应该是“非薄膜型”，因为所有的表面处理产品都具有渗透性，只是“渗透”这个名字沿用已久且更为常用。包含直油在内，渗透型表面处理产品不能形成坚硬的固化层，因此如果未能在每次涂抹后及时擦除多余的表面处理产品，涂层就会变得黏手（请参阅第 5 章“油类表面处理产品”）。薄膜型表面处理产品能够形成坚硬的固化层，可以建立任意厚度的涂层。常用于木工操作的薄膜型表面处理产品有 5 种（参阅第 132 页“名字的含义”），我们也会分章讨论这些产品的性能。

- 虫胶
- 合成漆
- 清漆（包含油基聚氨酯，一种清漆产品）
- 双组分表面处理产品（催化型的双组分聚氨酯、环氧树脂等）
- 水基表面处理产品

因为薄膜型表面处理产品可以在木料表面形成较厚的涂层，所以保护能力明显强于渗透型产品。涂层越厚，保护木料免受划伤及水渍影响，防止水蒸气（湿气）交换的能力就越强。不过，薄膜的厚度在实践中是受到限制的，如果涂层过厚，可能会因为内部应力的释放或者木料的膨胀或收缩导致涂层产生裂纹（请参阅第 134 页“固体含量和密耳厚度”，学习测量表面处理涂层厚度的方法）。

相比渗透型产品，薄膜型表面处理产品的装饰效果更为多样。制作薄膜涂层与制作三明治一样，要分层完成。第一层涂层叫作封闭层，用来填充或封闭木料表面的孔隙（请参阅第 144 页“封闭剂与封闭木料”）。随后的涂层叫作面漆层，

## 名字的含义

对薄膜型表面处理产品的理解存在一些混乱，这是因为用来描述表面处理产品的名称不正确。虫胶、合成漆、清漆和水基表面处理产品都有多个不同的名称。

- 虫胶曾被称为“酒精清漆”（这个名字与油基清漆相对），现在有时仍会听到这个名字。当谈及虫胶的紫胶虫起源时，或者当“合成漆”这个词被用来指代任何挥发后可以固化的表面处理产品时，虫胶也被称为“合成漆”。例如，填补漆（请参阅第 19 章“表面处理涂层的修复”）实际上是一种含有油基溶剂的虫胶，因此可以作为法式抛光漆使用。
- 当“清漆”这个术语被用来表示任何在干燥后能够形成坚硬、有光泽、透明涂层的表面处理产品时，合成漆也被叫作清漆。
- 当涉及中式漆或日式漆（它们实际上是从某些特定的树木中提取的反应型固化树脂）时，清漆会被叫作合成漆。当清漆经烘烤变硬并用作食品罐头的涂层时也被叫作合成漆。现在，水基表面处理产品也被当作“合成漆”和“清漆”使用。
- 因为市场的原因，水基表面处理产品常被称为“合成漆”或“清漆”。这可以让全新的表面处理产品给人一种熟悉的感觉。同样，当一些聚氨酯树脂和丙烯酸树脂被混合在一起使用的时候，水基表面处理产品也被叫作“聚氨酯”。

这些名字的交叉使用使薄膜型表面处理产品的识别变得更为混乱。当你听说或看到有人使用清漆处理桌面时，很可能他们涂抹的是挥发型表面处理产品（虫胶或合成漆）、反应型表面处理产品（清漆或改性清漆）或联合型表面处理产品（水基表面处理产品）。

在本书中，我使用的名字都是与各种表面处理产品关联最为紧密的，也是在涂料商店中最常使用的。对于水基表面处理产品，我避免称其为合成漆、清漆或聚氨酯，尽管商家通常都这样称呼，但这会导致混乱，并且不利于区分两种不同的水基表面处理产品。水基表面处理产品之间的相似性要比它们与任何其他被冠以这些名字的表面处理产品之间的相似性大得多。

可增加薄膜的厚度，为其加入装饰性的颜色，并可以根据你的选择提高或降低涂层的光泽度。

有多种方法可以为薄膜型表面处理产品加入装饰性颜色（图 8-1）。

- 可以在表面处理产品中加入染色剂以添加颜色——涂层覆盖了整个表面称为调色，涂层覆盖了部分表面叫作描影。
- 可以在涂层之间添加颜色——称为上釉（请参阅第 15 章“高级上色技术”）。

可以用研磨膏擦拭最后的涂层，或者使用包含消光剂的表面处理产品（请参阅第 138 页“使用消光剂控制光泽”），来控制表面处理涂层的光泽度（请参阅第 16 章“完成表面处理”）。

# 产品特性

木匠面临的最大的问题是，如何了解每种表面处理产品的特性并做出正确选择。在选择表面处理产品之前，必须首先了解它们的差别（请参阅第 14 章“选择表面处理产品”）。

选择的关键可能在于树脂。所有的薄膜型表面处理产品都是用树脂制成的，这也是涂层固化后使其保持坚硬的成分。常用于木料表面处理的树脂包括醇酸树脂、丙烯酸树脂、三聚氰胺树脂和聚氨酯。其中聚氨酯最为知名，且非常坚韧耐用。这在某些时候是正确的，但有时也需要考虑以下不同聚氨酯产品的特性。

- 油基聚氨酯
- 水基聚氨酯
- 聚氨酯漆
- 双组分聚氨酯

如果使用过以上产品中的任意两种，你会发现它们非常不同。油基聚氨酯在形成具有保护作

## 注意事项

从技术层面讲，干燥和固化描述了液体转变为固体的不同方式。干燥是指溶剂挥发的过程。挥发型表面处理产品是因为溶剂挥发而完全转变为固体，从而“干燥”的。固化是一个化学变化过程，反应型表面处理产品会在氧气或催化剂作用下通过化学反应转变为固体。联合型表面处理产品（水基型）转变为固体的过程同时包含这两种方式（存在于液滴之间的干燥过程以及液滴内部的固化或预固化过程）。如果可能，我会使用能够正确描述这一过程的术语。但是很多时候，比如涉及多种表面处理产品或者水基表面处理产品时，准确描述几乎是不可能的，此时我会统一用“固化”加以描述。

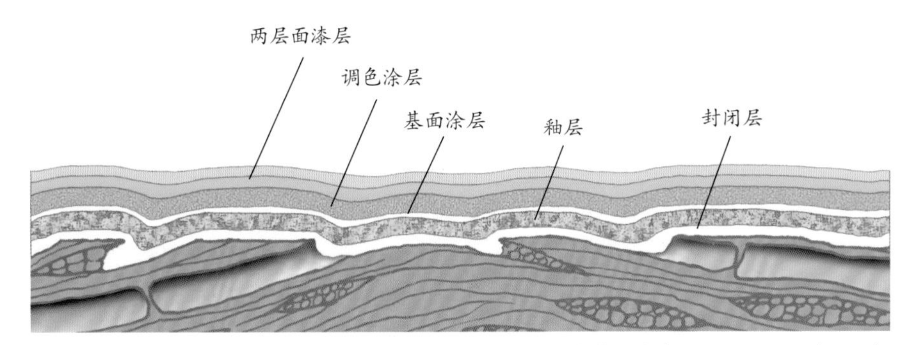


**图 8–1** 薄膜表面处理要分层完成。第一层为封闭层（可以在其下方染色），最上面则是面漆层。可以在封闭层和面漆层之间进行染色。如果染色层位于表面处理涂层之间则称为上釉；如果染色层位于表面处理涂层内，并覆盖了整个表面，则称为调色；如果染色层位于表面处理涂层内，只覆盖了部分表面，则称为描影。染色层通常要用基面涂层——一种很薄的表面处理涂层——分隔开来。复杂的表面处理应包含上述所有涂层

# 固体含量和密耳厚度

为了测量干燥后的单层薄膜的厚度，需要把密耳规放置在刚刚完成喷涂或刷涂的表面上。留下划痕的最高齿数就是涂层的湿密耳厚度。然后用该数值乘以表面处理产品的体积固体含量，得到干燥涂层的密耳厚度。确保将添加的稀释剂考虑在内。在这个例子中，表面处理涂层的湿测厚度是 5 mil。我将密耳规拖动了一点，这样你就可以看得更清楚。但拖动并不是必要的

大多数木匠和表面处理师会用“涂层数”来描述表面处理涂层的厚度。比如“涂抹了 3 层”。这个方法的问题在于，不同的人涂抹同种表面处理产品形成的涂层厚度以及涂抹不同表面处理产品形成的涂层厚度差别很大。

不同的表面处理产品的固体含量不同（固体物质的含量，主要是指树脂相对于可挥发的稀释剂的含量），不同的人在稀释表面处理产品时对稀释剂用量的把握会有差别，不同的人对“涂层”的理解也会不同。有些人每一层都刷涂得很薄，有些人则会刷涂得很厚。有些人喷涂一遍就称其为一层，有些人则会在涂层完全湿润的情况下喷涂两次，并称之为一层。

最准确的测量薄膜厚度的方法是，使用一种叫作“湿测型密耳厚度规”或“密耳规”的工具，在刚刚完成刷涂且涂层仍然湿润的情况下测量出薄膜的厚度（1 mil 等于 25.4 μm），然后用该数值乘以表面处理产品的固体含量，以得到干燥后的薄膜厚度。当然，必须把添加的稀释剂的量考虑在内。

湿测薄膜的密耳厚度，要如上图所示的那样将密耳规放置在刚刚喷涂或刷涂的表面上。你应该首先在一块废木料上做测试。薄膜涂层的厚度值与留在涂层上的最高密耳齿数一致。

一旦确定了大致的湿密耳厚度，就可以计算出所用的表面处理产品所形成的典型涂层的干燥薄膜厚度。为此，应首先确定使用的表面处理产品的固体含量（请参阅第 135 页表格）。厂家提供的通常是质量百分比，因为这样方便计算混入大桶的每种成分的含量。体积固体含量的值通常会比质量百分比的值小 20% 左右，但是为了更加准确，应联系供应商提供相关数据，或者根据

### 小贴士

薄膜涂层的外观可以帮助你估计其厚度。一层典型的干燥薄膜涂层的厚度为 2 mil 或更小。一层平整的湿涂层厚度约为 4 mil。涂层的褶皱处或波纹处的厚度通常为 6 mil 或更厚一些。

| 表面处理产品的类型 | 体积固体含量 |
| --- | --- |
| 虫胶（1磅规格） | 9 |
| 虫胶（2磅规格） | 16 |
| 虫胶（3磅规格） | 22 |
| 合成漆 | 20 |
| 清漆 | 30 |
| 水基表面处理产品 | 30 |
| 预催化漆 | 30 |
| 后催化漆 | 35 |
| 改性清漆 | 35 |
| 双组分聚氨酯 | 50 |
| 聚酯纤维 | 90 |
| 环氧树脂 | 100 |
| 紫外线固化剂 | 100 |

产品提供的物料安全数据表计算出相应的体积固体含量。现在大多数的供应商都会把物料安全数据表放在他们的网站上。

在物料安全数据表中找到“挥发物百分比”，这是表面处理产品中所有挥发性物质的含量。用100减去这个数值就得到了准确的体积固体含量数值。所有不能挥发的固体颗粒都包含在内。

现在，用这个数值乘以湿涂层的密耳厚度。举个例子，使用体积固体含量为35%的后催化漆，湿涂层厚度为4 mil，用4 × 0.35 mil得到1.4 mil。这意味着，要想得到厚度约为4 mil的完全干燥的涂层，需要涂抹3层这样的湿涂层。通常情况下，你会希望干燥后的涂层的密耳厚度在2.5 mil（看起来会很薄）至5 mil之间。

接下来举一个添加了稀释剂的例子，你必须将这个因素考虑在内。例如，你使用体积固体含量为20%的硝基漆，并用漆稀释剂将其稀释10%，然后喷涂形成厚约4 mil的湿涂层，则计算方法为4 mil ×（0.20 – 0.02），得到0.72 mil。这样需要涂抹5~6层湿涂层才能获得厚4 mil的干燥薄膜层。

小贴士

在喷涂或刷涂薄膜型表面处理产品之前，最好将其过滤一下。即使是新打开的包装，也可能会受到尘土或者干燥或凝结的涂料碎屑的污染。涂料过滤器价格便宜，操作简单，并且在任何表面处理产品商店和供应商处都能买到。或者，也可以使用密织的棉布完成过滤。

用的耐用薄膜涂层的过程中固化速度非常慢。水基聚氨酯的干燥速度要快得多，但会导致木料表面起毛刺，并且对防止液体渗透，或者隔绝热、溶剂以及化学物质均无能为力。聚氨酯漆干燥速度非常快，必须喷涂，干燥后形成的坚硬涂层要比水基聚氨酯涂层耐用，但稍弱于油基聚氨酯涂层。双组分聚氨酯干燥速度同样非常快，形成的涂层异常耐用，很难被损坏，修复或剥离涂层也很困难。

表面处理产品中其他的树脂成分对于产品特性而言不是很关键。而且很明显，了解表面处理产品中使用的树脂只能帮助你部分地了解表面处理产品的性能。根据固化方式的不同对薄膜型表面处理产品进行归类是更有效的做法。

# 表面处理产品如何固化？

表面处理产品的固化不外乎三种方式：通过溶剂的挥发（挥发型表面处理产品）；通过化学反应，溶剂挥发后发生在表面处理产品内部（反应型表面处理产品）；溶剂挥发和化学反应相结合（联合型表面处理产品）（请参阅第141页“表面处理产品的固化类型”和第142页“挥发型、反应型和联合型表面处理产品的对比”）。

有一种非常简单的方法，可以展示不同产品的固化方式。挥发型表面处理产品，包含虫胶和合成漆，就像一盆水中的意大利面；反应型表面处理产品，包含清漆和双组分表面处理产品，就像模块玩具；联合型表面处理产品就好像涂抹了一层溶剂并被压在一起的塑料足球（请参阅第143页“表面处理产品的分类”）。接下来我们依次讲解每一类产品。

## 挥发型表面处理产品

挥发型表面处理产品包括虫胶和合成漆。它们由微观上类似意大利面的长纤维状分子组成。这些分子漂浮在溶剂中的状态就像水中的意大利面，随着溶剂的挥发，分子会纠缠在一起（就像水变少时意大利面的状态），当溶剂（类似于意大利面中的水）完全挥发后，它们就会形成坚硬的固体涂层（图8-2）。

如果用蘸水的手指接触硬化的意大利面，你会感觉到意面变黏了；如果将硬化的意大利面放入水中，面条会从粘连状态分离开，重新回到各自漂浮的状态。这与用漆稀释剂接触硬化的合成漆或者用酒精接触硬化的虫胶，以及将干结的合成漆泡在漆稀释剂中或者将干结的虫胶泡在酒精中的情况类似。表面处理产品首先会软化变黏，然后溶解并回复至液体状态（蜡也是一种挥发型表面处理产品，但是它无法硬化，所以不能建立保护层）。从这类固化方法中，我们可以学习到以下内容。

- 虫胶和合成漆的干燥时间完全取决于溶剂的挥发速度。如果想加快或减缓干燥速度，可以使用挥发速度更快或更慢的溶剂。
- 在原有的挥发型表面处理产品涂层上再涂抹新的涂层时，新涂层会溶入已经存在的涂层中，从而产生一层更厚的涂层（图8-3）。你无法在不干扰下层涂层的情况下擦除新的涂层，甚至不能在其干燥前触摸它，否则会形成透过涂层直达木料表面的印记。
- 可以以喷涂的方式一层叠一层地喷涂挥发型表面处理产品，无须等待之前的涂层干燥。这个方法唯一的不足之处在于，需要等待更

溶解时

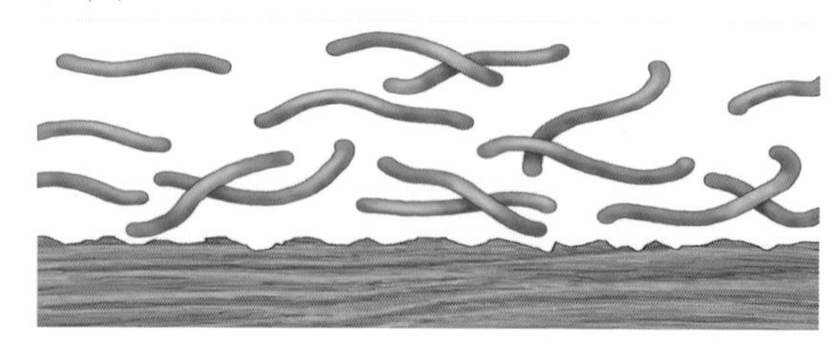

在固化的薄膜涂层中

再次溶解时

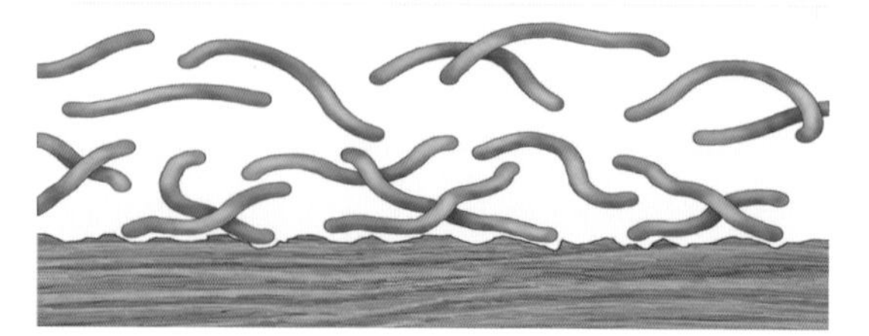

**图8–2** 挥发性溶剂由类似意大利面的长纤维状分子组成。溶剂挥发后它们会纠缠在一起。当再次引入溶剂时，这些分子会重新分离，表面处理产品重回液体形态

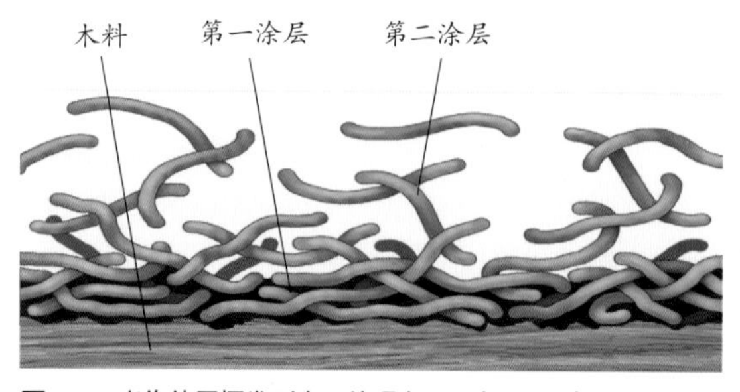


**图8–3** 当你使用挥发型表面处理产品，在业已干燥的涂层上涂抹新的涂层时，新涂层中的溶剂会部分地溶解下面的涂层，两层中的涂料分子会彼此纠缠，从而形成一层新的、更厚的涂层

> **注意**
>
> 虫胶和合成漆这两种挥发型表面处理产品可以搭配使用，以对方为基底继续涂抹新的涂层，并且彼此结合得很牢固，但两种产品之间的结合能力还是赶不上同种产品的结合。虫胶中的酒精软化了合成漆，足以实现部分分子之间的纠缠；在虫胶表面涂抹合成漆也是一样的。但在涂抹新的涂层之前，最好用钢丝绒或砂纸打磨原有表面，以获得更好的联锁或“机械”结合效果。

长的时间让整个表面处理涂层完全干燥，因为底层的溶剂需要更长的时间才能穿过表面涂层挥发掉。

- 由于这些长分子彼此纠缠，所以非常容易受到摩擦、高温、溶剂和化学物质的作用发生分离（被破坏）。积极的一面是，挥发型表面处理产品很容易经过擦拭（研磨）形成均匀的光泽，并且可以通过将更多的挥发型表面处理产品熔化或溶解进受损部位的方式，修复损伤于无形之中。
- 因为纠缠在一起的涂料分子之间会产生一些微观上的空隙，少量的水分子会穿过空隙进入木料中，所以挥发型表面处理产品并不适合防水蒸气。不过，有证据表明，虫胶可能是个例外。

# 反应型表面处理产品

清漆和所有的双组分表面处理产品都是反应型表面处理产品。它们由小分子（类似于模块化玩具中的一系列模块）组成。这些分子在稀释剂中浮动。稀释剂挥发之后，借助氧气的作用（清漆产品）或者催化剂、反应剂、交联剂或硬化剂的帮助（双组分产品），这些分子彼此靠近并连接。这种连接通常被定义为交联或聚合，其作用类似于模块化玩具中的主杆（图 8-4）。

固化的清漆或双组分表面处理产品在分子尺度上形成一个巨大的模块化网络。使用表面处理产品的稀释剂（或者任何相应的溶剂）接触固化后的涂层不会出现任何反应。将固化的表面处理产品浸入溶剂中可能会起泡，但固体不会溶解。（亚麻籽油和桐油也是反应型表面处理产品，但它们无法硬化，所以无法建立起保护性涂层。）

从这种固化方式中，我们需要掌握以下信息。

- 清漆和双组分表面处理产品的固化时间取决于分子的交联速度，而非溶剂的挥发速度。不过，在交联反应发生之前，仍需要重点关注挥发过程。

溶液中

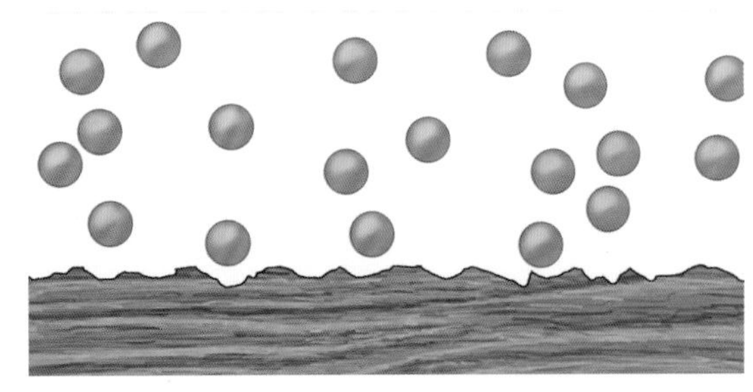

固化后

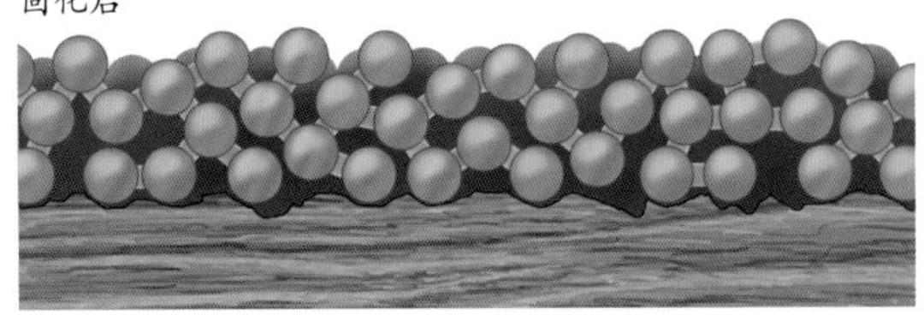

经稀释剂处理后

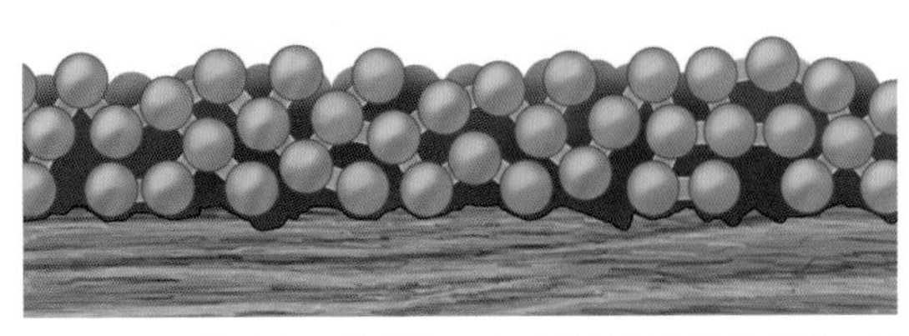

**图 8-4**　反应型表面处理产品在固化过程中发生交联。树脂分子通过化学反应键合在一起，组成一个类似模块玩具的分子网络。重新介入的溶剂无法破坏这些化学键

# 使用消光剂控制光泽

消光剂是固体颗粒，其成分为二氧化硅，通常会沉淀在染料罐或消光表面处理产品的底部。当将其搅动至表面处理产品内并涂抹在木料表面之后，消光剂会在涂层表面形成一层微观尺度上的糙面，通过漫反射削弱原有的反射光，从而降低涂层光泽度，表面处理产品中加入的消光剂越多，涂层的光泽度就越低（下方照片）。

除了虫胶，所有的薄膜型表面处理产品都包含添加了消光剂的品种。这些产品通常贴有标签，以表明其消光程度，例如，半光亮、缎面光泽、蛋壳效果、擦拭效果、亚光、平光、无光，或者类似的描述，具体效果取决于制造商添加了多少消光剂。不幸的是，这些术语的定义极其混乱，某个品牌的产品不太可能产生与其他品牌的产品同样的光泽。有一套数字系统可以提供较为准确的参照，该系统设定了1~100（100是完美光泽度）的数值区间描述光泽度。有些厂家在使用该系统。

可以从供应商处单独购买消光剂（通常以“消光膏”的形式销售），然后加入到表面处理产品中，获得所需的表面光泽。也可以混合不同光泽的同种表面处理产品，或者，可以将消光剂业已

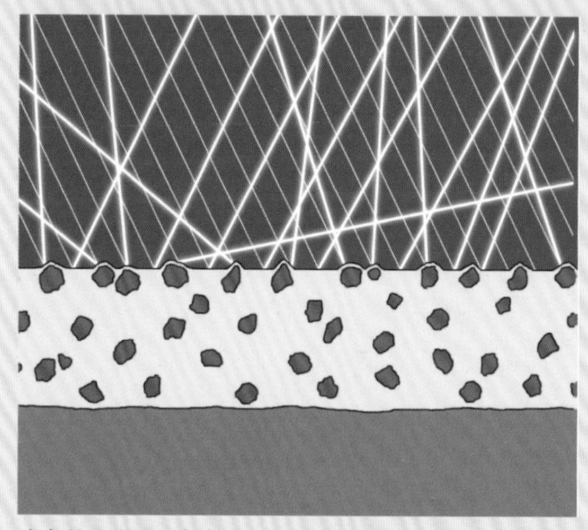

消光剂通过增加光线漫反射削减涂层的光泽。随着湿薄膜的干燥收缩，消光剂颗粒会被拉紧并推到涂层表面。这种微观层面的隆起导致了光线的散射。添加的消光剂越多，隆起就会越密集，消光的效果就越明显。大多数的消光表面处理产品都是透明的。有些厂家使用的消光剂会使薄膜涂层看上去有些混浊。可以在两层缎面光泽的涂层之上涂抹一层光亮涂层，将其与连续涂抹的2~3层光亮涂层做比较，以判断消光产品的透明度

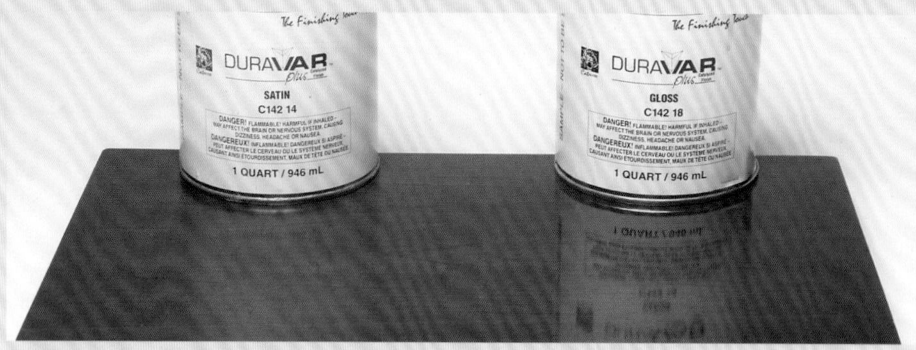


光亮涂层能够清晰地反射物体和光线（右侧）。消光涂层（缎面、平光等效果）会使光线散射开来，并由于消光剂产生的微观糙面导致模糊的反射（左侧）

沉淀在罐底的表面处理产品倒出一部分，这样就获得了部分非常光亮的表面处理产品和部分消光程度非常高的表面处理产品。然后，可以将这两者混合以获得所需的光泽度。

根据使用的消光剂种类的不同，薄膜型表面处理产品中的消光剂颗粒可以是完全透明的，也可以是接近透明的。涂层的光泽是由沉积在薄膜表面的消光剂颗粒决定的。随着湿薄膜的干燥收缩，这些颗粒会被拉紧并推到涂层表面，形成微观尺度上的糙面，从而产生消光效果。潮湿光亮的涂层产生消光效果通常发生在很短的时间内，用心观察的话还是很明显的。

因为消光效果是由粗糙表面，而非薄膜内部业已干燥的颗粒产生的，显而易见，涂层的光泽是由最后一层涂层建立的。如果先涂抹了两层缎面光泽的涂层，然后涂抹了一层光亮涂层，那么涂层最终会呈现光亮的效果（照片最左侧）。同样，如果先涂抹了两层光亮涂层，然后涂抹了一层缎面涂层，那么涂层最终会呈现缎面光泽（照片最右侧）。此外，通过使用精细研磨膏打磨，可以使消光表面变得光亮一些。事实上，打磨任何消光表面都会导致某个方向上光泽度的改变。举个大家熟悉的例子，在办公桌桌面的边缘，很容易看到因为摩擦而变得光亮的消光处理表面。

消光涂层似乎比光亮涂层更容易刮伤，因为粗糙的物体表面在微观尺度上被削平的趋势更为明显。据说，有些厂家会使用包裹了一层蜡的消光颗粒避免出现这种状况，但我从未见过这样的信息。

涂层的光泽度是由面漆层产生的，其下方的涂层几乎对此没有影响。为了证明这一点，我在这块面板的左半边涂抹了两层缎面光泽的涂层，然后只在最左侧的四分之一区域继续涂抹了一层光亮涂层，在面板的右半边涂抹了两层光亮涂层，并只在最右侧的四分之一区域涂抹了一层缎面光泽的涂层。结果一目了然：最初的两个涂层对第三层涂层的光泽度没有任何影响

**注意**

消光剂可能会聚集，导致表面处理涂层中出现白色斑点。当消光剂颗粒黏着在罐底或干结在瓶口周围时，聚集现象就会发生。一旦发生聚集，形成的团块无法被有效地分离或过滤除去，只能更换全新的产品。

- 反应型表面处理产品形成的涂层不会彼此渗透溶解。因此，为了获得更好的交联效果，涂抹每一层清漆需要间隔几天甚至几周时间，双组分表面处理产品需要的时间间隔则要短得多。也可以对业已完成的涂层进行打磨，借助产生的凹痕使新的涂层通过机械力与下层结合在一起（图 8-5）。如果想去除新涂层中的鬃毛或粉尘，无须担心下面的涂层会受到破坏。如果动作快的话，甚至可以用溶剂清洗这个涂层。但是如果磨穿了上层涂层露出了下面的涂层，则会在两层交界处出现一条可见的分界线（第 267 页照片 16-6）。
- 与挥发型表面处理产品相比，必须等待反应型表面处理产品的每一涂层充分固化后才能涂抹下一层。否则，之前的涂层可能会出现褶皱。
- 交联的模块网络产生的表面处理涂层对划伤、热量、溶剂和化学制品的耐受力都非常强。粗糙的物体需要撕裂分子间的交联才能导致划痕；极端的高温才会导致涂层起泡；需要使用非常强效的溶剂（例如二氯甲烷）才能去除这些涂层。此外，反应型表面处理产品形成的涂层很难擦拭形成均匀的光泽，并且很难修复到难以察觉的程度。
- 由于交联产生的网络非常致密，因此反应型表面处理产品形成的涂层能够很好地阻断水蒸气的渗透。

# 联合型表面处理产品

水基表面处理产品是主要的联合型表面处理产品。这种产品会在微观上形成外被塑料壳、内为固体的足球状液滴（胶乳）。液滴的内部是交联在一起的反应型表面处理产品。液滴则悬浮在水和低挥发性的溶剂中。水最先挥发。然后溶剂会软化液滴的外层，就像溶剂会软化塑料足球的外皮那样。随着溶剂的挥发，液滴会变得黏稠并黏合在一起，薄膜涂层则会硬化（图 8-6）。白胶和黄胶的固化过程与此类似。

已经固化的水基表面处理涂层与水接触不会出现任何不良反应，但是强溶剂会导致其软化并变得黏稠。强溶剂会使液滴分离，使其回到黏稠状态。有些人试图将水基表面处理产品归入挥发型表面处理产品或反应型表面处理产品中，但是这会导致混乱。事实上，水基表面处理产品兼具上述两种产品的特点。

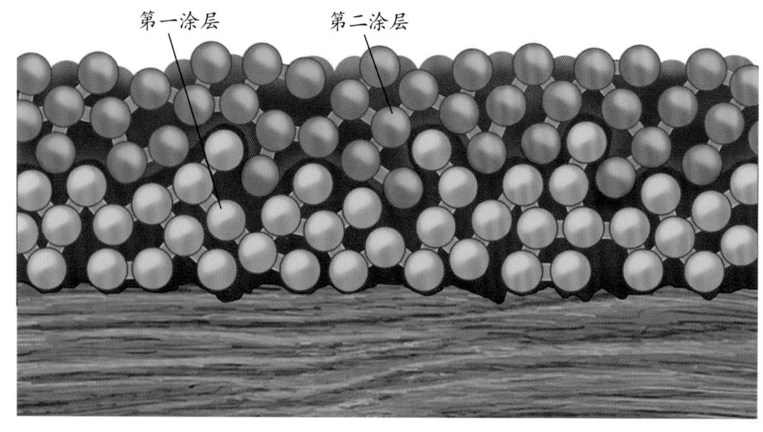


**图 8–5**　一旦下层完全固化，反应型表面处理产品的涂层之间是不会发生化学键合的。需要使用砂纸或钢丝绒在已有的涂层上做出划痕，这样新涂层可以通过机械力与下层连结在一起

# 表面处理产品的固化类型

当你了解了三种固化类型——挥发型、反应型和联合型之时，就可以更好地掌控各种表面处理产品的使用了。除了染料和漂白剂，所有表面处理产品的固化都不外乎这三种方式。通常来说，通过包装上列出的溶剂、稀释剂和清理材料，可以轻松地判断出产品的固化方式

| **挥发型**<br>（溶剂为酒精、丙酮和漆稀释剂） | **反应型**<br>（稀释剂为油漆溶剂油和石脑油，通常被称为“石油馏出物”） | **联合型**<br>（溶剂为乙二醇醚，稀释剂为水） |
|---|---|---|
| ■ 虫胶<br>■ 合成漆<br>■ 使用合成漆黏合剂的快干型染色剂<br>■ 可以用漆稀释剂或丙酮进行稀释的木粉腻子<br>■ 蜡（溶剂为油漆溶剂油或松节油） | ■ 亚麻籽油和桐油<br>■ 油与清漆的混合物<br>■ 擦拭型清漆<br>■ 凝胶清漆<br>■ 清漆（含有聚氨酯）<br>■ 可以用油漆溶剂油稀释的擦拭型染色剂<br>■ 可以用油漆溶剂油稀释的多合一染色剂、封闭剂和表面处理产品<br>■ 可以用油漆溶剂油稀释的膏状木填料<br>■ 可用油漆溶剂油稀释的釉料<br>■ 双组分表面处理产品（稀释剂各不相同） | ■ 水基表面处理产品<br>■ 可以用水清洗的擦拭型染色剂<br>■ 可以用水清洗的多合一染色剂、封闭剂和表面处理产品<br>■ 可以用水清洗的木粉腻子<br>■ 可以用水清洗的膏状木填料<br>■ 可以用水清洗的釉料 |

溶液中

重新涂抹酒精或漆稀释剂后（水没有这样的效果）

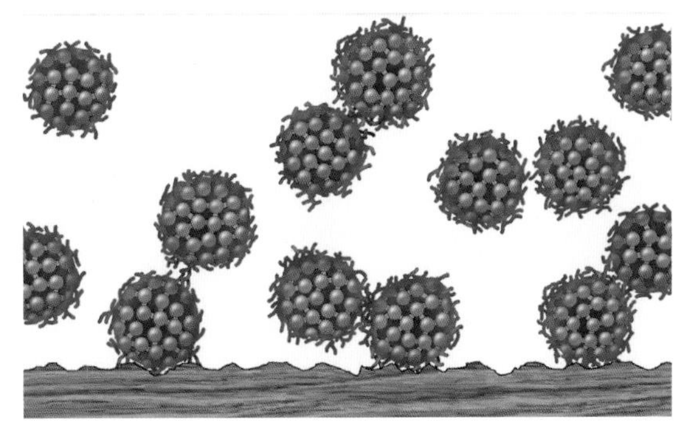

固化后

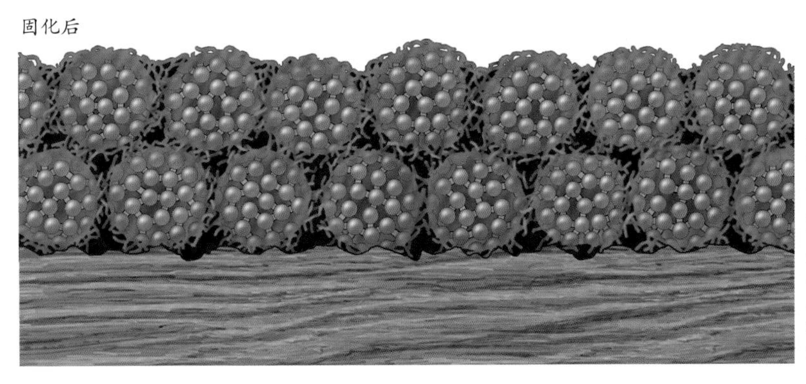

**图 8–6** 随着水分的挥发，反应型固化的表面处理液滴互相压紧，从而形成联合型表面处理涂层。乙二醇醚溶剂接下来则会软化液滴的外层，导致其变得黏稠。当溶剂挥发后，液滴会黏合在一起，薄膜涂层则会硬化。如果将酒精或漆稀释剂这类溶剂重新涂抹在固化的表面，液滴会重新变得黏稠并液化

# 挥发型、反应型和联合型表面处理产品的对比

表面处理产品的固化方式会向你提供很多有关产品的信息。以下是对三类产品的概括

| 产品类型 | 挥发型（虫胶和合成漆） | 反应型（清漆和双组分表面处理产品） | 联合型（水基表面处理产品） |
|---|---|---|---|
| 固化时间完全取决于溶剂的挥发速度 | 是 | 否 | 是 |
| 涂层相互溶解渗透 | 是 | 否 | 部分 |
| 无须等待下层完全干燥就可以涂抹新涂层 | 是 | 否 | 否 |
| 难以损伤 | 否 | 是 | 难以划伤，但易受高温和溶剂的破坏 |
| 防水和防水蒸气渗入的能力非常强 | 否 | 是 | 否 |

以下是其主要特点。

- 水基表面处理产品的干燥过程类似于挥发型表面处理产品，其干燥时间取决于溶剂的挥发速度，并可以通过加入慢挥发性溶剂来减缓干燥速度。但是一旦涂层涂抹完成，干燥速率就无法改变，除非加热（所有的表面处理产品在加热条件下都可以固化得更快）。
- 上层涂层对下层涂层的渗透溶解效应已降至最低，因此，如果涂抹新涂层的时间间隔长达几天或几周，只能满足产生必要的结合力的需要（图 8-7）。这样的溶解程度是无法使其像挥发型表面处理产品那样，形成更厚的涂层的。如果涂层间的干燥时间充裕，原有的涂层需经打磨做出凹痕，才能通过机械力与新涂层结合在一起。涂层间的涂抹间隔越长，一旦磨穿了上层涂层，露出了下面的涂层，在两个涂层交界处出现可见的分界线的概率就会越高。
- 因为涂层之间不会出现明显的溶解渗透，所以应在涂层充分固化后再涂抹新的涂层。不能在部分干燥的涂层上涂抹新涂层，这样会出问题。
- 每个内部交联的液滴形成的表面非常耐划。但是挥发性溶剂的加入会使水基表面处理涂层对高温、溶剂和化学制品的破坏更为敏感。由于水基表面处理产品兼具挥发型和反应型产品的固化特性，所以相比反应型表面处理产品更易修复，并可经擦拭获得均匀的光泽，但是相比挥发型表面处理产品，实现这两点则更为困难。

## 表面处理产品的分类

| 分类 | 表面处理产品 | 固化类型 |
|---|---|---|
| **薄膜型** | 虫胶 | 挥发型 |
| | 合成漆 | 挥发型 |
| | 清漆（包含聚氨酯） | 反应型 |
| | 双组分表面处理产品（催化漆、改性清漆、双组分聚氨酯、聚酯纤维、环氧树脂、紫外线固化产品） | 反应型 |
| | 水基表面处理产品 | 联合型 |
| **渗透型** | 油和油与清漆的混合物 | 反应型 |

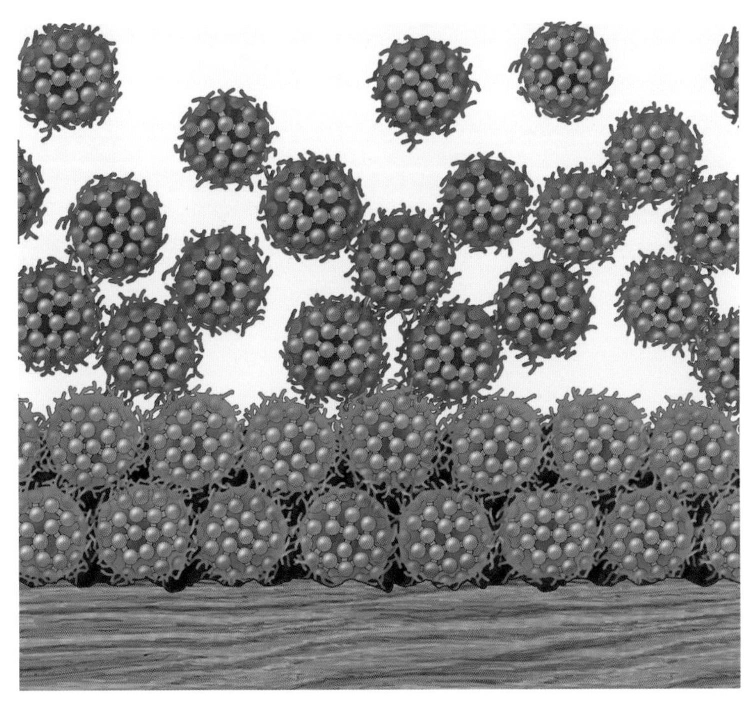

**图 8–7** 在刚刚固化的涂层上涂抹一层新的联合型表面处理产品时，新涂层中的少量溶剂可以软化下层涂层的表层液滴，从而使两个涂层黏合在一起。新涂层中的溶剂含量不足以软化下层涂层更深处的液滴

- 液滴内的交联树脂可以很好地阻断水蒸气的渗入，但液滴之间由挥发性溶剂形成的连接则类似于挥发型表面处理产品，水蒸气可以从中穿过。乳胶漆是一种添加了色素染色剂的水基表面处理产品，因其具有“可呼吸”的特性（也就是水蒸气可以穿过的特性）而被看重，可以作为一个例证。

# 封闭剂与封闭木料

很多人认为，需要使用特殊的封闭剂封闭木料，因为普通的表面处理产品无法做到这一点。这种理解是错误的。任何表面处理产品形成的第一涂层都可以封闭木料。涂料会渗透、固化并填充木料的孔隙（右图）。液体，包括后续的表面处理产品，都不会渗透通过业已固化的第一涂层。因此，所有的表面处理产品都可以作为封闭剂使用。

专门的封闭剂是为了解决以下 4 种问题而存在的：

- 使第一涂层更易于打磨；
- 减少木料起毛刺；
- 封闭木料，防止其中的油、树脂、蜡或气味散发出来；
- 延长某些双组分表面处理产品的必要操作时间。

## 使打磨更容易

打磨任何表面处理产品的第一个涂层是很必要的，因为它们总是有些粗糙。将其打磨光滑会使后续涂层的涂抹更为顺利，并获得更好的整体处理效果。不过，清漆和合成漆涂层是很难打磨的。打磨封闭剂是添加了矿物皂（硬脂酸锌）的合成漆或清漆，可用于这两种表面处理涂层。矿物皂在打磨清漆或合成漆涂层时会变成粉末（下方照片），因此可以减少砂纸的堵塞。需要注意的是，打磨封闭剂不是为聚氨酯、虫胶或者预催化漆准备的，也很少用于水基表面处理产品，因为这些表面处理涂层打磨起来没有那么困难。

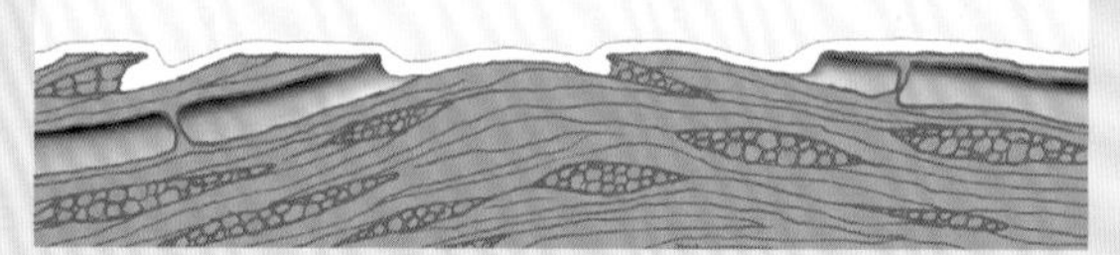

所有表面处理产品的第一个涂层都能够堵住木料的孔隙，起到封闭作用，因此并不需要一种专门的封闭剂来完成这个任务

为清漆和合成漆制作的打磨封闭剂打磨时会变成粉末，这可以减少砂纸的堵塞

错误的标签和市场导向使打磨封闭剂的定位变得更为混乱。

- 有些打磨封闭剂被贴上了“封闭剂”的标签，可能会误导购买者将其用在表面处理涂层的下方。
- 有些表面处理产品被冠以“自动封闭”之名，会误导购买者认为其他表面处理产品需要使用额外的封闭剂。其实，“自动封闭”只是该表面处理产品打磨起来足够容易的意思。

打磨封闭剂的缺点在于稳定性降低了。矿物皂削弱了涂层的防水性，并在受到用力敲击时易于碎裂和变白，尤其是在打磨封闭剂涂层很厚的时候（左下照片）。因此，打磨封闭剂最好只涂抹一层。事实上，除非工作量很大，否则最好不要使用打磨封闭剂。因为你是牺牲了涂层的部分稳定性来换取打磨过程的大幅简化的。打磨封闭剂只是一种加速生产进度的产品。

### 传言

打磨封闭剂为获得更好的涂层间的黏合效果提供了基础。

### 事实

事实正好相反。打磨封闭剂中的矿物皂削弱了表面处理产品与木料的结合能力。这个传言可能是因为弄混了打磨封闭剂与底漆的作用。涂料中包含了太多的色素，导致没有足够比例的黏合剂保持色素颗粒的聚集，同时与多孔的木料表面实现良好的黏合。底漆中的色素很少，所以它含有更高比例的黏合剂，可以与木料很好地黏合。清理型表面处理产品都是黏合剂。它们自身能够与木料完美地结合。

## 减少毛刺

有些水基表面处理产品是碱性的（可以闻到氨气的气味），碱性水比中性水更容易导致毛刺的产生。因此，厂家有时会提供偏酸性的水基封闭剂，用来减少毛刺的生成。可是，没有碱性环境的话，封闭剂的稳定性会减弱，所以使用这种封闭剂必定会牺牲部分稳定性。

不幸的是，厂家通常为这些产品贴上“打磨封闭剂”的标签，但实际上它们并不能使打磨变得更容易。与传统的打磨封闭剂一样，这种产品只是能加快生产进度罢了。

打磨封闭剂很软，如果涂抹得很厚，很容易在受到钝器敲击时破碎。这种现象甚至会出现在面漆层下方，并且这种损坏只能用有色表面处理产品填补才能修复（请参阅第 19 章“表面处理涂层的修复”）。适量使用打磨封闭剂可以使打磨过程更容易，并且不会磨穿涂层，因此在大多数情况下只需涂抹一层

# 封闭剂与封闭木料（续）

## 将问题封闭在木料内

如果需要给家具或木工制品重做表面处理，你可能会碰到一些情况，比如，木料中的油（通常是来自家具抛光剂的硅油）或蜡会导致诸如鱼眼、干燥变慢或黏合变弱等问题。你可能也会遇到带有强烈气味（比如，烟味或动物尿液的气味）的木料。此时，可以使用虫胶封闭这些问题。“封闭”在这里的含义略有不同。封闭有“内”“外”两种形式，也就是将问题封闭在木料之内或将其阻隔在木料之外，或者将一个处理步骤（色阶）与其他步骤（色阶）分开。

在新木的表面处理中，可能需要处理松脂型松木节疤，它们会导致干燥和黏合出现问题。虫胶是封闭这类问题的完美选择。

虫胶被吹捧为一种伟大的封闭剂，以至于更多的是作为特定封闭剂，而不是普通表面处理产品被使用。这很不幸。除非木料中存在导致问题的东西，否则没有必要在其他表面处理涂层下涂抹虫胶，因为在一种涂层上涂抹其他涂料时存在起泡、起褶或黏合度下降的风险。如果在虫胶之上涂抹了更具保护性和耐久性的涂层，很可能涂层整体的保护性和耐久性会被削弱。如果确实需要使用虫胶，最好使用去蜡虫胶，因为虫胶含有的蜡被去除了，你可以获得更好的黏合效果（请参阅第9章“虫胶”）。

## 延长操作时间

在使用催化漆和改性清漆完成所有表面处理涂层的时候，经常会遇到时间非常有限的问题（请参阅第12章“双组分表面处理产品”）。将上漆与填充、染色和上釉等步骤结合起来可以帮助你延长操作时间，突破原有的限制。在这种情况下，可以使用乙烯基封闭剂封闭木料，并在装饰层之间涂抹乙烯基封闭剂用作基面涂层（请参阅第82页“基面涂层”）。最后，在最上层涂抹双组分表面处理产品。

乙烯基封闭剂是添加了乙烯基树脂的硝基漆，可以提高表面处理涂层的防水和黏合性能。很多表面处理师在用乙烯基封闭剂封闭木料时甚至不会考虑时间因素，因为乙烯基封闭剂比普通表面处理产品便宜，并且不会牺牲防水性。

乙烯基封闭剂的缺点是非常难于打磨。为了解决这个问题，有些厂家在其中加入了矿物皂，结果与打磨封闭剂类似，整个薄膜的防水性减弱了。你需要做出选择：是要更轻松地完成打磨，还是更好的涂层稳定性。

警告 ▼

聚氨酯不能很好地与含有矿物皂的表面处理产品或含有蜡的虫胶黏合在一起，因此不能在聚氨酯涂层下使用专门的打磨封闭剂或含蜡虫胶。

# 溶剂和稀释剂

在我最开始学习表面处理的时候，我曾问我的老师，他是如何知道表面处理产品应该搭配使用何种溶剂的。他没有给出具体解释，只是说知道。我认为他进入了状态。没有简单的解释。你必须了解你使用的表面处理产品可以使用哪种溶剂和稀释剂（请参阅“各种表面处理产品对应的溶剂和稀释剂”）。

无论如何，了解溶剂和稀释剂的不同会有所帮助。溶剂可以溶解固化的表面处理产品，使固体变为液体（请参阅第 148 页“表面处理产品的兼容性”）。稀释剂则只用来稀释液体。一种物质可以是一种表面处理产品的溶剂，同时是另一种表面处理产品的稀释剂，或者同时作为一种表面处理产品的溶剂和稀释剂使用。下面是它们的分类方式。

- 油漆溶剂油、石脑油和松节油是蜡的溶剂，是蜡、油和清漆的稀释剂。它们可以溶解固体蜡，但不会溶解固化的油或清漆。它们也不能溶解任何其他的表面处理产品，所以常被用作家具的抛光剂和清洁剂。
- 酒精是虫胶的溶剂和稀释剂，同时也是合成漆和水基表面处理产品的弱溶剂和局部稀释剂。酒精可以破坏合成漆和水基表面处理产

注意

近些年，由使用溶剂导致的健康负面信息不断增加。但是，表面处理产品中的溶剂是这些产品能够使用的基础，添加溶剂是为了帮助你解决问题。即使是水基的表面处理产品，溶剂也是不可或缺的。以健康的方式使用溶剂的关键在于，保持环境通风良好，佩戴有机蒸气防护面罩保护自己，这些措施在经常使用溶剂的情况下尤为重要。

## 各种表面处理产品对应的溶剂和稀释剂

溶剂和稀释剂这两个术语经常被混用，但是它们的含义是不同的。溶剂可以溶解固化的表面处理产品（或其他固体材料）。稀释剂并不是必要的，通常用来稀释溶液。同一物质往往可以同时成为一种表面处理产品的溶剂和稀释剂，这意味着，它可以溶解已经硬化的表面处理涂层，也可以稀释相应的溶液

| 溶剂 | 溶解对象 | 稀释对象 |
|---|---|---|
| 油漆溶剂油、石脑油、松节油 | 蜡 | 蜡、油、清漆 |
| 甲苯、二甲苯 | 蜡（会破坏水基表面处理产品、黄胶和白胶） | 蜡、油、清漆、改性清漆 |
| 酒精 | 虫胶、合成漆（弱） | 虫胶、合成漆、水基表面处理产品 |
| 漆稀释剂 | 虫胶、合成漆、水基表面处理产品 | 合成漆、虫胶（填补漆）、催化漆 |
| 乙二醇醚 | 虫胶、合成漆、水基表面处理产品 | 水基表面处理产品 |
| 水 | | 水基表面处理产品 |

# 表面处理产品的兼容性

只要注意以下两个重要特性，所有的表面处理产品都可以涂抹在另一层固化的表面处理涂层上。

- 涂抹的表面处理涂层的表面必须干净，并且不能很光亮（钝化）。
- 如果使用的表面处理产品是漆稀释剂，应该首先喷涂一层很薄的涂层，或者应该做一层隔离层。

还有第三个因素。一层厚的表面处理涂层与另一种表面处理产品的厚涂层存在收缩率或膨胀率的差异，可能导致某些位置的涂层发生分离。不过，只要温度的变化不是很极端，这种分离现象可能永远不会出现。因此，一般不需要考虑这个因素。

## 干净和钝化

没有比这条更重要的表面处理规则了：任何完全固化的涂层，不管是透明的表面处理涂层还是浑水涂层，都必须保持干净和钝化，以方便新涂层与其紧密地黏合在一起。涂层表面必须干净无油、无蜡以及任何其他的外来材料，否则新涂层的黏合就会减弱。表面钝化，也就是涂层表面要形成一个微观上的糙面，否则新涂层可能会因缺少附着力无法有效结合。（这种结合叫作机械结合，与化学键合不同，后者需要在很短的时间内涂抹两层相同的表面处理涂层，两层之间彼此通过化学键结合。）

因为有水溶性和溶剂性两种类型的污垢，因此也有两种类型的清洁剂。水溶性污垢可以用肥皂和水清洗。溶剂性污垢则需要使用石油馏出物溶剂清洗（请参阅第 198 页“松节油和石油馏出

品形成的涂层，但是不会真正将其溶解。酒精不会对反应型表面处理产品的涂层造成破坏（请参阅第 158 页“酒精”）。

- 漆稀释剂是合成漆的溶剂和稀释剂，也是催化漆的稀释剂，同时也是虫胶和水基表面处理产品的溶剂。漆稀释剂会软化反应型表面处理产品的涂层，有时也会导致反应型表面处理产品的涂层起泡，但是不会将其溶解（请参阅第 174 页“漆稀释剂”）。
- 乙二醇醚是水基表面处理产品的溶剂和稀释剂，同时也是虫胶的弱溶剂，以及合成漆的溶剂和稀释剂。乙二醇醚能够破坏反应型表面处理产品的涂层（请参阅第 222 页“乙二醇醚”）。
- 水是水基表面处理产品的稀释剂。

同时需要记住的是，上述的每一种液体同时也是某种色素染色剂的溶剂。水和乙二醇醚溶解水溶性色素，酒精溶解醇溶性色素，油漆溶剂油、石脑油、松节油和漆稀释剂用于溶解油溶性色素（请参阅第 4 章“木料染色”）。

物溶剂”）。大多数情况下，可以只用一种解决方案清理两种类型的污垢：家用氨水和水，或者磷酸三钠和水。

可以使用钢丝绒、砂纸或合成材质的研磨垫（思高牌）来钝化涂层表面。当然，研磨的过程也可以去除污垢，因此可以一步到位达成两个目标。家用氨和水以及磷酸三钠溶液通常可以在清洁表面的同时将其钝化。因此也可以使用这两种产品一步到位达成目标。

## 稀释剂的影响

表面处理产品使用何种稀释剂是需要重点考虑的。很多稀释剂与已经固化的表面处理涂层可以良性接触，但是漆稀释剂和其中的活性溶剂成分却可以对大多数的表面处理涂层造成一定程度的侵蚀。如果涂层足够湿润，它们还常常导致涂层起泡或产生褶皱（请参阅第174页“漆稀释剂”）。在任何已经完全固化的涂层上（包括老漆）涂抹用漆稀释剂稀释的表面处理产品，都应遵循以下两个要点之一，同时提醒这个过程是存在风险的。

- 首先喷涂一层薄薄的雾状涂层，直至建立起一定的基础。然后喷涂一层中等湿度的涂层以溶解雾状涂层，形成一个光滑的表面。
- 在现有涂层与新涂层之间涂抹一层隔离层（通常是虫胶产品）。不过，即使涂抹了隔离层，也不应使用经漆稀释剂稀释的表面处理产品涂抹一层完全湿润的涂层，因为这极有可能会将下面的涂层溶穿。刷涂一层含有漆稀释剂的表面处理产品风险非常高，因为你不得不保持涂层的湿润状态。

## 识别原有表面处理涂层的成分

可以利用不同溶剂与不同表面处理产品的反应来识别原有涂层的成分。

1. 将几滴酒精滴在一个不显眼的位置，如果涂层在几秒内变软变黏了，那么其成分为虫胶。如果没有变化，则其成分不是虫胶。
2. 涂抹几滴漆稀释剂。如果涂层在几秒内变软变黏，则涂层的成分可能是虫胶、合成漆或水基表面处理产品。如果已经排除了虫胶，表面处理产品就只可能是后两者之一。水基表面处理产品在20世纪90年代以前用得非常少，所以年代也能提供判断的线索。
3. 为了更确切地区分水基表面处理产品和合成漆，可以涂抹几滴甲苯或二甲苯，如果涂层因此变得黏稠，则说明其成分是水基表面处理产品而非合成漆。
4. 如果这些溶剂都没有影响涂层的状态，说明涂层使用的是反应型表面处理产品。即使不知道确切的种类也没关系，因为这类产品几乎没有区别。

传言

某些表面处理产品不应稀释。

事实

所有的表面处理产品都可以稀释。出现在产品包装上的针对稀释剂的警告是为了符合美国部分地区的有关挥发性有机物的法律。除非你使用的表面处理产品非常多，否则你不大可能受到这些法律的制约。

# 薄膜型表面处理产品的未来

从 20 世纪 80 年代末以来，减少向大气层排放溶剂成为表面处理的趋势。为此，有两种技术同时得到了发展。

- 减少表面处理产品中的溶剂含量。
- 可以使用低压喷枪代替高压喷枪雾化表面处理产品。

## 减少溶剂含量

因为美国加州和其他很多州通过了更为严格的空气污染法案，制造商减少了产品中的溶剂含量。此外，很多工厂和大型卖场将合成漆更换为高固含量的表面处理产品，因为这些产品含有更少的溶剂，或者更换为水基表面处理产品，因为其中含有的溶剂更少。有些厂家已经开始使用紫外线固化型表面处理产品或粉末涂料，这些产品不含有溶剂（请参阅第 12 章“双组分表面处理产品”和第 13 章“水基表面处理产品”）。

本地法律和州法律规定了不同表面处理产品的最高溶剂含量，因此厂商不得不在包装上注明，这些产品不得使用稀释剂稀释。很不幸，这导致很多表面处理师把涂层涂抹得过厚，结果导致处理效果非常差。所有的表面处理产品都是可以稀释的，不论包装上写了些什么。唯一的限制来自当地对使用挥发性有机物（Volatile Organic Compound，简称 VOC）的法律。如果不能使用稀释剂，除非使用大量的表面处理产品，否则完成表面处理几乎是不可能的。

为了了解表面处理产品在未来的发展趋势，查看一下美国南海岸空气质量管理区（South Coast Air Quality Management District，简称 SCAQMD）——包含洛杉矶周边地区——的法规会有所帮助。该地区通过了美国最严格的空气质量法律，其他地区经常会以其作为参照。在文件中，该地区正在致力于减少空气中挥发性有机物的含量，其中包含了清漆、合成漆和很多双组分表面处理产品，并禁止生产这些产品。换言之，在洛杉矶地区销售这些产品是非法的。水基表面处理产品和虫胶目前仍是合法的。

正如在书中其他章节解释的那样，清漆、合成漆和双组分表面处理产品提供了水基表面处理产品或虫胶无法替代的效果。在我看来，必须消除对清漆、合成漆和大多数双组分表面处理产品的误导性政策，因为大量的污染并不是表面处理产品造成的。事实上，估计只有不到 1% 的污染是由各种表面处理产品导致的——这其中还包含了所有用于房屋装修、桥梁、水塔和轮船建造，以及其他各种领域使用的涂料。淘汰清漆、合成漆和双组分表面处理产品不太可能有效减少污染，因为污染主要是由工业生产和使用内燃机造成的，但这却会显著降低木工制品表面处理的效果和质量。

## 降低气压

同样因为更加严格的空气污染法案，新的雾化技术取代了传统的高压喷枪。高流量低压（HVLP）技术可能是你比较熟悉的。另一种叫作气辅式无气喷涂的技术在专业木工房和工厂中得到了更多的应用。两种技术都可以减少回弹，同时产生的柔和的喷雾可以减少溶剂的损失（请参阅第 3 章“表面处理使用的工具”）。

# 虫胶

## 简介



虫胶是木工表面处理产品中最有趣的。它的历史源远流长。从19世纪20年代到20世纪20年代这100年的时间内，在欧洲和美国，虫胶被大量用于家具和木工制品中。之后在美国，硝基漆的出现代替了家具工业中使用的虫胶。直到20世纪中叶，欧洲的专业表面处理师和美国的业余木匠还在广泛地使用虫胶。随着后来喷枪的使用越来越广泛，现场完成表面处理的工匠，以及欧洲的家具工业开始使用合成漆。

爱好者市场在逐步消失。

20世纪60年代早期，聚氨酯被广泛使用，并占领了部分市场，因为大家需要耐久性更好的产品。

20世纪60年代后期，用油漆溶剂油稀释的清漆打着桐油产品的旗号占据了更多的市场份额（请参阅第194页“擦拭型清漆”）。

20世纪70年代，沃特科丹麦油占据了很大一部分新兴的爱好者木工市场（请参阅第5章“油类表面处理产品”）。

**警告**

永远不要将虫胶储存在金属容器中。虫胶是酸性的，会与金属起反应，并因此变暗。虫胶供应商会在容器的内表面设置涂层，以防止虫胶与金属接触。

**传言**

虫胶会变深，并随着时间的推移几乎变成黑色。

**事实**

虫胶不会随着时间的推移变成黑色。人们经常把它与清漆弄混，清漆会随着时间的推移逐渐变黑，尤其是某些类型的清漆产品。

## 优缺点

**优点**

- 相比油、蜡和树脂，虫胶与木料的黏合效果更好，并可以封闭气味
- 是硅酮的最佳隔离材料
- 与大多数溶剂相比，虫胶使用的工业酒精溶剂对呼吸系统的危害较小，也不是很难闻
- 脱蜡品种能够提供绝佳的表面处理清晰度和深度
- 琥珀品种为黑色和染黑的木料注入了暖色
- 良好的摩擦特性

**缺点**

- 对温度、水、溶剂和化学品的抗性很弱
- 只有中度的耐磨性
- 保质期短

到了20世纪80年代，很少有人再把虫胶作为一种木工表面处理产品提及了。但是，虫胶并未被完全抛弃，并很快在爱好者木工市场获得了另一个机会。20世纪90年代早期，水基表面处理产品出现了，木工爱好者纷纷尝试使用这种表面处理产品，取代难闻并且污染性较强的清漆和合成漆。但是水基表面处理产品操作难度较大，并且涂抹在木料表面的外观效果也不好。虫胶乘机重新攫取了部分市场。

那时，几乎全美的虫胶都由一家公司提供，并且这家公司将虫胶重新定位为封闭剂。尽管这家公司最终意识到了定位的错误，但是他们仍然没能捍卫虫胶作为可用的表面处理产品的地位。没有一种缎面光泽的虫胶产品被生产出来，而这种产品对虫胶的市场地位而言是很重要的。良机错失，导致现在虫胶仍然只是一种边缘产品。

# 虫胶是什么？

虫胶是一种由紫胶虫分泌的天然树脂。紫胶虫生长在南亚地区，主要是印度的某些特定树种上。虫胶英文单词中的Lac的意思是10万，代表可以在一个树枝上找到的紫胶虫的数量。制取1 lb（0.45 kg）虫胶大约需要150万只紫胶虫。首先将树脂从细枝和分枝上刮下来，然后将其熔化，过滤除去细枝、昆虫和其他外来物质，制成大的薄片，接下来将薄片敲碎并运往世界各地。

你可以购买片状虫胶，然后用工业酒精将其溶解，也可以购买已经稀释好的商品虫胶（照片9-1和9-2）。

# 虫胶的分类

天然虫胶呈暗橙色，并含有约5%的蜡质。你可以购买原色或漂白色的虫胶、含蜡或不含蜡的虫胶以及液体或固体片状虫胶。

**照片 9–1** 片状虫胶有很多品种。要将片状虫胶变为可使用的虫胶，需要将其溶解在工业酒精中。这里展示的虫胶，从左至右依次是：金黄色（去蜡）、橙色、暗红色、石榴色、宝石红（去蜡）

**照片 9–2** 在美国，有一家公司可以提供几乎所有的预混合虫胶产品。这家公司提供的 3 种产品为（从左至右）：封闭层产品、琥珀色产品和透明色产品。琥珀色和透明色产品含蜡，并且保质期有限。封闭层产品是去蜡的，并有较长的保质期

### 小贴士

虫胶只能用来制作光亮表面。如果想获得亚光表面，需要加入磨料摩擦虫胶表面，例如使用 0000 号钢丝绒，或者加入消光剂（请参阅第 138 页“使用消光剂控制光泽”）。可以购买消光剂，比如虫胶产品专用的消光膏。详情请登录 www.woodfinishingsupplies.com。如果买不到，可以添加漆消光剂。

## 虫胶的颜色

液体形式的虫胶或为橙色（称作琥珀色），或为漂白色（称作透明色）。从“宝石红色”到较浅的“金黄色”，片状虫胶有多种颜色可选。可以在深色或染成深色的木料上使用颜色较深的

虫胶增加暖色调。如果你不想添加过多的颜色，可以在浅色或漂白的木料上使用透明虫胶。

橙色是残留在树脂中的红色染料造成的，这让虫胶在古代很有价值。从树脂中分离出的红色染料可以给衣服染色。橙色虫胶是天然的染色调色剂（请参阅第 15 章“高级上色技术”）。你也可以添加自制的醇溶性染料，将虫胶制成想要的任何颜色。只要颜色不是很深，可以用刷子在木料上涂抹调色剂，一般不会出现条纹。当然，喷涂的效果更好。

# 虫胶产品中的蜡

大多数虫胶产品仍保留了天然的蜡成分。蜡会沉淀在容器底部（照片 9-3）。当你搅拌琥珀色虫胶时，颜色较浅的蜡会升至顶部，使表面处理产品变得混浊；蜡可以使透明虫胶呈现白色，这也契合了其“白色”虫胶的传统称谓。

蜡的存在稍稍降低了涂抹在木料表面的虫胶的透明度，同时削弱了虫胶的防水性，并使得在虫胶涂层之上涂抹反应型或联合型表面处理产品（即清漆、双组分表面处理产品和水基表面处理产品）的效果变差，因为蜡妨碍了涂层之间的有效黏合。

**照片 9–3** 虫胶含有 5% 的蜡，除非厂家事先去除了蜡，否则蜡会沉淀在容器底部

可以购买预混合的脱蜡透明虫胶制作封闭涂层,购买不同色调的脱蜡片状虫胶用于表面处理。待蜡质沉淀在虫胶底部后，可以将透明部分倒出或取出以去除蜡质（过滤不那么有效）。虫胶越稀，蜡的沉淀速度越快。在倒出虫胶时动作一定要非常轻柔，因为蜡很容易被搅起来。使用玻璃罐有助于把握操作进程。

# 液体和片状虫胶

可以购买液体虫胶，也可以购买片状的固体虫胶，然后自己配制溶液。

液体虫胶分为 2 磅、3 磅和 4 磅规格，规格在这里用来指示在 1 gal（3.8 l）酒精中溶解的虫胶磅数。规格越高，溶液的颜色越深，固体含量越高。例如，在等体积的虫胶溶液中，4 磅规格比 2 磅规格的产品虫胶含量多出 1 倍（请参阅第 134 页“固体含量和密耳厚度”）。

大多数市售的液体虫胶为 3 磅规格，也就是在每加仑酒精中溶解了 3 lb（1.36 kg）虫胶。用于制作封闭涂层的虫胶通常是 2 磅规格的。这些虫胶开盖即可使用，你也可以根据自己的需要将其任意稀释。使用工业酒精（有时也叫作虫胶稀释剂）进行稀释（请参阅第 158 页“酒精”）。

购买液体虫胶时遇到的主要问题是，它们很少是新鲜的。虫胶是有保质期的，从其与酒精混合之时开始，树脂就在开始丧失部分防水性和干燥硬化的能力了。久存的产品的干燥速度会变得很慢，甚至最终无法完全干燥，只能在木料表面留下一层黏稠的涂层。

但是，虫胶的失效进程非常缓慢，你无法每天测量，也没有具体的时间节点表明虫胶已经不能使用。高温会加速虫胶的性能退化。如果将虫胶储存在阴凉处，几年后它仍然可能正常干燥和硬化，但干燥时间肯定会延长。表面处理师的经验法则是，如果没有事先检查，决不要使用存放超过 6 个月的虫胶。用于制作封闭涂层的虫胶，也就是市售的封闭剂，保质期会稍长一些，也可以用来进行表面处理。

为了检查虫胶的新鲜程度，可以倒出一些置于无孔材料的表面，诸如玻璃或塑料板的表面。然后倾斜表面使其接近垂直，虫胶会流下来形成厚度均匀的涂层（照片 9-4）。15 分钟后，如果你不会在径流中心的平坦区域留下指印，则表明虫胶足够新鲜。

经酒精溶解后，透明片状虫胶比橙色片状虫胶的保质期更短，因为漂白会破坏虫胶的颜色，使其性能退化得更快。因此，需要更加频繁地检查透明虫胶的干燥硬化能力。与橙色虫胶不同，片状的透明虫胶也会像虫胶溶液一样发生退化。如果虫胶在储存或运输时的温度很高，这个过程还会加快。老化的透明虫胶片会很难溶解，形成的溶液可能无法干燥变硬。如果在涂抹后发现虫胶无法干燥变硬，你需要用酒精或脱漆剂擦掉这层虫胶，然后用新鲜的虫胶重新涂抹。

为了最大限度地确保溶液的新鲜度，获得最佳处理效果，应该使用最近几个月购买的片状虫胶并自行配制溶液。下面是具体的操作。

## 传言

可以涂抹一层新鲜的虫胶或其他表面处理产品，以修复之前黏稠的虫胶涂层。

## 事实

虽然这样貌似解决了一个问题，但是之后会导致更严重的问题。顶部的新鲜涂层会因为下方柔软涂层的存在很快出现裂纹。最古老的一条表面处理的经验法则是：永远不要试图在软涂层上涂抹一层硬涂层。

**照片 9-4** 为了测试虫胶的新鲜度，在无孔材料的表面，比如玻璃上滴上一些虫胶，然后将玻璃竖直立起，使虫胶流淌至底部。15 分钟后，如果你不会在径流中心的平坦区域留下指印，表明虫胶足够新鲜

# 酒精

常用的酒精有以下 3 种类型：

- 甲醇（也叫作甲基醇或木醇）；
- 乙醇（也叫作乙基醇或谷物酒精）；
- 异丙醇（也叫作异丙基醇或擦拭型酒精）。

### 传言

某些酒精产品可以比其他酒精产品更好地溶解虫胶。

### 事实

所有的低碳醇（更易挥发），包括甲醇、乙醇、丙醇和丁醇，都可以完全溶解虫胶。其他溶剂不会比它们做得更好。这 4 种产品的差别在于挥发速率。甲醇挥发最快，丁醇最慢。

任何接近纯态的上述酒精都可以溶解虫胶。但是甲醇毒性很大，乙醇则因为酒税的缘故非常昂贵，异丙醇经常含有太多的水分，不能成为可靠的溶剂。

最适合配制虫胶的酒精产品是含有毒性物质的乙醇，因为这样可以规避酒税。这种产品通常被称为工业酒精或虫胶稀释剂。

工业酒精有很多优点。

- 价格不贵。
- 除非饮用或大量吸入，一般是无害的。
- 它比甲醇挥发得慢一些，这样可以为你提供更多的时间刷涂虫胶。

可以在虫胶溶液中加入少许（通常不超过 10%）的丙基或丁基酒精或者漆缓凝剂，以延长虫胶的干燥时间。不过，漆缓凝剂会增加难闻的气味。

1. 使用一个非金属材质的容器，以正确比例将片状虫胶与酒精混合，配出需要的规格（照片 9-5）。我建议开始时配制 2 磅规格的虫胶溶液，在 1 qt（0.95 L）的罐子中按比例放入 1 pt（0.47 L）的工业酒精和 ¼ lb（0.11 kg）的虫胶片。这可以让你熟悉操作过程，为你尝试配制浓度更高的溶液做准备。
2. 在接下来的几小时内要时常搅拌混合液，防止虫胶在容器底部凝结成块（照片 9-6）。
3. 没有搅拌的时候应保持瓶口密封，防止空气中的水分被酒精吸收。
4. 当虫胶片完全溶解后，使用涂料过滤器或者编织松散的粗棉布将溶液过滤至另一个夸脱罐中。这个过程还可以去除杂质（照片 9-7）。
5. 在容器上写上当天的日期，以便随时了解这瓶虫胶的制作时间。
6. 如果想去除虫胶中的蜡，可以静置虫胶溶液以促进蜡质沉淀（如果虫胶很浓，这个过程可能需要数周）。然后将无蜡的液层倒入或吸入另一个容器中。

# 虫胶的现代用法

尽管虫胶作为表面处理产品仍和原来一样出色，但在很大程度上，这种产品已经沦落为一种小众产品了。下面逐一介绍了虫胶在现代社会的三种主要用途。

**照片 9-5**　自己配制 2 磅规格的虫胶，在 1 pt（0.47 l）酒精中加入 ¼ lb（0.11 kg）的片状虫胶

**照片 9-6**　定期搅拌，直到虫胶完全溶解

**照片 9-7**　待虫胶完全溶解，将其过滤至另一个容器中，同时去除杂质和未溶解的残渣

# 刷涂和喷涂虫胶

虫胶是挥发型表面处理产品（请参阅第 8 章“薄膜型表面处理产品”）。当作为溶剂的酒精挥发后，虫胶可以完全干燥，接触酒精后能够重新溶解。这两个特性为虫胶的使用建立了指导原则。

1 把工件放在合适的位置，使光源能够在木料表面形成反射，这样方便通过反光随时了解发生的情况。

2 涂抹第一层虫胶时，我建议你使用 1 磅规格的产品。这样便于刷涂和喷涂，并且不会因为涂层较厚而堵塞砂纸。可以将两份工业酒精添加到 1 份 3 磅规格的商品虫胶中进行稀释，或者使用片状虫胶自己配制 1 磅规格的虫胶。

3 如果刷涂，应该选用质量上乘的天然鬃毛刷或合成毛刷（獾毛刷是我最喜欢的虫胶刷）。在平整的表面，顺着纹理快速地将虫胶涂开，并且每一刷的行程都要足够长。虫胶的干燥非常快速。不要像使用浑水或清漆那样频繁地来回刷涂，因为这样会拖动部分干燥的虫胶，形成严重的褶痕。如果漏掉了某个位置并且周围的虫胶已经开始干燥了，可以保留这种空隙，在涂抹下一层时处理。

小贴士

如果虫胶干燥得太快，导致其无法流布均匀或使气泡破裂，可以通过添加工业酒精、丙醇、丁醇或漆缓凝剂延长干燥时间。

4 如果使用喷枪，每次不要将虫胶留在铝制喷壶中几个小时。酸性的虫胶会与金属反应变黑。

5 至少 2 个小时后，才能使用 280 目或更精细的砂纸轻轻打磨第一层虫胶。将其打磨得摸起来光滑即可。

6 清除打磨产生的粉尘（请参阅第 20 页“清除粉尘”）。

7 如果你从来没有使用过虫胶，我建议你使用 1½ 磅规格的虫胶制作面漆层。你可以稀释任何市售虫胶，比如将 3 磅规格的虫胶与工业酒精按照 1:1 的比例混合，或者使用片状虫胶自己配制。1½ 磅规格的虫胶易于刷涂和喷涂，且相比直接买回来的虫胶形成平滑涂层的流动性更好。（虫胶溶液越稀，越易于刷涂和喷涂，同时形成良好的保护层所需的涂层数也越多。）随着经验的增长，你可以逐渐尝试刷涂或喷涂较厚的涂层。（如果喷涂 3 磅规格的虫胶，你可能无法避免橘皮褶的产生，因为这个规格的虫胶黏聚性较高，很难雾化。）涂抹一层虫胶，使其至少干燥 2 个小时。涂抹多层较薄的涂层比涂抹较少的厚涂层效果更好，因为前者的每个涂层在覆盖新涂层之前干燥

- 古董家具的表面处理和一些现代复古作品的制作。
- 作为一种封闭剂将问题封闭在木料内部。
- 法式抛光剂。

## 虫胶作为表面处理产品

在 19 世纪的大部分时候和 20 世纪早期，虫胶被用于家具和木工制品的表面处理。不过，与

得更加彻底。厚涂层需要更长的时间才能完全干燥。

8 你可以停在这一步，或者涂抹另外的涂层以获得想要的厚度。相邻涂层间至少保留 2 个小时的干燥时间。不要在任何区域过度刷涂，否则会将下层虫胶溶解并拉起。无须打磨每个涂层，除非你想除去粉尘颗粒，或者抚平涂层表面的缺陷或刷痕。每一层新的虫胶涂层都会溶入之前的涂层。

9 如果每个涂层都要打磨，砂纸上可能会出现表面处理产品形成的结块（第 261 页照片 16-3）。为了避免这种情况，打磨时的触感要轻。如果使用硬脂酸盐（干润滑）砂纸或者经油漆溶剂油润滑的湿 / 干砂纸可以减少堵塞（称作结块）。一旦结块开始形成，你需要更换新的砂纸，否则会擦伤涂层表面。

10 当你对涂层厚度满意时，可以保持现状，也可以使用砂纸、钢丝绒或研磨膏打磨表面，或者做法式抛光（请参阅下一页“法式抛光”和第 16 章“完成表面处理”）。

### 小贴士

可以利用虫胶不耐碱的特性，使用加入了少量水稀释的家用氨水清洗虫胶刷。然后用肥皂和水将刷子清洗干净，将其用纸包裹或放入购买时的包装内。

人们的普遍认识相反，虫胶在 18 世纪并不常用。蜡似乎是当时最常用的表面处理产品，尤其常用于较为高档的家具。但是蜡作为表面处理产品并不成功。所以大多数留存下来的 18 世纪的家具在进入 19 世纪后都用虫胶重新做了表面处理。（尽管虫胶与蜡是兼容的，也能稳固地黏合在蜡层之上，但是在涂抹虫胶之前，应尽可能地去除虫胶中的蜡质。）

### 小贴士

为了加快虫胶的溶解，可以在加入酒精前将片状虫胶打碎成粉末，或者将盛有虫胶和酒精的罐子放入热水中水浴加热，或者同时使用这两种方法。酒精是易燃的，不能将盛有虫胶和酒精的容器直接放在热源上。

### 传言

涂抹几层膏蜡可以保护虫胶免受水的破坏。

### 事实

只有蜡层很厚时（例如木材厂板材的端部），或者将其涂抹在玻璃那样完全光滑的表面时，蜡才能延缓水的渗透。尽管将虫胶涂层打磨并抛光得平整光滑是可以实现的，但在实践中，蜡无法提供任何保护。再者，你很少能获得上述那样光滑的表面。再者，即使蜡层表面只有一点磨损，也会产生很多细小的缝隙，导致水分渗入（请参阅第 18 章“表面处理涂层的保养”）。

结果，很多古董家具被认为最初的表面处理是用虫胶做的。很多人使用虫胶修复古董家具或制作仿古作品，因为他们倾向于使用木匠最初选择的材料。

虫胶使用方便。其干燥速度足够快，基本避免了粉尘沉积的问题，同时又没有快到会妨碍刷涂和喷涂的地步（请参阅第 160 页“刷涂和喷涂虫胶”和第 165 页“使用虫胶的常见问题”）。此外，对大多数人来说，虫胶并不难闻，而且吸入中等量的气味并不会伤害身体。作为典型的挥发型表面处理产品，虫胶易于修复、擦拭和剥离，但不是特别耐用。虫胶涂层相对易于划伤，也很容易受到热、溶剂、酸和碱的破坏。与合成漆一样，虫胶在潮湿的环境下更显得发红（请参阅第158页“酒精”）。

尽管虫胶涂层相比其他薄膜型表面处理产品制作的涂层更易受损，但是对大多数家用木工制品来说已经足够耐用了。那些最初使用虫胶做表面处理的老家具上的损伤是表面处理产品本身老化的结果。所有的表面处理产品都会因为老化而性能退化，并变得更易受到损伤。

## 虫胶作为封闭剂

如今，人们为虫胶找到了最好的归宿——在其他表面处理涂层下作为封闭剂使用（请参阅第144页“封闭剂与封闭木料”）。将潜在的问题封闭在木料内部，虫胶具有无与伦比的优势。下面列出了虫胶可以封闭的具体对象：

- 油（通常来自家具抛光剂中的硅油）；
- 树脂（通常来自松木节疤）；
- 蜡；
- 气味（通常来自烟熏或动物尿液）。

### 传言

虫胶是最好的封闭剂，可用于任何表面处理涂层之下。

### 事实

虫胶将油、树脂、蜡和气味封闭在木料内部的效果非常好，但是除了松木和被剥离的木料，很少会遇到需要封闭油、树脂和气味的问题。最好一直使用同一种表面处理产品制作所有涂层，除非特殊情况，并且你有非常充分的理由不这样做。使用不同产品制作表面处理涂层会弱化涂层之间的黏合，并且如果最初的涂层具有更强的保护性和耐久性的话，后续涂层反而会削弱其保护性和耐久性。除非上述的那些问题需要封闭，否则使用虫胶作为封闭剂是不明智的（请参阅第144页“封闭剂与封闭木料”）。

不过，需要注意，上述情况中只有松木节疤是在新木料中较为常见的，因此虫胶是很少用在新木料上的。其他的几种问题都与表面处理涂层的重新制作有关。对重做表面处理来说，硅酮非常令人头疼，因此很多人会直接在各种表面上涂抹虫胶制作封闭涂层（请参阅第183页“鱼眼与硅酮”）。不幸的是，虫胶被炒作成了适合所有情况的封闭剂，但事实并非如此，在橱柜和家具行业中，没有人把虫胶作为封闭剂使用。

# 法式抛光

法式抛光是一种使用棉布垫来制作平整、无尘、高光的虫胶涂层的技术。这种方法的使用始于19世纪早期，当时表面处理的方式只有两种：擦拭油或蜡，或者刷涂醇溶性清漆或油性清漆。（醇溶性清漆是指醇溶性的树脂，虫胶是其中的一种。油性清漆类似于现在的清漆，只是使用的是天然树脂而非人造树脂。）

油和蜡几乎提供不了任何保护，产生的光泽也较为晦暗，所以这些表面处理涂层在当时光线昏暗的建筑内很难形成良好的反光。醇溶性清漆和油性清漆能够形成保护性和光亮的表面，但是

### 注意 ▼

法式抛光的神秘可能在于其名字本身。它被称为最美丽的表面处理方式。可能是因为人们常常用一些异乎寻常的词汇来描述其操作过程，诸如“填充橡胶”“风靡一时”“不翼而飞”等。无论是什么原因，法式抛光已经被现代的擦拭型表面处理产品大规模取代了。现在法式抛光更多地被用在翻新旧的和受损的表面处理涂层，以及为高档古董家具重新制作表面处理涂层的时候。

刷涂这些涂料会留下刷痕，而当时没有可用于将涂层表面打磨平整的砂纸。运用法式抛光技术涂抹虫胶非常完美地迎合了当时的时髦家具的制作要求。

现在，法式抛光技术更多的是用于修复晦暗和受到轻微损伤的涂层，而不是为新木料做表面处理，但这两种操作使用的技巧完全一样（请参阅第 19 章“表面处理涂层的修复”）。

法式抛光包含以下 4 个步骤：

1. 制作法式抛光垫（制作方法参阅第 30 页“制作擦拭垫”）；
2. 填充孔隙；
3. 使用擦拭垫涂抹虫胶；
4. 去油。

## 填充孔隙

如果想在孔隙较大的木料（例如胡桃木和桃花心木）表面制作一个镜面般平滑的涂层，需要填充木料的孔隙。对于孔隙较小的木料，例如樱桃木和枫木，通常可以跳过这个步骤。在法式抛光的过程中，虫胶本身可以填补这些孔隙。

相比过去，使用传统的法式抛光方法填补现代硬木的孔隙非常浪费时间。现在使用的硬木，其孔隙要比 19 世纪最精细的家具所用硬木的孔隙更大。比如，我们现在使用的洪都拉斯桃花心木就没有 150 年前的古巴桃花心木结构致密。

有 4 种方法可以填充孔隙：

- 使用膏状木填料（第 7 章“填充木料孔隙”）；
- 使用法式抛光法；
- 使用浮石和木屑；
- 使用虫胶制作一些更厚的涂层并打磨。

**膏状木填料：**使用膏状木填料非常有效，但是这样会突出孔隙部分，从而改变木料的外观。为了获得传统的法式抛光的外观，你需要使用其他方法。

**法式抛光：**使用蘸有虫胶的擦拭垫在孔隙较小的木料（例如枫木或樱桃木）表面来回擦拭，可以有效地完成填充。但对孔隙较大的木料（例如胡桃木或桃花心木）来说，这种方式就没有那么有效了。需要使用其他方法处理这些木料。即使是孔隙较小的木料，也需要分几次打磨涂层，以消除所有不平整的部分。

**使用浮石和木屑：**对孔隙较大的木料来说，通过磨碎浮石产生的木屑填补孔隙会更快一些。以下是相应的操作步骤。

1. 制作一个法式抛光垫，用工业酒精将其蘸湿，但不能将其润湿到可以挤出酒精的程度。
2. 在木料表面撒上少许浮石粉末——大约每平方英尺表面需要 ¼ tsp（1.25 ml）粉末。
3. 用抛光垫擦拭浮石粉末，在木料表面画圈。此时产生的木屑粉末会缓慢地填充进入孔隙

### 传言

外层棉布可以控制内层棉布中虫胶溶液的释放。

### 事实

外层棉布的作用是将擦拭垫包紧并去除褶皱的，对控制虫胶溶液的释放毫无作用。当两层棉布被紧紧包在一起的时候，相对于虫胶溶液的渗透来说，它们可以被视为一层织物。

### 注意

“注意边缘，中间部分会自行处理好的”。这是你在完成法式抛光时需要不断对自己默念的口头禅，这种提示有利于你做出均匀的表面处理涂层。否则，几乎可以肯定的是，你会在中间涂抹更多的表面处理产品。

中。每次的处理面积要小一些，控制在 1 $ft^2$（0.09 $m^2$）左右。一直擦拭，直至完成整个表面的填充。如果木料摸上去很光滑（木料表面已经没有浮石粉末），而木料表面的孔隙还没有填充完全，需要继续加入浮石，并将抛光垫蘸湿，开始新一轮的擦拭。如果抛光垫的外层磨损，可以重新调整垫子，使用未磨破的部分。通过逆光观察木料表面来确认孔隙的填充是否全部完成。

节约使用浮石。如果使用过多，木屑和浮石会在木料表面留下褶皱。如果发生了这种情况，用抛光垫再蘸取一些酒精，并用垫子的干净部分将其擦拭去除。如果这样做没起作用，只能用砂纸打磨或者用刮刀去除这些褶皱。

**制作表面处理涂层：**最有效的填补孔隙从而达到传统的法式抛光效果的方法是刷涂或喷涂多层虫胶，然后将其打磨至孔隙中的虫胶与木料表面齐平的程度。纯粹主义者会看不上这种方法，但是你（以及他们）其实很难发现处理效果上的不同。我见过的大多数法式抛光技师都使用这个方法。

## 使用虫胶

以下是在完成孔隙填充后，在木料表面涂抹虫胶的方法。

1. 准备一块干净的擦拭垫。可以使用之前曾经用过的法式抛光垫，但是不能使用擦拭过浮石的擦拭垫。处理较大的表面时，擦拭垫要做得大一些；处理较小的表面时，擦拭垫应做得小一些。
2. 将足量的 2 磅规格的虫胶倒在擦拭垫上，直至用手指按压擦拭垫时有少许液体渗出（照片 9-8）。如果外层布过于厚实和编织紧密，使虫胶溶液流下来而不是渗出的话，要将外层的布拿掉，直接将虫胶倒在内层的擦拭垫

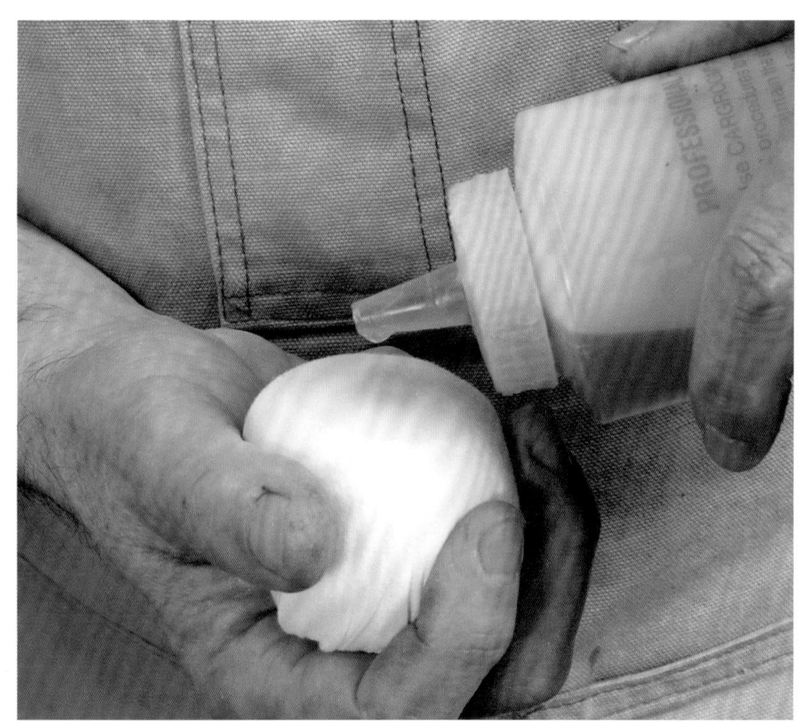


**照片 9–8** 在擦拭垫上倒上足够的虫胶溶液和酒精，以用拇指按压擦拭垫时可以挤出少许液体为宜。带有喷嘴的塑料容器可以帮助你分散并控制液体的量

# 使用虫胶的常见问题

用工业酒精进一步稀释虫胶溶液，以及更快速地刷涂可以避免虫胶使用过程中大多数的常见问题。关于刷涂和喷涂的具体问题，请参阅第 36 页“常见的刷涂问题”和第 42 页“常见的喷涂问题”

| 问题 | 原因 | 解决方案 |
| --- | --- | --- |
| 虫胶在刷涂过程中变浑，部分或整个表面出现了灰白的颜色 | 这是因为虫胶中的水分太多了。可能是因为空气过于潮湿，或者是虫胶本身或用于稀释虫胶的工业酒精中含有过多的水分。如果你怀疑问题出在虫胶或酒精上，就不要再使用它们了 | 尝试让工件干燥几个小时，通常混浊会自行消失 |
| | | 在干燥的日子喷涂、刷涂虫胶，或者直接在虫胶涂层表面擦拭酒精。酒精会软化虫胶，并使混浊消失 |
| | | 使用砂纸或钢丝绒擦拭表面，去除混浊的部分 |
| 在干燥的虫胶涂层表面出现了很多细孔 | 被困在较大孔隙中的空气进入到涂层中形成气泡，在将其打磨平整时就会形成细孔 | 如果选择喷涂虫胶，需要打磨涂层，并去除每层的粉尘。如果选择刷涂虫胶，要首先擦涂几层薄涂层（类似法式抛光，但是不加油）封闭木料，然后再喷涂或刷涂湿润的涂层 |
| 虫胶的流布性不好：刷涂会产生脊状褶，喷涂会出现橘皮褶 | 在当前的天气状况下，虫胶溶液过于浓稠了 | 打磨去除有问题的地方，并加入更多酒精稀释虫胶涂抹后续的涂层 |
| | 喷枪没能充分雾化虫胶 | 在虫胶中加入更多酒精，或者增加喷枪的气压。或者同时使用两种方法 |
| 粉尘干结在涂层表面，留下细小的颗粒 | 空气、工件表面、表面处理产品中或刷子上存在粉尘 | 打磨去除粉尘颗粒，待空气中的粉尘落定后再涂抹新的涂层；清洁工件表面后再刷涂；过滤表面处理产品 |
| 偶然出现的痕迹或褶皱 | 刷子、喷枪或手指碰到了尚未完全干燥的虫胶涂层，造成涂层表面受损 | 打磨去除受损的表面，并刷涂更多的涂层。或者涂抹更多的涂层，然后将其表面打磨平整 |

上。我喜欢使用旧手帕那样的薄棉布。为了获得最大的透明度，应该使用金黄色的去蜡虫胶。任何带有喷嘴的塑料容器（例如番茄酱瓶或芥末酱瓶）都是很好的分液瓶。

3 用另一只手掌用力拍打擦拭垫以分散虫胶。

4 在裸木表面或先前涂抹的涂层上移动擦拭垫，同时保持很轻的压力（照片 9-9）。可以以任意模式移动擦拭垫。如果你刚刚开始做法式抛光，我建议你顺纹理直线移动擦拭垫，并在每次擦拭到达末端时提起擦拭垫。或者你可以以大的 S 型路线移动擦拭垫，使擦拭垫保持与木料表面的接触，并避免与之前的擦痕交叉。你的目标是涂抹几层薄薄的虫胶，使其均匀覆盖木料表面。虫胶与虫胶涂层之间的黏合力很强，与合成漆涂层之间的黏合也很有力，与清理干净并适度磨损的清漆涂层之间的黏合力也足够。

5 每当擦拭垫变干时，需要添加虫胶，并使其均匀分散在擦拭垫中。在涂抹了多层虫胶之后，你会感觉到擦拭垫出现了拖拉。这是因为擦拭垫咬入了下层的新鲜虫胶之中。在每次添加虫胶的时候滴上几滴矿物油，然后在另一只手掌上用力拍打擦拭垫，使矿物油分散均匀。我发现，将矿物油的瓶盖取下并在其中倒入一些矿物油，然后用指尖蘸取矿物油涂在擦拭垫上是个不错的方法。油会掩盖一些问题，并且会欺骗你，使你误以为自己已经完成了表面处理（实际上没有）。任何时候，如果你想知道自己所处的操作阶段，用石脑油擦去表面的油即可。

6 现在开始缓慢地移动擦拭垫，通过画大圆圈或 8 字形，保持其与木料表面的接触（图 9-1）。将擦拭垫从表面提起意味着需要重新放置擦拭垫，这可能会留下痕迹。当你需要擦拭垫接触或离开木料表面时，需要使用类似飞机起飞或降落的模式。为了擦拭内角和狭窄的

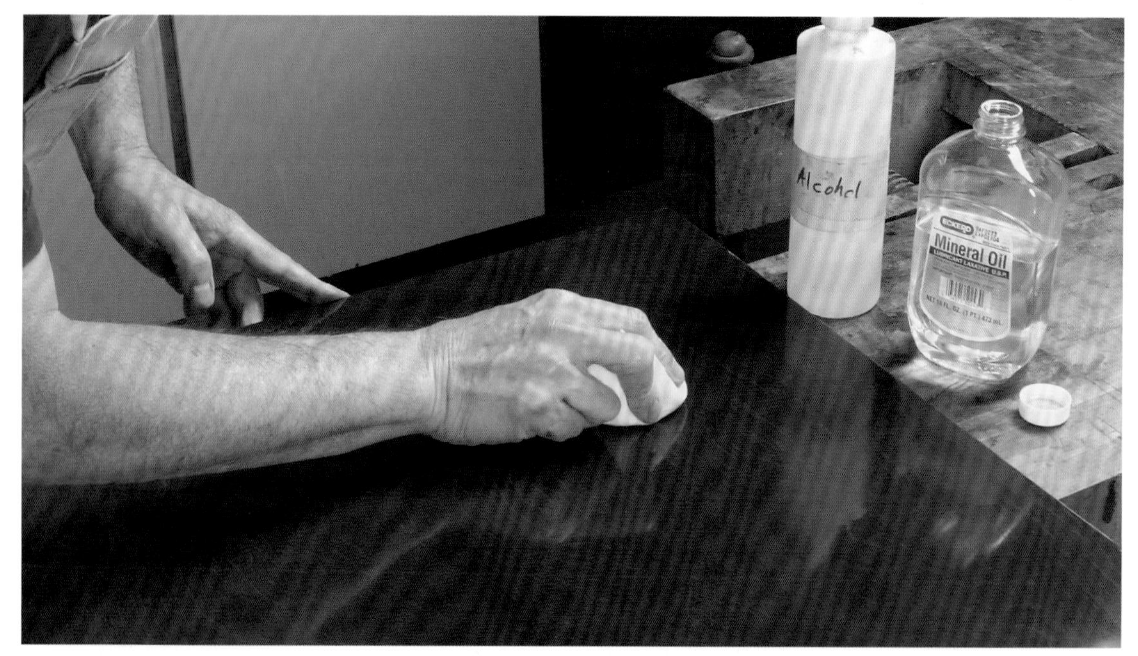


**照片 9-9** 将擦拭垫握在手掌中，并用拇指和其他手指紧紧按在擦拭垫的侧面。在擦拭垫与木料表面保持接触时，不要突然改变方向或停止移动，否则会留下明显的痕迹，必须打磨才能除去

部位，可以取出擦拭垫内层的棉布，将其塑形后塞入其中。

7 有两个技巧可以获得良好的法式抛光效果，并且无论对新木料还是旧的表面处理涂层都适用。

技巧 1。只要开始时在擦拭垫上添加一些油，就可以跟随擦拭垫发现汽化痕迹。汽化痕迹是酒精透过油层挥发时留下的，并表明了虫胶溶液的配比是正确的。如果擦拭垫过湿或过干，是看不到汽化痕迹的。如果你只看到了潮湿的痕迹，表明擦拭垫太湿，并会导致破坏性的效果；如果你只能看见条纹，表明只有油随着擦拭垫移动，这说明擦拭垫太干了。每次重新补充溶液后，起始的汽化痕迹可以长达 1 ft（30.5 cm）。随着擦拭垫变干，痕迹会变短至 1~2 in（2.5~5.1 cm）。这时就需要重新补充虫胶溶液了。

技巧 2。降低虫胶对酒精的比例，直到可以只在擦拭垫上添加酒精。这样做的目的是消除所有的痕迹，也就是“擦拭的擦痕”。准备两个容器，一个装有 2 磅规格的虫胶溶液，另一个装有工业酒精。当你在木料表面涂抹了足够的虫胶，并做出了看不到任何打磨痕迹或其他缺陷的、均匀光亮的表面时，就可以开始在擦拭垫上混合两种液体了。先倒上一点虫胶，然后倒上一点酒精。在随后的每次补充时逐渐减少虫胶的添加量，同时增加酒精的添加量。每次补充液体后，将擦拭垫在另一只手上用力拍打，使混合液分散均匀。然后用指尖为擦拭垫涂抹一些矿物油，并将其拍打均匀。如果你已经在某个区域擦拭了一会儿，不需要再添加更多的油，因为留在表面上的油已经足够了。

8 如果在表面处理的任何时候出现了问题（擦拭痕迹太过明显，擦拭垫停止移动时留下了痕迹，等等），要用能够达到效果的最细的砂纸打磨去除痕迹，通常要用 600 目或 1000 目的砂纸。然后重新完成法式抛光。

9 记住，新手最常见的错误是，在一个已经软化到对表面处理造成损害的表面继续工作。如果擦拭痕迹变得越来越明显，你要停下来等上 1 个小时左右，等待表面涂层硬化。

10 把油擦掉后，涂层表面会呈现出均匀光亮的

无交叉型或 S 型轨迹

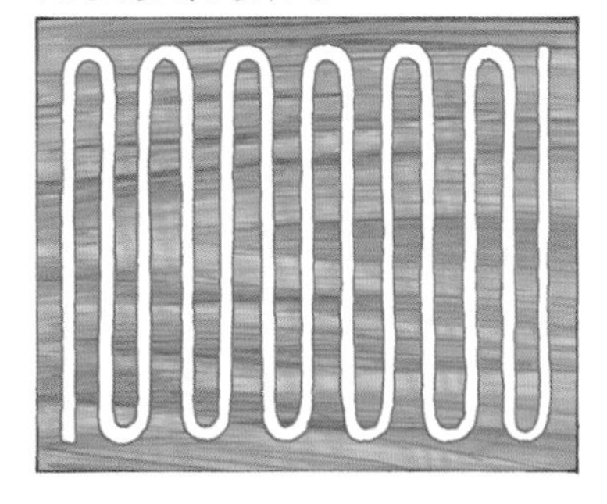

圆形轨迹

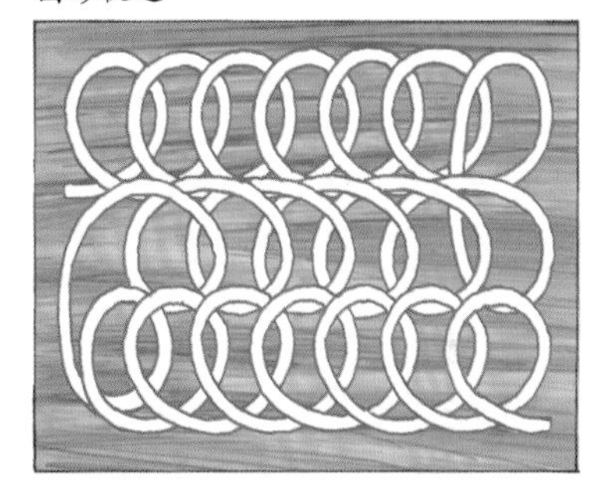

8 字形轨迹

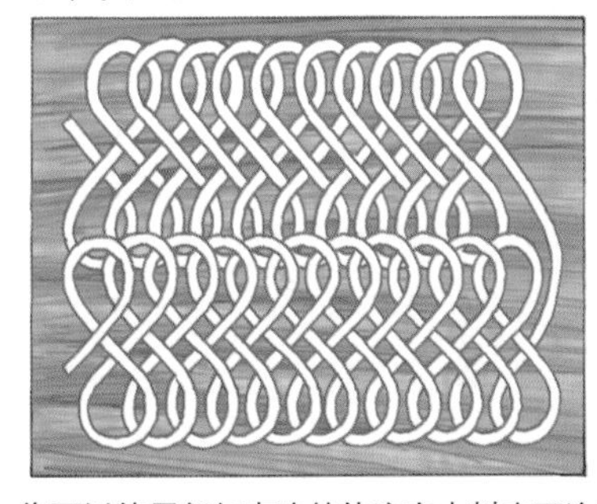

**图 9–1** 你可以使用任何喜欢的轨迹在木料表面涂抹虫胶。在每次重新为擦拭垫补充溶液之后，都要用无交叉型轨迹开始擦拭，这是为了防止擦拭垫过于湿润采取的措施。在无交叉涂抹之后，就可以按照圆形和 8 字形轨迹的顺序均匀涂抹所有部位了

效果，这才能说明表面处理完成了。谨记，油会掩盖一些问题，使你产生表面处理业已完成的错觉。

## 去除油

在涂抹虫胶的时候，油是不可或缺的，它可以防止擦拭垫黏住表面并损伤涂层，还有助于酒精产生汽化痕迹，告诉你擦拭垫的润湿程度是否合适。但是油易形成污渍，最后必须将其去除。

传统上使用酒精去除油渍。在有关法式抛光的书籍和文章中，这个方法被反复提及。在一块全新的擦拭垫上滴上几滴酒精，然后用其擦拭整个表面。酒精会将油溶解。这个方法的问题是，如果擦拭垫，甚至只是擦拭垫上的某个位置酒精过多，会损伤虫胶涂层，并破坏你辛苦获得的均匀光亮的表面。这也是大多数进行法式抛光的人面临的难题，因为避免造成破坏是非常困难的。

现在不需要冒险了。可以使用石脑油去除所有的油，同时不会损伤虫胶涂层。只要用石脑油润湿擦拭垫，并擦拭整个表面就可以了，与擦去其他表面上的油渍没有任何不同。在表面处理领域，可能没有比这个更好的例子可以说明，人们之所以坚持使用过时的方法，是因为过于迷信传统大师。传统大师没有石脑油可用，否则他们肯定会用的。油漆溶剂油也是可以的，但其挥发需要的时间更长。

使用石脑油去除表面油渍最为有效。不过，去除油渍也会使涂层表面看起来更加干燥，不够饱满。可以使用表面处理通用的方法来恢复涂层的光泽度：涂抹膏蜡或家具抛光剂。

小贴士

使用填补漆的关键技巧是，在既定区域内不停地涂抹，直到擦拭垫完全干燥、所有条纹消失。这也是每次擦拭一块表面使用全新擦拭垫效果会更好的原因。之前用过的擦拭垫需要很长时间才能干燥。如果处理一个宽大的表面，你甚至需要中途更换擦拭垫，因为原来的擦拭垫变得太湿了。

注意

并非一定用油才能完成法式抛光，很多经验丰富的法式抛光大师就不用油。但是油有利于你掌握法式抛光技术，因为它方便你看清楚每个步骤。

# 填补漆

可以使用填补漆代替虫胶做法式抛光。填补漆是溶解在漆稀释剂中的虫胶产品。它产生的效果与虫胶相同，但是涂抹的方式有所不同（第329页照片19-6）。最好在开始时使用干燥的全新擦拭垫。

为了擦拭一个宽大表面，在擦拭垫上倒上1 tsp（5ml）或2 tsp（10ml）填补漆将其润湿，要比使用虫胶时更湿润。将擦拭垫用力拍打手掌，使液体分散均匀。如果需要修补的表面较小，应使用较小的擦拭垫和更少的填补漆。

每次的处理区域要小一些，通常为3~4 $ft^2$（0.28~0.37 $m^2$）。完成一个区域后再处理下一处，彼此之间保持部分重叠。

擦拭过程中逐渐增加压力。你可能会注意到擦拭垫擦出了条纹，然后打算为其补充填补漆。不要这么做！这是涂抹填补漆与法式抛光之间最大的不同。使用填补漆时，你需要一直涂抹表面，直到擦拭垫完全干燥、条纹消失，处理就完成了。厂家在填补漆中添加的油性溶剂会自行挥发。

使用填补漆最大的问题是其强烈、难闻的溶剂气味。它们可能会让你感觉头晕目眩，并暂时影响你的神经系统。所以，你需要在通风良好的环境中操作，或者佩戴有机蒸气防护面罩。溶剂也会去除皮肤表面的油脂。如果你的手很敏感，要佩戴手套来保护它们。

10

# 合成漆

## 简介



合成漆出现于20世纪20年代，被认为是终极的表面处理产品。作为挥发型表面处理产品，它不仅具有虫胶易于操作和修复的特性，而且具有比虫胶更强的防水、耐高温、耐酸、耐碱、耐酒精性能。此外，合成漆是合成产物，所以其特性可以适当调整，用来满足不同的需求，并且其供应不受进口天然材料产量的限制。最重要的是，合成漆使用的稀释剂是漆稀释剂，其溶解能力和挥发速率更为多样，使其相比酒精具有更强的通用性（请参阅第174页“漆稀释剂”）。现在，合成漆的优越性已得到公认，并且是使用最广泛的家具表面处理产品。

大多数合成漆的基本成分是硝化纤维素，它们是用硝酸和硫酸处理棉花和木材中的纤维素纤维制成的。硝化纤维素是一种黏合剂（类似清漆中的油），赋予了表面处理产品快干的特性。但是，硝化纤维素自身很难形成涂层，可塑性不足，黏合性能也不是很好，所以通常需要添加树脂加以改善，并加入一些被称为增塑剂的油类化学品来提高可塑性。制造商会调

> **警告**
>
> 合成漆这种表面处理产品会因为与塑料制品（比如桌垫、灯垫和雕塑垫等）的长时间接触而受损。因为塑料和合成漆中的油性增塑剂会在两种材料间移动，导致两种材料软化并相互粘连，所以应避免塑料制品与合成漆的每次接触超过几天时间。

整树脂和增塑剂的用量和种类，以生产具有不同弹性、颜色和防水、耐溶剂、耐热、耐酸碱特性的合成漆（请参阅下方的“硝基漆的分类”）。通常，合成漆的弹性越好，颜色越接近无色，防护性越好，价格也越高。不幸的是，除了价格，厂家很少提供其他相关信息，而价格通常无法提供正确的指导。

合成漆这个术语的含义非常广泛，不仅指那些包含硝化纤维素的漆（请参阅第 132 页“名字的含义”）。比如，丙烯酸漆中不含硝化纤维素，这种漆被广泛用于多种表面的处理，但是由于价格高昂，很少用于木料的表面处理。将丙烯酸树脂与乙酸丁酸纤维素（Cellulose Acetate Butyrate，简称 CAB）——一种与硝化纤维素非常相似的树脂——混合，便可以较少的投入获得丙烯酸漆不变黄的特性。

乙酸丁酸纤维素-丙烯酸漆通常被称为乙酸

## 硝基漆的分类

硝基漆中的硝化纤维素赋予合成漆快干的特性，但是硝化纤维素本身可塑性差，黏合性也不好，因此需要通过添加树脂提高产品的这些性能。以下是一些常用的树脂及其特性。任何一种合成漆中都可以添加一种以上的树脂

| 树脂 | 特性 | 销售的产品 |
|---|---|---|
| 醇酸树脂 | 浅橙色，有很好的可塑性并能提供良好的保护性和耐久性 | 硝基漆 |
| 顺丁烯树脂 | 具有显眼的橙色，在罐中尤其明显。很硬，因此易于擦除，但如果没有添加增塑剂会导致漆面易碎。相比醇酸树脂，其保护性和耐久性较弱 | 硝基漆 |
| 丙烯酸树脂 | 最宝贵的特性是无色，并且长时间使用后不会变黄，虽然硝化纤维素本身带有一点黄色。为了获得完全无色的漆，需要使用乙酸丁酸纤维素-丙烯酸，其中不含硝化纤维素。相比醇酸树脂，它的保护性和耐久性较弱 | 丙烯酸改性漆；水白漆 |
| 聚氨酯 | 保护性和耐久性大幅提升；很少变黄 | 聚氨酯漆 |
| 乙烯基树脂 | 具有卓越的防水性和黏合性，但是因为太软，不能作为表面处理产品使用 | 乙烯基封闭剂（请参阅第 144 页“封闭剂与封闭木料”） |
| 氨基（三聚氰胺甲醛和尿素甲醛）树脂 | 保护性和耐久性大幅提升；很少变黄 | 预催化漆和后催化漆（请参阅第 12 章“双组分表面处理产品”） |

## 优点和缺点

**优点**

- 干燥速度非常快
- 经慢挥发性或快挥发性稀释剂稀释后，可以在任何天气条件下使用
- 喷涂时较少出现滚动和流挂现象
- 透明性与层次性极好
- 擦拭性极好

**缺点**

- 溶剂含量高（溶剂有毒、易燃且污染空气）
- 耐热、耐磨、耐溶剂、耐酸、耐碱性只有中等水平
- 防水和防蒸气的能力只有中等水平

丁酸纤维素-丙烯酸，但有时候也被称为乙酸丁酸纤维素，甚至直接称为丙烯酸。这种产品也被称为水白（水白也指丙烯酸改性的硝基漆，但这种产品不能完全不变黄）。乙酸丁酸纤维素-丙烯酸漆不变黄的特性是以牺牲了部分防水性为代价的。

### 传言

对木料来说，最好的表面处理产品是用于汽车的丙烯酸漆，因为丙烯酸漆比硝基漆更硬。

### 事实

用于汽车的丙烯酸漆的确更硬，但它们对木料来说缺乏可塑性。丙烯酸漆并不需要可塑性，因为它本身就是为较少移动的材料设计的。如果你使用的不是专为木料设计的丙烯酸漆，那么涂层便很容易因为木料的形变开裂，这种现象在接合处尤为明显。

另外两种合成漆，即裂纹漆（请参阅第178页“裂纹漆”）和手刷漆，也应加以了解。手刷漆可以是硝基漆分类中的任何一种，但它通常是指改性的醇酸树脂漆。手刷漆的干燥速度要比其他合成漆更慢，这个特性是由于厂家添加了慢挥发性溶剂（照片10-1）。

**照片 10–1** 大多数的合成漆产品干燥太快，无法刷涂，因此它们主要是用来喷涂的。但是用慢挥发性溶剂配制的合成漆既可以刷涂，也可以喷涂

# 漆稀释剂

漆稀释剂是表面处理产品使用的溶剂中最独特的，因为它是由多种溶剂按照不同的比例混合而成的。了解所有的溶剂组分的名称并不重要，但是了解稀释剂中包含的以下3类溶剂是有帮助的。

- 活性溶剂（酮类、酯类和乙二醇醚）可自行溶解合成漆。
- 助溶剂（酒精）与活性溶剂组合使用可以溶解合成漆，但其自身的溶解能力并不好。
- 稀释型溶剂（快挥发型石油馏出物，例如甲苯、二甲苯和某些石脑油）自身完全不能溶解合成漆，但可与具有溶解能力的溶剂混合使用。

前两类溶剂在漆稀释剂中的比重不到50%。第三类仅用于稀释混合液，这类溶剂挥发很快，并能够降低漆稀释剂的总体成本。分离纤维状的合成漆分子不需要很多溶剂，但是若要将其稀释到可以喷涂的状态则需要大量溶剂。价格低廉的“清洁型”漆稀释剂中，稀释型溶剂的比重极高，它们不能溶解合成漆。合成漆会在喷壶或量杯内凝结，并使喷涂表面显现出棉花一样的斑点，这个被称为棉斑。所以，需要选择可用于稀释合成漆的漆稀释剂。

如果设计合理，漆稀释剂中的稀释型溶剂会快速挥发，一部分会在从喷枪到木料表面的过程中挥发，剩下的则会在之后快速挥发。因为表面处理产品会快速变稠，所以不会出现流挂现象，除非大量的合成漆被集中喷涂在某个区域。一些溶解型溶剂（包括活性溶剂和助溶剂）会随着合成漆的流平而挥发，少数的“尾巴”溶剂（即挥发速率最慢的溶剂）会残留几分钟，这有利于合成漆更好地流布平整。溶剂的这种挥发流程赋予了合成漆最为人称道的一种特性：可以极大地减少涂料在垂直表面的滚动和流挂。

活性溶剂控制着合成漆的干燥速度。慢挥发性的活性溶剂用于制作刷涂漆和漆缓凝剂。漆缓

当你使用活性溶剂含量很少的漆稀释剂稀释合成漆时，喷涂表面会出现棉花状的白色斑点。这被称为棉斑。所以，需要选择可用于稀释合成漆的漆稀释剂，而不能使用清洁型的漆稀释剂稀释合成漆

凝剂可用来消除雾浊和干喷，提高溶液的流动性和流平特性。此外，漆缓凝剂可延长合成漆用于干燥硬化的时间。

快挥发性的活性溶剂用于制作快速或“热”漆稀释剂。这种稀释剂可以在低温环境中加快挥发。快速漆稀释剂在汽车油漆店有售。据我所知，并没有哪个木料表面处理产品的厂家提供这种产品。

只使用漆减速剂或快干型漆稀释剂稀释合成漆的情况很少。大多数情况下，在标准的漆稀释剂中添加少量减速剂或快干型漆稀释剂就可以解决问题。不幸的是，你要经历多次尝试和失败才能掌握需要添加的含量。厂家亦对此无能为力，即使“标准”漆稀释剂、漆“缓凝剂”和“快干型”漆稀释剂这些术语也只能给出大概的描述。不同厂家所提供的产品，其挥发速率存在巨大差别。

幸运的是，你不需要精确地配制溶液。组成变化很大的溶液照样可以用。但是，需要注意的是，任何类型的漆稀释剂在更换品牌之后，其挥发速率都会发生极大的改变。尽管你可能并不需要了解漆稀释剂的细节，但我仍提供了常用于漆稀释剂的活性溶剂及其相对挥发速率的表格（请参阅第 176 页“比较漆稀释剂使用的溶剂”）。你可以通过漆稀释剂包装上列出的或者物料安全数据表给出的溶剂成分，获得漆稀释剂相对挥发速率的近似值。

小贴士

如果你只喷涂合成漆，则没有必要每日清洗喷枪。事实上，即使将合成漆留在喷壶中很多天也没有问题。合成漆可以重新溶解并自我清理。

# 合成漆的优势

所有种类的合成漆与虫胶之外的其他薄膜型表面处理产品最大的不同在于挥发和干燥特性。溶剂的挥发对合成漆的硬化来说是必要的，而挥发速率取决于使用的溶剂（既可以是涂料本身含有的溶剂，也可以是添加的稀释剂）。除此之外，合成漆在家具制造业、专业的表面处理人员和涂层修补人员，以及使用喷枪的业余爱好者中受到欢迎的原因还包含以下几点。

- 隐形修复的可能性。
- 在垂直表面减少滚动和流挂。
- 在任何天气条件下都可轻易获得无尘、无雾浊、无过度喷涂的表面处理涂层。
- 易于与染色剂、釉料、膏状木填料和调色剂搭配使用，以获得多样的装饰效果。
- 卓越的深度和美感。
- 卓越的擦拭特性。
- 易于剥离。

## 隐形修复性

在家具制造业以及制作和修复家具或橱柜的工房中，修复受损的表面处理涂层的能力非常重要。家具在从表面处理车间送至最终目的地的过程中出现损坏的可能性非常大。在所有薄膜型表面处理产品中，只有虫胶可以像合成漆那样易于修复且看不出痕迹。隐形修复能够实现，是因为很多液态或固态的表面处理产品可以被溶解或熔化，然后进入到受损部位（请参阅第 19 章“表面处理涂层的修复”）。

## 减少滚动和流挂

因为漆稀释剂的独特特性，可以用由漆稀释剂稀释的表面处理产品喷涂垂直表面，并且相比其他表面处理产品，涂层出现滚动和流挂的风险更小。这使合成漆相比其他表面处理产品具有极大的优势，只是这一点很少被人们提及或考虑（请参阅第 174 页“漆稀释剂”）。

## 使用时问题更少

漆稀释剂的独特特性同样允许使用合成漆和一些催化型表面处理产品在多变的天气条件下产生无尘、无雾浊和无过度喷涂的处理效果。在潮湿的天气里，漆缓凝剂可用于消除雾浊（照片 10-2）；在高温、干燥的环境中，漆缓凝剂可消除表面过度喷涂导致的沉淀，并赋予涂层打磨的手感；漆缓凝剂在喷涂橱柜和抽屉的内部转角和表面时也有同样的效果（请参阅第 42 页“常见

## 比较漆稀释剂使用的溶剂

因为温度会影响挥发速率，所以对漆稀释剂所用溶剂的挥发性的比较使用的是相对数值，不是绝对数值。这里以溶剂乙酸丁酯作为标准来比较其他溶剂。

这个表格列出了大多数漆稀释剂中的常见溶剂，乙酸丁酯的挥发速率数值被设定为 1.0。因此数值为 5.7 的丙酮，意为其挥发速率是乙酸丁酯的 5.7 倍。乙二醇丁醚的数值是 0.08，意为乙二醇丁醚完全挥发所用的时间是乙酸丁酯的 12.5 倍。

通过将表格中的溶剂与物料安全数据表或漆稀释剂的包装上给出的溶剂成分对比，可以大概知晓各种漆稀释剂的挥发速率。

需要注意丙酮，它很容易导致干喷，经常被推荐与漆稀释剂一起使用。乙二醇丁醚通常用作漆缓凝剂，可以有效减缓表面处理产品的干燥速率。

| 相对挥发速率 | 活性溶剂 * |
|---|---|
| 5.7 | 丙酮 |
| 4.1 | 乙酸乙酯 |
| 3.8 | 甲基乙基酮 |
| 3.0 | 乙酸异丙酯 |
| 2.3 | 甲基正丙基酮 |
| 2.3 | 乙酸丙酯 |
| 1.6 | 甲基异丁基酮 |
| 1.4 | 乙酸异丁酯 |
| 1.0 | 乙酸丁酯 |
| 0.7 | 丙二醇甲醚 |
| 0.5 | 甲基异戊基酮 |
| 0.5 | 乙酸甲基戊酯 |
| 0.4 | 丙二醇甲醚乙酸酯 |
| 0.4 | 乙酸戊酯 |
| 0.4 | 甲基戊基酮 |
| 0.4 | 异丁酸异丁酯 |
| 0.3 | 环己酮 |
| 0.2 | 二异丁基甲酮 |
| 0.2 | 乙二醇丙醚 |
| 0.12 | 3- 乙氧基丙酸乙酯 |
| 0.08 | 丙二醇丁醚 |
| 0.08 | 乙二醇丁醚 |

* 英文中酮的后缀为 -one，酯的后缀为 -ate，醚的后缀为 -ether

**照片 10–2** 雾浊是指涂抹合成漆后出现的涂层发白模糊的现象。这是由于空气中的水分凝结，导致合成漆从尚未凝固的表层溶剂中析出。请参阅第 180 页“使用合成漆的常见问题”，找到应对这个问题的方法

小贴士

加热合成漆可以降低其黏性并使涂层更为平整。将漆罐或喷壶放置在热水内加热。黏性降低意味着需要添加的稀释剂更少。

的喷涂问题”）。快干型漆稀释剂可以在寒冷的环境中加快干燥速度，使粉尘没有机会落下来嵌入漆面中。其他溶剂无法提供这样的可控性。

## 用于装饰

合成漆是最易于制作多步复杂装饰效果的表面处理产品，这些效果包括填充孔隙、上釉和调色等。用合成漆制作涂层没有任何厚度和时间限制。涂层之间的黏合性很好，即使涂层之间包含了染色层也是如此。此外，合成漆还可以被无限稀释，从而有助于减少染色层的厚度（请参阅第 15 章“高级上色技术”）。

## 深度和美感

与去蜡虫胶和清漆搭配，合成漆可以在木料表面形成出色的深度、透明度和美感，这在桃花心木、胡桃木和樱桃木这样高质量的硬木上表现尤为明显。若将样品放在一起对比，你会发现，其他表面处理产品形成的涂层更易产生雾浊。

## 可擦拭性

合成漆是所有表面处理产品中最容易擦拭形成均匀光泽的。首先，合成漆涂层内部没有交联，所以可以用研磨剂轻松地、均匀地擦拭。再者，

# 裂纹漆

裂纹漆是合成漆类产品，用于模仿一种非常古老的表面处理效果，以获得鳄鱼皮样的开裂效果。裂纹漆的原理非常简单——在表面处理产品中加入了大量色素，这样表面处理产品或黏合剂的含量就会相对不足，从而无法把所有的色素颗粒黏合在一起，所以随着表面处理涂层的干燥和收缩，漆面便会开裂。

最常用于裂纹漆的色素是消光剂（二氧化硅），与缎面和无光漆底部的沉淀物是同样的物质，用于控制漆面干燥后的光泽度（请参阅第 138 页“使用消光剂控制光泽”）。也可以在合成漆产品中添加消光剂（市售产品叫作“消光膏”）自制裂纹漆。

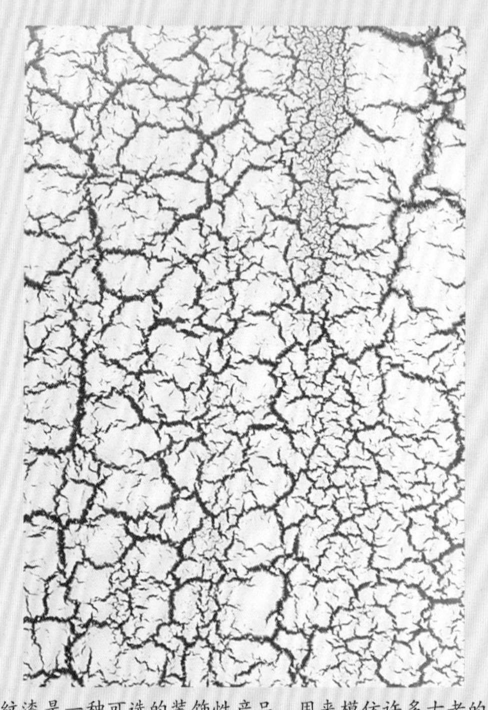

裂纹漆是一种可选的装饰性产品，用来模仿许多古老的表面处理涂层呈现出的类似鳄鱼皮的外观效果。裂纹漆的涂层通常由底漆层、开裂层和透明的面漆层组成

## 使用裂纹漆

裂纹漆通常不能直接涂抹在木料表面，只能喷涂在事先做好的封闭涂层之上。用于封闭木料的涂层可以是透明的，也可以是有色的，这种情况中的封闭涂层通常被称为“底漆”，因为裂纹漆涂层开裂后会导致其暴露在视线中。

基本的裂纹漆涂层包含最下层的底漆层、中间层裂纹漆（开裂层）和最上面的一层透明面漆层。底漆应该是光亮的，或者说应在底漆上涂抹透明的光亮涂层，这会减小开裂层收缩、裂开时的阻力。面漆层要溶入开裂层并增加它的强度，因为开裂层本身是易碎的。面漆层通常能为开裂层提供一定的保护。

大多数情况下，底漆层是一种颜色，开裂层则是另一种颜色，但透明的底漆层和有颜色的开裂层，或者有颜色的底漆层和透明的开裂层的组合也是可以的。为了获得类似鳄鱼皮的透明的开裂效果，两个涂层都可以是透明的。任何颜色的组合都是合理的。你甚至可以在开裂层上涂抹一层彩色釉以强化裂纹效果。最终的视觉效果只受限于你的想象力。面漆层通常使用丙烯酸改性漆或者乙酸丁酸纤维素-丙烯酸漆来减少黄化，缎面和亚光光泽通常被用来更好地仿制做旧的表面处理效果。

## 控制裂纹

使用裂纹漆的关键在于，要控制好裂纹及裂纹之间的斑块尺寸。可以通过改变开裂层的厚度和漆的干燥时间来控制裂纹。

开裂层越厚，产生的裂纹和斑块的尺寸越大；开裂层越薄，产生的裂纹和斑块的尺寸越小。干燥速度越慢，产生的裂纹和斑块的尺寸越大；干燥速度越快，裂纹和斑块的尺寸越小。你可以在脑海中想象一下泥土。雨后的土路因为土层很厚，其在干燥过程中，形成的裂缝和裂缝之间的距离都很大，而从路边草地冲刷到路面上的土层因为很薄，其在干燥过程中形成的裂纹很窄，裂纹之间的间隙很小。同时，屋檐下的泥土产生的裂纹要比路面上的泥土产生的裂纹更大，因为屋檐下的泥土的干燥速度更慢。

为了控制裂纹漆的厚度，可以加快或减慢喷枪的移动速度，或者调整喷枪距离喷涂表面的远近来实现。为了获得更加真实的做旧效果，改变喷枪的移动速度和喷涂距离可促成裂纹效果的变化。为了控制裂纹漆的干燥速度，可以添加漆缓凝剂减缓干燥速度，或者添加快干型漆稀释剂或丙酮加快干燥速度。当然，添加任何稀释剂都会使涂层厚度减小，并影响到裂纹的尺寸。

涂层彼此互溶可获得一个更厚的涂层，因此不会出现磨穿一个涂层进入下面涂层的情况，也不必担心漆面会出现“重影”（请参阅第16章“完成表面处理”）。家具行业最昂贵且质量最好的家具通常会使用擦拭型的硝基漆完成表面处理。消费者更愿意花钱为外观买单，而不是为了提高保护性和耐久性增加投入。

## 易于剥离

合成漆和虫胶是为数不多的可以被“洗掉”的薄膜型表面处理产品。无须使用研磨剂、刮刀、强效溶剂或化学制品（例如碱液或氨水）。在剥离其他的表面处理涂层，尤其是那些位于装饰性的雕刻、木旋或线脚部件上的涂层时，很有可能会损坏木料。这也是挥发型表面处理产品对于修复精美的或贵重的古董家具非常重要的原因。

# 合成漆的不足

任何表面处理产品都不是完美的，合成漆也存在一些明显的问题。

- 保护能力和耐久性较弱。
- 涂层建立缓慢。
- 在潮湿的天气中容易出现雾浊。
- 受到硅酮污染后容易出现鱼眼或凹坑。
- 包含有毒、污染性和易燃的溶剂。

**注意**

尽管合成漆的保护能力和耐久性不如其他表面处理产品，但要强调的是，合成漆的保护能力和耐久性在大多数情况下已经足够了。

## 保护能力和耐久性较弱

在很多人追求表面处理涂层可以承受任何冲击的年代，合成漆相比其他的表面处理产品存在明显的不足。

作为一种挥发型表面处理产品，合成漆相比所有的反应型表面处理产品和很多水基表面处理产品更易受到水、磨损、热、溶剂、酸和碱的损害。在薄膜型表面处理产品中，只有虫胶比合成漆的保护能力和耐久性更弱。

## 涂层建立缓慢

因为合成漆分子非常长且具有黏性，需要大

## 使用合成漆的常见问题

合成漆是一种“友好”的表面处理产品。合成漆比其他表面处理产品更易于修复。但是，如果你没有理解这些问题出现的原因，解决它们就没有那么容易了。最常见的问题是涂料滚动和流挂、出现橘皮和干喷（参阅第 42 页“常见的喷涂问题”）

| 问题 | 原因 | 解决方案 |
| --- | --- | --- |
| **雾浊：**刚刚涂开的合成漆表面产生了一层白色薄雾 | 漆稀释剂快速挥发，导致漆面冷却过快，将空气中的水分吸入涂层中。这使得漆从溶液中析出，形成白色雾浊。（水并不会像很多人宣称的那样，能够被困在表面处理涂层之内。）雾浊通常出现在温暖潮湿的天气条件下 | 使用慢挥发型稀释剂（漆缓凝剂）稀释合成漆，在漆面干燥之前让水分有更多的时间逃逸 |
| | | 将漆罐或喷壶放在热水中加热。喷出的漆越暖热，冷却需要的时间就越长，从而减少雾浊的形成。加热合成漆同样有利于获得更好的平整度 |
| | | 如果漆层表面的白色薄雾已经干燥，等待几个小时或者过夜，让合成漆继续干燥，雾浊可能会消失。或者，可以在漆层表面喷涂薄薄的一层漆缓凝剂，使合成漆重新溶解后干透。或者，如果雾浊正好处在表面上，可以用钢丝绒磨去雾浊 |
| **棉斑：**喷涂的漆面上看起来有许多棉花样小尘粒 | 用于溶解合成漆的漆稀释剂强度不够，没有将合成漆完全溶解（参阅第 174 页“漆稀释剂”） | 打磨除去棉斑，或者使用漆稀释剂将其清洗掉，然后选用合适的漆稀释剂充分溶解合成漆，并喷涂更多的溶液 |

量溶剂才能将其分散到足以用于喷涂或刷涂的程度。想象一下，在倾倒意大利面的时候，你需要加多少水才能保证每一根意大利面彼此独立而不粘连（参阅第 8 章“薄膜型表面处理产品”）。高溶剂含量意味着每个涂层的厚度会很薄，需要涂抹更多的涂层才能达到其他表面处理产品使用较少涂层就可以达到的薄膜厚度。

## 雾浊

雾浊可能是合成漆使用过程中最常见的问题了。这是一种在刚完成喷涂后出现在涂层表面的乳白色薄雾（照片 10-2）。

雾浊出现在潮湿的天气中，是由于水分在合成漆表面凝结，使合成漆从溶液中析出造成的。

| 问题 | 原因 | 解决方案 |
| --- | --- | --- |
| **鱼眼：**在湿润的薄膜涂层中产生的凹坑 | 木料被家具抛光剂、润滑剂或润肤液中的硅酮污染 | 参阅第 183 页“鱼眼与硅酮”部分 |
| **细孔：**较大的孔隙上方形成的小气泡经打磨后变成了小孔 | 困在大孔隙中的空气穿透薄膜到达涂层表面（有时是因为木料比涂层的温度更高） | 细孔很难修复。可以将其打磨掉，喷上几层干粉，然后涂抹湿涂层。或者剥离合成漆重新处理，然后喷涂多层干粉，再涂抹更湿的涂层 |
| **压痕或印痕：**出现在表面处理涂层仍然较软的时候 | 由于温度、溶剂含量或涂层厚度的原因，合成漆涂层没有充分硬化 | 最常见的原因是环境温度偏低，导致涂层需要更长时间才能硬化。加热工作间，或者添加一些快干型漆稀释剂来加快干燥速度 |
| | | 你可能添加了漆缓凝剂来解决雾浊或过喷的问题，但是也导致表面处理涂层长时间处于柔软状态。减少缓凝剂用量，或者留出更长时间使涂层完全硬化 |
| | | 涂层越厚，完全硬化所需的时间就会越长。涂抹几层较薄的涂层，或者留出更长时间使涂层完全硬化 |

请参阅“使用合成漆的常见问题”，了解解决雾浊的方法。

## 鱼眼

“鱼眼”是指出现在刚刚完成的合成漆涂层上的类似月球环形山的凹坑。凹坑是木料受到硅酮污染所致（这在使用合成漆时很容易出现），罪魁祸首是家具抛光剂、润滑剂和润肤露。鱼眼问题多出现在修补表面处理涂层时，但是硅酮的污染同样出现在新木料的表面处理过程中。如果是这样，应该尝试消除污染源，以免受到硅酮的持续困扰。在修复工房中，硅酮无法消除，因为它是与正在被修复的家具相伴存在的。如果不了解鱼眼的成因，这的确是个严重的问题，但如果你知道纠正的方法，鱼眼问题是可以控制的（参阅第 183 页“鱼眼与硅酮”）。

## 包含有毒、污染性和易燃溶剂

用于漆稀释剂的溶剂对呼吸系统有害，对空气有污染，并且高度易燃。更糟糕的是，高比重的溶剂是配制用于喷涂或刷涂的足够稀薄的合成漆溶液所必需的。

尽管合成漆有很多优势，但是很多专业的表面处理师还是选择改用水基表面处理产品以避开溶剂的毒性和难闻的气味。即使是造价高昂的喷漆房和小型工房使用的高质量防毒面具也无法完全有效地保护表面处理师。因为在表面处理完成后的很长一段时间内，溶剂会持续地挥发。工厂会通过烘烤车间加速合成漆的干燥。

出于健康考虑，很多地区限制使用合成漆，至少会限制合成漆中溶剂的用量，以减少空气污染。厂家正在尝试通过两种方式减少有害溶剂的用量。一是使用分子量更小的硝化纤维素（缩短版的意大利面），因为溶解更小的分子需要的溶剂量更少。这种方法的问题是会削弱涂层的耐久性。另一种方法是用丙酮替代漆稀释剂中的其他一些溶剂，因为丙酮不在政府列出的空气污染清单中，使用不受限制。这样做的问题是，丙酮提高了溶剂成本，同时其挥发速度过快，更容易导致出现雾浊、橘皮和干喷。

**注意**

**合成漆因为其容错性、美观度和可以创造不同效果的多功能性而深受表面处理师的喜爱。但是合成漆中的溶剂有毒性和刺激性，这使得很多表面处理师转而选用容错性和功能性一般的水基表面处理产品。**

# 鱼眼与硅酮

在制作和修复表面处理涂层的过程中，最让人头疼的问题之一就是“鱼眼”。“鱼眼”看起来像月亮上的环形山（第 184 页照片），通常会在涂抹合成漆后立即出现。有时表现为随意的褶皱，这种形式被称为龟裂。

尽管“鱼眼”可能会出现在任何薄膜涂层上，但是“鱼眼”的出现通常与合成漆相关，因此我把它放在这里阐述。“鱼眼”不会出现在油类表面处理产品制作的涂层中，因为多余的部分都被擦除了。

“鱼眼”是硅酮在木料表面的污染造成的。硅酮的表面张力很小，而表面处理产品的表面张力较大，因此表面处理产品无法在硅酮表面均匀流布。这与水在打蜡后的汽车表面的状态类似。在汽车表面，水会分散成水滴，因为整个汽车表面都涂了蜡。在木料表面，表面处理产品会在有硅酮渗入的孔隙周围形成褶皱或凹坑。

硅酮是一种用在润滑剂、家具抛光剂和润肤露中的油性成分，“鱼眼”的形成通常是因为家具抛光剂中含有硅酮（请参阅第 18 章“表面处理涂层的保养”）。硅酮会穿过表面处理涂层的裂纹进入到木料中。

一旦进入到木料内部，硅酮是很难去除的，这一点与油是相同的。硅酮可能会在表面处理的第一层形成“鱼眼”，或者可能融入第一涂层并且没有带来麻烦，直到你涂抹第二或第三涂层时才出现问题。硅酮的污染情况差别很大，可能会很温和，解决起来很容易，也可能情况糟糕，很难解决。硅酮也可能在木料表面形成斑点，并且这些斑点只在某些位置出现，不会出现在其他地方。

### 传言

家具抛光剂中的硅酮可以软化或在一定程度上损坏固化的表面处理涂层。

### 事实

硅酮是惰性的。它不会与表面处理产品产生任何反应。硅酮的恶劣声名源于表面处理修复师和保养员的态度，因为他们不喜欢这种在修复和重做表面处理时会导致问题的产品。

如果你怀疑出现了硅酮污染，可以尝试采取下面的措施防止鱼眼出现：

- 从木料表面去除硅酮；
- 将硅酮封闭在木料内部；
- 降低表面处理产品的表面张力；
- 使用合成漆喷涂 4~5 层薄膜涂层。

如果鱼眼出现在表面处理涂层涂抹完成后，可以尝试将起褶的地方打磨平滑，然后从上面的方法中选择一种，防止新的涂层出现问题。通常，最好的方法是用漆稀释剂快速洗掉新鲜未干的涂层，然后再使用上述的一种或多种方法重新完成表面处理。

## 从木料表面去除硅酮

就像从木料表面洗去油那样，可以用相

# 鱼眼与硅酮（续）

同的方法洗去硅酮：使用石油馏出物溶剂，氨水和水，或者磷酸三钠溶液和水。用石油馏出物溶剂冲洗木料表面，然后分几次擦干溶剂，注意在每次擦拭前拧干抹布（请参阅第 198 页“松节油和石油馏出物溶剂”）。每次这样做都可以稀释并去除部分油。其他几种清洁剂会分解油类，不过因为水会导致木料起毛刺，需要将木料打磨光滑。如果氨水或磷酸三钠加深了木料的颜色，可以使用草酸清洗以保持原有的颜色（请参阅第 354 页“使用草酸”）。

### 小贴士

如果木料表面受到了硅酮的污染，在涂抹染色剂的时候我要提醒你：在擦除多余染色剂之前，涂层很容易出现鱼眼或龟裂。

## 将硅酮密封在木料内部

可以考虑用虫胶将硅酮封闭在木料内部（请参阅第 9 章“虫胶”）。除了硅酮污染最严重的情况，这种方法适合各种情况。喷涂虫胶是最好的方式。注意，在打磨虫胶涂层的时候不要将其磨穿，并且不要在虫胶涂层上涂抹一层很厚的湿漆，因为合成漆有可能会溶穿虫胶涂层。

“鱼眼”是用合成漆为旧家具重新做表面处理时的常见问题。这种瑕疵看起来就像月球上的环形山

## 降低表面处理产品的表面张力

在表面处理产品中加入硅酮可降低前者的表面张力，使其可以在木料表面存在硅酮的地方流布均匀。不过，只要在一个涂层中添加了硅酮，就需要在之后的每个涂层中都添加。至于操作方式，喷涂或刷涂都可以。

用于这个目的的硅酮产品有很多商品名称，比如鱼眼消除剂、鱼眼流动剂、鱼眼干扰剂和鱼眼平滑剂等。每夸脱表面处理产品中添加的剂量从几滴到满满 1 滴管不等，这要根据你用的产品品牌和硅酮造成的污染程度决定。污染越严重，需要添加的硅酮就越多。你可以按照硅酮的产品说明添加硅酮，如果不起作用可以多加一些。我每次都会加入满满 1 滴管。不过，不要过量添加，否则可能会导致表面处理涂层出现混浊。

添加硅酮可以稍微提亮表面处理涂层，并使其变得更加光滑，不易划伤。有些表面处理师会在所有的表面处理产品中加入硅酮，以获得这些性能。

可以直接在合成漆中添加硅酮，然后将其搅拌均匀。对清漆来说，最好先用少许油漆溶剂油稀释硅酮，然后再将其加入。水基表面处理产品需要使用特殊的乳化硅酮，这种产品可以在表面处理商店买到。

要时刻提醒自己，在表面处理产品中添加硅酮会污染喷枪和刷子，需要去除所有的油才能将工具清洗干净。如果喷涂过程中使用的气量不合适，过度喷涂也可能会污染区域内已经处理和未经处理的木料。

## 喷涂 4~5 层薄漆面

如果喷涂合成漆，可以先喷涂多层薄漆面，直至形成一层均匀的表面，然后喷涂一层湿润程度刚好可以溶解之前的雾状漆面，同时不足以接触到木料表面并导致鱼眼形成的漆层。

如你所料，需要不断练习才能将尺度拿捏到位，所以这并不是最好的解决方案。我知道这个方法可行，因为我已经实践多年，直到有人告诉我，使用虫胶和在表面处理产品中添加硅酮的方法。

消除鱼眼不是每次只能使用一种方法，可以将几种方法混合起来使用。每个人的操作习惯都是不同的。所有的表面处理修复师在剥离表面处理涂层时都会自觉地做一些清洗工作。此外，有些人每次都会刷涂一层虫胶为表面处理收尾，另外一些人则会习惯性地在所有表面处理产品中添加硅酮，即使他们没有遇到什么问题。还有一些人会同时融合使用两种做法。

# 喷涂合成漆

对于宽大平整的表面，应首先喷涂其边缘（上图）；对于结构复杂的木工制品，应首先喷涂不引人注意的部位（下图），最后喷涂突出的表面

## 小贴士

等待每个涂层完全干燥是不必要的。事实上，很多表面处理师喜欢先喷涂一层薄的黏性涂层软化之前的漆面，之后再喷涂一层完整的涂层。

通常我会完成两次完整的喷涂，一次喷涂完成后紧接着喷涂第二次。这不会对最终效果产生任何影响，只是个人喜好的问题。

由于合成漆干燥速度非常快，所以通常选择喷涂。以下是喷涂的流程。

1 首先把工件放在可以通过反光观察操作的位置。

2 决定使用打磨封闭剂、乙烯基封闭剂、虫胶还是合成漆本身来封闭木料（请参阅第144页“封闭剂与封闭木料”）。

3 在木料上喷涂第一涂层（参阅第48页“使用喷枪”）。

4 待第一涂层完全干燥后，使用280目或更细的砂纸轻轻打磨，去除表面的粗糙部分。

5 用压缩空气、吸尘器、刷子或粘布去除打磨形成的粉尘。因为下一层合成漆会溶解任何未被去除的合成漆颗粒，所以试图去除全部粉尘是没有必要的。

6 喷涂下一层合成漆。

7 等待漆面干燥，如果出现了尘点或者其他需要除去的瑕疵，可以使用硬脂酸盐（干润滑）砂纸打磨去除。否则不需要打磨。

8 继续喷涂，直到涂层的厚度和强度令你满意。如果不需要填充孔隙，一般喷涂3~4层足够了。不过，这通常也与合成漆的稀释程度和每层喷涂的厚度有关（请参阅第134页“固体含量和密耳厚度”）。

9 保持喷涂完成后的状态，或者使用砂纸、钢丝绒或研磨膏完成表面处理（请参阅第16章“完成表面处理”）。

11

# 清漆

## 简介

- 油与树脂的混合物
- 优点与缺点
- 清漆的特点
- 使用清漆
- 区分清漆的类型
- 擦拭型清漆
- 凝胶清漆
- 刷涂清漆
- 松节油和石油馏出物溶剂
- 使用清漆的常见问题
- 清漆的未来

清漆（包含聚氨酯清漆）是常见的表面处理产品中保护性和耐久性最强的。它能形成良好的屏障以阻止水的渗透和水蒸气的交换，并且对高温、磨损、溶剂、酸和碱有很好的抗性。此外，清漆价格低廉，建立涂层迅速。它几乎具备你希望得到的表面处理产品的所有优点，但有一点：如果你想得到很好的处理效果，清漆是所有表面处理产品中使用难度最大的。

清漆是用固化或改性的半固化油与树脂混合熬制而成的。添加催干剂可加速固化。传统上使用的油是亚麻籽油，因为它是当时可以获得的最好的油。在 19 世纪末期，桐油开始从中国传入西方，并开始在一些钢琴和家具清漆，以及一些户外使用的桅杆清漆中使用。在 20 世纪中期，化学家已经掌握了改性半固化油（例如大豆油和红花油）的技术，使这些产品可以更好地固化。这些油更便宜，而且比桐油和亚麻籽油的黄色（实际上是橙色）更浅，所以成了现在清漆中使用的主要的油。不过，所有的清漆都会随着时间的推移变黄。

传统树脂是来自各种松树的石化树液。曾经最好的松树树脂需要进口(美国的松树树脂太软，无法制作优质清漆)。这些树脂来自东亚、新西兰、非洲和北欧。曾经最好的树脂是柯巴脂，例如贝壳杉树脂、刚果柯巴脂和马尼拉树脂。琥珀也曾被使用。琥珀是一种曾经生长在北欧的、已经灭绝的松树的石化树液。你常能在礼品店见到琥珀制作的项链和首饰。现在，天然树脂已经很少被用来制作清漆了（照片 11-1）。

20 世纪早期，化学家开始研发合成树脂，这种产品的质量更为一致，可靠性也更高。首先被研发出来的产品是酚醛树脂（苯酚和甲醛的合成物），它最早被用于塑料工业，比如，被广泛地应用在早期收音机的制作上。为了将酚醛树脂用于表面处理，化学家开发出了一种将其与油混合制成液体的方法。液态的树脂-油混合物与空气中的氧气接触后会固化，这个过程被称为“氧化”。作为最早的合成类清漆树脂，酚醛树脂现在已经很少用在清漆中了，这很大程度上是因为其黄化速度过快。

随后出现的是醇酸树脂，这是一种在 20 世纪 20 年代被研发出来的聚合物。醇酸树脂的名字得自制作树脂的两种主要材料——醇和酸。醇酸树脂也要与油混合烹煮来制成清漆。它比酚醛树脂便宜，很快就成了表面处理工业的主力军。现在，它不仅是清漆生产中最常用的树脂，还被广泛用于合成漆、催化型表面处理产品、部分水基表面处理产品和油基涂料的生产。

最后一种主要的清漆树脂是聚氨酯。它出现在 20 世纪 30 年代，常被作为塑料使用。聚氨酯非常强韧，并形成了多种类型的表面处理产品。纯的聚氨酯产品可分成两部分，它们通过加热或吸收水分固化（请参阅第 12 章“双组分表面处理产品”）。油漆店最常见到的聚氨酯产品，实际上是用聚氨酯树脂改性的醇酸树脂清漆。因为表面处理的基础是醇酸树脂清漆，即氨基甲酸酯改性醇酸树脂。因为这种表面处理产品是以醇酸树脂清漆为基础的，所以其涂抹和固化方式也与

## 传言

你常听到有人污蔑聚氨酯为“塑料”表面处理产品。

## 事实

除了虫胶，所有的薄膜型表面处理产品都是塑料！固体漆，被称为赛璐珞，是第一种塑料。19 世纪 70 年代早期，它被用于制造衣领、梳子、刀柄和眼镜架，后来用来制作电影胶片。酚醛树脂又叫作电木，第一个收音机盒就是用这种材料制作的。氨基树脂（催化型表面处理产品）用于制作塑料层压板。聚丙烯树脂（水基表面处理产品）被用于制作有机玻璃。

**照片 11-1** 用于制作清漆的一些天然树脂。从左至右依次是柯巴脂、琥珀和松脂

之类似。这类清漆现在是三类清漆产品中最受欢迎的，因为其耐刮性最好。

只用油和树脂制成的清漆固化速度不够快，不能作为表面处理产品使用，因此需要添加金属催干剂加速其固化速度。催干剂充当了催化剂，可加速氧化。最开始使用铅盐作为催干剂，因为其易于获得并且效果显著。其他金属催干剂是随后被研发出来的。到了20世纪70年代，铅催干剂由于会导致健康问题被禁止使用，其他催干剂陆续成为替代品，其中包含钴盐、锰盐和锌盐。这些催干剂都得到了美国食品和药品管理局的批准，可用于油、清漆和其他涂料中。目前尚未发现这些催干剂存在健康隐患，并且只要按照配方使用，油、清漆或其他涂料都能够完全固化。除了在极少数的专用产品中，铅催干剂已经很难见到了（请参阅第96页“食品安全的传言”）。

可以购买预先混合的催干剂加入到油、清漆或油基涂料中加速其固化。混合催干剂是液体的，通常被称为日式催干剂。自行在清漆中添加日式催干剂是有风险的。首先，催干剂的组成对你使用的表面处理产品来说可能不是最优化的。再者，在涂料中添加催干剂不只是能加速固化，也会导致涂层易碎并开裂。每次添加几滴一般足够了，你要谨慎行事，直至对添加催干剂的效果了如指掌。

# 油与树脂的混合物

不管用哪种油和树脂制作清漆，产品之间的最大不同在于油和树脂的比例。油的比例越高，固化后的清漆涂层就会越软且富有弹性；油的比例越低，固化后的清漆涂层就会越硬且易碎。

用高比例的油制成的清漆叫作长油清漆，通常作为桅杆清漆或舰船清漆销售，并且一般用于户外，因为该产品具备更好的弹性，能够适应更大幅度的木料形变。使用低比例的油制成的清漆叫作短油清漆或中油清漆，适合室内使用，因为此时木料不会出现极端的形变，获得更加坚硬的涂层是主要目的。

从分类上来说，桅杆清漆和舰船清漆非常不同。虽然两者都是长油清漆，都是用更高比例的油制成的，但桅杆清漆只是指长油清漆，而舰船清漆是指含有紫外线吸收剂的桅杆清漆，紫外线吸收剂能够防止清漆受到紫外线的破坏（请参阅第348页“紫外线防护”）。

使用哪种油和树脂制作清漆造成的产品差别要比油和树脂比例的影响小一些，但仍然十分显著。使用催干剂也会造成产品的差别，但仅限于干燥速度和固化的完全性这样的差别，并不涉及固化后涂层的物理特性。下面介绍了油和树脂对清漆特性的影响。

- 酚醛树脂固化后坚韧而有弹性，但黄化现象明显（看看那些老收音机）。酚醛树脂常与桐油混合使用，以制作户外用的桅杆清漆，也曾与桐油混合用来制作擦拭型清漆，用于

## 优点与缺点

**优点**

- 对热、磨损、溶剂、酸和碱有极好的抗性
- 对水和水蒸气有极好的阻隔能力
- 开放时间更长，刷涂方便

**缺点**

- 固化速度非常慢，易导致粉尘和流挂问题
- 时间久了会变黄

传言

清漆在2年后会丧失固化能力，因为催干剂会失效。

事实

虽然催干剂性能的些许退化可以在实验室中检测出来，但在实际应用中是察觉不到的。实际上，只要不出现结皮和凝胶化，清漆的保质期是无限的。

擦涂桌面和钢琴表面。

- 醇酸树脂不如酚醛树脂坚韧，但也足以应对大多数情况了，并且其价格更加便宜，也不像酚醛树脂那样容易变黄，因此是清漆中最为常用的树脂。与之对应的，醇酸树脂清漆通常使用改性的大豆油来制作，因为这种油同样不易变黄。
- 聚氨酯树脂是三类清漆树脂中最为坚韧的，通常与醇酸树脂混合以制作单组分的聚氨酯涂层。这些表面处理产品大多是用改性大豆油制成的，这种油可以减少黄化。聚氨酯清漆有3个缺点：涂层较厚时会出现轻微的雾浊（这也是它被称为塑料的原因之一）；它与大多数其他的表面处理产品涂层的黏合效果不好，其他表面处理产品涂层与它的黏合效果也不好；完全固化后，聚氨酯清漆自身涂层之间的黏合效果也不好。在重做新涂层之前，一定要用砂纸或钢丝绒打磨掉旧有的涂层。此外，聚氨酯清漆在阳光下的稳定性不是很好，紫外线会破坏它与木料的黏合并导致涂层脱落，厂家必须在其中添加大量的紫外线吸收剂，以保持聚氨酯在阳光直射下的稳定性（关于各种清漆的使用指南，请参阅第193页“区分清漆的类型”）。

# 清漆的特点

除了颜色的区别，清漆有6个主要特点，每个特点都与反应型固化有关（请参阅第137页“反应型表面处理产品”）。

- 对水和水蒸气有极好的阻隔效果：分子交联形成的网络使空隙减小了，从而使水和水蒸气不能穿过。
- 对热、磨损、溶剂、酸和碱有极好的抗性：树脂分子的交联使清漆涂层非常耐用。交联的树脂分子极难被分开，需要高温、猛力、强溶剂或化学品才能对其造成破坏。
- 固化时间长：缓慢的氧化速度让你有足够的时间刷涂清漆，无须担心发黏和拖拽的问题，但也会导致粉尘问题。在清漆仍然湿润或发黏时，任何落在处理表面的粉尘都会粘在上面，从而破坏表面处理的效果。
- 很难修复和剥离：这是清漆具有良好的溶剂、热和化学品抗性带来的负面效应。
- 很难擦拭形成均匀的光泽度：这是良好耐磨性需要付出的代价。
- 在瓶中结皮：由于清漆通过吸收氧气完成固化，所以任何残留在罐中的空气都会导致清漆固化。如果空气的量足够，清漆表面会出现结皮。如果结皮下面的清漆没有凝胶化，清漆仍然是好的。去除结皮，然后将剩余清漆过滤至一个更小的容器，比如一个玻璃瓶或一个可拆卸的塑料容器中。这样的容器中很少或没有空气残留，因此不会出现结皮。记得在新容器上贴上标签。此外，还可以使用诸如排氧宝（Bloxygen）这样的产品充入惰性气体，置换容器中的空气。

# 使用清漆

清漆的固化时间很长：需要1小时，甚至更长时间才能固化充分（这个时长不会导致粉尘吸附），至少要过夜充分固化后才能涂抹另一层。正是因为这些原因，清漆很少被工厂或专业的表面处理师使用，通常都是那些没有喷涂设备的业余爱好者使用（照片11-2以及第195页“刷涂清漆”）。

刷涂清漆是个令人愉悦的过程，但喷涂却是一场灾难。刷涂清漆很简单，因为你有足够的时间将其在木料表面分散均匀。喷涂的困难在于，有些未固化的清漆颗粒会飘浮在空气中，落在你的身上（或者其他任何地方），让你的皮肤变得很黏。尽管如此，仍有一些人选择喷涂清漆。

使用全效清漆的话，只需要涂抹很少的几层就可以获得可观的涂层厚度，因为清漆的固体含量很高（请参阅第134页“固体含量和密耳厚度”）。通常在封闭涂层后刷涂两层清漆已经足够了（请参阅第144页“封闭剂与封闭木料”）。

天气状况会影响清漆的固化速度。潮湿阴冷的天气会明显减慢清漆的固化速度。不要在低于60 ℉（15.6℃）的环境中操作，因为这种条件下清漆可能需要几天时间才能完全固化。炎热的天气可以加速清漆的固化。漆稀释剂挥发得越快，清漆与氧气的反应速度越快。在气温高于90 ℉（32.2℃）时，你会发现，为宽大

## 区分清漆的类型

除非清漆中含有聚氨酯，否则厂家很少会告诉你清漆的类型。以下是一些可以帮助你做判断的线索

| 线索 | 可能的清漆种类 |
| --- | --- |
| 包装上没有标记 | 醇酸树脂 |
| 清漆的颜色很浅 | 醇酸树脂/大豆油 |
| 清漆呈琥珀色 | 醇酸树脂/亚麻籽油，或者酚醛树脂/桐油 |

**照片 11-2** 这些都是清漆产品，可以用油漆溶剂油稀释，固化形成的涂层十分坚硬。沙拉碗（Salad Bowl Finish）、密封巢、木料调节器（Wood Conditioner）、沃特洛克斯和富姆比（Formby's）这些产品是以稀释状态销售的。聚氨酯（Polyurethane）和瓦拉比（Varathane）是用聚氨酯树脂而不是醇酸树脂制作的。力士大帆船（Interlux Schooner）和斯帕（Spar Varnish）是用高比例的油制成的，所以更有弹性，而且力士大帆船含有足够的紫外线吸收剂，可以保持清漆在阳光下的稳定性

### 传言

如果不摇晃或搅动清漆，只是非常缓慢、平滑地刷涂清漆，便可以防止产生气泡。

### 事实

只要刷涂清漆就不可避免地会产生气泡。关键是在清漆固化前使气泡破裂。如果气泡无法自行破裂，你可以加入 5%~10% 的油漆溶剂油稀释清漆。油漆溶剂油可以延缓清漆的固化，为你留出足够的时间等待气泡破裂。如果仍有问题，你需要更换清漆的品牌。有些品牌的清漆要比同类产品产生的气泡少得多。

的表面刷涂清漆会很困难，因为涂料没有足够的时间流布平整，气泡也没有足够的时间在清漆固化之前破裂（请参阅第 200 页“使用清漆的常见问题”）。

在寒冷潮湿的天气条件下，除非提高工作环境的温度，没有其他方法可以加速清漆的固化。在高温的日子，可以在清漆中添加 5%~10% 的油漆溶剂油（漆稀释剂），延缓清漆的固化速度，争取更多的操作时间（请参阅第 198 页“松节油和石油馏出物溶剂”）。

添加一点油漆溶剂油可以使清漆更易于分散并流布平整，也可以提供更长的操作时间使气泡破裂。很多表面处理师在涂抹每层清漆时都会提前稀释。当然，这样做的缺点是，为了建立预期的涂层厚度，需要刷涂更多层清漆。

# 擦拭型清漆

擦拭型清漆这个名字是我在 1990 年的《木工》（*Woodwork*）杂志上创造的名称，用来描述一种非常好用、颇受欢迎的清漆产品，它是清漆经油漆溶剂油稀释后浓度减半的产物，所以市面上并没有“擦拭型清漆”这种产品（请参阅第 100 页“擦拭型清漆被当作油销售”）。因为稀释后的清漆更易于在木料表面擦拭（而非刷涂），所以我用了这个名字，同时也是为了将稀释的清漆与市场上误导性的、信息不全的产品区分开来。误导性的名字现在仍然很流行，大多数的擦拭型清漆都被贴上了“桐油”“桐油表面处理产品”或“桐油清漆”的标签。有些还被标记为“沙拉碗清漆”和其他一些专有名称，例如沃特洛克斯、密封巢、波芬普罗芬和威士伯油。

它们都是清漆类产品（有一些是聚氨酯清漆），如果层数足够，在木料表面形成了所需厚度的涂层，这些产品都具有极好的保护性和耐久性。问题在于标签提供的信息。这些信息误导并干扰了我们的选择，导致了很多表面处理失败的案例。如果有人在一件木工制品上使用桐油做表面处理，你很难判断他究竟使用的是桐油还是稀释的清漆。这两种表面处理产品（第 101 页照片 5-3）是非常不同的。很可能，表面处理师使用的是油与清漆的混合物（参阅第 5 章“油类表面处理产品”）。

可以自己制作擦拭型清漆，以更好地控制产品黏度，建立理想的涂层。方法很简单，在任何清漆产品中添加油漆溶剂油都是可以的。开始时先用油漆溶剂油将清漆稀释 25%，然后逐步增加油漆溶剂油的用量，直到获得满意的结果（没有必要将清漆稀释得跟厂家的一样）。这种表面处理产品的使用方法跟油一样：擦拭木料表面，然后擦除多余的量。或者，可以像使用全效清漆那样刷涂，然后等待其完全固化。因为溶液很稀，所以擦拭型清漆能够很好地流布平整，并且不会留下刷痕。可以擦掉部分清漆，但不要擦除全部，留下一层很薄的清漆，或者待清漆稍稍凝固后，再擦拭涂层去除部分清漆，然后对剩余涂层做抛光处理。

# 凝胶清漆

凝胶清漆与凝胶染色剂一样，只是没有添加色素。换言之，凝胶清漆是浓稠版的擦拭型清漆——不含有那么多的稀释剂，也没有其他的气味。它被设计出来就是用于擦拭木料表面，然后再被擦除的。大多数的凝胶清漆呈现缎面光泽，这与擦拭型清漆的光亮效果有所不同。

与擦拭型清漆不同，凝胶清漆的商品名称都是正确的。与擦拭型清漆相仿，凝胶清漆非常易于使用，并且处理效果很好。这种表面处理产品让那些没有喷枪的人也能获得几乎没有瑕疵的表面处理效果，同时还能提供相当出色的保护性和耐久性。

要用棉布涂抹凝胶清漆。因为其干燥速度相当快，所以在完成涂抹后要快速擦除多余部分。如果没有在清漆开始固化之前擦除多余部分，需要快速擦拭石脑油或油漆溶剂油将其擦掉，然后重新做处理。此时应涂抹得快一些，或者适当缩小擦拭区域。如果需要去除粉尘或其他瑕疵，每涂抹一层清漆都要进行打磨。可以涂抹3~4层，或者根据需要涂抹，直至获得满意的外观。

小贴士

手工刷涂全效清漆可以最大限度地减少粉尘吸附和刷痕，并获得你想要的涂层厚度。然后用400目的砂纸将表面打磨平整。最后，用擦拭型清漆或凝胶清漆制作一层涂层，并擦除多余的清漆。这层清漆非常薄，因此固化非常迅速，使粉尘没有机会粘到表面。

# 刷涂清漆

清漆可以刷涂、喷涂，甚至擦拭，就像使用擦拭型清漆和凝胶清漆那样，不过刷涂是最常见的形式。使用清漆获得良好刷涂结果的关键是清洁度——这一点对清漆来说更为重要，因为清漆的固化时间很长。这里提供一些建议供参考。

- 不要在刷涂清漆的房间同时做打磨、除尘的操作。
- 用拖把将房间的地板弄湿，这样在你走动的时候不会扬起尘土。
- 在工件下方放置一张干净的纸。
- 如果清漆被弄脏了或出现了结皮，需要过滤后使用。
- 确保刷子是干净的，并用手敲打以去除松动的刷毛。
- 确保木料表面是干净的，在开始刷涂清漆之前用粘布或手掌擦拭其表面。
- 如果工件太大，你要做一个盖子将其盖住，或者将其滑动到一个可以防止粉尘

小贴士

粘布是一种含有清漆状物质的粗棉布。你可以购买（我认为这是最好的选择），也可以自己制作。制作粘布要先用油漆溶剂油将粗棉布浸湿，然后将其拧干，并滴上几滴清漆。使清漆渗入到粗棉布中。这样的粗棉布有足够的黏性可以粘掉粉尘，又不会在擦拭木料表面时留下痕迹。将粘布储存在气密性良好的咖啡罐或自封袋中可防止其硬化。

# 刷涂清漆（续）

落下的物体下方。

要时刻把清洁度放在首位，以下是刷涂清漆的步骤。

1 将工件放在可以通过反光观察刷涂效果的位置。

2 确定是否需要使用针对清漆的打磨封闭剂或经油漆溶剂油（漆稀释剂）稀释后浓度减半的清漆制作第一涂层（请参阅第 144 页“封闭剂与封闭木料”）。

3 将足量的打磨封闭剂或清漆倒入另一个容器中（一个广口瓶或咖啡罐），并用其完成刷涂，这样不会弄脏或污染原装容器中的产品。

4 刷涂第一涂层。除了转角这样的立体表面处，其余部分都要顺纹理刷涂，并且不要留下凹坑或刷痕（参阅第 34 页“刷子的使用”）。

5 让清漆固化过夜。

6 用 280 目或更细的砂纸轻轻打磨涂层表面。硬脂酸盐（干润滑）砂纸效果最好。在表面处理房间外面打磨，或者在完成打磨几小时后再刷涂下一层，以允许房间内的粉尘有足够的时间落定。

7 使用吸尘器或粘布去除粉尘，再用粘布或手掌擦拭涂层表面。

8 换一个新的容器，使用全效清漆刷涂下一层，或者加入 5%~10% 的油漆溶剂油将清漆稀释后使用，以减少气泡。

9 每次刷涂部分区域。当完成所有区域的刷涂时，用蜻蜓点水的方式去除多余清漆。可以这样操作：握住刷子使其几乎垂直于处理表面，然后顺着纹理用刷子的尖端非常轻地掠过涂层表面。如果刷子的尖端因为粘上了多余的清漆而有些饱和，可以将刷子在干净的罐口或其他干净的表面刮蹭，去除多余清漆。

10 在一个温暖的房间中使清漆固化过夜。

11 使用 320 目或更精细的硬脂酸盐砂纸打磨表面。也可以使用 000 号或 0000 号钢丝绒或灰色的思高合成研磨垫，它们不会像砂纸那样出现堵塞，但去除粉尘颗粒的效果也不及砂纸。

12 想要获得接近完美的平整表面，要在刷涂最后的涂层前打磨去除刷痕。将砂纸粘在软木塞、毛毡块或橡胶块上打磨平面。使用 320 目或 400 目的湿/干砂纸，并辅以肥皂和水（或油漆溶剂油）润滑。这样最后的涂层会获得更好的平整度。

13 确定需要的表面光泽度。可以在清漆固化后

## 传言

应该用油漆溶剂油将清漆稀释到原浓度的一半，这样第一层清漆可以与木料更好地黏合。

## 事实

不管清漆的浓度如何，它与木料的黏合效果都很好。用稀释的清漆涂抹第一层的原因是，可以形成较薄的涂层并加快固化速度，从而可以更快地完成随后的打磨。稀释处理还可以加快涂料的渗透，不过，只要清漆保持液态的时间足够长，渗透最终都会发生的。所以，稀释的真正优点是获得更快更硬的固化效果。

## 小贴士

在水平表面分段刷涂可以减少涂料的滚动和流挂。如果可能，要重新放置工件，使待处理的表面转到水平方向。最后，刷涂最为重要的部分，例如桌面和抽屉的正面面板，或者椅面和椅背。

## 传言

用石脑油稀释清漆可以加快固化速度。

## 事实

用石脑油代替油漆溶剂油只能缩短清漆变黏所需的时间。固化是清漆与氧气发生氧化反应的过程，与使用的稀释剂种类无关。

使用亮光漆擦拭涂层，或者使用亚光清漆做处理（参阅第 138 页“使用消光剂控制光泽”）。为了呈现好的外观效果，亮光清漆必须经过擦拭处理，缎面清漆和亚光清漆则无须擦拭。

**14** 清除掉打磨的粉尘并刷涂最后的涂层。如果你已经打磨了上一个涂层，最后的涂层就会相当平整，这样只需简单的后期处理就可以获得完美的表面。后期处理有两种方式。一是加入 25%~50% 的油漆溶剂油稀释清漆，制成擦拭型清漆（参阅第 194 页“擦拭型清漆”）并刷涂。因为清漆很稀，所以更容易流布平整并加快干燥，从而减少吸附粉尘颗粒的概率。另一个方法是在刷涂最后一层之前涂抹凝胶清漆，同样可以减少刷痕和粉尘颗粒的吸附（参阅第 195 页“凝胶清漆”）。

**15** 当你对表面处理涂层的厚度满意时，可以任由涂层干燥固化，也可以使用砂纸、钢丝绒或研磨膏处理完成最终的表面（参阅第 16 章“完成表面处理”）。

清漆是所有表面处理产品中最易刷涂的，因为其固化速度很慢。但是缓慢的干燥过程又增加了某些不确定性，因为干燥期间避免粉尘和流挂是很难的

# 松节油和石油馏出物溶剂

常见的蜡溶剂、油和清漆的稀释剂有两个来源：松树树液或石油原油。经过蒸馏处理的松树树液叫作松节油，在20世纪初石油溶剂出现之前被广泛使用。质量最好的松节油是用取自活树的树汁蒸馏制成的，又叫作树胶精油。质量稍差的松节油是用从死树或者砍伐后的树中获得的树液蒸馏制成的，叫作木松节油。两种松节油都可以用，但是现在已经不受欢迎，因为它们比石油馏出物的成本更高，且气味更加强烈。

但有些表面处理师偏爱松节油，因为他们喜欢刷涂松节油的那种感觉。

石油是表面处理产品所用溶剂和稀释剂的主要来源。那些直接从石油中分离得到的产品叫作石油馏出物，因为它们是通过蒸馏得到的。其中包含油漆溶剂油、石脑油、煤油、苯、甲苯和二甲苯。这些溶剂也被称为碳氢化合物，因为它们主要是由碳和氢组成的。

注意

松节油和石脑油的溶解强度几乎一致（松节油油性更大一些）。油漆溶剂油的溶解强度要弱得多，气味越淡的油漆溶剂油溶解强度越低。溶解强度对稀释油和清漆来说不那么重要，但是使用更强的溶剂有助于从涂层表面去除部分固化的油或清漆，或者用油或清漆制成的表面处理产品，也可以去除蜡。

小贴士

苯具有致癌性，经常被人们与轻质汽油（石脑油的另一名称）搞混。

石油被加热至汽化，气体被排出后重新冷却为液态形式。不同的组分冷凝的温度不同。例如，在相对较低的温度下，庚烷和辛烷被分离出来形成汽油。在温度更高时，石脑油被分离，通常市售的清漆和涂料用石脑油（VM&P Naphtha）就源于此。随后被蒸馏出来的是油漆溶剂油和煤油。随着温度的进一步提高，矿物油（也叫作石蜡油）被蒸馏得到，获得固体石蜡（用于密封果冻罐口）则需要更高的温度。每一种馏出物都叫作石油馏分。沸点较低的石油馏分相比沸点更高的石油馏分更易挥发，也更易燃。

了解这些石油馏分之间的关系非常重要，因为这有助于你理解这些溶剂的性质，从而知道何时使用某种溶剂（第199页图表）。

清漆和涂料用石脑油也叫作轻质汽油，是在比油漆溶剂油更低的分馏温度下得到的。在任何指定温度下，石脑油都要比油漆溶剂油挥发得更快。煤油几乎不挥发，矿物油完全不挥发。

溶剂挥发得越快，油性越小。石脑油比油漆溶剂油的油性小，油漆溶剂油比煤油的油性小。矿物油本质就是油。最终，在更高温度下生成的馏出物在室温下已不能保持液态，那便是蜡。

如果你需要一种挥发相对快速或非油性的溶剂，应选择石脑油。石脑油最适合脱脂。如果你需要一种挥发较慢的溶剂，并且不在意油性，应选择油漆溶剂油。油漆溶剂油很适合稀释油类表面处理产品和清漆。煤油不能用于表面处理，因为其挥发速度过慢，甚至完全不挥发，并且油性很大。所有的石油馏分都可以任意混合。

苯、甲苯和二甲苯是石脑油和油漆溶剂油中溶解能力和气味最强的成分。精炼厂去除这些组分后，留下的就是无味的油漆溶剂油，其溶解能力虽然不及原始的油漆溶剂油，但足以作为大多数情况下的替代品使用了。

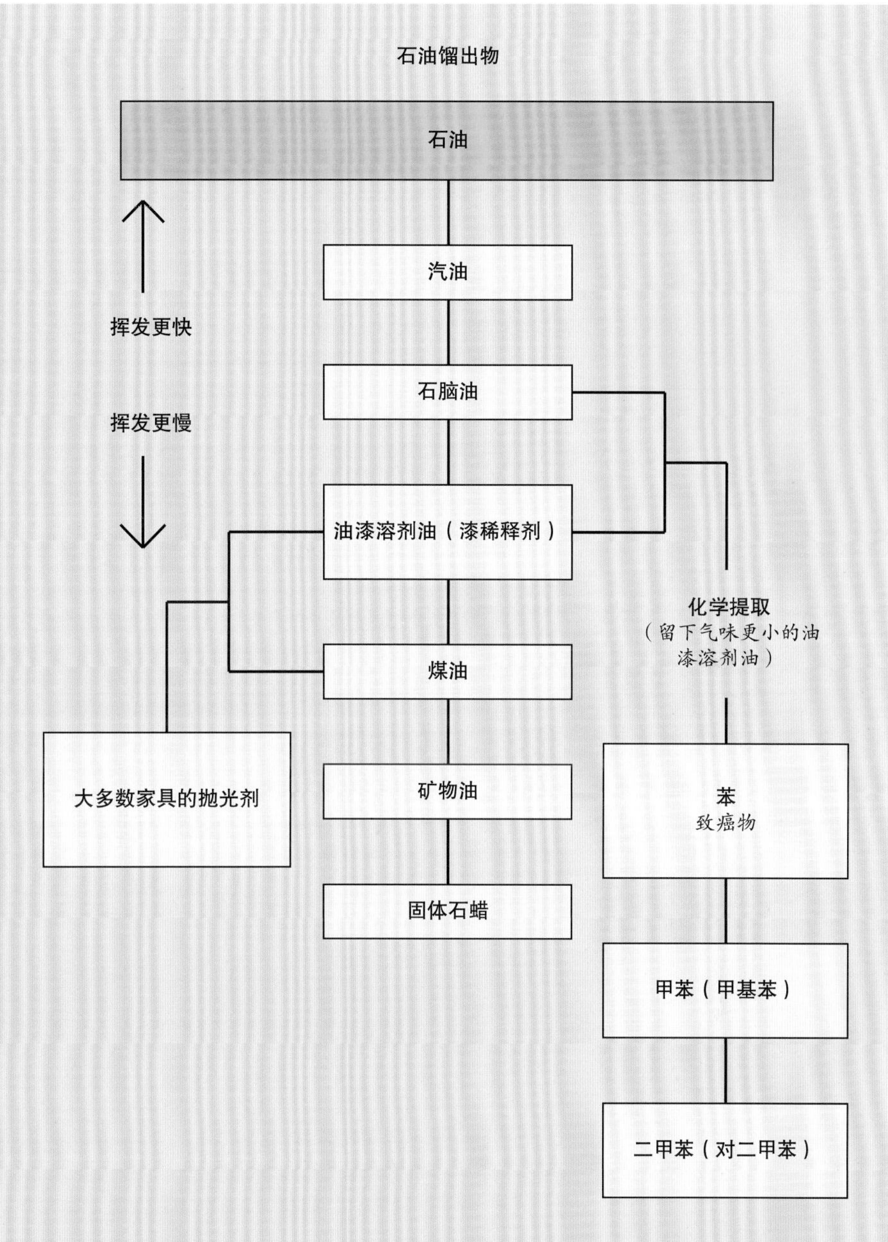


苯曾经被用作漆稀释剂和漆剥离剂，现在在一些书籍和杂志文章中还能不时地看到它因为上述能力被推荐使用。但苯是致癌物，并且在 20 世纪 70 年代早期就被禁止进入消费市场了。现在的油漆溶剂油和石脑油中仅含有痕量的苯。

甲苯（也叫作甲基苯）在漆稀释剂中被当作稀释溶剂使用（参阅第 174 页“漆稀释剂”）。二甲苯（也叫作对二甲苯）比甲苯的挥发速率还要慢。它被广泛用于改性清漆，有时也被推荐用作短油清漆的漆稀释剂。甲苯和二甲苯都可以在不破坏表面处理涂层的情况下去除家具表面残留的乳胶漆，但是蜡和水基表面处理产品除外。用溶剂蘸湿抹布擦拭乳胶残留。甲苯和二甲苯也可以去除在木料表面干燥的白胶和黄胶，但可能需要用力一点。

# 使用清漆的常见问题

刷涂清漆非常简单，但是要获得良好的外观效果却很难。很多环节都可能出错。这里列出了常见的问题，以及它们的成因和解决方法（可同时参阅第 36 页“常见的刷涂问题”）

| 问题 | 原因 | 解决方法 |
| --- | --- | --- |
| 粉尘颗粒附着在清漆涂层中 | 粉尘落在了未固化的清漆表面并被粘住。因为清漆的固化速度是最慢的，所以相比其他的表面处理涂层，粉尘颗粒更易附着在清漆涂层中 | 将涂层表面打磨平整，并用钢丝绒或研磨膏擦拭以获得需要的光泽（参阅第 16 章“完成表面处理”）。关于清洁的建议，请参阅第 195 页“刷涂清漆” |
| 刷痕出现在固化的清漆中 | 你使用的是全效清漆，刷涂全效清漆产生的刷痕没有方法消除 | 在清漆完全固化后，将表面打磨平整并擦拭得到需要的光泽度（参阅第 16 章“完成表面处理”） |
| | | 使用稀释的清漆可减少刷涂过程中的刷痕。清漆越稀，刷痕越不明显 |
| 刷涂清漆的过程中出现了滚动和流挂现象 | 垂直表面的涂层过厚 | 在刷涂清漆的过程中，借助反光观察涂层表面。如果发现了滚动和流挂现象，可立即用刷子刷掉多余清漆。将多余清漆涂抹在其他地方，或者在干净的罐口将其刮除 |
| 清漆表面出现了鱼眼或褶皱 | 木料受到了家具抛光剂、润滑剂和润肤露中的硅酮的污染 | 在清漆凝固之前，可以用一块经过石脑油或油漆溶剂油浸润的抹布将其擦掉。如果清漆已经固化，需要将其剥离，然后重新处理。为了防止鱼眼或褶皱再次出现，请参阅第 183 页“鱼眼与硅酮” |

| 问题 | 原因 | 解决方法 |
|---|---|---|
| 在刷涂清漆的过程中出现了气泡，在清漆固化之前，甚至用刷子的尖端掠过之后仍无法使其破裂 | 气泡是由刷子的刷毛掠过表面时出现抖动造成的 | 将表面打磨光滑，并在刷涂下一层时添加5%~10% 的油漆溶剂油稀释清漆。经油漆溶剂油稀释后形成的涂层较薄，并且固化速度减慢，有足够的时间等待气泡破裂 |
| | | 将表面打磨光滑，并在温度更低的房间内操作。这样气泡会有更多的时间自行破裂 |
| 清漆不能固化，保持黏性状态 | 气温太低 | 提高房间温度，理想的温度为 70~80 ℉（21.1~26.7℃） |
| | 木料表面存在未固化的油脂。很多人错误地认为，在刷涂清漆之前，先涂抹一层亚麻籽油会有帮助 | 加热木料表面，并等待更长时间让清漆充分固化。如果清漆仍未固化，只能剥离清漆、去除油脂后重新做处理。如果之前涂抹了亚麻籽油，在刷涂清漆之前，要先将制品在温暖的房间里放上几天，使油层充分固化 |
| | 木料是油性的，例如柚木、红木、黄檀或乌木。这些木料中的油脂会阻止清漆固化 | 加热木料表面，并等待更长时间让清漆硬化。如果清漆仍未硬化，将其从木料表面剥离，并用诸如石脑油、丙酮或漆稀释剂这样的非油性溶剂清洗木料表面，然后重新刷涂清漆 |
| 面漆层的清漆产生褶皱 | 这层清漆涂抹在了未完全固化的清漆涂层表面 | 剥离清漆并重新刷涂，延长每层清漆的固化时间。记住，在低温环境中，清漆的固化速度要慢得多 |

# 清漆的未来

有些地方开始限制使用一些清漆溶剂（之前可以在清漆中正常使用）。为了遵守规定，很多厂家生产更稠的清漆，使用分子量更小的树脂，或者使用非挥发性油来代替一些漆稀释剂成分。

清漆越稠，使用难度越大，留下的刷痕也更明显。为了遵守挥发性有机物的法律，厂家可能会警告消费者不能稀释清漆。不过，你要明白，稀释清漆不存在任何技术问题，只是不符合挥发性有机物的法律罢了。

分子量更小的树脂可能会使清漆的固化速度变得更慢，并且难以提供足够的保护性和耐久性。在某种程度上，厂家可以使用性能更好的催干剂混合物来补偿上述缺陷，但不是所有厂家都会这么做。更糟糕的是，你可能并不知道自己购买的是哪一种清漆，除非你能注意到不同清漆之间的差别，或者厂家在标签上注明了线索。有些厂家在生产清漆时遵守了最为严格的地方挥发性有机物的法律，这样就可以将这种产品卖到全美各地。

在清漆中添加非挥发性油对其性能有明显的影响，这样的清漆固化时间更长，且无法形成坚硬的涂层（参阅第100页“油与清漆的混合物”）。而且，厂家也不会在标签上提供任何线索。因此，你不得不自行找出这些产品间的差别。

至少，在可预见的未来，你需要对不同品牌的清漆具有更加清晰的辨识能力。如果你使用的清漆产品不能正常干燥或硬化，并且这不是温度或木料内部的油脂造成的，你需要换另一个品牌的产品试试。同时，希望政府能够恢复理性，并致力于治理那些真正需要为污染问题负责的经济部门。

12

# 双组分表面处理产品

## 简介

- KCMA 测试标准
- 催化型表面处理产品
- 优点和缺点
- 双组分聚氨酯
- 交联型水基表面处理产品
- 环氧树脂

在过去的几十年间，木料表面处理领域出现了两种明显的趋势。你肯定知道其中的一种——使用水基表面处理产品的趋势（参阅第 13 章“水基表面处理产品”）。另一种趋势是使用高固体含量、高性能的表面处理产品，它们通常被称为“双组分”“双成分”或“2k”表面处理产品，因为它们都包含两种组分，二者一旦混合，可通过反应形成极其坚硬和耐用的薄膜涂层。

水基表面处理产品和双组分表面处理产品有一个共同点，即它们相比其他表面处理产品含有的有机溶剂更少，所以它们在满足日益严格的挥发性有机物法律、减少排放至大气中的溶剂含量方面迈进了一大步。但是，这两种表面处理产品并未获得用户同等的接受度。水基表面处理产品在使用上遇到了很大的阻力，因为产品中的水分会导致一些问题。相比之下，双组分表面处理产品则取得了重大进展，这在很大程度上是因为，它可以满足大众对获得像塑料层压板一样耐用的表面处理涂层的期待。双组分表面处理产品现在被广泛地用于办公家具和厨柜行业中，也被很多小型的专业工房使用（参阅下方“KCMA 测试标准”）。

最广为人知、同时使用最广泛的表面处理产品包括：

- 催化型表面处理产品（改性清漆、后催化漆、预催化漆）
- 双组分聚氨酯
- 交联型水基表面处理产品
- 环氧树脂
- 聚酯纤维
- 紫外固化型表面处理产品
- 粉末涂料（喷塑）

除了环氧树脂，所有的这些表面处理产品基本都是供家具工厂、橱柜行业、木工工房和木工修理店的专业人员使用的。交联型水基表面处理产品也被很多地板处理工人使用。环氧树脂是非常浓稠的表面处理产品，有时可以在餐厅的桌面和吧台上见到它。环氧树脂使用简单，在木工爱好者中尤其受欢迎，因为可以用它制作完

## KCMA 测试标准

你可能听过美国厨柜制造商协会（Kitchen Cabinet Manufacturer's Association，简称 KCMA）测试标准。这个标准经常被用到（特别是对建筑师而言），以确保厨柜和其他木工制品经过了恰当的表面处理，在使用过程中能够提供足够的保护性和耐久性。所有的双组分表面处理产品都满足 KCMA 标准，但是不能只考虑适用性，还应考虑如何使用的问题。最耐用的表面处理产品会因为涂抹得过薄或者未正确固化导致测试失败。为了检测你所用的表面处理产品和操作方法是否满足标准，你可以按照惯常的方式制作一个样品，然后用以下 4 种方法测试这个样品（或 4 种不同的样品）

| 测试名称 | 测试描述 |
|---|---|
| 高温和湿度测试 | 将表面处理后的制品放置在 120 ℉（48.9℃）、70% 湿度的热箱内 24 小时。制品表面没有任何损伤方能通过测试 |
| 冷热交替测试（冷裂测试）[1] | 将表面处理后的制品放置在 120 ℉（48.9℃）、70% 湿度的热箱内 1 小时，然后将其取出并适应室温和室内的湿度，接下来将制品放入 -5 ℉（-20.6℃）的冷箱内保持 1 小时。重复 5 次上述循环。只有制品表面没有出现任何气泡、冷裂（横向于纹理的裂纹）或变色的迹象才能通过测试 |
| 家用化学品测试 | 在制品表面涂上芥末放置 1 小时，然后涂上柠檬汁、橙汁、葡萄柚汁、醋、番茄酱、咖啡、橄榄油和 100 酒度纯度的酒精（相当于 50% 的酒精），放置 24 小时。制品表面必须没有被染色、没有出现褪色、没有白化到抛光剂不能消除痕迹的程度，同时未出现气泡、裂纹或其他薄膜损坏的情况方能通过测试 |
| 洗涤剂边缘浸泡测试[2] | 将处理好的木板或柜门的边缘浸入洗涤剂或水（工业中的标准配方）中 24 小时。制品表面必须没有出现分层、膨胀，以及明显的褪色、气泡、裂纹、白化或其他薄膜损坏的情况方能通过测试 |

1. 测试失败通常是因为表面处理涂层过厚。
2. 测试失败通常是因为表面处理涂层过薄。

全嵌入式的照片蒙太奇（剪辑）或者其他相当平整的物件。

同样的，除了环氧树脂，双组分表面处理产品也很少出现在面向普通大众的商店中。必须去从事专业表面处理、修复和木工贸易的经销商或供应商那里才能找到这些表面处理产品。

接下来我会讨论前 4 种表面处理产品。其他 3 种——聚酯纤维、紫外固化型表面处理产品和粉末涂料超出了本书的范畴。聚酯纤维使用难度很大且有一定的危险性，紫外固化型表面处理产品和粉末涂料则需要非常昂贵的操作和干燥设备。但是，由于它们是 100% 的固体，不存在溶剂的挥发，所以在家具行业中变得日益流行。

# 催化型表面处理产品

催化型表面处理产品在20世纪50年代出现，并在欧洲得到广泛应用，后被引入到美国并大受欢迎。现在，这种表面处理产品被广泛用于办公室家具，以及整体厨房和浴室柜子的制作。这种表面处理产品干燥快速，并且相比油基的聚氨酯能够提供更好的保护性和耐久性。在所有的双组分表面处理产品中，催化型表面处理产品的使用最为广泛。

所有的催化型表面处理产品都是用醇酸树脂和氨基树脂制作的。氨基树脂包含三聚氰胺甲醛和尿素甲醛。你可能因为塑料层压板而熟悉三聚氰胺，因为尿素或塑料树脂胶而熟悉尿素。重要的是，这些树脂可以抵御各种损害。

当酸催化剂被加入到这些树脂混合物中后，它们就可以固化形成坚硬的薄膜。典型的催化型表面处理产品包括以下三类。

- 改性清漆（也叫“催化型清漆”）有独立的酸催化包，它是三类产品中保护性和耐久性最强的。它使用甲苯、二甲苯或者厂家提供的性质类似的混合配方溶剂稀释。只要产品中的两种组分没有混合，它的保质期（产品变质之前的时间）可持续多年，混合后的存放时间通常是 6~24 小时，具体时长取决于特定的产品。
- 后催化漆是添加了硝基漆的改性清漆，包含独立包装的酸催化剂。硝酸纤维素可以加速初始的干燥速度，并使涂层的修复和剥离更加容易，但是也会稍稍削弱薄膜的强度。因为包含了硝酸纤维素，后催化漆要使用漆稀释剂稀释。注意，漆稀释剂中含有甲苯或二甲苯（参阅第 174 页“漆稀释剂”）。除此之外，后催化漆与改性清漆是一样的。
- 预催化漆与后催化漆基本相同，但是厂家已经添加了酸催化剂（一种弱酸），所以这种表面处理产品可以装在一个容器中。弱酸的加入使这种表面处理产品的保质期只有 1 年左右，具体时长因厂家而异。如果材料变得浓稠，会丧失部分耐久性，或者增加冷裂（暴露在低温环境中出现的裂纹）的风险。预催化漆使用漆稀释剂稀释，并与硝基漆的使用特性非常接近（参阅第 10 章“合成漆”）。预催化漆比硝基漆的保护性和耐久性更强，但要比后催化漆稍差些。

有些厂家在发货或交货前添加酸催化剂，虽然保质期变短，但是可以获得接近后催化漆的保护性和耐久性，同时也不需要再次混合。对于那些希望获得更好的耐久性表面，同时不想自己混

> 小贴士
>
> 为了延长催化型表面处理产品的适用期，使其第二天仍然好用，你可以在剩余的产品中添加等量的未催化表面处理产品“去催化”，然后将其搅拌均匀。这样可以减少催化剂的比例，延长其适用期。然后在第二天使用时添加正确比例的催化剂即可。

合涂料的表面处理人群，这种方式很受欢迎。

这些名字中使用清漆和合成漆的字样是合理的。改性清漆通过分子间的交联完全固化，所以它和清漆一样是纯反应型表面处理产品。后催化漆和预催化漆含有硝基漆，所以它们是反应型与挥发型混合的表面处理产品（参阅第 8 章“薄膜型表面处理产品”）。

改性清漆通常只限于简单的、装饰性的用途，因为相比硝基漆，它很难擦拭均匀，也不能为木料带来丰富的层次或深度，修复起来十分困难，并很难与染色步骤搭配。后催化漆在这类产品中用途较为多样，预催化漆与硝基漆很像，经常作为其替代品使用。如果你从未使用过任何此类产品，我建议你从预催化漆着手，观察其是否可以达到你的预期。然后逐渐过渡到使用难度更大的表面处理产品，以获得你需要的耐久性。

## 使用催化型表面处理产品

催化型表面处理产品干燥快速，所以基本上要使用喷枪喷涂。喷涂的方法与喷涂合成漆一样（参阅第 186 页“喷涂合成漆”）。但是这类表面处理产品有一些非常特别的地方，这种特别在喷涂改性清漆和后催化漆时尤其明显。

- 催化型表面处理产品的固体含量很高，因此与表面打磨过细的木料的黏合效果不是很好。所以，此时的打磨不应使用超过 220 目的砂纸，特别是对枫木、樱桃木这样纹理致密的木料来说。
- 表面处理产品中的酸可能导致某些染色剂变色，尤其是不起毛刺的染色剂。因此，在处理重要的制品之前，最好先在废木料上测试染色剂和表面处理产品混合后的效果。为了防止预期的颜色变色，可以使用乙烯基封闭剂封闭木料和染色涂层（参阅第 144 页“封闭剂和封闭木料”）。
- 必须按照厂家指示以正确的比例（催化剂比例通常为 3%~10%）加入酸性催化剂。如果添加的太少，涂层无法正常固化；如果添加的太多，薄膜会过早地开裂，并出现酸斑，油性残基会从固化的涂层表面溢出，并且每次擦除后都会再次出现（照片 12-1）。
- 尽管厂家减少了甲醛的含量，但是催化型表面处理产品仍然包含少量的有毒物质。你应该在高效喷漆房中或者佩戴有机蒸气防护面罩完成操作，保护自己。
- 催化型表面处理产品的适用期非常短，所以

### 优点和缺点

**优点**

- 对热、磨损、溶剂、酸和碱有极好的抗性
- 对水和水蒸气有极好的阻隔能力
- 固化速度非常快
- 与多数表面处理产品相比减少了溶剂挥发

**缺点**

- 含有有害的化学品和挥发物
- 通常很难与染色步骤同步
- 很难完成隐形修复
- 非常难于剥离

**照片 12–1** 以精确的比例混合双组分表面处理产品是至关重要的。否则，表面处理产品可能无法正常固化。因为催化剂在催化型表面处理产品中的比例通常只有 10% 或者更少，所以正确的混合比例就显得更为重要。即使出现 1%~2% 的误差，也会比表面处理产品从 2∶1 的混合比例变成 1∶1 时产生的差别更大

需要经常清洗设备。如果这种表面处理产品在喷枪、喷嘴或压力壶中留存几天时间，很可能会对其造成破坏，因为这类产品固化后是无法清除的。

- 只能用乙烯基封闭剂、催化封闭剂或表面处理产品本身制作封闭涂层。在其他表面处理涂层或打磨封闭剂上涂抹催化型表面处理产品会导致涂层之间结合力很弱或出现褶皱。褶皱通常出现在用催化型表面处理产品制作第二层涂层，而不是第一层时。如果染色剂、填料或釉层太厚，也会出现这个问题。
- 制作涂层通常会受到时间的限制。这个时间因厂家而异，但是很少超过 2 天。如果需要更长的时间完成装饰效果，则需要在相邻涂层间使用乙烯基封闭剂制作基面涂层（参阅第 82 页“基面涂层”）。
- 涂层厚度也有限制。如果改性清漆或后催化漆干燥后的厚度超过 5 mil（大约 3 层），涂层可能会开裂，这种开裂可能会在几个月后出现。预催化漆的容错性更高，但仍然需要避免涂层过厚（参阅第 134 页“固体含量和密耳厚度”）。
- 在制作涂层期间，以及之后的至少 6 小时内，温度应保持在 65 ℉（18.3℃）以上。否则，表面处理产品可能无法正常固化。

# 双组分聚氨酯

家居中心使用的“聚氨酯”是聚氨酯树脂和醇酸树脂的混合物。与之不同的是，双组分聚氨酯中的树脂是 100% 的聚氨酯，因此其保护性和

> 小贴士
>
> 使用“两杯”法混合环氧树脂表面处理产品，以避免表面处理产品因混合较差无法正常固化。将两种组分倒入一个桶中完全混合后，将混合物倒入另一个桶中，不要刮擦桶壁和桶底。然后将树脂和硬化剂搅拌几秒钟，这样就可以将两种组分彻底混匀了。

耐久性要比前者强得多，同时使用难度也更大。

双组分聚氨酯在美国已经使用多年，一直用于钢材的表面处理，最近几年才开始用于制作高固体含量、高性能的木料表面处理产品。双组分聚氨酯包含两种类型。

- 芳香族类产品更便宜，但是黄化更为明显，并且有效期较短。
- 脂肪类产品价格较高，但是完全不会变黄，而且可有效地防紫外线，有效期也较长。

实际上，这两种产品经常混合在一起销售，用于室内木料的表面处理，因为此时防紫外线的特性不那么重要，并且还会增加成本。

双组分聚氨酯比改性清漆具有更强的保护性和耐久性，但其价格较高。而且聚氨酯涂层不仅修复和剥离更为困难（打磨通常是将其去除的唯一方法），其有效期相比改性清漆也更短——通常只有 4 小时。双组分聚氨酯使用起来有一定难度，除非你有一条持续运转的表面处理生产线。

另一方面，双组分聚氨酯的混合比改性清漆更为简单，通常为 2 份尿烷与 1 份异氰酸酯混合，即使出现一些误差也不会造成明显的影响。同时，使用双组分聚氨酯几乎没有任何涂层厚度的限制，涂层也不会开裂，并且在任何时间都可以制作下一涂层，无须担心是否会造成之前的涂层起褶的问题。

与使用催化型表面处理产品一样，使用双组分聚氨酯也要小心，因为其中含有异氰酸酯，你需要在高效喷漆房中完成操作，或者佩戴合适的防护面罩提供保护。

# 交联型水基表面处理产品

对减少溶剂排放的日益重视，同时还需要涂层具有保护性和耐久性，这两点促使水基表面处理产品获得了更好的发展。在水基表面处理产品中添加交联剂或硬化剂可使涂层获得更好的保护性和耐久性。这些添加剂会促使液滴与液滴发生交联，从而使表面处理产品具有完全的反应性，而不是反应性和挥发性的简单组合（非交联型的水基表面处理产品即是如此）。这样产生的表面处理涂层虽然保护性和耐久性得到了增强，但仍然赶不上改性清漆和双组分聚氨酯。

不幸的是，常用的交联剂是氮丙啶，这是一种毒性很强的化学品。相比非交联型的水基表面处理产品，使用这种化学品增加了安全风险。混合这两种组分时，要注意保护你的手和眼睛，同时需要在通风良好的环境下操作。

有一些单组分的水基表面处理产品具有自交联机制，这类似于预催化漆。但是我不知道，厂家是否有区分这些产品的标准方法。事实上，非交联型（常见）和自交联型水基表面处理产品在标签上没有任何不同。当然，双组分表面处理产品鉴别起来很容易，因为它们含有两种成分。

双组分和自交联的表面处理产品的使用方法与非交联型水基表面处理产品完全相同（参阅第 218 页“刷涂和喷涂水基表面处理产品”）。不幸的是，所有含水的表面处理产品都会导致相同的问题（参阅第 216 页“水含量”）。

# 环氧树脂

环氧树脂非常黏稠，所以使用时需要直接倾倒而不是刷涂或喷涂。这是环氧树脂与本书中提到的其他表面处理产品最大的不同之处。因为黏稠度和其自身的双组分固化特性，环氧树脂涂层可以涂抹得非常厚——每层的厚度可以达到 1/16 in（1.6 mm），因此能够形成阻隔水蒸气的非常有效的屏障。可以用环氧树脂将小木板和从树上切下的木皮黏合到胶合板或中密度纤维板上，做出镶木地板的设计效果，并能很好地防止由木料形变导致的木板开裂和分离。环氧树脂还可用于制作酒店的餐桌和吧台，以及嵌入式的照片剪辑、报纸或其他相对平整的物品。

使用环氧树脂，首先要将两种组分在塑料桶中或一次性的无蜡纸上混合（照片 12-2）。按照从外周向中心的方式搅拌几分钟（照片 12-3）将其搅拌均匀（或者遵照厂家的指示）。偶尔在塑料桶的边缘刮一下搅拌棒的底部和侧面，将黏附其上的涂料清理干净，这样可以使涂料充分地混匀，并形成均一的黏稠度和透明度。要快速操作，因为在树脂开始固化之前，你只有 10~15 分钟的操作时间。

完成环氧树脂的混合后，将其倾倒在水平表面上，使用塑料刮板分散开，以形成厚度均匀的涂层（照片 12-4 和 12-5）。可以用嘴或吹风机吹气以消除气泡。用一次性刷子将流动至边缘的环氧树脂刷平，或者用遮蔽胶带贴在边缘处将其

**照片 12–2** 在塑料桶或无蜡纸容器中倒入等量的双组分环氧树脂（树脂和硬化剂）

**照片 12–3** 快速制作，彻底混合两种组分，从周边向中心搅动

**照片 12–4** 将混合物大胆地倒在待处理表面的中央。可以让其流淌至边缘，然后用一次性刷子将其刷平，或者将遮蔽胶带贴在边缘以隔离树脂

**照片 12–5** 用塑料刮板将树脂分散开。你不需要手动制作出非常光滑的表面，因为环氧树脂可以自行流布平整

隔离。使用遮蔽胶带的话，必须在环氧树脂固化前用丙酮将胶带上的树脂清洗干净。使用环氧树脂时还需要考虑到以下变化。

- 如果你想封闭面板的底面，则要在使用环氧树脂处理顶面之前完成封闭操作。
- 如果你想嵌入其他工件，首先要刷涂一层很薄的环氧树脂涂层，然后在其仍然黏稠时将工件放在涂层表面上。（第一涂层很薄同样有助于减少气泡生成，尤其是在处理孔隙较大的木料时。）
- 如果表面将来需要承受很多刮蹭，则要涂抹多层，每个涂层完成后等待 2~3 小时（或者遵照厂家说明），再涂抹下一层。
- 如果想要减少表面的划伤，应先用细砂纸轻轻打磨表面，然后涂抹一层聚氨酯清漆——因为它比环氧树脂更耐刮蹭。

13

# 水基表面处理产品

## 简介

- 什么是水基表面处理产品？
- 优点和缺点
- 水基表面处理产品的特点
- 使用水基表面处理产品的常见问题
- 刷涂和喷涂水基表面处理产品
- 乙二醇醚
- 水基表面处理产品适合你吗？

制作水基表面处理产品的技术已经存在了超过半个世纪，与制作乳胶漆和黄胶、白胶的技术相同。由于相比其他的表面处理产品制作费用更高且使用困难，水基表面处理产品的需求一直较小，直到最近，这种情况才得到改观。公众对空气污染的日益关注，促成了水基表面处理产品的需求增长。由于各地政府对表面处理产品的溶剂含量（挥发性有机物）或使用者可以排放至空气中的溶剂的量日益严格的法律限制，表面处理产品市场正在悄然发生变化。

如果这一趋势继续发展，你也许会在某天发现，硝基漆这样的高溶剂含量的表面处理产品将不再被使用，或变得不可用。但是这种局面还没有发生（可能永远也不会发生），即使你会听到关于溶剂类表面处理产品将要消失的传言，这种情况也不会很快出现。水基表面处理产品仍然只是我们在完成表面处理时的一种选择，而不是唯一的选择。

警告

在液态时混合不同厂家的水基表面处理产品是有风险的：混合物可能无法正常固化。为了获得最佳效果，厂家在不断地调整配方。水基表面处理产品目前还不是清漆和合成漆这样的、发展成熟的表面处理产品。

# 什么是水基表面处理产品？

我们常说的水基表面处理产品或水性表面处理产品实际上是由溶解在水中的丙烯酸和聚氨酯树脂制成的溶剂型表面处理产品。之所以称之为水基表面处理产品，是为了将其与其他不含水的溶剂型表面处理产品，诸如虫胶、合成漆和清漆等产品区分开来。真正的水基表面处理产品不适合家庭作业，因为它们遇水会溶解。

制作水基表面处理产品，需要先将丙烯酸和聚氨酯树脂制成微小的液滴（即乳胶），然后将其溶解在水中。通常还要在产品中添加一种比水挥发更慢的溶剂乙二醇醚（请参阅第 222 页“乙二醇醚”）。水挥发后，产品中的微小液滴会相互聚结（联合），溶剂会使产品变得黏稠。随着溶剂的挥发，这些液滴会黏合在一起并硬化，形成连续的薄膜涂层（请参阅第 140 页“联合型表面处理产品”）。一旦涂层固化，水就不会对其造成任何损伤，但大多数溶剂还是可以的。它们会破坏液滴间的黏合，使涂层重新变得黏稠——类似于乙二醇醚挥发之前的初始固化状态。

有些水基表面处理产品包含单独的“交联剂”或“硬化剂”，将其加入产品中可以增加涂层的保护性和耐久性。这种“双组分”表面处理产品通常只能在地板表面处理产品经销商和专业木工零售商处购买，或者邮购获得。有些水基表面处理产品则是本身包含交联成分。不幸的是，没有任何工业标准对这些产品加以区分，它们通常会被贴上与单组分表面处理产品相同的标签（请参阅第 12 章“双组分表面处理产品”）。

更糟糕的是，水基表面处理产品有时会被标记为“合成漆”“清漆”或“聚氨酯”，而这些名字体现不出任何与传统溶剂基的合成漆、清漆或聚氨酯产品的区别。厂家这么做是为了让大众熟悉水基表面处理产品，增强购买欲。但这些错误的标签会使那些毫无戒心购买产品的人产生巨大的挫败感。所有的水基表面处理产品，不论它们被贴上了何种标签，包含何种树脂，与传统的合成漆、清漆或聚氨酯相比，它们彼此之间更为相似（请参阅第 132 页“名字的含义”）。要仔细查看包装上的稀释剂或清洗剂名称。如果该项目是水，表明这是水基表面处理产品（请参阅第 218 页“刷涂和喷涂水基表面处理产品”）。

## 优点和缺点

**优点**

- 挥发型溶剂含量最少
- 无火灾风险
- 易于用刷子清理
- 不会变黄
- 非常耐磨

**缺点**

- 在深色或染成深色的木料表面呈现平淡无光的外观效果
- 在使用过程中对天气非常敏感
- 易导致木料表面出现毛刺
- 对高温、溶剂、酸、碱的耐性，以及对水和水蒸气的隔离效果只有中等水平（与硝基漆大致相当）
- 与溶剂基的表面处理产品相比，所有的装饰步骤操作难度更大

传言

水基表面处理产品几乎没有污染。

事实

实际上只是产品中的溶剂含量减少了。事实上，水基表面处理产品最高可以含有20%的溶剂，所以仍然会污染空气。而且它们比溶剂型表面处理产品更易污染水和土地。使用水基表面处理产品时，通常会在水槽里清洗刷子，这样洗掉的水基表面处理产品会直接进入排水系统，同时水基表面处理产品经常会用不具有生物降解特性的塑料容器包装。不管是思高还是其他品牌的人造磨垫都不可用于处理水基表面处理产品。因此，水基表面处理产品距离无污染还很远。

传言

水基表面处理产品是“安全”的。

事实

水基表面处理产品比其他大多数的表面处理产品更为安全，但并不是绝对意义上的安全。如果你在封闭的环境下使用过乳胶漆（实际上是含有色素的水基表面处理产品），则一定体验过涂料挥发的气味导致的头晕。因此，与使用其他表面处理产品时一样，你需要在通风良好的环境中操作，并佩戴防护面罩保护自己。

注意 ▼

大多数水基表面处理产品在罐中呈白色。这通常是溶剂基的溶质在水中乳化的结果。一些化妆品和家具抛光剂也存在这种现象。只要涂层不是太厚，白色会随着表面处理产品的固化而消失。

# 水基表面处理产品的特点

刚才提到，水基表面处理产品的保护性和耐久性会由于是否添加或本身含有交联剂或硬化剂而有所不同。大多数在涂料商店或家居中心购买的水基表面处理产品都不含有添加成分。因此，这些表面处理产品要比油基的清漆在防水、防水蒸气、防刮擦、耐溶剂、耐高温、耐酸和耐碱性能上弱一些，但通常与硝基漆的防护效果相当或比其略高（请参阅第233页“各种表面处理产品的对比”）。

所有的水基表面处理产品，无论是否含有交联剂，都具有以下三个共同特点：

- 比其他大多数的表面处理产品含有的溶剂量更少；
- 固化的涂层基本无色；
- 含有水，并可用水清洗。

## 溶剂含量

虽然溶剂含量最高可达20%，但水基表面处理产品的溶剂含量还是要比溶剂基的表面处理产品少得多。这意味着，挥发进入空气中的溶剂更少，因此可以减少污染，降低火灾和呼吸道疾病的发生风险。尽管减少空气污染是使用水基表面处理产品的出发点，也是行业以及大型橱柜和家具制造商使用此类产品的动机所在，但如果你是一名业余爱好者或者小型工房的所有者，降低火灾和健康风险是最直接的利益。水基表面处理产品的溶剂含量不足以让它在液体状态下燃烧，因此产生的气味更淡，并且相比油漆溶剂油（漆稀释剂）对呼吸系统的毒性更小。

专业表面处理师弃用合成漆、改用水基表面处理产品主要是基于气味和刺激性减弱的考虑。地板表面处理师的工作环境无法经常通风，因此他们很看重水基表面处理产品的这个特性。很多水基表面处理产品被作为地板表面处理产品进行推广就是这个道理。

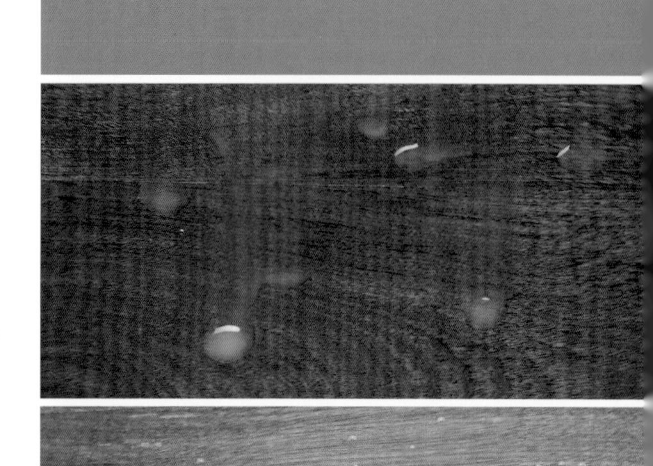

## 水基表面处理产品的颜色

在你看到水基表面处理产品对木料颜色的影响（照片 13-1）之前，可能不会注意到其他表面处理产品对木料颜色的影响。水基表面处理产品是无色或接近无色的。对有些表面，比如淡色的或经酸洗染白的木料表面来说，无色的表面处理产品非常有吸引力，可以说是梦寐以求的（请参阅第 252 页“酸洗”）。但对于胡桃木、樱桃木和桃花心木这些颜色较深的木料，颜色的不足会使木料看上去像是褪色了一般，毫无生气。有三种方法解决这个问题。

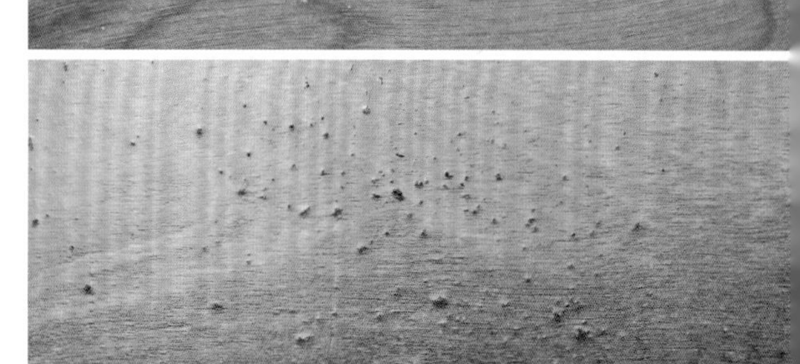

- 在做表面处理之前为木料染色。
- 在使用水基表面处理产品之前，先用其他表面处理产品封闭木料。
- 在水基表面处理产品中添加橙黄色的染料，模拟其他表面处理产品的颜色。有些厂家已经这样做了，这意味着在选择水基表面处理产品时你要特别小心。你应该不希望酸洗的木料被染色。

## 水含量

水基表面处理产品中含水是其与其他表面处理产品最大的不同。含水的产品非常吸引人，因为很好清洗，但是使用过程中的几乎所有问题也都是水造成的（参阅下一页“使用水基表面处理产品的常见问题”）。常见问题如下：

- 产生毛刺；

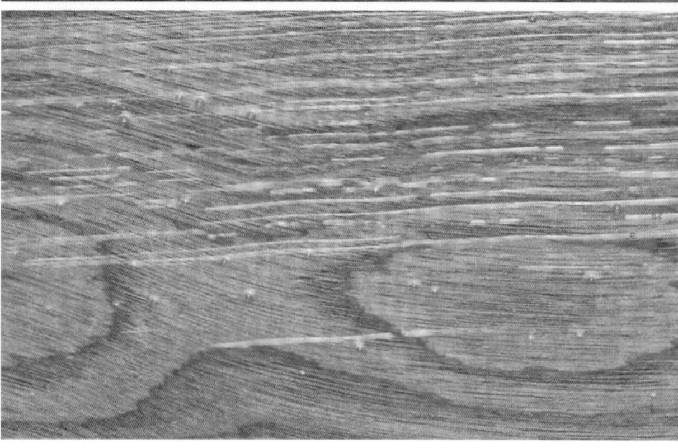

# 使用水基表面处理产品的常见问题

避免涂层过厚，避免在过冷、过热或潮湿的天气下使用水基表面处理产品，可以解决大多数的问题（有关刷涂和喷涂的具体问题，参阅第 36 页“常见的刷涂问题”和第 42 页“常见的喷涂问题”）

| 问题 | 原因 | 解决方法 |
| --- | --- | --- |
| 涂层出现了滚动和流挂，并呈现不透明的灰白色 | 水基表面处理产品经常会因为涂层过厚失去透明度 | 待滚动和流挂彻底固化后，将其刮去或打磨光滑，然后再涂抹一层 |
| 表面处理涂层中存在气泡或泡沫，并且气泡固化在涂层内部 | 可以用刷尖消除气泡 | 更轻柔地刷涂；使用尽可能稀的产品。如果气泡仍然出现，可以用蒸馏水或厂家指定的稀释剂（通常是丙二醇）将表面处理产品稀释 10%~20% |
| | 产品不适合刷涂 | 更换品牌，选择适合刷涂的产品 |
| 涂层固化时间过长，造成粉尘的吸附 | 天气太潮了 | 选择较干燥的日子，或者在空气流通良好的环境中操作。但这也容易导致粉尘的吸附 |
| 固化涂层从木料表面脱落 | 木料表面的其他物质（很可能是油基染色剂、膏状木填料或釉料）没有完全固化，妨碍了表面处理涂层与木料的黏合 | 剥离涂层、打磨木料，并避免使用含油的染色剂或产品，除非有充足的时间使其完全固化。或者，可以使用溶剂基的涂料（例如去蜡虫胶）制作基面涂层将其封闭 |
| 刚刚完成涂抹，涂层就出现了褶皱 | 表面处理产品太稠了 | 留出充足的时间让其固化。涂料通常会自行流布平整。如果涂层不平，将其打磨平整后使用更稀的涂料重新涂抹一层 |
| | 木料中存在硅酮或其他油 | 如果你足够快（涂层仍然湿润），可以用湿抹布洗去涂料，否则要使用漆稀释剂或漆剥离剂清除。用漆稀释剂彻底清洗木料并将其完全晾干，使用去蜡虫胶制作基面涂层。然后再次涂抹水基表面处理产品。更多相关内容参阅第 183 页“鱼眼与硅酮” |

# 刷涂和喷涂水基表面处理产品

水基表面处理产品的刷涂比清漆更难，喷涂也要比虫胶或合成漆更难。以下是使用水基表面处理产品的步骤。

1 将工件放在可借助反光观察操作的位置。

2 决定是否在使用水基表面处理产品之前去除毛刺（参阅第20页“去除毛刺”）。去除毛刺可以消除大多数凸起的木纤维，所以第一层涂料不会再次导致大量毛刺出现。

如果你决定不去除毛刺，可以在第一层涂料完全固化后对其进行打磨，将毛刺“埋”在涂料中。这也是最常用的方法。

3 如果水基表面处理产品出现了结皮的迹象，要用涂料过滤器或尼龙袜进行过滤。即使表面处理产品没有出现结皮迹象，这样做也是有益无害的。因为固化后的涂层中经常会出现一些小硬块。如果产品中含有消光剂，要确保在过滤前将其充分拌匀。

4 如果选择刷涂，要将待用的表面处理产品倒入广口的塑料或玻璃容器中，这样即使刷子上有污垢也不会污染全部的产品。

5 虽然可以用水将水基表面处理产品稀释10%~20%，使刷涂和喷涂更容易进行，但是最好不要这样做。

6 在木料表面刷涂（用泡沫刷、涂垫或人造毛毛刷）或喷涂薄薄一层水基表面处理产品（参阅第34页“刷子的使用”和第48页“使用喷枪”）。保持每个涂层很薄非常重要，尤其是在喷涂时。最初，涂层表面可能存在严重的橘皮褶。但是如果涂层很薄，它会在干燥的过程中自行变平整。

### 传言

用非常精细的砂纸（320目或更细）打磨木料可以避免出现毛刺。

### 事实

毛刺是木纤维吸水膨胀导致的，不管打磨的多细都会出现。更重要的是，连续打磨至320目的工作量非常大，还不如直接去除毛刺，或者将其埋入涂层中再打磨平整。

- 干燥时间问题（比合成漆慢，比清漆快）；
- 产生泡沫；
- 流平性差；
- 增加使用装饰效果的难度（染色、上釉、填充和调色）；
- 对天气敏感；
- 滚动和流挂增多；
- 锈迹。

以下是每种问题的解决方法。

**产生毛刺**。毛刺是最难处理的。如果染色剂或表面处理产品含水，就会导致木料产生毛刺。有些水基表面处理产品比其他产品产生的毛刺少一些，但是无法完全规避，所以必须予以处理。下面介绍4种处理方法。

- 在使用水基染色剂或表面处理产品之前去除毛刺（参阅第20页“去除毛刺”）。这个方薄涂层还可以减少垂直表面出现涂料滚动和流挂的可能。

7 等待表面处理涂层固化。根据环境温度和湿度的不同，通常 1~2 小时足够了。然后用 220 目或更精细的砂纸将涂层打磨光滑。即使之前已经为木料做了去毛刺处理，此时仍然会有一些毛刺出现。与其他表面处理产品一样，你会发现，如果第一涂层非常薄，毛刺非常容易去除，当然，要保证涂层已经完全固化，并使用硬脂酸盐（干润滑）砂纸进行打磨。

8 用刷子、吸尘器、压缩空气或蘸水的抹布去除粉尘。不要使用粘布，因为油性残基会干扰下一层的涂抹。

9 涂抹第二层薄涂层。如果选择刷涂，要快速操作。因为水基表面处理产品会迅速变黏，尤其是在温暖干燥的环境中。要避免反复涂抹，因为这会产生泡沫。如果出现了泡沫，要用干净的抹布擦干刷子，然后用刷子的尖头消除泡沫，将涂层表面抹平。

### 传言

使用硬脂酸盐（干润滑）砂纸打磨水基表面处理涂层时会导致鱼眼（参阅第 183 页“鱼眼与硅酮”）。

### 事实

当然不会。硬脂酸盐砂纸使用的润滑剂不会影响下一涂层的涂抹。但无论如何，都应该在每层的打磨工作完成后去除粉尘。

10 根据需要涂抹剩余涂层，只有在你想要去除吸附的粉尘或瑕疵时，才需要打磨涂层。水基表面处理产品有很高的固体含量，所以涂层固化的速度非常快。通常 2~3 层涂层已经足够了，除非你想要用表面处理产品填充孔隙（参阅第 118 页“用表面处理产品填充孔隙”）。

11 当你对涂层厚度满意时，将工件静置在一边，或者使用砂纸、合成研磨垫或研磨膏打磨涂层（参阅第 16 章“完成表面处理”）。

法的问题在于，会显著增加木料表面预处理的工作量。

- 减少染色剂或表面处理产品的渗透深度。将染色剂或用于第一涂层的表面处理产品以雾状方式喷涂在木料表面，这样涂层干燥的速度非常快。或者使用较稠的染色剂或表面处理产品（参阅第 70 页“浓度”）。这种方法的风险在于，会导致涂层色彩不够鲜明以及与木料之间的黏合力减弱。
- 用第一层涂料埋住毛刺，然后将其打磨光滑。举个例子，如果染色剂导致出现了毛刺，先不要处理，而是涂抹一层封闭涂层，然后将封闭涂层打磨光滑。很多专业的表面处理师使用这种方法。
- 使用混合体系。涂抹油类或合成漆类的染色剂和溶剂型的封闭剂，然后在其上涂抹水基表面处理产品。注意，溶剂基的染色剂和封闭剂可能会带来一些黄色。这个方法被广泛用于工业生产。

**干燥时间**。水基表面处理产品的干燥速度比合成漆要慢，比清漆要快。与合成漆相比，水基表面处理产品会吸附更多的粉尘，并且更容易在垂直表面出现滚动和流挂现象。相比清漆，水基表面处理产品在刷涂宽大表面时难度更大。

### 传言

水基表面处理产品相比溶剂基表面处理产品的优点是方便清洗。

### 事实

这对刷子来说可能是正确的，但是对喷枪来说却并非如此。溶剂基的表面处理产品，比如合成漆，可以通过喷洒溶剂来清洗喷枪。水基表面处理产品会在喷枪内变得黏稠，需要将其拆开才能清洗。

唯一可以加快干燥速度的方法是加热或加快空气流动。工厂将完成处理的制品放在烘箱内加速涂料的固化。你可以使用风扇简单地加快空气流动，但这样做也有问题，因为很难控制扬尘。另外，可以通过添加缓凝剂减缓干燥速度。一些厂家提供的缓凝剂或流动添加剂是丙二醇，这种

### 注意 ▼

一些水基表面处理产品可以很好地黏合在某些尚未固化的油基染色剂涂层表面，但是，这种匹配必须在尝试之后才能知道。关键在于表面处理产品使用了何种树脂和溶剂，以及染色剂中的油性成分的含量。为了测试黏合效果，需要首先在废木料上涂抹染色剂和表面处理产品。待干燥几天后，用刮刀制作出交叉划痕，划痕约为 1/16 in（1.6 mm）宽，1 in（25.4 mm）长。在其上贴上遮蔽胶带并快速拉起。如果表面处理涂层黏合得很好，划痕仍会保持得非常整齐，只有一点儿甚至没有表面处理产品粘在胶带上。

**照片 13–1** 在所有的表面处理产品中，水基表面处理产品的色彩丰富度很差。通过上面的样品对比很容易发现这一点。左侧是胡桃木上水基表面处理产品和硝基漆的处理效果，右侧是枫木上水基表面处理产品和清漆的处理效果

产品不大可能在家居中心或涂料商店买到。（作为防冻剂的乙二醇也能发挥一定的作用，但是通常包含染料成分，而且染料的颜色往往不适合木料，比如蓝色或绿色。）

**泡沫问题**。现在产品的泡沫问题并不严重。也许你听人说过，现在的水基表面处理产品比其刚出现时好了很多，其中一个进步就是泡沫减少了。但如果用刷子过度刷涂（反复刷涂），仍可能会出现泡沫。如果始终不能避免泡沫出现，你需要尝试换用其他品牌的产品。

**流平性差**。厂家对水基表面处理产品的另一项改进是流平性的提高。但是需要注意，流平性不会立刻体现出来。喷涂后的表面处理涂层可能会出现橘皮褶，刷涂后的涂层可能存在明显的刷痕，但是这些都会在涂料的固化过程中逐渐消失（照片 13-2）。

**装饰性操作有难度**。相比其他溶剂基的表面处理产品，使用水基表面处理产品时，所有装饰性操作的难度更大。这些操作包括染色、上釉、填充和调色。水基的染色剂、釉料和膏状木填料干燥速度过快，很难用在宽大的表面上。可以添加缓凝剂（丙二醇）减缓干燥速度，但是这会造成产品的稀释，而且加入的溶剂成分也是你在选择水基表面处理产品时想要避开的（参阅第 128 页“使用水基膏状木填料”）。你也可以使用混合体系，即在使用水基表面处理产品之前，以及使用水基表面处理产品的每一步之间，用溶剂基的产品和封闭剂制作基面涂层。当然，这其中涉及溶剂的使用。

调色是个问题，因为你无法用大量的水稀释水基表面处理产品，而大量的水会导致涂层表面出现液滴，类似于水在蜡质表面的状态。因此调色剂可能会很稠，并且会增加涂层的厚度，而这不是你希望看到的（参阅第 250 页“调色”）。

警告 ▼

水基表面处理产品易于冻结并因此受损，视觉上的指示是，表面处理产品在环境温度下处于凝结状态。确保将表面处理产品保存在室内，并且温度不会太低使其受冻。此外，在冬天运输时也要小心。

**照片 13-2**　水基表面处理产品在刚完成喷涂时会出现严重的橘皮褶（左图）。你可能会认为涂层的厚度不够，因此尝试喷涂更多的表面处理产品。不要这么做，水基表面处理产品会在固化过程中自动流平（右图）

## 乙二醇醚

相比油漆溶剂油、酒精和漆稀释剂，你肯定对乙二醇醚不是很熟悉。乙二醇醚溶剂在涂料店很难见到，并且很少出现在有关表面处理的书籍和杂志中。

乙二醇醚是很多溶剂的“姓”，这与“石油馏出物”类似。乙二醇醚是由乙醇与环氧乙烷或环氧丙烷反应获得的。典型的二醇醚是乙二醇单丁醚（丁基溶纤剂）和丙二醇单甲醚。各种溶剂的差别主要体现在溶解强度和挥发速率上。

乙二醇醚溶剂非常特别，因为它与水和很多溶剂是互溶的。它挥发很慢，能够软化大多数树脂，并且可以溶解合成漆。这些特点使得它对水基表面处理产品来说很有用，因为它的挥发速率比水还要慢，同时可以使树脂变得黏稠，也可用作合成漆的缓凝剂。乙二醇醚也可以溶解不起毛刺染料，这样的染料可以使用很多液体稀释，比如酒精、水、丙酮和漆稀释剂。

乙二醇醚分为两大类——乙烯基类和丙烯基类。半个世纪以来，乙烯基类产品一直居于统治地位。但是它比丙烯基类产品毒性更强，所以现在丙烯乙二醇醚得到了更广泛的使用。如果能够从表面处理产品厂家或化学品商店买到乙二醇醚，你应当选择丙烯基类产品，尤其是在你的工房没有良好的换气系统时。

你可以改为喷涂染色剂,但是当你自制调色剂时，很难控制颜色或颜色的强度。

**对天气敏感**。水基表面处理产品对天气非常敏感，并且能够应对天气变化的溶剂也是少之又少。即便如此，使用水基表面处理产品的好处还是很明显的，因为其溶剂含量较少。

工厂和大型工房通过控制室内的温度和湿度规避这个问题。如果你是一个小型工房的专业人员或者只是一名爱好者，是不大可能做到这一点的。面向小型工房和爱好者的水基表面处理产品的厂商尝试在良好的表面处理效果与适应不同天气条件中寻找结合点。如果你生活在非常干燥或潮湿的地区，或者需要在低温或高温条件下使用水基表面处理产品，则可能会遇到流动或泡沫问题。为了更好地控制工房内的温度和湿度，在一个较好的天气操作，或者更换产品品牌，看看其是否较为适合你所在的地区。

**增加滚动和流挂**。为了避免水基表面处理产品出现滚动和流挂，可以制作很薄的涂层，或者使表面处理产品变稠（比如，黏稠的乳胶漆很难出现滚动）。使用黏稠的表面处理产品的问题在于，涂层的流平性不好。因此，在操作过程中借助反光观察表面处理的完成情况，及时刷平任何可能的滚动和流挂非常重要。

可以非常灵活地处理出现的滚动和流挂，是水基表面处理产品与合成漆相比最为突出的优点之一。具体解释参阅第 174 页“漆稀释剂”。

**锈迹**。在使用水基表面处理产品时，应尽量避免其与金属接触，否则出现的锈迹会导致表面处理涂层出现深色的印记。你无法将其去除，只能剥离涂层后重新处理。为此，你需要注意以下几点。

- 避免在水基表面处理产品的操作过程中使用钢丝绒，直至完成所有涂层。
- 避免使用有黑色金属部件的喷枪（铝制喷壶则没有问题）。
- 在使用水基表面处理产品之前，要对任何在使用溶剂基的表面处理产品时用到的金属部件做封闭处理。
- 对任何罐口出现锈迹的水基表面处理产品进行过滤。罐口的锈迹是由于盖子反复开合导致的涂层脱落造成的。

警告

如果你准备使用水基表面处理产品、水基染色剂或者其他含水的产品时，一定不要使用钢丝绒。任何残留在表面的碎屑都会导致锈斑并留下黑色的斑点。如果不想使用砂纸，你可以使用合成研磨剂，例如思高研磨剂。

# 水基表面处理产品适合你吗？

与其他表面处理产品相比，水基表面处理产品远远不够成熟。它正在经历改变。很多研发工作致力于提升其性能，特别是克服含水导致的问题。除了少数例外，做出的改进都来自原材料的生产厂家，而不是表面处理产品的生产厂家。理论上，表面处理产品的生产厂家可以获得所有的改进，但他们要基于产品成本和市场的发展情况决定，是否需要引进这些改进的技术。这就导致不同品牌的产品存在很大差异。这不是秘密，因为生产厂家经常这样声称。你会发现，相比其他产品，某个品牌的水基表面处理产品更适合你。这种情况要比使用其他类型的表面处理产品时更为明显。

在写作这本书的时候，只有很少的工厂、工房和爱好者使用水基表面处理产品，你也可以从木工杂志上了解到这一点。

对于橱柜和家具行业，使用水基表面处理产品主要是为了遵守当地的空气污染防治法规。小型工房的专业人员使用水基表面处理产品主要是为了避免有毒的漆稀释剂的蒸气。个人使用水基表面处理产品是因为其气味不大并且容易清洗刷子。一些使用喷枪的业余爱好者使用水基表面处理产品的原因与小型工房一样。没有喷枪的木匠似乎仍然喜欢使用油与清漆的混合物、擦拭型清漆和凝胶清漆制作色彩丰富的涂层，而且擦拭型清漆、凝胶清漆和聚氨酯清漆不仅颜色丰富，还能提供更好的耐久性。这类人群似乎很少使用水基表面处理产品。

14

# 选择表面处理产品

## 简介



在谈到表面处理时你最常听到的问题就是“你用的是什么表面处理产品啊？”这个问题让人觉得存在一种“最好的”表面处理产品——一种适合所有情况的产品。但不幸的是，并没有这样的产品。只有在特定条件下，相对更为适合的产品，而具体选择还要取决于你对品质的要求（参阅第 233 页“各种表面处理产品的对比”）。为特定的制品选择表面处理产品，应该把下面的要素考虑在内。

- 外观
- 保护性
- 耐久性
- 易操作性
- 安全性
- 可逆性
- 可擦拭性

# 外观

有 3 种因素会影响到最终表面处理的外观：潜在的成膜性、清晰度和颜色。第 4 种因素是光泽度，但它不是由选择的表面处理产品决定的，主要取决于是否添加了消光剂成分（可以降低光泽度的固体颗粒）。具体讨论参阅第 138 页“使用消光剂控制光泽”。

## 成膜性

成膜性，或者说建立在木料表面的涂层厚度，会极大地影响木制品的外观。蜡和包含纯油的表面处理产品（亚麻籽油、桐油和油与清漆的混合物）都很难固化，所以只能在木料表面薄薄地涂上一层。这层很薄的涂层使木料保留了“自然”效果或者非常接近木料原色的外观，此时木料表面的孔隙看起来像是打开的，并且边界非常清晰（尽管已经做了封闭处理）。薄膜型表面处理产品（包含虫胶、合成漆、清漆、双组分表面处理产品和水基表面处理产品）都可以在木料表面建立较厚、较硬的涂层，但这些产品也可以涂抹得很薄，产生类似油和蜡的表面处理效果。比如，斯堪的纳维亚柚木家具的表面处理是涂抹了若干层非常薄的改性清漆（不是油）做出来的，但人们普遍认为这种家具是用油做的表面处理。

因此，你可以选择任何一种表面处理产品制作薄薄的涂层，呈现出接近木料原色的外观。但如果需要建立具有保护性的涂层，必须使用薄膜型表面处理产品（照片 14-1、14-2 和 14-3）。如果在橡木和桃花心木这样孔隙较大的木料表面直接涂抹薄膜型表面处理产品，由于涂层只能覆盖孔隙周边（孔隙看上去是凹陷的），会使木制品看上去很廉价。如果首先将孔隙填平，并在涂抹表面处理产品后对涂层进行擦拭和抛光处理，使其呈现出均匀的光泽，可以使表面处理效果看上去非常高雅，并且层次丰富。

## 清晰度

表面处理产品的清晰度也是要考虑的重要因素，但你很难直接看出区别，只能通过将两块完成表面处理的木板放在一起对比得出结果。脱蜡虫胶、合成漆以及醇酸树脂清漆是最为透明的表面处理产品，可以使木料看起来非常有层次感。含蜡虫胶、油基聚氨酯、水基表面处理产品以及大多数双组分表面处理产品则是透明度最差的表面处理产品。在一些极端条件下，这些表面处理产品形成的涂层甚至看起来有些模糊。

## 颜色

除了蜡和水基表面处理产品，其他表面处理产品都会为木料增添一点暖色调。蜡只能增加光泽，不能加深颜色。水基表面处理产品则偏冷色调。合成漆和大多数的双组分表面处理产品会增加一定程度的黄色。任何含油的表面处理产品，包括清漆，都会给木料增添一点黄色（实际上是橙色），并且这些颜色会随着时间的推移越来越明显。金色虫胶和透明虫胶也像合成漆一样，可以为木料添加一定程度的黄色，橙色虫胶则可以为木料添加一些橙色（第 228 页照片 14-4）。对深色的或者被染成深色的木料来说，变黄不是问题。而且，它使木料的色调看上去更温暖，起到了加分的效果。但是对颜色很浅或者经过酸洗漂

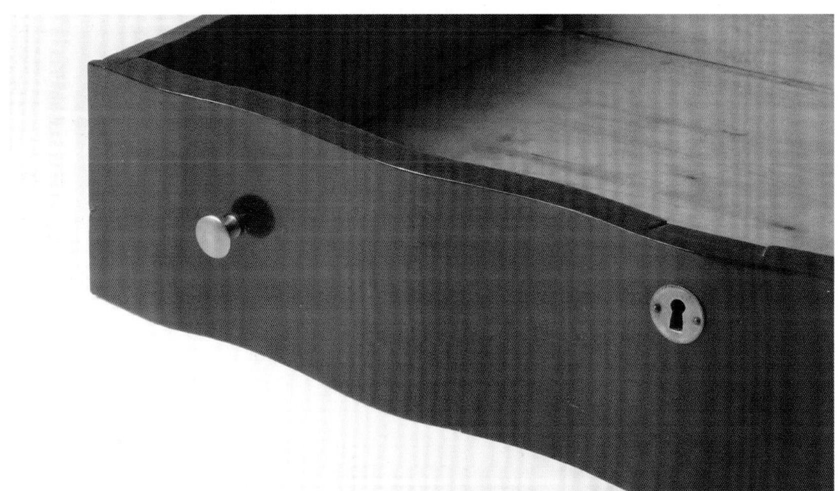

**照片 14–1、14–2、14–3** 表面处理的完成方式也可以使木料的外观看上去非常不同。桃花心木与胡桃木桌面（上图）涂抹了多层擦拭型清漆，并打磨平整；由于只对孔隙进行了部分填充，所以木料仍然呈现出了天然的外观效果。这个桃花心木贴皮的抽屉（中图），木料的孔隙都被填平，木料表面经过法式抛光显得非常光亮，这使抽屉的外观看上去非常精致，并使木料看起来非常有层次感。这个橡木桌面（下图）被涂上了厚厚的涂料，但涂料只覆盖了孔隙的周边，使这个桌面看起来非常廉价，不上档次

**照片 14–4** 大多数表面处理产品都会对木料的颜色产生一定影响，其中有些影响比较明显。上图从左至右分别展示了在胡桃木表面，蜡、水基表面处理产品、硝基漆、聚氨酯清漆和橙色虫胶呈现的颜色

白的木料来说，发黄的颜色令人反感。

# 保护性

表面处理产品可以减缓水或水蒸气的渗透，保护木料和胶合部位。对桌面来说，防止水的渗透是选择表面处理产品的重要考虑因素。防止水蒸气渗入也是为所有木制品进行表面处理最重要的原因之一。如果木料与空气之间存在过多的水蒸气交换，不仅会导致接合失败，甚至可能造成单板的分离（参阅第 1 章“为什么木料必须做表面处理？”）。

对水和水蒸气的防御功能不仅与表面处理产品的类型有关，还取决于表面处理涂层的厚度。有两种主要的清漆——醇酸树脂清漆和聚氨酯清漆，如果涂抹得足够厚，水和水蒸气基本是无法渗透过去的，但如果像擦拭型清漆那样，只是薄薄地涂抹一层的话，其防水能力会大大降低。蜡的话，如果将其作为擦拭型表面处理产品使用，基本无法防止水和水蒸气的渗透，但是在刚裁切好的木板的端面涂上厚厚的一层蜡是可以非常好地隔绝水和水蒸气的。同理，所有含有纯油的表面处理产品对水和水蒸气的防御能力都很弱，因为它们形成的涂层都非常薄。

在所有薄膜型表面处理产品中，反应型表面处理产品对水和水蒸气的防御效果是最好的。虫胶也能有效地防御水蒸气，但是它的防水效果很差。合成漆和水基表面处理产品的防水蒸气效果是最差的。

# 耐久性

表面处理涂层的耐久性基本可以精确地按照交联型和非交联型表面处理产品进行划分（参阅

第 8 章“薄膜型表面处理产品”）。交联型表面处理产品（清漆和双组分表面处理产品）做出的涂层要比非交联型表面处理产品（虫胶和合成漆）的涂层耐用得多。油和油与清漆的混合物虽然是交联型的，但它们的涂层固化后非常软。水基表面处理产品在液滴内存在交联，但是液滴之间的结合力很弱。考察表面处理产品的耐久性有两个重要方面：

- 耐磨耐刮；
- 对溶剂、酸、碱和高温的耐受性。

## 耐磨耐刮

这个特性是最受欢迎的，它已经成了一款表面处理产品最重要的特性之一。涂层最为耐磨的表面处理产品包括双组分表面处理产品、油基聚氨酯产品以及水基聚氨酯产品。（虽然水基聚氨酯不能通过交联固化，但其每一个液滴全都是由交联的树脂组成的。）涂层最不耐磨的产品就是蜡以及含油的表面处理产品。醇酸树脂清漆与水基丙烯酸表面处理产品形成的涂层要比虫胶和合成漆涂层更为耐磨。对地板和桌面来说，涂层的耐磨性是非常重要的考虑因素。

## 对溶剂、酸、碱和高温的耐受性

这 4 种特性通常是一体的。如果表面处理涂层很容易被溶剂破坏，同样也会很容易受到酸、碱以及高温的破坏。蜡、虫胶、合成漆和水基表面处理产品都易受到溶剂、酸、碱以及高温的破坏，而清漆和双组分表面处理产品对溶剂、酸、碱以及高温都有非常强的耐受性。含油的表面处理产品对溶剂、酸、碱和高温的耐受性介于两类产品之间。油类表面处理产品虽然在固化时会发生交联，但形成的涂层还是要比清漆和双组分表面处理产品涂层更易受到损坏。在为工作台面和桌面选择表面处理产品时，对溶剂、酸、碱和高温的耐受性是重要的考虑因素。

# 易操作性

表面处理产品是否易于使用主要取决于两个因素：

- 是否可用于喷涂设备；
- 表面处理产品的固化速度。

## 喷涂设备

有喷涂工具的帮助，所有的表面处理都更容易完成（即使是蜡，有些公司也提供了稠度合适、可持续喷涂的产品）。如果没有喷涂设备，油、油与清漆的混合物、擦拭型清漆和凝胶清漆使用起来最为简单。

由于快干的虫胶、合成漆、水基表面处理产品和双组分表面处理产品可用于喷涂设备，使处理过程变得简单，所以大多数专业的表面处理师一般不会选择其他的表面处理产品。这 4 种表面处理产品几乎能够满足表面处理师对各种个性化处理效果的要求。

## 固化速度

除非擦除了所有多余的涂料，否则涂层会固化得很慢。无论涂层是用何种方式建立的，固化速度慢都会带来问题。因为粉尘有时间落在涂层表面并嵌入其中。另一方面，如果涂层固化得很快，那用刷子刷涂就会很困难，因为刷完一道之后，当你刷下一道与之重叠的涂料时，之前刷完的那道涂料可能已经发黏了，这会导致涂层出现拖尾的痕迹。

即使在没有刷涂工具的情况下，使用油、油与清漆的混合物、擦拭型清漆以及凝胶清漆也是比较简单的，所以一般人不太乐意去尝试其他的表面处理产品。

# 安全性

安全性包含 3 个方面的内容：

- 表面处理师在操作过程中的安全；
- 使用过程对周围环境的安全性；
- 如果需要食物或嘴部接触木制品的表面，要保证最终用户的使用安全。

## 表面处理师的安全

除了水基表面处理产品之外，其他所有的表面处理产品都是可燃或易燃的，所以千万不要让它们接近明火或者任何可能出现火花的地方。

除了纯油，包含水基表面处理产品在内的所有表面处理产品都含有溶剂。这些溶剂会损害健康。很多表面处理产品的气味也会让人感觉不舒服。无论使用何种表面处理产品，都应该保证工作环境的空气流通，使你能够呼吸到相对干净的空气。如果你在一个相对封闭的环境中操作，使用有机蒸气防护面罩会有帮助，但是如果时间过长，面罩会逐渐失去效用，只能带给你虚假的安全感。如果你能透过面罩闻到溶剂的气味，说明存在泄漏情况，或者滤芯已经失效，需要更换。真正可靠的面罩是那些能够提供来自外部新鲜空气的产品（累赘的颗粒型面具对溶剂烟雾没有任何防护作用）。

对健康伤害最小的表面处理产品是熟亚麻籽油、桐油、水基表面处理产品和虫胶。亚麻籽油和桐油不含溶剂；水基表面处理产品只含有很少的溶剂；经酒精溶解的虫胶，只要不饮用或吸入过量的蒸气，也是比较安全的。

## 对环境的安全性

所有的溶剂都会挥发到空气中。其中一些已被证明是导致空气污染的因素。很多国家和地区都颁布了相关法律，旨在限制表面处理产品中溶剂的含量或稀释剂的用量。这些法律主要针对一些大型用户，很少会针对业余爱好者或者小规模的专业用户。这些法律的初衷是为了推动那些大型工厂或者工房把溶剂基的表面处理产品替换为水基表面处理产品。HVLP 喷涂技术也能减少溶剂的排放。

石油馏出物和漆稀释剂是表面处理产品中常用的溶剂——分别用于清漆和合成漆中，它们的问题最为严重。酒精（虫胶溶剂）和乙二醇醚（常用于水基表面处理产品）也会造成污染。不过虫胶似乎不太起眼，水基表面处理产品中含有的溶剂量则不超过 20%（参阅第 231 页“处理废弃溶剂”）。

## 对用户的安全性

有些木工杂志一直宣称，表面处理产品与食

# 处理废弃溶剂

对业余爱好者和小型工房的专业人士来说，处理废弃溶剂是个大问题。

将废弃溶剂封闭在旧的涂料罐子里扔进垃圾桶并不是个好主意，并且这在大多数地方是违法的。它们会与其他来源的脏溶剂一起渗入地下，污染城镇的地下水。把溶剂倒入下水道或者倒在草坪里也存在同样的问题，通常也是违法的。

废弃溶剂的来源分为两类：主要来源与次要来源。主要来源包含需要完成大量表面处理工作的大型工房和工厂，以及家具涂层剥离工房，而次要来源主要包括业余爱好者和一些小型专业工房。

作为废弃溶剂主要来源的工房和工厂有两种选择处理掉废弃溶剂：循环使用废弃溶剂，或者雇用废弃溶剂处理公司进行处理。

为了循环利用溶剂，可以使用循环器——一种类似蒸馏器的装置。废弃溶剂被放入一个封闭容器中煮沸，蒸气经过冷凝重新形成纯溶剂。固体残留物则可以扔进垃圾桶。可用的循环器的尺寸可以小至2 gal（7.6 l），但即使是这样的小型循环器，其价格也十分昂贵。不过，如果需要做大量的喷涂或剥离工作，你在溶剂上节约的成本可以很快收回在循环器上的投资，并且不会造成浪费。

如果没有循环器，你需要雇佣一些拥有特别许可证的专业人员把收集起来的废弃溶剂送至有毒废物处理站。这种方法花费很高，并且可能需要你为这些废弃溶剂所造成的危害永久负责！

业余爱好者和小型工房的选择同样不多。这里给出了一些建议。

- 循环利用溶剂。把油漆溶剂油、漆稀释剂或者任何溶剂分开盛放在不同的容器中。如果存在固状物，则要使之沉入罐底。然后倒出溶剂，再次将其用于清洁操作。
- 尝试联络当地需要溶剂的用户，比如大型家具厂或者汽车车身补漆店，让他们回收你的废弃溶剂，与他们的自有溶剂混合使用。当然，他们需要付些钱。如果你有一些这样的联络人，可以和他们达成交易。
- 收集废弃的溶剂并储存起来，直到你的镇子或村子定期收集危险废物的日子到来。
- 如果上述方法都不能奏效，还有两种选择。可以把装有废弃溶剂的容器打开，任由其在工房挥发（防止宠物和孩童接触），或者把废弃溶剂倒在阳光下的水泥地上或将其喷到空气中（除非当地明确规定这是违法的）。如果这样的操作方法让你觉得很困扰，你可以安慰自己：这样做与完成表面处理后任由溶剂挥发到空气中造成的污染并无不同。

物和嘴部的接触不是什么大问题，还有一些生产商会把它们的擦拭型清漆标记为“沙拉碗表面处理产品”。事实上，只要表面处理产品是清洁的且完全固化，那么它与食物或嘴部的接触不会存在安全问题。经验法则是固化 30 天，但是如果在温暖的环境中，固化时间会相应缩短（参阅第 96 页“食品安全的传言”）。

# 可逆性

可逆性是指易于修复和剥离表面处理涂层。可逆性与耐溶解性和耐热性是相反的。虫胶和合成漆是最容易修复或剥离的表面处理产品，同时它们的耐溶解性和耐热性是最弱的（参阅第 19 章“表面处理涂层的修复”）。因此，在选择易于修复和剥离的表面处理产品的同时，必须权衡对表面处理产品的耐溶解性和耐热性的需要。

油类表面处理产品也很容易修复和剥离，但是这并不是因为它们的可逆性。它们易于修复是因为它们形成的涂层很薄。在未经处理的区域和划痕表面擦拭更多的油，同时因为其达不到薄膜涂层的厚度，所以损伤很快就看不到了。当然，薄薄的油类表面处理涂层也很容易剥离。

# 擦拭质量

表面处理产品具备两种特质，使其能够轻易地经擦拭形成均匀的光泽：固化后很硬，且多个涂层之间相互渗透溶解形成单一涂层的能力。这两种特质都是表面处理产品固化过程的体现。

## 硬度

有些表面处理产品凝固后很硬，有些则很坚韧。你必须搞清楚这两者的区别。为了准确理解硬度的概念，你可以想象一下板岩：易碎并且容易划伤。

虫胶和合成漆属于干燥后非常硬的类型。想要了解坚韧，可以想象一下汽车轮胎，很难被刮伤。清漆、双组分表面处理产品和水基表面处理产品则属于固化之后非常坚韧的类型。擦拭型表面处理产品需要用研磨料刮蹭表面以获得理想的光泽度，固化后很硬的涂层容易获得较好的擦拭效果，但固化后很坚韧的涂层很难通过擦拭获得想要的光泽度。

当然，所有的表面处理涂层都可以用钢丝绒或研磨膏擦拭。有些表面处理产品比其他表面处理产品更容易通过擦拭得到均匀的光泽。

## 多层涂层融合在一起

在擦拭涂层的时候，你会擦掉一些表面处理产品。如果擦掉了足够多的产品，最上面的涂层会在很多位置被磨穿，并在磨穿区域周围留下可见的痕迹。有些挥发型表面处理产品，比如虫胶和合成漆，形成的某个涂层是无法磨穿的，因为不同的涂层已经彼此溶解在一起了。清漆和双组分表面处理产品这样的反应型表面处理产品形成的涂层则可以磨穿多层，水基表面处理产品形成的涂层同样可以磨穿多层，具体状况取决于表面处理产品的配方，以及表面处理涂层之间的涂抹间隔时间。

# 各种表面处理产品的对比

| | 蜡 | 含油表面处理产品 | 虫胶 | 合成漆 | 清漆 | 双组分表面处理产品 | 水基表面处理产品 |
|---|---|---|---|---|---|---|---|
| **外观** | | | | | | | |
| 成膜性 | 0~1 | 0~1 | 1~5 | 1~5 | 1~5 | 1~5 | 1~5 |
| 清晰度 | 4 | 4 | 3~5 | 5 | 4~5 | 4 | 3~4 |
| 不黄变 | 5 | 1~2 | 1~4 | 3~4 | 1~2 | 4 | 5 |
| **保护性** | | | | | | | |
| 防水 | 0~1 | 0~2 | 2 | 3 | 4~5 | 5 | 3 |
| 防水蒸气 | 0~1 | 0~1 | 5 | 3 | 4~5 | 5 | 3 |
| **耐久性** | | | | | | | |
| 耐磨耐刮 | 0 | 0 | 3 | 3 | 4~5 | 5 | 4 |
| 耐溶剂与化学品 | 0 | 3 | 1 | 2 | 4~5 | 5 | 2 |
| 耐高温 | 0 | 3 | 1 | 2 | 4~5 | 5 | 2 |
| **易操作性** | | | | | | | |
| 刷子或布 | 3 | 5 | 3 | 1~3 | 5 | 1 | 3 |
| 喷枪 | 3 | 5 | 4 | 5 | 4 | 4 | 4 |
| 粉尘问题 | 5 | 5 | 4 | 4 | 0 | 4 | 3 |
| **安全性** | | | | | | | |
| 健康 | 5 | 3~4 | 4 | 2 | 3 | 0 | 4 |
| 环境 | 4~5 | 1~5 | 4 | 0 | 1 | 0 | 4 |
| 食物接触安全性 | * | * | * | * | * | * | * |
| **可逆性** | | | | | | | |
| 修复性 | 5 | 5 | 4 | 4 | 1~2 | 0 | 3 |
| 剥离性 | 4 | 3 | 5 | 5 | 2~3 | 0 | 4 |
| **可擦拭性** | 不适用 | 不适用 | 4 | 5 | 3 | 3 | 3 |

说明：0= 很差，5= 最好

注：* 表示所有的表面处理产品在其完全固化之后与食物接触都是安全的。

# 选择表面处理产品

虽然表面处理产品可以喷涂、刷涂或者擦拭，但是快干型的表面处理产品喷涂效果最好，慢干型的表面处理产品更适合刷涂或擦拭。首先确定是否要使用喷枪，这可以使你选择表面处理产品的过程简单些，并能大幅减少选择范围

| 使用的工具 | 可选择的表面处理产品 | 固化类型 | 特定表面处理产品的选择 | 对表面处理产品的描述 |
|---|---|---|---|---|
| **喷枪** | 虫胶 | 挥发型 | 透明的 | 添加了轻微的黄色 |
| | | | 琥珀色（橙色） | 添加了明显的橙色 |
| | | | 含有天然蜡 | 在容器中有些混浊，但是在木料上不会 |
| | | | 脱蜡的 | 在其上涂抹另一种表面处理产品效果更好 |
| | | | 预溶解的 | 更加方便 |
| | | | 自行溶解片状虫胶 | 溶液更新鲜，效果也更好 |
| | 合成漆 | 挥发型 | 硝化纤维素 | 合成漆的标签就是“合成漆”。会给木料添加轻微的橙色 |
| | | | 丙烯酸改性漆 | 给木料添加了轻微的黄色 |
| | | | CAB-丙烯酸 | 水白色，不会给木料造成任何颜色影响 |
| | 双组分表面处理产品 | 反应型 | 预催化漆 | 已事先添加了催化剂 |
| | | | 后催化漆 | 需要自己添加催化剂。要比预催化漆的保护性和耐久性更强 |
| | | | 改性清漆 | 需要自己添加催化剂。要比后催化漆的保护性和耐久性更强 |
| | | | 双组分聚氨酯 | 比改性清漆的操作更简单，涂层更耐用 |
| | | | 聚酯纤维 | 很难使用，但涂层非常耐用 |
| | | | 喷塑 | 需要昂贵的专业配备 |
| | | | 紫外线固化 | 需要昂贵的专业配备 |
| | | | （环氧树脂） | 一种倾倒型的表面处理产品。涂层可以很厚 |
| | 水基表面处理产品 | 联合型 | 丙烯酸 | 几乎所有的水基表面处理产品都未标注“聚氨酯”。不会给木料添加颜色，但是会使其稍微变暗 |
| | | | 丙烯酸/聚氨酯 | 比丙烯酸涂层更耐用。会给木料添加轻微的黄色 |

| 使用的工具 | 可选择的表面处理产品 | 固化类型 | 特定表面处理产品的选择 | 对表面处理产品的描述 |
|---|---|---|---|---|
| 刷子或抹布 | 油 | 渗透型，固化后涂层不会变硬 | 熟亚麻籽油 | 明显加重了木料的黄色。擦除多余部分后需过夜固化 |
| | | | 桐油 | 固化速度较慢，带给木料的黄化程度较小。比亚麻籽油的防水性强一些 |
| | | | 油与清漆的混合物 | 比熟亚麻籽油和桐油的保护性和耐久性更强 |
| | 虫胶 | 挥发型 | 透明色 | 添加了轻微的黄色 |
| | | | 琥珀色（橙色） | 增加了明显的橙色 |
| | | | 含有天然蜡 | 在容器中有些混浊，但是在木料上不会 |
| | | | 脱蜡的 | 在其上涂抹另一种表面处理产品效果更好；经法式抛光后效果更好 |
| | | | 预先溶解的 | 更加方便 |
| | | | 自行溶解片状虫胶 | 溶液更新鲜，效果也更好 |
| | 可刷涂合成漆 | 挥发型 | 只有一种选择 | 干燥速度很慢，有充足的时间刷涂。有强烈的气味 |
| | 清漆 | 反应型 | 醇酸树脂 | 几乎所有的包装上只标有“清漆”字样 |
| | | | 聚氨酯 | 比其他清漆产品的保护性和耐久性更强 |
| | | | 桅杆清漆 | 使用灵活，适用于室外制品 |
| | | | 舰船清漆 | 添加了防紫外线材料的桅杆清漆 |
| | | | 擦拭型 | 任何清漆经充分稀释后都可用于擦拭 |
| | | | 凝胶状 | 变稠的清漆，易于擦拭 |
| | 水基表面处理产品 | 联合型 | 丙烯酸漆 | 几乎所有的水基表面处理产品都未标注“聚氨酯”字样。不会给木料添加颜色，但会使其稍微变暗 |
| | | | 丙烯酸-聚氨酯漆 | 比丙烯酸漆制作的涂层更耐用。会给木料添加轻微的黄色 |

# 如何选择产品？

如何利用这些信息选择表面处理产品呢？我必须重申，世界上没有所谓“最好的”表面处理产品。所有的表面处理产品都存在优势和缺点。选择表面处理产品主要取决于需要获得的效果。

选择表面处理产品时，首先要问自己一个问题：“使用这款表面处理产品我开心吗？”每种表面处理产品都需要时间来适应，如果你使用的某种产品能够满足需要，就没有必要更换它。但是你可能想知道，是不是还有更好的选择。

下面的四步法可以帮助你选择合适的表面处理产品。

1 首先排除蜡。蜡很少被用作表面处理产品，主要用于不需要太多处理的装饰性物品。因此，只剩下了 6 种可选的表面处理产品：油、虫胶、合成漆、清漆、双组分表面处理产品以及水基表面处理产品。

2 确定是否要使用喷枪。借助喷枪的帮助可以使用快干型的表面处理产品处理宽大的表面。如果需要使用喷枪，又可以排除两类表面处理产品：油和清漆。虽然它们都可以喷涂，但存在明显的不足，并且其效果是可替代的。使用任何其他的表面处理产品喷涂 1~2 层很薄的涂层，都可以获得与油相当的处理效果；喷涂双组分表面处理产品形成的涂层可以获得与清漆（包括聚氨酯）相当的耐久性。既然如此，完全没必要选择保护性差的油、可能会导致粉尘问题的清漆。

如果你不打算使用喷枪，则可以排除双组分表面处理产品。因为它们干燥得过快，无法用刷子刷涂，而且使用聚氨酯可以获得与之相当的耐久性。还可以排除常规的合成漆，它同样因为干燥得过快而很难刷涂。但可刷涂清漆（使用了慢挥发性溶剂）是可以用刷子刷涂的。

3 现在只有 4~5 种表面处理产品可以选择了。参阅第 233 页“各种表面处理产品的对比”，选择对你而言最符合要求的表面处理产品。你可能对产品的某一方面的性能最为看重：耐久性、不会黄化、溶剂气味小、易修复，等等。这会让你的选择更容易。

4 现在，你选择了需要使用的产品类型，请翻到那一章仔细阅读相关的内容。无论哪类产品，都需要进一步地选择。如果你选择了油类，还要在熟亚麻籽油、桐油和油与清漆的混合物中做出选择；如果你决定使用清漆，还需要在醇酸树脂清漆、聚氨酯清漆和舰船清漆中做出选择；如果你决定使用合成漆，需要在硝基漆、丙烯酸改性硝基漆和乙酸丁酸纤维素-丙烯酸漆中进一步选择。虽然每种产品之间的性能差别要远小于每类产品之间的差别，但这种差别可能仍很明显，对你做出选择非常重要（参阅第 234 页“选择表面处理产品”）。

◆ 第四部分 ◆

# 高级技术

15

# 高级上色技术

## 简介

- 工厂表面处理
- 上釉
- 木料做旧
- 调色
- 酸洗
- 分步色阶板
- 常见的上釉和调色问题

本章将要讲述的木料装饰技术超出了简单的木料染色和孔隙填充的范畴，涉及把颜色加入到表面处理涂层中的高级操作。以这种方式添加颜色并不十分困难，只是它们进入木匠和表面处理师的视野晚了一点。

几乎所有批量制作的橱柜以及其他家具都在表面处理涂层中添加了一些颜色。中高档的家具商店售卖的高端家具，其表面处理都是经过了 15 步，甚至更多的步骤才最终完成的，其中很多步骤属于上色处理。这意味着，你看到的家具的颜色很多来自于表面处理涂层，而不是木料本身的颜色。如果曾经剥离过这类家具，你会惊讶地发现，底层木板的颜色与家具的外观完全不匹配，甚至完全不同，并且通常是白色的。

在 20 世纪 20 年代，当合成漆与喷枪取代了虫胶和刷子，成为表面处理和应用工具的新选择时，在表面处理产品中加入颜色的方式开始在家具制造行业流行开来。特别是合成漆，可以非常容易地加入颜色，因为它的

# 工厂表面处理

高端家具制造厂的表面处理过程有时需要15道工序，甚至更多步骤。其中的大部分步骤我们会在本章讨论，还有一些会在本书的其他地方讨论。通常使用的表面处理产品为合成漆。在相邻的步骤之间，工厂还会把家具放进烤漆房，以加快干燥速度。接下来我们简单描述这个过程。

工厂使用的家具表面处理工艺可以包含十五个甚至更多的步骤，其中很多步骤都是用来添加色彩的。有时候，上色只是会改变木料的外观。但有些时候，添加的颜色会完全掩盖木料原本的颜色。上图的例子中同时包含了桌面上的裂纹效果以及裙边上呈现出的石膏模（雕刻木料的替代形式）的外观

## 一致

批量生产很少会有时间允许生产者按照颜色的匹配程度选择木料。所有的木料通常会被随机地堆放在一起，颜色上的差异最后由表面处理师负责消除。有很多方法可以使木料的颜色趋于一致，包括通过漂白除去木料中所有的天然色素（这样在进一步处理之前，木料便具有了一致的底色）、上胶、补色、树脂染色以及预染色（参阅第4章“木料染色”）等。

- 漂白通常是先用双组分漂白剂漂白，再用酸洗剂中和。
- 上胶的过程则与制作基面涂层一样：在木料表面喷涂、擦拭或刷涂高度稀释的表面处理产品或者PVA胶水。
- 补色和树脂染色指的是同一过程，就是把不起毛刺染色剂喷涂在浅色的区域，比如木料的边材部分，从而使整体的颜色变得均一。
- 预染色需要对整个木料表面进行染色，这在某种程度上能产生把不同颜色混合在一起的效果，特别是在补色步骤后进行染色的时候。在这样做的时候，最常用的染色产品是含有色素，或者同时含有色素和染料成分的油基染色剂。有些时候，“预染色”这个术语就是指补色或树脂染色。

## 制作基面涂层和封闭层

针对桃花心木、胡桃木和山核桃木这样孔隙

比较粗大的木料，如果需要填充孔隙的话，要首先制作基面涂层。

诸如枫木和樱桃木这样纹理较为致密的木料，或者孔隙比较粗大、尚未经过填充的木料，一般需要进行封闭处理，通常可以使用打磨封闭剂进行简单的打磨处理。之后，可以通过打磨去除这一层涂层上的粉尘颗粒、毛刺以及其他细小的瑕疵。

# 填充

膏状木填料通常被用来制作光滑、无孔的表面，并能突出木料原有的纹理。它们通常会被稀释到像水一样的状态，之后进行喷涂。待稀释剂挥发之后，填料会变暗，需要进行擦拭处理。无论是横向于木料纹理还是以画圈的方式擦拭，操作者都需要稍加用力，使填料深入到孔隙当中，最后要去除多余部分的填料。孔隙较大的木料通常需要再次填充。

填充步骤之后，紧接着要用打磨封闭剂进行处理，并将其打磨平滑。

# 额外的上色步骤

在经过打磨封闭剂处理后，额外的上色工作包含：上釉、调色、描影、提亮、凸显、干刷、填补染色以及破坏效果等，可以产生各种效果。如果你额外增加了不止一种步骤，记得要在不同的步骤之间制作基面涂层加以分隔。

- 上釉需要涂抹增稠的染色剂，之后再以某种方式完成操作（参阅下一页“上釉”）。
- 调色和描影通过使用较薄的表面处理涂层来调整颜色（参阅第 250 页“调色”）。
- 提亮以及凸显是在选定区域除釉的操作，以突出诸如大山纹、节疤、线脚以及磨损处的特征。这一步骤在釉料仍然湿润或者已经干燥的情况下均可操作，通常使用的工具包括刷子、碎布、钢丝绒、砂纸以及合成材质的研磨垫。
- 干刷通常需要使用刷子的尖端搭配非常浓稠的染色剂进行刷涂操作（第 246 页照片 15-6）。
- 填补染色是一种加深颜色或混合颜色的操作，需要用水稀释醇溶性的或不起毛刺的染色剂，从而控制染色剂不会过深地吃入木料中。这样更易于控制。这个步骤与调色和描影产生的效果类似，只不过没有使用喷枪，而是手工完成操作的。
- 破坏效果通常包含喷溅、干刷或牛尾（参阅第 248 页“木料做旧”）。

# 表层与擦拭

当所有的上色过程完成之后，还要涂抹 1~2 层透明的面漆层。

之后要擦拭表面处理涂层，这通常会从砂纸开始，然后使用不同等级的研磨垫进行抛光，最终擦拭研磨膏获得理想的光泽度。由压缩空气驱动的双研磨垫抛光机既能用于整平操作，也能用于抛光处理（参阅第 16 章“完成表面处理”）。

干燥速度特别快，又能用任意量的稀释剂稀释，还能溶入之前涂抹的涂层之中，甚至能够穿过多层有颜色的涂层。喷枪对这种表面处理产品来说是必不可少的，因为它们不会像刷子那样在涂层表面留下痕迹。在以前用刷子上色的时候，不出现拖拽和拖尾的痕迹是很困难的。

当然，你不必真的选择一种如此复杂的表面处理方式来完成优秀的木制品的加工或者表面处理。自己制作物品相比工厂化生产最大的优势在于，我们可以根据颜色的兼容性和一致性自主选择木料，依靠木料本身提供所需的颜色或装饰效果。而工厂生产使用的木料来自对锯切板材的随机选择，只有到了表面处理阶段才能实现颜色的匹配。所以，在这一部分，“高级”并不意味着必须掌握这里介绍的技能才能成为一名优秀的表面处理师，它只是告诉你，如果你乐于精进技艺，这里还有很多其他技术可供学习（参阅第 240 页“工厂表面处理”）。

如果需要进行多步骤的表面处理，你需要了解两种主要的技术：上釉和调色。大多数你能看到的表面处理涂层的颜色是至少使用了其中的一种方法才完成的。做旧和酸洗就是例子（参阅第 248 页“木料做旧”、第 252 页“酸洗”以及第 255 页“常见的上釉和调色问题”）。

# 上釉

上釉是在经过封闭处理的表面涂抹染色剂的技术。所用染色剂一般是常见的擦拭型染色剂、油基染色剂、日式染色剂以及其他通用染色剂，或者是特制的釉料产品。釉料是一种非常浓稠的染色产品，它可以一直保持在涂抹的位置，即使在垂直表面也不会掉落。比如，凝胶染料就可以形成很好的釉面（照片 15-1）。

请注意染色操作在众多表面处理步骤中的顺

**照片 15-1** 釉料是一种非常浓稠的染料，它能一直保持在涂抹的位置，甚至是垂直表面。比如，凝胶染料就可以形成很好的釉面

序：在其下方至少应涂抹一层表面处理涂层，在其上方还要涂抹一层面漆层以保护染色层免受损伤。这就限定了上釉的范围（图 15-1）。不一定非要使用釉料完成上釉。从另一个角度来说，直接在裸露的木料表面涂抹釉料，这是染色，而非上釉。

虽然上釉的操作很简单，但仍然是表面处理过程中最复杂的装饰技术，可以用来制作各种装饰效果。上釉对差错的容许度很高。你可以在正在进行表面处理的木料表面练习，如果操作失误或者你不喜欢最终的效果，可以将其除去并重新处理，并且这样不会对原有的表面处理涂层造成损害。

上釉技术的关键在于，你要知道自己真正想要获得的外观效果（需要有一定的艺术眼光），并在处理多件物品的过程中能够保持釉色一致，比如，一组橱柜的所有的门经过上釉后都应呈现相同的色调。

警告 ▼

由于油和蜡不能建立起真正的表面处理涂层，所以你无法在这些“涂层”之间成功地上釉。必须使用可以建立薄膜涂层的表面处理产品。在擦拭型清漆的涂层之间可以上釉，前提是必须等待过量的表面处理产品完全干燥，而不能将其擦掉。

# 釉料的类型

釉料有两种类型：油基釉料和水基釉料。油基釉料的颜色更深，产生的层次也更加丰富，并且由于开放时间较长，操作过程比较容易控制。即使过了 1 个小时或者更长时间，你仍可以用油漆溶剂油或石脑油将其擦拭除去，并且不会对涂料和表面处理涂层产生任何损坏。

水基釉料操作起来比较困难，因为干燥得非常快。但是它的溶剂气味较小，因此对周边环境的影响较小。如果使用了水基釉料，你要特别小心，因为在干燥之前，只有几分钟的时间可以用水将其擦掉。

如果使用的表面处理产品是合成漆、清漆或者虫胶，并且是在通风良好的工房完成上釉，对橱柜和其他家具来说，油基釉料是最好的选择。水基釉料则更适合用于处理人工制作的大表面，比如空气流通较少的建筑内的面板和墙壁，以及用水基表面处理产品制作面漆层的家具或其他木工制品。如果想要成功地在油基釉料涂层上使用水基表面处理产品，必须等待釉层完全固化，这可能需要很多天的时间，具体用时取决于操作时的环境温度和湿度。或者，需要使用其他表面处理产品制作一个隔离层（通常会使用虫胶，但它会带来一些你不想要的黄色色调）。

不同品牌釉料的黏稠度和干燥时间不同。

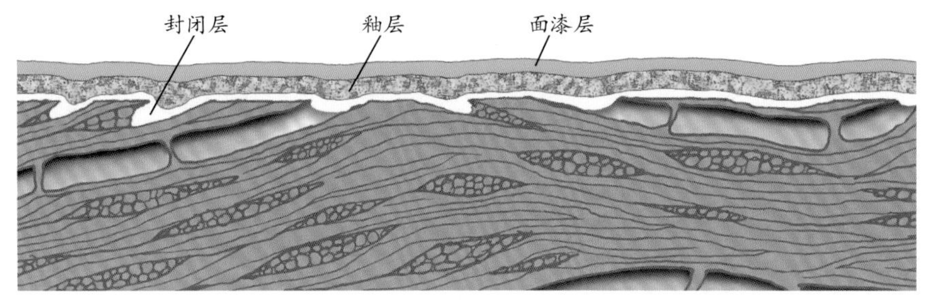


**图 15-1** 上釉本质上是在不同表面处理涂层之间涂抹染色剂的过程，也就是釉层之下至少要有一层封闭涂层以封闭木料表面，其上则可以涂抹一层或更多涂层

> 小贴士
>
> 如果使用喷枪和合成漆做表面处理，可以在使用油基釉料后快速地涂抹一层表面处理涂层，同时无须等待其过夜固化。这里的秘诀是在釉料中的稀释剂挥发之后（釉色会变暗）、油或清漆黏合剂变黏之前，将一些稀释的合成漆喷涂到釉层表面。除非釉层非常厚，这个方法可能不会奏效，否则合成漆会与釉层结合，并黏合到下面的涂层上。待这层喷雾涂层干燥之后再继续下一步操作。

可以添加熟亚麻籽油来延长油基釉料的干燥时间。首先按照 1 qt（0.95 L）釉料添加 1 tsp（5ml）熟亚麻籽油的比例加入熟亚麻籽油，然后测试一下，决定是否需要添加更多。添加几滴日式催干剂可以加快干燥速度。添加 5%~10% 的丙二醇到水基釉料中可以减缓其干燥速度。加热室内空气则可以加快这两种釉料的干燥速度。如果想要稀释釉料使其颜色变浅，最好使用透明的釉底（即中性釉料），这样不会使釉料失去防滚动的特性。

有些制造商会提供各种颜色的釉料，有些制造商则只提供透明的釉底（中性釉料），之后由操作者自行添加色素。在油基釉料中使用油基和日式染色剂，在水基釉料中使用通用染色剂。深棕色和白色（用于酸洗）是家具和橱柜上最常使用的颜色。

# 上釉

上釉通常在经过封闭处理的表面上进行。可以使用任何表面处理产品、封闭剂或基面涂料，只要它们形成的涂层足够厚，使釉料无法进入到木料中就可以（参阅第 144 页“封闭剂与封闭木料”以及第 82 页“基面涂层”）。可以在釉层之下为木料染色并填充孔隙，不过，最好能让釉层尽可能地贴近木料表面，这样便可在其上面涂抹足够的表面处理产品，获得理想的涂层厚度，保护染色涂层不被划伤和磨损。

如果封闭涂层非常光滑，经砂纸或钢丝绒打磨后会产生轻微的划痕，这样在擦拭之后会有一些釉料的颜色保存下来。但这并不是必需的步骤，具体操作还是取决于你想要如何上釉。比如，在存在凹陷的表面，上述操作就不是必要的，因为这样的表面通常比较粗糙。

在经过封闭的表面擦拭、刷涂或喷涂釉料，并形成一定的厚度，就可以获得想要的结果了。待釉料中的稀释剂充分挥发，釉层就会变暗，但这时釉层仍然是湿润的。如果釉层变得过硬，使操作很难进行，可以用油漆溶剂油、石脑油或水（针对水基釉料）进行清洗，或者，也可用钢丝绒或研磨垫来擦拭。

下面列举了 7 种调节上釉细节可以获得的效果。可以关注一下大批量生产的家具，你会发现更多的效果。

- 可以在不会明显模糊木料纹理的情况下调整颜色，即使木料之前已经经过了染色和填充处理（照片 15-2）。
- 像木旋那样增加立体表面的颜色层次或把木料做旧（照片 15-3）。
- 突出成型木制品的结构细节，比如说框架-面板结构的门及其内饰（照片 15-4）。
- 某些大批量生产的家具存在数以百计的棕色或黑色的小点，它们随机散落在表面处理涂层上。工厂会使用特殊的喷枪来制作这种“星点”效果。你可以用牙刷翻动釉层来模仿这种效果（第 246 页照片 15-5）。
- 你可以拖拽“干刷子”经过涂层表面，以代

**照片 15-2** 上釉可以在木料表面不出现明显模糊的情况下调整颜色。在这个例子中，未完成表面处理的桃花心木（左一）首先用染料染色（左二），然后在制作基面涂层后用膏状木填料填充，之后再次制作基面涂层以分隔填料与釉料（左三），最终完成上釉（右一），并在其干燥之前用刷子刷薄釉层以调整颜色

**照片 15-3** 上釉可以像木旋那样在立体层面增加木料的颜色层次感或者做旧的感觉（类似古董家具的效果）。只需简单地擦除突出部分的釉料，并使其留在凹处即可

**照片 15-4** 上釉可以有效强化凸嵌板的立体效果。首先为门做染色并封闭染色涂层，然后用釉料涂满整个表面，接下来擦除突出部分的釉料，并用刷子将釉料均匀地刷涂到凹处

替上釉后再擦除部分釉料的做法。最终把颜色留下（照片 15-6）。

- 在涂过色的表面上釉是一种常见的做旧技术（照片 15-7），也可以用来产生一些有创意的新式效果。与所有的上釉技术一样，你可以任意添加或去除釉料，直至获得想要的外观效果。
- 可以使用常见的木纹工具，在纹理平淡的木料表面创造出像橡木那样纹理粗犷的外观效果（照片 15-8）。

**照片 15–5** 某些经批量生产的家具上存在数以百计的棕色或黑色的小点，它们随机散落在表面处理涂层上。工厂会使用特殊的喷枪来制作这种“星点”效果。你也可以用牙刷翻动釉层来模仿这种效果。我比较喜欢用印度油墨制作釉面，因为它平整度好，并且干燥得很快

**照片 15–6** 可以采用“干刷”技术代替上釉后擦除部分釉料的做法。可以先将釉料或日式染色剂在硬纸板上稍稍涂开，然后用刷子蘸取染色剂，并将其在纸板或废木料上略微刷涂以去除多余部分。之后，用刷头轻轻刷过需要突出的部分

**照片 15-7** 在已经上色的表面涂抹薄薄一层釉料可以产生明显的做旧效果。持续刷涂并擦除多余釉料，直至获得你想要的效果

**照片 15-8** 使用简单的木纹工具（看上去就像一个曲面的橡胶图章），将其在仍然湿润的釉面上拖动，同时左右晃动，你就可以创造出像橡木一样粗犷的纹理外观

# 木料做旧

即使旧家具保养得很好，与新家具的外观也会非常的不同。这种差别主要是由于随着岁月的侵袭，木料会产生颜色上的变化（由于光照和氧化）、磨损并积累一些污垢。在新家具上做出仿古效果的外观，或者为旧家具新制一些部件后为了整体外观的匹配而制作仿古效果，这种技术叫作“做旧”。对于一些需要做旧的木料，不仅要使其在颜色上接近旧家具，还要人工制作出一些磨损的痕迹以及被弄脏的效果。通常，需要一个缎面光泽或亚光的面漆层。

做旧既可以从木料上着手，也可以从表面处理涂层上着手。这里没有按部就班的步骤可以教你如何做旧，一切取决于你想要模仿的外观效果。如果你身边有一个真正的古董家具可以做参照的话，制作出逼真的仿古效果会相对容易一些。

## 颜色变化

若要接近原有的颜色，最好的方式是染色、漂白和调色。染料染色剂通常比色素染色剂效果更好，因为染料染色更加均匀，效果更为自然。调色剂也能为木料均匀染色，如果你完全不想突出孔隙的话，那么调色剂会比任何染色剂的效果更好。比如，在考虑为旧的樱桃木、枫木、桃花心木均匀上色时，工厂通常会用调色剂获得需要的效果。

有些木料的颜色会随着时间的推移变浅，比如胡桃木。还有一些木料的颜色会因为紫外线的漂白作用而变浅。对一些新木料来说，可以使用双组分漂白剂人为地使木料颜色变浅（参阅第66页“漂白木料”），之后再通过染色或调色制作出想要的颜色。

## 损伤

家具表面的损伤通常是链条或者其他金属物体敲打造成的。因此敲打家具就成了一种仿造损伤效果的方法。但是制作损伤效果有多种方式，最重要的是要让做出的损伤看起来较为自然。

链条产生的痕迹基本是一致的。但是，历经百年自然产生的凹痕和划痕看起来则不会完全一致。它们有多种形状。此外，自然损伤也不会局限于凹痕，还有一些被磨掉的部分，比如椅子的横挡和桌面边缘。这种类型的损伤可以用锉刀、砂纸以及钢丝刷仿造出来。在新家具上仿造某类损伤的最好方法就是观察旧家具，看其是如何出现磨损和损伤的。之后选择相应的工具或物品来做出相同的效果。最重要的是，不要让每处制作痕迹看起来相同。

损伤与岁月积累的痕迹同样可以用表面处理的方式表现出来。这类技术中较为常见的一种叫作“牛尾”，需要使用颇具艺术性的刷子或特制的蜡笔在木料表面涂抹或标记出弯曲的小曲线（下一页上方照片）。牛尾技术也可以与喷溅或星点技术联合使用（第246页照片15-5以及下一页下方照片），以产生经年使用以及岁月侵蚀的痕迹。

用来仿造划痕的标记通常出现在表面处理涂层之间，这项技术被称为“牛尾”。你可以使用具有艺术性的刷子、蜡笔或者由莫霍克（Mohawk）生产的布兰德（Blendal）画棒，像我在照片上展示的那样来制作标记

在表面处理涂层中制作做旧效果有时候是相当复杂的。在这个由工厂完成的表面处理涂层中，牛尾、星点甚至是仿造的纹理都用在了虎皮枫木中，而且虎皮纹理并未完全模糊

# 污垢

旧家具看起来常会给人一种在转角和线脚的凹槽处有污垢积累的感觉。在某些情况下，经常接触的部位会出现表面处理涂层被大面积磨掉的情况。日常使用或者用抛光布反复擦拭都会出现这种情况，但是最终呈现的效果都是一样的。凹槽处的颜色一般比较深，可以用上釉技术来仿造这种外观效果（参阅第 245 页照片 15-3 以及第 9 页照片 1-5）。

干刷是另一种可用于仿造污垢累积效果的技术。这类似于在凸起的表面边缘干刷的效果（第 246 页照片 15-6），具体说来，要刷进内角或者靠近接合处的位置，以及靠近台面或柜门边缘的位置。

# 调色

调色是一种将染色剂添加到稀释的表面处理产品中加以应用的技术。涂抹的染色剂随后会保持原样，其操作过程与上釉并不相同。染色剂可以是色素或者染料，也可以是二者的混合物。

有两个术语可以用来贴切地描述调色。当你在整个表面涂抹着色的表面处理产品时，这种方式称为调色，而这种着色的表面处理产品则被称为调色剂（照片 15-9）。当你只在表面的一部分涂抹着色的表面处理产品时，比如说仅涂抹在边材部分，这种方式通常称为描影，用来着色的表面处理产品被称为描影染色剂（照片 15-10）。然而，这些术语的使用并没有统一的规范。调色和描影通常都被称作“调色”，在前文部分我也是这样做的。有些气溶胶调色剂的制造商会把他们的色素调色剂标注为“描影染色剂”，把染料调色剂标注为“调色剂”，这些术语的使用给用户造成了困扰。

使用调色剂首选喷枪，因为喷枪更有效，刷子则很难控制，并且易于留下刷痕。

调色不像上釉那么万能，但是它在配色上非常有效，并能消除不同颜色的木板以及边材和心材颜色的差异。调色的效果不像上釉那样容易清除，因为调色一般是用合成漆、虫胶、水基表面处理产品或双组分表面处理产品制作的（清漆固化速度过慢，容易吸附大量粉尘），所以如果操作错误的话，无法轻易将其擦除。比如，如果调色的颜色过深（最常见的错误），除了剥离所有涂层并重新处理外别无他法。

如何稀释调色剂并没有固定的规则，可能有

**照片 15–9** 这个柜门的下半部分就是使用色素调色剂调色的。为了对比调色与染色的差别，柜门的上半部分保留了染色的效果，并擦除了多余染色剂。最后选择一种处理方式完成整扇门的表面处理

多少人喷涂调色剂，就有多少种变化。你可以从这里开始。如果使用合成漆，可将 1 份合成漆与 1 份不起毛刺染料或 1 份合成漆染色剂混合，然后加入 6 份的稀释剂进行稀释。将配制好的调色剂进行喷涂测试，并根据喷涂效果调整配比。正如之前所提到的，最大的风险在于建立颜色的过程过快导致颜色过深。最好循序推进，以获得所需要的颜色效果。

如果之后要使用水基表面处理产品，最好使用水基染色剂制作调色剂或描影染色剂，因为它们已经被稀释过了。你不能用 6 份水稀释水基表面处理产品，然后仍指望它能够流布平整。它会像蜡层上的水珠一样滚来滚去。最好能够测试不同的染色剂。最好用的染色剂就是那些主要由染料组成的产品（参阅第 57 页照片 4-2、第 58 页照片 4-3 以及第 59 页照片 4-4）。家居中心销售的经典的色素水基染色剂比较难以控制。

无须自己制作调色剂，你可以使用气溶胶调色剂。可以通过邮购的方式从供应商处购买，也可以在涂料商店购买。虽然使用气溶胶会增加控制的难度，但在很多情况下使用它比较方便，包括在修复表面处理涂层的损伤时（参阅第 19 章“表面处理涂层的修复”）。只要不是喷涂完全湿润的涂层（可能导致起泡），可以在任何涂层上使用合成漆基的气溶胶，也可以在水基表面处理产品的涂层之间使用雾化器或喷枪喷涂合成漆调色剂。

**照片 15–10** 描影（顶部）只需在部分表面上喷涂薄薄的一层表面处理产品。就像这个例子所展示的，这通常能起到突出其他部分的效果

## 小贴士

制作一款色素调色剂，如果你不喜欢可以将其擦除。取一些日式染色剂，用石脑油加以稀释，然后将其涂抹到封闭的表面上。如果调色剂在湿润的状态下已经呈现出了正确的颜色，那么要等待溶剂完全挥发，再喷涂下一层表面处理产品。如果颜色出入较大，则需要用石脑油或油漆溶剂油将其清洗干净，之后重新完成处理。

## 警告 ▼

你无法用油或者油与清漆的混合物来成功地上釉、调色或描影，因为这些表面处理产品无法建立强而有力的薄膜涂层。同样，上釉、调色或描影操作也很难搭配擦拭型的清漆产品来完成。相比之下，如果你使用合成漆、虫胶、水基表面处理产品或者清漆，上釉操作很容易完成。如果时间有限，同时需要涂满所有涂层的话，上釉很难与一些双组分表面处理产品搭配使用。对描影和调色来说，最易于操作的表面处理产品是合成漆，接下来是预催化漆、虫胶与水基表面处理产品。

# 酸洗

酸洗的目的是使木料显得老旧。早期尝试用强酸来“灰化”木料的做法已不再使用。现在的酸洗方法可能源于一些人想把旧面板上的油漆去除的尝试。因为去除木料孔隙中的所有涂料几乎是不可能的，只会留下一些薄而不均的颜色，并使木料纹理看上去清晰可辨。虽然我很确定，这样的结果在当时不尽如人意，但是现在看来这种外观却很时髦，并且现在想要获得这样的效果也不需要首先刷好涂料，然后再将其剥离了。

酸洗木料有两种迥然不同的方法：染色和上釉。如果使用染色的方式，可以直接在木料上涂抹白色或灰白色的染色剂，之后再尽可能地擦掉多余部分。如果选择上釉的方式，需要首先封闭木料表面，然后涂抹白色或灰白色的釉料，并尽可能地擦除多余部分。也可以为这两种方式选择同样的产品，就像我在这里所做的那样。我将白色的凝胶染色剂直接涂抹在了木料表面（上图）以及经过封闭处理的表面（下图）上。也可以使用白色的釉料来做同样的事

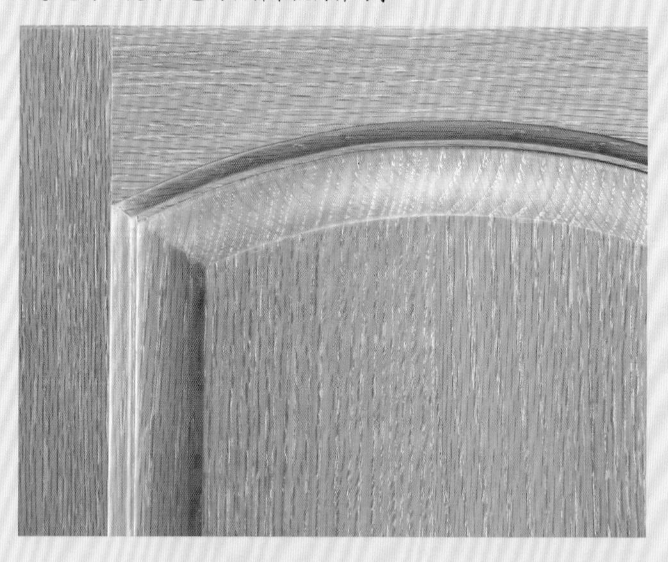

最简单的酸洗形式是在木料上擦拭或刷涂深色的色素染色剂或稀释的涂料，之后尽可能地擦除多余部分，直至获得想要的外观效果。通常所用染色剂或涂料的颜色是白色或灰白色的，但也可以是任何其他颜色，包括彩色。必须去除足够的颜色才能看到涂层之下的木料，否则就是在上涂料而不是在酸洗。

酸洗也可以是在一块经过封闭的木料表面制作白色或灰白色的釉。让釉层失去它本身的光泽，然后尽可能地擦除多余部分，让你足以看到涂层之下的木料（下图）。

如果使用染色剂，则需要深色的色素染色剂，这样才能在木料表面留下明显的颜色；如果使用涂料，必须加入25%的稀释剂进行稀释（油基涂料用油漆溶剂油稀释，乳胶漆用水稀释），这样便于涂抹。

每种涂料都有其优点。油基涂料的固化速度

非常慢，所以你有足够的时间将其涂抹均匀，并擦除多余的部分。油基涂料也不会使木料表面起毛刺。水基涂料不会变黄，同时也不包含油基涂料所含有的溶剂成分，因此如果使用水基涂料，周围的空气质量会好得多，特别是在你酸洗嵌板这样表面宽大的木制品的时候。

代替染色或刷涂料的方法，也可以简单地在清漆或水基表面处理产品中添加一些白色或灰白色的色素，然后将其刷涂或喷涂在木料表面。无须擦拭。只要你还能看到木料的纹理，就表明你是在酸洗而不是刷涂料。

酸洗通常是在松木、橡木、白蜡木或者榆木上操作的。对松木进行酸洗很有效，因为松木木料的纹理非常明显，能够透过厚重的颜色层显现出来。对橡木、白蜡木或榆木进行酸洗也很有效，因为更多的颜色保留在了深层的纹理中，突出了底层木料的视觉效果。无论哪种情况，顶部木料都保留了足够的颜色，从而能够弱化早材与晚材之间的颜色差别。

当你对外观效果感到满意时，可以涂抹1~2层表面处理涂层，对颜色涂层加以保护。否则，颜色很容易被擦掉。如果酸洗使用的是白色或灰白色的染色剂，最好搭配使用水基表面处理产品，因为这种产品不像其他表面处理产品那样带有琥珀色，也不会随着时间的推移变黄。通常情况下，为了更好地模仿岁月带来的沧桑感，倾向于使用缎面光泽或者亚光的表面处理产品，而不是富有光泽的表面处理产品。

# 分步色阶板

如果要为很多家具进行表面处理，并已经完成了简单的染色工序，进入到了上釉和调色的环节，此时想要保持颜色和外观的一致性是非常困难的。这种情况下，一块分步色阶板就能派上用场了。使用一块木板或贴面胶合板，你可以把所有的上色步骤备份或制作在上面，这样就能轻松地查看每个步骤应有的样子了。分步色阶板为你提供了一个可视化的历史记录，以便可以匹配每个步骤，从而获得理想的外观。

如果要制作分步色阶板，需要选择与所要制作的制品材质相同的木板或贴面胶合板（最好是来自制作制品的废木料），之后按照完成该制品的步骤把每个上色步骤记录在上面。在每次干燥之后、开始下一个步骤之前，如果选择喷涂，则需要分段处理，如果选择刷涂或擦拭，则要做好标记划分区域。实际上，如果你选择刷涂或者擦拭，可以在开始下个步骤之前制作色阶，因为不用担心会有重叠的情况发生。

理想的情况当然是把记录每段色彩的色板做得尽可能宽大一些，产生最佳的视觉冲击效果。但我也见过有人在制作橱柜门的边缘时使用的、划分的区域宽度不超过 ¾ in（19.1 mm）的分步色阶板（照片 15-11）。

有时候，分步色阶板会被制作成方块色板的样子，其中一块面板展示最浅的颜色，另一块面板展示最深的颜色。若要获得更精确的效果，可以在木板背面记录相应的温度和湿度。两者都会影响表面处理的最终效果。温度的变化会改变表面处理涂层的厚度，湿度则会影响木料表面起毛刺的情况，而毛刺则会在擦除多余部分的染色剂

**照片 15-11** 分布色阶板展现了完成表面处理所需的每一个步骤，为大家提供了一种匹配颜色的可视化指导。这块色阶板上的步骤是这样的：未经表面处理的天然木料，使用了较浅的橡木染色剂染色并擦除了多余部分来作为背景色；制作基面涂层；使用科尔多瓦桃花心木染色剂染色，并擦除了多余部分；喷涂了胡桃木色的调色剂；喷涂了 2 层合成漆。多个步骤组合在一起产生了色彩层次丰富的深色（选择性地使用调色剂），并能够平衡这把孩童椅子上细微的颜色变化

时或多或少地造成其残留。

分步色阶板对获得一致的色彩效果来说非常有价值，即使这项工作需要几天甚至几个星期才能完成，即使中途更换了操作人员。分步色阶板还可以用来向客户展示色彩的对比效果，帮助客户选定需要的颜色，也可以让客户明白其中的复杂性，进而理解你的工作价值。

# 常见的上釉和调色问题

上釉通常使用刷子或其他的专业手持工具完成，调色通常使用喷枪完成。这两种处理方式都不复杂，但是想要取得成功，你必须对追求的效果有充分的理解。这里列举出了上釉或调色过程中的常见问题，以及它们的成因和解决方法

| 问题 | 原因 | 解决方法 |
|---|---|---|
| **在釉面之上做表面处理的时候，表面处理涂层变成灰白色** | 釉料过于潮湿。这样的问题通常发生在涂抹合成漆涂层时，并且最常见于木料的孔隙处，因为这里的釉层是最厚的。这是在釉料中的稀释剂挥发完全之前涂抹合成漆造成的，结果导致合成漆析出 | 可以尝试在木料表面喷一些漆稀释剂。如果不能解决问题，就只能剥离涂层重新处理了。留出足够的时间让釉料充分干燥，尤其是在潮湿或阴凉的天气状况下 |
| **上釉的时候出现深色的划痕** | 最后一层封闭涂层或表面处理涂层在打磨之前没有充分固化，或者是使用的砂纸目数偏低，过于粗糙 | 在釉料固化之前，先用油漆溶剂油（针对油基或清漆基釉料）或水（针对水基釉料）把釉料擦除。待底面涂层完全固化，用细砂纸打磨后重新上釉 |
| **釉料渗入木料之中产生污点** | 木料表面封闭不完全，或者是在打磨过程中磨穿了基面涂层或封闭涂层 | 剥离表面处理涂层并重新处理。釉层不要过厚，或者可以在其中添加一些清漆或水基表面处理产品。可以先在废木料上尝试 |
| **釉层之上的表面处理涂层剥落并分离** | 釉层过厚了，并且没有包含足够的黏合剂使其产生足够的黏合力 | 剥离表面处理涂层重新处理。釉层不要过厚，或者可以在其中添加一些清漆或水基表面处理产品。可以先在废木料上尝试 |
| **使用调色剂或描影染色剂时颜色显得过深** | 使用的调色剂或描影产品中添加了过多的染色剂，或者是每层涂抹的量过多 | 剥离表面处理涂层重新处理。使用稀释的调色剂或描影染色剂缓慢上色。不要添加过多的染色剂 |
| **在喷涂调色剂后出现了重叠痕迹** | 调色剂中染色剂的浓度过高，导致喷涂后出现重叠痕迹 | 剥离表面处理涂层重新处理。继续稀释调色剂。使用较稀的调色剂多次喷涂的效果是最好的（每层非常薄） |
| **把物品放回房间之后发现，经过调色匹配的颜色不再匹配了** | 因为工房的光照条件与房间的不一样 | 你必须保证两个地方的光照条件是一样的。调整其中之一重新完成匹配（参阅第74页“配色”） |

16

# 完成表面处理

## 简介



高质量的表面处理与有缺陷的表面处理之间的差别其实与你的表面处理方式相关性不大，主要是与后续的处理密切相关——即你如何完成表面处理。为了完成表面处理，你需要使用砂纸、钢丝绒或研磨膏等磨料，或者混合使用几种产品对涂层表面进行擦拭。有时也会用到蜡、油漆溶剂油、油或肥皂水等润滑剂。这个过程与打磨木料的过程相同，需要逐渐提高磨料的目数，把涂层表面打磨得平整光滑，直至你对涂层的外观和手感感到满意。

擦拭表面处理涂层有两个目的。一是让表面处理涂层摸起来更加光滑，二是使其看起来色泽更为柔和。这两种效果都很难用语言形容，并且很难用照片加以捕捉。

无论何时在木料表面涂抹几层薄膜涂层（在木料表面建立的具备一定厚度的处理层），都会因为粉尘的吸附使其变得粗糙，也会在表面留下一些刷痕或橘皮褶，具体情况与你做表面处理时使用的工具有关，当然也可

## 小贴士

如果潮湿的表面处理涂层存在粉尘吸附并嵌入到涂层中的问题，可以首先用砂纸将其打磨掉。这样在随后的处理过程中就无须担心粉尘的困扰了。

能留下其他的瑕疵。无论你在操作时多么小心，都无法得到完美的表面处理效果。

擦拭表面处理涂层可以消除粉尘颗粒（至少能够让其变得圆滑），同时去除刷痕以及橘皮褶（至少让其看起来是消失了）。这样的擦拭过程是通过用更为细致的划痕替代原有较粗的痕迹来实现的，当新的划痕达到你想要的手感和视觉要求时，原来的问题就解决了。当划痕摸起来手感非常细腻的时候，整个表面会让人感觉很光滑。同时，根据划痕的细腻程度，你可以控制最终的表面光泽度。划痕越细致，涂层的光泽度就越高。划痕越粗糙，涂层的光泽度就越差。光泽度是指涂层的光亮程度。高光泽度意味着非常亮，低光泽度通常呈现缎面光泽或亚光效果（图 16-1 和照片 16-1）。

经过擦拭处理的表面要比未经擦拭的表面更容易修复。使用相同目数的磨料擦拭需要修复的区域，可以使其光泽度与周边区域完美匹配（参阅第 19 章“表面处理涂层的修复”）。

很多木匠会刻意避开擦拭表面处理涂层，因为他们并不了解这个过程，或者武断地认为这个过程过于复杂。这种认识是错误的。它的复杂性只体现在操作方法众多这个层面上。如果你之前从未擦拭过表面处理涂层，我建议你首先从较为简单的钢丝绒擦拭开始（参阅第 264 页“用钢丝绒擦拭”）。你可以把表面处理涂层打磨平滑，

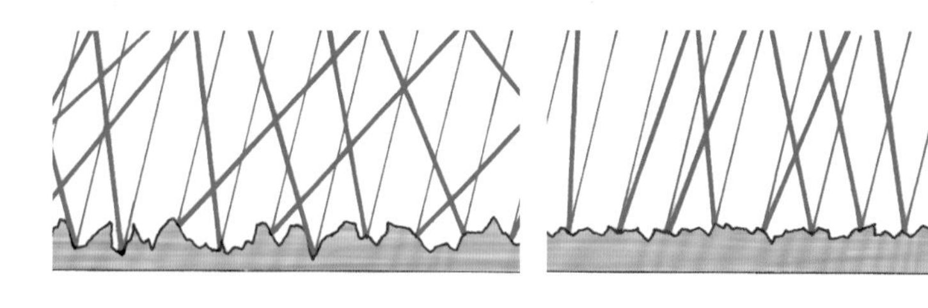

**图 16-1**　表面处理涂层上的划痕越大，散射出去的光线就会更多，涂层的光泽度就会越低（左图）。划痕越细腻，光线反射形成的图像就越清晰，涂层的光泽度就会越高（右图）

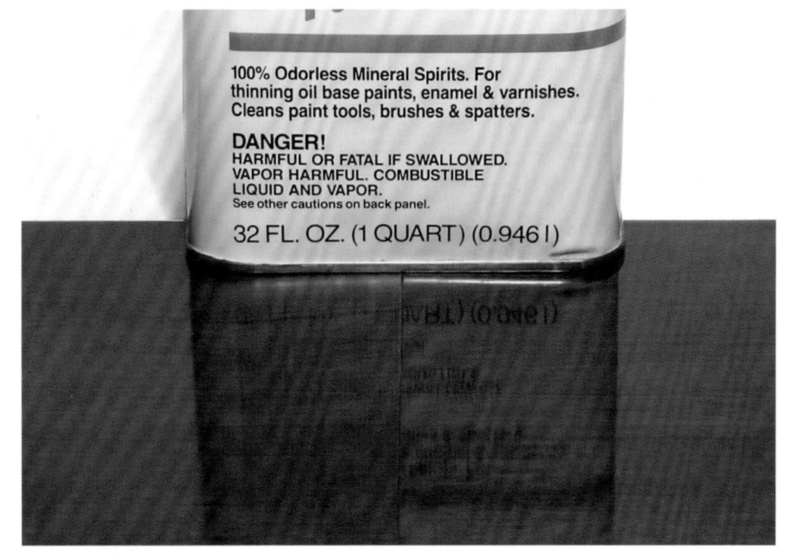


**照片 16-1**　通过观察物体表面的光线反射，可以轻松判断经擦拭的表面处理涂层的光泽度。光泽度高的表面处理涂层（右侧）通过反射能够形成清晰的罐子影像，而缎面光泽的表面处理涂层（左侧）形成的反射影像则较为模糊

并掩盖原有的瑕疵，形成缎面光泽的表面。有了初步经验之后，就可以尝试在使用钢丝绒之前，首先将表面处理涂层打磨平滑，消除瑕疵并使其呈现缎面光泽。以此为基础，可根据需要使用较细或较粗的磨料继续处理，来提高或降低涂层的光泽度（参阅第 268 页“整平与擦拭”）。可以使用不同的磨料擦拭多次——直至最终磨穿木料表面的涂层。

# 磨穿

当然，你肯定也会担心不小心把涂层磨穿。无论你多么富有经验，这个风险总是存在的。我多么希望我可以告诉你，涂抹多少层涂料可以避免磨穿的情况出现，但是变数实在太多了。其中包括使用的木料种类、是否使用膏状木填料填充木料表面的孔隙，以及是否在擦拭之前或擦拭过程中将涂层表面处理平整。此外，每个人的整平处理以及擦拭操作存在差别，使用表面处理产品的方式也不同，而且表面处理产品本身形成的涂层也有所不同（参阅第 134 页“固体含量和密耳厚度”）。正如打磨贴面胶合板或者之前打磨产生的粗划痕那样，打磨比其他操作更依赖感觉。

在没有整平表面处理涂层时不宜过多擦拭表面，否则非常容易出现的磨穿涂层边缘的糟糕状况。你可以在做表面处理之前用砂纸软化或“破坏”边缘部分，或者在边缘处额外涂抹一两层涂料，以减少磨穿边缘的概率。

完成整平处理会磨掉很多涂料。如果你之前从未有过整平或者擦拭的经验，建议你用贴面胶合板制作一块练习板，使用和往常同样的方式、同样的表面处理产品在上面练习涂抹。要多涂抹几层涂料——总共需要 4~5 层。之后再应用本章中介绍的一种或多种方法来整平和擦拭涂层。观察一下，擦拭多久会磨穿涂层。这样你很快就能找到感觉。

虽然没有必要一定要擦拭表面处理涂层，但这样做能够提高最终获得的表面处理涂层的品质（照片 16-2）。

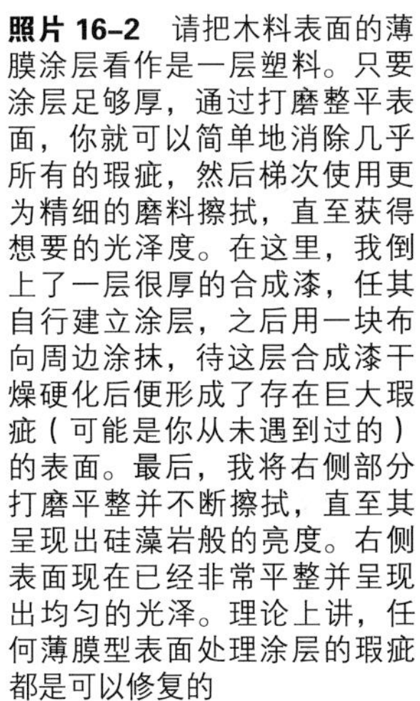

**照片 16–2** 请把木料表面的薄膜涂层看作是一层塑料。只要涂层足够厚，通过打磨整平表面，你就可以简单地消除几乎所有的瑕疵，然后梯次使用更为精细的磨料擦拭，直至获得想要的光泽度。在这里，我倒上了一层很厚的合成漆，任其自行建立涂层，之后用一块布向周边涂抹，待这层合成漆干燥硬化后便形成了存在巨大瑕疵（可能是你从未遇到过的）的表面。最后，我将右侧部分打磨平整并不断擦拭，直至其呈现出硅藻岩般的亮度。右侧表面现在已经非常平整并呈现出均匀的光泽。理论上讲，任何薄膜型表面处理涂层的瑕疵都是可以修复的

小贴士

如果你想擦拭桌面，使之呈现缎面光泽，提升其外观效果，却又不想在桌腿或椅子上费太多功夫，那么可以在桌面上涂抹亮光表面的处理产品（这是最好的选择，因为在擦拭的过程中很容易观察到凹陷），并在其他地方涂磨亚光表面处理产品。擦拭桌面，其他部位无须处理，最终，浑然一体的效果会呈现出来。

# 影响涂层擦拭效果的其他因素

除了磨穿涂层，还有很多因素会影响到擦拭表面处理涂层的效果。其中包括：

- 待擦拭的表面处理产品类型；
- 表面处理涂层固化的程度；
- 用于擦拭的磨料类型；
- 用于擦拭的润滑剂类型；
- 擦拭流程；
- 清理效果；
- 最终的上蜡或抛光。

## 表面处理产品的类型

相对于固化后坚韧的表面处理产品来说，坚硬易碎的表面处理产品更易擦拭形成光亮均匀的色泽，因为其在擦拭过程中可以产生干净的、边缘整齐的划痕，而坚韧的表面处理涂层很难被划伤，即使能够划伤，划痕也很难保持整齐，只能呈现粗糙的撕裂状。易挥发的表面处理产品，诸如虫胶和合成漆，是擦拭效果最好的表面处理产品。（比如，需要擦拭处理的最为昂贵的餐桌通常都会使用合成漆进行表面处理。）反应型表面处理产品，主要是清漆（包括聚氨酯）和双组分表面处理产品，很难擦拭得到均匀的缎面光泽效果。水基表面处理产品形成的涂层也很难经擦拭获得满意的光泽。当然，你可以擦拭这些表面处理产品形成的涂层，但结果往往不如人意。

请谨记，不同表面处理产品之间的主要区别还是取决于它们的制造特性。比如，如果有可能，可以制造擦拭特性更好的清漆，或者制造擦拭性能一般的合成漆（参阅第 8 章“薄膜型表面处理产品”以及其他介绍表面处理产品的章节）。

## 固化程度

表面处理产品开始时都是液态的，经过固化后变为固态。在这两种极端状态之间，表面处理产品经历了不同的硬度阶段。如果在表面处理产品充分固化之前进行打磨，产生的划痕是不均匀的，并会随着表面处理产品的进一步固化消失。这很容易形成斑点，进而造成涂层表面光泽度不均匀。此外，表面处理涂层会在固化的过程中收缩，导致之前经过填充和整平的孔隙部位重新开放，形成带有新凹痕的表面（参阅第 7 章“填充木料孔隙”）。

在擦拭之前需要留给表面处理涂层多长的固化时间并没有统一的标准，但通常时间越长越好。对于所有溶剂型的表面处理产品，可以用鼻子来鉴别。把鼻子贴近干燥的表面处理涂层闻一闻，如果还能闻到溶剂的气味，那就延长表面处理涂层的固化时间。因为它还处在收缩过程中。

## 磨料的选择

用来擦拭表面处理涂层的磨料共有 3 种：

- 砂纸；
- 钢丝绒（包括合成钢丝绒）；
- 研磨膏。

**砂纸**通常用于修整表面处理涂层，消除橘皮褶、刷痕以及粉尘颗粒这样的不规则痕迹。你可以用手或者平整的橡胶垫、软木塞或毛毡块来支撑砂纸擦拭涂层。借助支撑块有助于将涂层打磨得更加平整。我比较喜欢用软木塞和毛毡块，因为它们质地更加柔软（参阅第 17 页打磨块的图示）。

硬脂酸盐（干润滑）砂纸和使用液态润滑剂的湿 / 干砂纸打磨涂层的效果最好，因为它们不容易堵塞（参阅第 18 页“砂纸”）。硬脂酸盐砂纸一般可以达到 600 目的粒度，湿 / 干砂纸则可达到 2500 目。在处理涂层时，这两种砂纸仍然可能产生堵塞，尤其是在表面处理涂层尚未完全固化的时候。表面处理产品会卷曲形成细小的球状颗粒粘在砂纸上，我们称之为结块（照片 16-3）。你需要经常检查砂纸，并用较钝的刮刀去除这些结块，或者直接更换新的砂纸。如果不这么做，结块会在涂层表面留下可见的划痕，并增加后续的打磨工作量。

> **注意**
>
> 很难比较三种磨料的粗糙程度。即使是同一类型的磨料，比较其粗糙度也是很困难的。生产商之间的砂纸生产标准是较为统一的，钢丝绒的生产标准也不错。但是研磨膏的生产标准就几乎不存在了。据我观察，在所有类型的磨料中，0000 号钢丝绒、浮石、600 目和 1000 目的砂纸大概能够产生相同的光泽度。

如果你打算用砂纸打磨表面处理涂层，要小心地选择相应目数的砂纸。现在很多供应商都提供“P”标准的砂纸，这与传统的高目数砂纸有很大区别（参阅第 18 页“砂纸”）。

**钢丝绒**通常用于在涂层表面形成均匀的缎面纹理，并且没有过多堵塞和结块的风险。你可以购买天然型或合成型钢丝绒（无纺纤维），并有多种粗糙度供选择（参阅“合成钢丝绒”部分）。最常见的精细钢丝绒是 0000 号的。在擦拭表面

**照片 16-3** 堵塞或“结块”的砂纸会损坏表面处理涂层。如果结块开始堆积，那么就要更换砂纸了

处理涂层时，应该选用这种型号或000号的钢丝绒，二者都可以做出缎面光泽的表面。

**研磨膏**是非常精细的研磨粉，通常会被做成膏状或悬浮液的形式使用。这些粉末要比最精细的钢丝绒还要精细，所以可以产生比0000号钢丝绒还要光亮的处理效果。通常很难比较各个品牌之间产品的粗糙度，所以如果你正在逐级提高涂层的光泽度，最好坚持使用同一品牌的产品（照片16-4）。

浮石（质地非常坚硬的细磨熔岩）以及硅藻岩（质地非常软的细磨石灰岩）都是比较便宜的研磨粉，可以用它们自制研磨膏，只需将浮石或硅藻岩与水或矿物油混合起来。用水配制的研磨膏打磨起来非常快速，但产生的光泽稍显暗淡。用油润滑的研磨膏效果更好一些，能够产生更高的光泽度，但打磨速度较慢。如果你发现油料太厚以至于很难操作，可以用油漆溶剂油对其进行稀释，或者单独使用油漆溶剂油来配制。

你也可以在涂层表面配制研磨膏，只需在表面撒上一些粉末，然后倒上一点水或油。研磨膏的均一性（即粉末与润滑剂的比例）并不是很重要。你还可以在可挤压的塑料瓶中将硅藻岩或浮石与一种润滑剂混合并分散均匀（照片16-5）。

出于习惯，人们经常把浮石和硅藻岩放在一起谈论，比如，“我用浮石和硅藻岩擦拭了表面处理涂层。”实际上，二者共同使用的效果并不好。浮石就像0000号钢丝绒或者600目的砂纸，它能产生缎面光泽的表面。硅藻岩则更为精细，可以产生更为光亮的表面。两种材料的磨蚀性差别很大，很难从一种磨料成功地跳跃到另一种磨料进行操作。浮石产生的相对较深的划痕需要花很大功夫才能消除。因此，如果你需要使用硅藻岩完成涂层的打磨，最好先用1500目或2000目的砂纸打磨涂层，然后直接使用硅藻岩做进一步的处理。总而言之，千万不要使用浮石。

你通常可以在汽车车身供应商那里找到很多用于表面擦拭的耗材，也可以在一些木工产品的目录中和木工房找到这些产品，但是在家居中心或涂料店就很少能买到这些产品了。

## 选择润滑剂

润滑剂通常与砂纸和钢丝绒配合使用，以减少结块、消除砂粒及其他磨料的堵塞，保证研磨

**照片16-4** 研磨膏共有三种形式：浮石和硅藻岩研磨粉，可以将其与油或水混合配制研磨膏（图左侧）；合成研磨粉已加入到研磨膏中，用于木料表面处理（图中间）；将合成研磨粉悬浮在液体中制成高速抛光液，用于汽车或木料的表面处理（图右侧）。第三类产品有时被称为釉料，但它们与用于木料上色的釉料毫无关系

# 合成钢丝绒

合成钢丝绒是一种纤维状的、包裹了研磨粉的“无纺”尼龙，其最为常用的品牌包括明尼苏达矿务及制造业公司的思高和诺顿公司的拜尔-特克斯（Bear-Tex）。

合成钢丝绒的研磨效果源于粘在纤维上的研磨粉，而不是纤维本身。随着粉末消耗殆尽，这些研磨垫也就没有用处了。从这点上来说，合成钢丝绒更像是砂纸，而非传统的钢丝绒。纤维的颜色显示出了黏附其上的研磨粉的不同等级。在市场上，灰色纤维垫大致相当于000号钢丝绒，绿色纤维垫大致相当于00号钢丝绒，褐色纤维垫大致相当于0号钢丝绒。

在涂抹表面处理产品或擦拭表面处理涂层时，可以用合成钢丝绒代替传统钢丝绒。在使用水基表面处理产品，并且可能再涂抹一层表面处理涂层时，可以执行这样的替代方案。因为任何来自传统钢丝绒的碎屑如果遗留在木料孔隙或裂痕中，都会在涂抹下一涂层的时候产生锈斑和黑点。

另外需要注意，合成钢丝绒同时具有传统钢丝绒的主要局限性（只能磨圆粉尘颗粒，不能把它们彻底打磨掉）以及它的主要优点（减少阻塞）。

**照片 16-5** 我发现，可挤压的塑料瓶在自己配制浮石或硅藻岩研磨膏时非常有用。通常我会在塑料瓶中加入1 in（25.4 mm）厚的粉末，然后再加满以1∶2的比例配制的矿物油和油漆溶剂油的混合液，并将其摇匀

效果。润滑剂也能吸附粉尘以及钢丝绒的碎粒，使你不会吸入这些细小的颗粒。有些润滑剂还能减小划痕的尺寸。可用于擦拭表面处理涂层的润滑剂共有4种：

- 油漆溶剂油或石脑油；
- 液体蜡或膏蜡；
- 油；
- 水或肥皂水。

# 用钢丝绒擦拭

可以用钢丝绒擦拭任何涂层，将其处理光滑并获得均匀的光泽。你应该使用000号或0000号钢丝绒（或者使用思高合成钢丝绒作为替代）。大多数情况下，钢丝绒会降低表面处理涂层的光泽度（减少亮度），但它可以提高含有大量消光剂的某些薄膜型表面处理产品涂层的光泽度（参阅第138页“使用消光剂控制光泽”）。下面是具体的操作方法。

1 为表面处理产品提供足够的固化时间——至少要几天，几个星期更好。

2 把处理件放在可通过光线反射看到处理情况的位置。

3 在平整的表面上，单手或双手施加中等程度以上的压力，顺着木料的纹理方向以较长的行程直线擦拭，应避免沿弧线擦拭。对整个表面均匀施加压力，并保证相邻行程有80%~90%的部分重叠。你要非常小心，不要擦到边缘部分，否则很容易磨穿表面处理涂层使木料裸露出来。为了避免磨穿边缘部分的涂层，你可以先以较短的行程擦拭到靠近边缘的位置，然后以较长的行程擦拭剩余部分，并在较短行程擦拭痕迹的边缘停下，如上图所示。

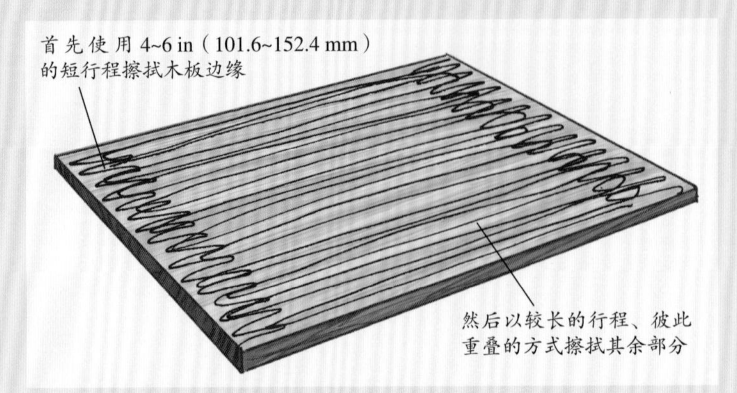


为了防止磨穿平整表面靠近边缘部分的涂层，可先在距离木板边缘4~6 in（101.6~152.4 mm）的范围使用短行程擦拭到边缘位置，然后在其余部分以较长的行程、彼此重叠的方式进行擦拭，并在较短行程擦拭痕迹的边缘停下

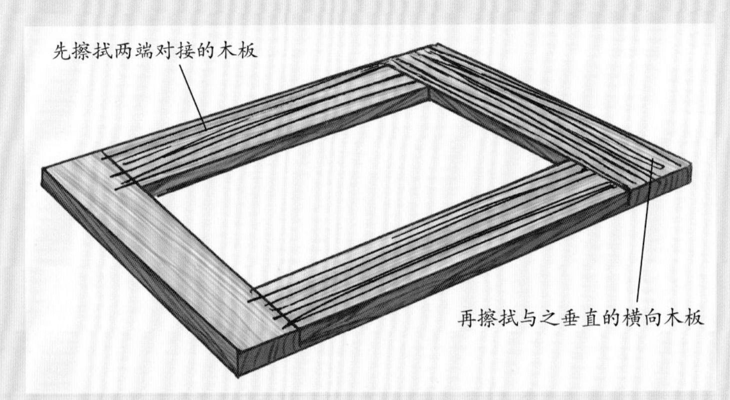


在擦拭纹理彼此垂直的对接木板时，为了使划痕与木料的纹理走向一致，需要先擦拭两端对接的木板，之后再擦拭与之垂直的横向木板。记得去除横向木板上横向于纹理的划痕

对于纹理相互垂直的对接木板，你可以先擦拭两块两端对接的木板，再擦拭与之垂直的另外两块木板，并注意去除擦拭第一块木板时留在上面的横向于纹理的划痕（如下图所示）。

对于斜接木板，需要在接近拼接处的位置停止操作，或者在拼接处贴上胶带，这样可以在擦拭一块木板的时候有效保护另一块木板（如右页图所示）。

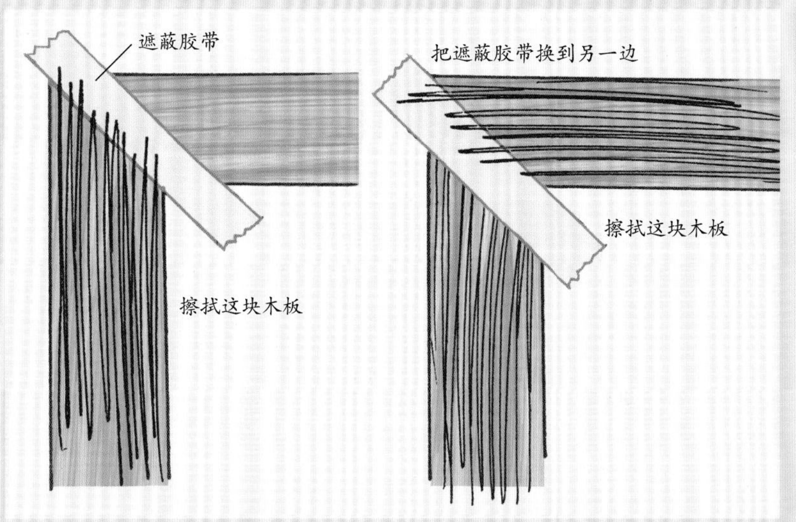


为了防止斜接处出现横向于纹理的划痕，可以在擦拭第一块木板时为相邻木板贴上遮蔽胶带，之后把遮蔽胶带换到另一边，完成第二块木板的擦拭

## 小贴士

你可以用鞋刷在那些难以触及的雕刻、木旋以及线脚部件的凹槽处刷涂浮石粉，用来降低光泽度。浮石会将表面处理涂层刮擦到缎面光泽。

对于木旋部件，可围绕圆柱体擦拭，就像在车床上打磨那样。

4 小心清除粉尘。最好使用真空设备除尘或者用压缩空气吹掉粉尘，然后用手沿木料纹理方向轻轻擦拭表面，确保没有粉尘残留。或者，可以用粘布或沾了油漆溶剂油的棉布轻轻地顺纹理擦拭。如果横向于木料纹理擦拭，很容易在涂层表面留下一些非常明显的横向划痕。

5 如果你对木板的外观不满意，应首先确定问题所在（比如，擦拭得不完全、擦拭时压力不均导致划痕不规则，或者由于沿弧线擦拭产生了弧形划痕），之后重新擦拭以纠正问题。

6 如果磨穿了表面处理涂层，需要使用更多的表面处理产品来修复磨损处，或者在整个表面重新涂抹表面处理产品。然后等待表面处理涂层完全固化并重新擦拭。如果磨穿了染色层，需要在这块区域涂抹更多的同种染色剂，会溶解表面处理产品的染色剂除外。如果损坏区域的直径超过了 1 in（25.4 mm），就很难成功修复了。

可以根据下面的建议调整处理方案。

- 轻轻打磨涂层表面，在开始用钢丝绒擦拭之前，首先去除突出的粉尘颗粒。
- 在钢丝绒上加入润滑剂（参阅第 262 页“选择润滑剂”）。不过，润滑剂能够掩盖磨穿的痕迹，并使损伤变得更为糟糕。所以，你需要在不使用润滑剂的情况下先练习几次，以把握操作尺度。
- 可以用研磨膏或浮石替代钢丝绒，并使用擦拭垫进行擦拭（参阅第 30 页“制作擦拭垫”）。
- 在未经擦拭处理的部分使用缎面光泽的表面处理产品，以模仿擦拭效果。
- 涂抹膏蜡或者硅酮抛光剂来提高涂层的光泽度，并保护涂层不被划伤（参阅第 114 页“使用膏蜡”和第 313 页“使用液态家具抛光剂”）。

> 警告
>
> 油漆溶剂油和石脑油可能会软化水基表面处理产品的涂层，使你无法得到均匀的光泽度，所以在擦拭水基表面处理涂层时，你应当使用油或肥皂水。虽然我从未遇到过这样的问题，但在表面处理涂层没有完全固化的情况下，油漆溶剂油和石脑油确实会轻微地软化合成漆和清漆涂层，导致擦拭痕迹不均匀。

此外，还有一些使用石油馏出物制作的擦拭润滑剂商品，它们的挥发速度比油漆溶剂油要慢。

每一种润滑剂都有效用以及各自的优势。为了使用润滑剂，需要先将表面打湿，并在擦拭过程中保持其湿润程度。油漆溶剂油比石脑油的挥发速度慢得多，是更好的选择。油漆溶剂油可以在出现少量结块，甚至不出现结块的情况下快速完成打磨。液体蜡、膏蜡以及非固化的油产品，比如矿物油或者植物油，基本上都能消除结块，但使用这些产品会大大减缓打磨速度。你可以将油漆溶剂油与蜡或油配合使用，这样可以同时发挥两种产品的优点。

肥皂水与钢丝绒配合使用的效果非常好，但是却不太适合防止砂纸出现结块。在使用水的情况下，无论是否添加了肥皂，都会带来一些问题。如果磨穿了表面处理涂层，水会导致木料表面起毛刺，并且这种缺陷很难修复。除非需要在最上面添加一层水基表面处理涂层，否则无须担心锈蚀的问题，如果需要这样的处理，要确保首先将涂层表面清理干净。有些生产商会在售卖膏状肥皂的时候贴上羊毛蜡（Wooling Wax）、羊羔蜡（Wol Wax）、羊毛油（Wool Lube）以及羊毛油皂（Murphy's Oil Soap）的标签，但其实这些产品与蜡和油没有任何关系，提到羊毛只是为了说明它可以润滑钢丝绒（参阅下一页“擦拭型润滑剂的对比”）。

任何润滑剂都可以减轻钢丝绒造成的划伤程度，并避免钢丝绒的碎屑弥散在空气中被吸入。但是润滑剂经常会掩盖磨穿的痕迹，使你在溶剂挥发之前无法看到它们。待你发现时，通常已经造成了相当的破坏。润滑剂的使用也会增加对处理过程中光泽度的判断难度，使你很难看到即时的效果。

我建议将润滑剂与砂纸搭配使用，以减少结块，至于钢丝绒，要在不添加润滑剂的情况下，使用其完成几次擦拭，然后才能添加润滑剂进行操作。这时，你会对何种擦拭程度不会磨穿涂层有更好的感觉和把握，取得更好的擦拭效果。

## 擦拭流程

擦拭表面处理涂层时有两种流程可以使用。

- 在用钢丝绒和研磨膏擦拭之前，首先用砂纸将涂层表面整理平整。
- 跳过整平步骤，直接使用钢丝绒或研磨膏进行处理。

如果跳过了整平步骤，你会发现表面处理涂层存在一些瑕疵，比如橘皮褶、刷痕以及粉尘颗粒，这一切在灯光的反射下都可以看到。用砂纸整平便可以消除这些瑕疵。但是整平是一项额外的、很费时的步骤，它并不是必需的。如果你无意追求完美，便可跳过整平步骤，使用钢丝绒简单擦拭即可。产生的缎面光泽能够掩盖除较为严重的缺陷外所有的瑕疵。当然，通常可以在处理椅子或桌腿的曲面、旋切面、线脚以及雕刻面时跳过整平步骤。

如果你没有足够的经验来判断表面处理涂层是否需要整平，可以试着先用钢丝绒进行擦拭。

如果你感觉表面很不平整，就需要把整平步骤加入操作中了。

如果需要大量的打磨工作才能将表面处理涂层整平，最上面的涂层被磨穿、下面的涂层暴露出来的风险就会大大提高（照片16-6）。你可能会看到两层涂层之间清晰的分界线。这种现象被称为分层或鬼影（你看到的是位于该涂层下面的“幽灵”）。挥发型表面处理产品很少出现这种现象，因为其形成的涂层会彼此融合在一起。这种情况常见于清漆和聚氨酯的不同涂层之间，也经常出现在水基表面处理产品的不同涂层之间。

通常可以使用与0000号钢丝绒粗糙程度相当的磨料进行擦拭来掩盖分层。如果这种方法不奏效，或者你想获得更高的光泽度，需要再涂抹一层表面处理涂层。为了防止分层现象再次发生，可以先将涂层打磨平整，这样就不用过多打磨新涂层，进而导致涂层磨穿了。

如果想获得一个不太脆弱（即不会轻易显示出划痕的表面）并尽可能平整的表面，需要首先将倒数第二层涂层打磨平整，然后尽可能地将最上面的涂层涂抹得均匀平滑，这样可以获得很好的亚光效果。

## 擦拭型润滑剂的对比

润滑剂越偏油性或蜡质属性，润滑效果越好，其弱化划痕、减少砂纸阻塞的效果也越好。润滑剂的油性或蜡质属性越弱，磨料的打磨速度就会越快，痕迹也会越明显

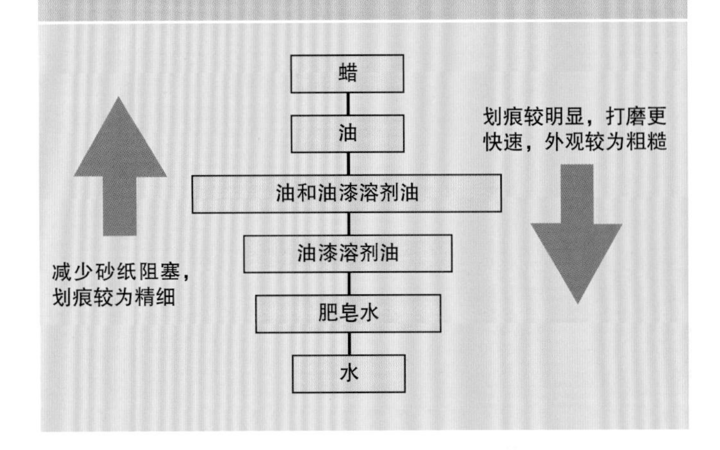


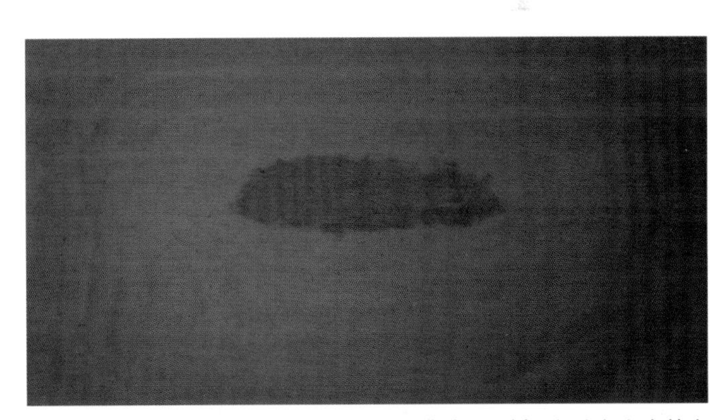

**照片16-6** 如果磨穿了一些涂层，比如清漆（包括聚氨酯）和水基表面处理产品形成的涂层，你会在磨穿的地方看到位于其下方的“幽灵”涂层。这种现象被称为分层或鬼影。在这里，我磨穿了多层涂层，直达中心部分的木料表面。用0000号钢丝绒擦拭可以掩盖分层，也可以涂抹一层新的涂层，并确保不会将其磨穿

## 清理干净

如果你在擦拭过程中使用了不同目数的磨料，必须在每次更换磨料之前把表面清理干净。这与打磨木料的道理是一样的：相比后来更换的较细的磨料，较粗的磨料颗粒对木料表面的损害更大。

当擦拭工作完成时，涂层表面会残存粉尘或其他污物。需要使用真空设备或者压缩空气将其吹掉，也可以用粘布或者经油漆溶剂油沾湿的棉布将其轻轻擦掉。顺纹理擦拭可避免散落的砂砾形成横向于纹理的划痕。如果在使用润滑剂时形成了一些污物，你要在完成擦拭后快速将其清洗

# 整平与擦拭

用磨料擦拭表面处理涂层只能将瑕疵处（比如粉尘颗粒、刷痕以及橘皮褶）磨平、磨圆（参阅第264页“用钢丝绒擦拭”）。为了消除这些瑕疵，必须用砂纸将其打磨除去，并将涂层打磨平整。如果操作表面很平整，可以把砂纸套在打磨块上完成操作。

打磨薄膜涂层与打磨木料一样，除了需要使用较为精细的砂纸（320目以及更高的目数），你还需要搭配使用润滑剂，防止砂纸堵塞并损坏涂层表面。如果你之前从未做过整平和擦拭涂层的操作，需要先找一块做好表面处理的样板进行练习（参阅第259页“磨穿”）。通过这样的练习，你会对操作效果越来越满意，并增强控制表面处理涂层的信心。以下是相应的操作步骤。

1 等待表面处理涂层完全固化——这个过程至少需要几天，持续几个星期会更好。

2 把处理件放在可以通过反光观察表面情况的位置，便于你随时观察涂层表面的处理情况。

3 选择适当目数的砂纸有效消除表面瑕疵，同时避免在消除砂纸划痕时花费不必要的时间。大多数情况下，需要使用400目或600目的砂纸。

4 如果待处理的表面是平整的，可以在砂纸背面垫上软木块、毛毡块或橡胶垫，保持砂纸在打磨时处于展平的状态（上图）。如果需要处理的表面不平，可以用手支撑在砂纸背面。无论哪种情况，都需要使用油漆溶剂油、液体蜡或膏蜡、油或肥皂水充分打湿涂层表面，为打磨过程提供润滑（参阅第262页“选择润滑剂”）。对于宽大的表面，分段处理比较方便。

## 小贴士

由于表面处理涂层不像木料那样具有纹理，所以在做最后的擦拭之前，沿哪个方向打磨或擦拭都没有区别。磨料造成的划痕都会在随后使用更为精细的磨料处理时被消除。所以，在每次更换更为精细的磨料时，改变打磨或擦拭的方向是有好处的。这种方法可以使你清楚地看到，打磨或擦拭操作何时达到充分状态。你也可以以划圆的方式打磨或擦拭，这不比直线的处理方式更困难。

处理平整的表面在打磨时可以使用打磨块和润滑剂。要大量使用润滑剂。为了快速检查由孔隙造成的污点的消除情况，可以用塑料刮板把部分表面上的污物擦除。只要你使用的是光亮型的表面处理产品，那些遗留的污点会在光泽稍暗的表面背景衬托下显得非常明显

5 要经常检查砂纸，防止出现堵塞或结块。一旦发现，要迅速将其移除，或者更换新砂纸。

6 要不时地擦掉污物，并干燥涂层表面，以观察涂层表面的光泽度是否均匀。为了能够快速观察，可以使用塑料刮板或橡胶滚轴刮去小范围内的污物（如图所示）。如果你使用的是光亮型的表面处理产品（这是最好的选择），任何残留的小污点经过打磨后都会非常闪亮。继续打磨，直至清除所有污物。如果你觉得较粗的砂纸更有效，可以换用较粗的砂纸打磨。如果你打算留下一些小点，用钢丝绒或浮石擦拭最为有效，它们可以使污点变暗一些，从而与涂层表面的色泽更为接近。

7 当涂层表面没有遗留任何亮点时，表面污物的清理就完成了。

8 此时表面已经平整了，接下来只要将其擦拭到你想要的光泽度即可。最好的操作方法是用砂纸梯次打磨，逐渐添加砂纸目数，直至接近你要使用的研磨膏的目数（即使与砂纸的目数相当，研磨膏产生的色泽效果也要强于砂纸的打磨效果）。如果用砂纸打磨到了 600 目，并且你原打算用 0000 号钢丝绒或浮石完成后续的擦拭，可以直接跳过钢丝绒或浮石（参阅 261~262 页“磨料的选择”部分“钢丝绒”和“研磨膏”）。如果你想要获得更高的光泽度，最好使用更为精细的砂纸打磨到与研磨膏等级接近的目数。

9 若要填补或掩盖细小的擦拭痕迹，并保护表面处理涂层免于意外划伤，涂抹膏蜡和硅酮家具抛光剂是非常明智的选择（参阅第 18 章“表面处理涂层的保养”）。

## 警告 ▼

为了擦拭获得更高的光泽度，清洁是至关重要的。任何隐藏在擦拭垫下面的大的粉尘或污垢颗粒都有可能损伤涂层表面。这种情况一旦发生，为了消除划痕，必须使用回退 1~2 个等级的磨料重新处理。

掉（可以用石脑油或油漆溶剂油清洗由油漆溶剂油、油或蜡形成的污物，用水清洗由水形成的污物）。污物会残留在划痕、孔隙以及凹槽处，并会在干燥之后削弱表面处理涂层的透明度，使其看上去像是笼罩了一层薄雾，或者导致污物的颜色保留在凹陷处。这时可以用牙刷把污物从狭窄的缝隙中刷出来。

如果污物凝固在了木料的缝隙处并留下了颜色（通常是白色），就需要在擦拭之前配制研磨膏时，在其中添加一些深色色素。

## 上蜡与抛光

若要减轻表面的磨损，使用膏蜡和硅酮家具抛光剂会是一个不错的选择。经过擦拭的表面处理涂层要比没有擦拭之前更容易显现出划痕。这是因为擦拭过程中产生的脊线很容易被抹平。

膏蜡的保护作用要比家具抛光剂更持久，因为膏蜡不会挥发。深色膏蜡在深色的木料上更具优势，因为它可以为擦拭遗留的残渣上色，使表面色泽看上去不会变得朦胧。而家具抛光剂只有在其挥发之后才有效。深色膏蜡同样可用于掩盖凹槽处留下的任何白色痕迹（参阅第 18 章“表面处理涂层的保养”）。

# 机器擦拭

就像木工制作与表面处理的所有操作一样，机器可以提高擦拭效率。

以下三种类型的机器可用于擦拭操作：

- 不规则轨道砂光机；
- 串联磨垫砂光机；

> 小贴士
>
> 如果粉尘颗粒不是很大，可以用棕色纸袋将其轻轻擦除。砂纸上的磨料足以把颗粒打磨光滑，但是如果不用力擦拭的话是不足以改变涂层光泽度的。你会感觉经过打磨的涂层表面摸起来更加光滑。棕色纸袋小技巧并不能够完全消除细小的瑕疵，在反射光下还是可以观察到一些的。

- 砂光机 / 抛光机。

## 不规则轨道砂光机

你可以使用不规则轨道砂光机和精磨砂棉（Abralon）研磨垫来擦拭表面处理涂层。这种研磨垫是将碳化硅砂粒黏合到柔软的泡沫垫上制成的，其目数范围为 180~4000 目。在开始使用砂光机和研磨垫之前，要先用砂纸将涂层表面整平（照片 16-7）。

使用不规则轨道砂光机擦拭表面处理涂层与打磨木料的流程基本是一样的，区别在于擦拭表面处理涂层需要使用润滑剂。你可以使用先前讨论的任何润滑剂（参阅第 267 页“擦拭型润滑剂的对比”），但在使用电动砂光机时要特别小心水和油漆溶剂油。砂光机的电机必须是双重绝缘的，并要防止任何液体飞溅到砂光机的外壳上。

在表面处理涂层被打磨平整之后，可以使用 1000~2000 目的精磨砂棉研磨垫继续处理。不要过于用力按压砂光机。如果这些目数的研磨垫不能打磨出足够的光泽度，可以将研磨垫的目数提高到 4000 目。无论使用哪种目数的研磨垫，砂光机都会在涂层表面留下细微的波纹痕迹，类似于用较粗糙的砂纸打磨木料表面时遗留下的痕迹。消除这些痕迹的方法是，把研磨垫从砂光机

**照片 16–7** 你可以使用不规则轨道砂光机配合精磨砂棉研磨垫擦拭表面处理涂层。如果你使用的是电动砂光机而不是气动砂光机，要非常小心，避免润滑剂飞溅到砂光机的外壳上

上取下，并用其顺着木料纹理轻轻擦拭。此外，也可以使用研磨膏来消除痕迹。

## 串联磨垫砂光机

串联磨垫砂光机是迄今最好用的机器（照片 16-8）。这类砂光机包含单垫型、小型双垫型以及重达 30 lb（13.6 kg）的大型双垫型等多种型号。大型双磨垫砂光机通常用于家具工厂的生产，用来打磨餐桌或会议桌的桌面。这类机器的缺点是比较昂贵，并且需要大型压缩机驱动才能使用。

不过，串联磨垫砂光机操作简单。研磨垫的尺寸约为标准砂纸的 1/3。通过逐渐增加研磨垫的目数，使用这种机器整平桌面是很简单的。此外，包括明尼苏达矿务及制造业公司和诺顿在内的一些公司，可以提供专门为木料表面处理设计的精细的人造研磨垫以及不同等级的研磨膏。

## 砂光机 / 抛光机

为了获得较高的光泽度，可以使用配有羊毛抛光垫和高速（汽车）研磨膏的砂光机 / 抛光机（照片 16-9）。你需要让机器保持持续移动的状态，这样可以避免机器过热导致表面涂层融化和形成旋涡样纹理。你需要在非常平整的表面上完成操作，这样不会使研磨膏残留在难于清理的裂纹、凹槽或孔隙处。

砂磨机 / 抛光机会产生非常轻微的旋涡状划痕，当然，这些机器只适合用于制作高光泽度的表面处理涂层，这与擦拭汽车车身的表面涂层类似。事实上，出现的旋涡纹彼此类似，且分布均匀，在反射光下也并不是很明显，并不会吸引过多的注意力。

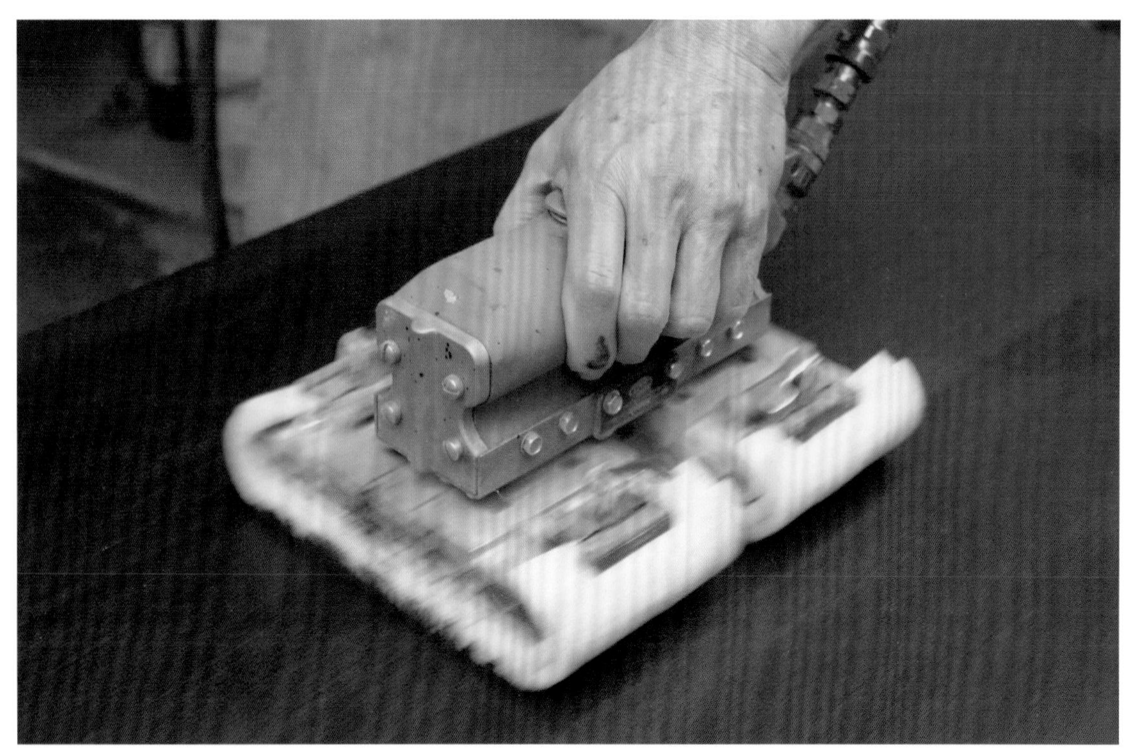

**照片 16–8** 若要整平并擦拭表面处理涂层，串联磨垫砂光机最为有效。其中最有用的是双磨垫砂光机。我在这里使用的是一个小型款。较大的型号重约 30 lb（13.6 kg），广泛应用于家具制造行业

**照片 16–9** 若要把表面处理涂层擦拭得非常光亮，配有羊毛抛光垫和高速（汽车）研磨膏的砂光机 / 抛光机非常有用。用羊毛抛光垫将研磨膏涂抹在涂层表面。握持机器，使研磨垫平贴于处理表面均匀地擦拭，并保持研磨垫处于持续移动状态，以防止在某个位置停留过久导致过热。就这样不断抛光，直至研磨膏分解，不再产生粉末

17

# 为不同木料做表面处理

## 简介

- 松木
- 橡木
- 胡桃木
- 桃花心木
- 硬枫木
- 樱桃木
- 白蜡木、榆木和栗木
- 红香杉木
- 软枫木、橡胶木和杨木
- 桦木
- 油性木料

仅仅理解表面处理产品的特性及其使用方法是远远不够的。不同木料的颜色、密度和纹理各不相同。在决定如何完成表面处理时，你需要考虑特定木料的特性（照片 17-1）。

大多数情况下，现在使用的木料与几百年前的木料是相同的。你也不是第一个挣扎于如何给某种特定木料做出最佳表面处理的人，前人的经验会告诉你如何解决这些问题。通常，一种木料应该具有的外观来自于其在某种特定风格中的呈现。你可能想要复制某个时期的外观风格，模仿一种熟悉的处理效果或使木料呈现一种不同以往的外观。

下面的内容会介绍为不同木料做表面处理时需要考虑的因素和可能遇到的问题，以及一些表面处理产品的选择建议。逐步推进的表面处理方案只是我的建议，是为了展示木料表面处理的各种方法。我用照片展示了每个进度阶段表面处理的最终效果。如果某种品牌的表面处理产品相比其他产品使用体验明显更好或应用范围更广泛，我会指出其名称。不过通常情

**照片 17-1** 未经处理的木料，从最上方开始顺时针排列：松木、橡木、白蜡木、榆木、栗木、胡桃木、桃花心木、硬枫木、桦木、樱桃木、软枫木、橡胶木、白杨木、红香杉木、柚木、花梨木、黄檀木、黑檀木

况下，不同品牌的某种产品不存在明显差别，比如擦拭型染色剂、膏状木填料、硝基漆，你只要关注自己常用的品牌即可。同时需要记住的是，每一种染色剂、膏状木填料、釉料和其他表面处理产品都可以应用于所有木料。你也可以根据美观度做选择，这种取舍没有绝对标准。不同的人对于最好和偏爱有不同的理解。

# 松木

松木通常是木工初学者使用的第一种木料。它容易获取，价格相对便宜，也是最容易使用机械和手工工具切割和塑形的木料之一。

但松木也是所有木料中最难做表面处理的。白松或黄松的早材（春材）质地软、多孔并呈灰白色。晚材（夏材）非常坚硬、致密并呈橘色。因此，早材和晚材对打磨、染色和表面处理的反应是不同的，很容易出现不均匀的外观效果，这是一件使初学者和经验丰富的木匠都倍感挫败的事情。

当你只用手指支撑砂纸手动打磨松木时，早材部分被磨掉的速度要比晚材部分快得多，结果会留下凹凸不平的表面，这在完成表面处理后会变得更加明显。

当你使用液体染色剂染色并擦除多余部分之后，染色剂会渗入到多孔早材的深处，但可能很少，甚至完全无法渗入到致密的晚材中。这种染色剂的不均匀渗透会导致木料颜色沿着纹理出现反转。早材的颜色会明显变深，而晚材的橙色基本保持不变（照片 17-2）。

当你使用不能建立稳定涂层的表面处理产品（诸如油、油与清漆的混合物）或者高度稀释的表面处理产品（比如擦拭型清漆）为松木做表面处理时，表面处理产品会浸入多孔早材的深处，但可能根本无法渗入致密的晚材中，结果导致木料表面的光泽不均匀。早材会稍显暗淡，即使在完成了多个涂层的处理后依然如此，而晚材则会很快变得光亮。

除了早材和晚材的性能差别，松木的密度也会在整体范围内出现随机的变化。无论染色前松木的打磨多么完美，染色后往往会出现斑点。这些斑点通常是染料在密度较低的区域渗透更深造成的，而这样的区域是松树在生长过程中随机出现的（第 75 页照片 4-13）。

历史上，人们都是直接完成松木的表面处理，通常不会染色。只是在过去的半个世纪，随着家庭手工作品的增长，人们对松木的染色产生了浓厚兴趣。通常，染色可以让松木看起来与某些木料更为相似，比如胡桃木或桃花心木。但是模仿其他木料几乎是不可能的，因为松木自身的纹理过于突出，很难掩盖。

为松木制作表面处理的最佳方式不是进行染色，而是使用清漆、合成漆或水基表面处理产品制作薄膜涂层。通过制作多个涂层，可以在多孔早材和致密晚材的表面同时形成均匀的光泽度。未经染色的松木是非常吸引人的。随着时间的推移，松木会呈现温暖的琥珀色。除了水基表面处理产品，其他表面处理产品都可以暖化并加深木料的颜色，并随着时间的推移使其变得更深、层次更丰富。这种松木外观曾经在北欧大受欢迎，并一度在美国流行（回顾一下，在 20 世纪 50 年代受到欢迎的带有节疤的松木家具）。

如果你决定为松木染色，有两种方法可以减少沿纹理出现的颜色反转或斑点问题：

- 在染色之前制作基面涂层；
- 使用凝胶染色剂。

最常用的方法是制作基面涂层，这样可以部分封闭木料表面（参阅第 80 页“染色前的基面涂层”）。通常，贴有“木料调节剂”标签的产品被广泛地应用于制作基面涂层（参阅第 80 页“木料调节剂”）。不过，基面涂层的效果不可

**照片 17–2** 为松木染色时，多孔的早材吸附的染色剂比致密的晚材要多得多，这会导致木料颜色沿纹理的变化出现反转：请对比未经染色的松木（左侧）与染色的松木（右侧）颜色的变化

# 在松木上刷涂合成漆

松木的早材和晚材在密度上差别很大，但薄膜型表面处理产品能够迅速在两种表面建立光泽度均匀的涂层。下面是刷涂合成漆的方法。

1 将木料表面打磨至 180 目，并去除打磨产生的尘粒。

2 刷涂一层合成漆。（我最喜爱的是戴夫特半高光木料表面处理产品，因为我喜欢它的柔和的光泽度。）稀释表面处理产品，如果你喜欢，可以添加 10% 或更多的漆稀释剂以方便后期的打磨处理。至少为涂层留出 2 个小时的干燥时间，最好可以过夜干燥。

3 使用 280 目或更精细的硬脂酸盐砂纸打磨去除粉尘颗粒，或是毛刺导致的粗糙表面。打磨完成后去除粉尘。

4 使用全效合成漆制作涂层，并等待至少 2 个小时使其完全固化。

5 使用 320 目或更精细的硬脂酸盐砂纸打磨去除粉尘颗粒。打磨完成后去除粉尘。

6 重复步骤 4 和步骤 5。

7 在尽可能无尘的环境中，使用全效合成漆制作最终的涂层。如果只涂抹了 3 层就获得了光泽度均匀的表面，就无须涂抹第 4 层了。2~3 层清漆或水基表面处理产品制作的涂层通常足够了。为了使最终的涂层更为平整，可以加入 10% 或更多的漆稀释剂进行稀释。

# 通过喷涂合成漆为松木调色

可以直接在稀释的外层表面处理产品中添加染色剂（这个例子中使用的是“浅胡桃木色”的染色剂）为木料调色。因为这时木料表面已经被封闭层封闭，不会出现污点。

1 将木料表面打磨至180目，并去除打磨产生的尘粒。

2 喷涂合成漆打磨封闭剂或经漆稀释剂稀释后浓度减半的合成漆。如果松木表面存在树脂性的节疤，需要首先喷涂一层虫胶。

3 使用280目或更精细的硬脂酸盐砂纸打磨去除粉尘颗粒。注意完成打磨后去除粉尘。

4 添加合成漆染色剂，或者将一些染料或色素（或者二者的混合物）加入合成漆中，然后再加入4~6份漆稀释剂进行稀释制成调色剂。经过稀释的涂料可以使颜色附着更加缓慢，从而易于控制。根据需要喷涂足够的层数，直至获得预期的木料颜色。只要涂层表面的湿润程度不足以导致调色剂流动，可以一层接着一层连续喷涂。

5 喷涂一层经漆稀释剂稀释后浓度减半的合成漆涂层，待其干燥后使用320目或更精细的砂纸将其打磨光滑。

6 根据需要喷涂足够多的面漆层，以获得预期的外观效果。

## 用凝胶染色剂和缎面聚氨酯清漆处理松木

凝胶染色剂可以有效避免松木表面出现斑点，因为这种染色剂基本不会渗透。聚氨酯则能够提供极好的耐磨性。

1 将木料表面打磨至 180 目，并去除打磨产生的尘粒。

2 涂抹凝胶染色剂（这个例子中使用的是可以模仿橡木效果的产品）并擦除多余部分。必须快速擦拭，因为凝胶染色剂干燥得相当快。最后的擦拭轨迹应该沿着纹理方向，这样就可以掩盖之前的擦拭痕迹。过夜，使染色剂充分固化。

3 刷涂一层缎面光泽的聚氨酯。为了方便后期打磨，可以用油漆溶剂油将其浓度稀释减半。等待 4~6 个小时让其充分固化，过夜最佳。

4 使用 280 目或更精细的硬脂酸盐砂纸将涂层表面打磨光滑。小心操作，不要将涂层边缘磨穿。打磨完成后去除粉尘。

5 刷涂第二层缎面光泽的聚氨酯，可以使用全效聚氨酯，或者加入 10% 的油漆溶剂油将其稀释，以增强涂料的流动性并减少气泡。处理完成后固化过夜。

6 使用 320 目或更精细的砂纸打磨去除粉尘颗粒，如果没有粉尘颗粒，可以使用 000 或 0000 号钢丝绒，或者红褐色或灰色的合成研磨垫完成处理。去除打磨产生的粉尘，重复步骤 5。

7 可以在这一步结束操作，或者根据需要制作更多的涂层。尽可能在无尘环境中制作最终的面漆层。稀释表面处理产品可使其流布得更加平整。

预测，因为固体含量会随着加入的稀释剂的多少和操作者技术水平的不同而变化。你通常需要做一些练习才能确定合适的固体含量。因此，我的建议是，如果每次只为 1~2 件作品染色，凝胶染色剂是最好的选择。掌握基面涂层的制作需要一些时间，因此这种方法只适合每次有多件作品需要染色，或者正常基底染色的情况。凝胶染色剂的使用方法与液体染色剂是相同的，但是不会形成斑点，因为它们基本不会渗透（参阅第 70 页“浓度”）。

此外，对于以上两种选择，可以使用任何表面处理产品将木料表面完全封闭，然后在其上制作染色涂层。

有两种方法可以为其加入颜色：

- 上釉；
- 调色。

为了上釉，需要首先制作一层完整的涂层并等待其完全固化，然后经过轻轻打磨后，在涂层之上刷涂或擦拭釉料，最后擦去多余釉料，获得所需的效果。也可以把凝胶染色剂当作一种釉料使用（参阅第 242 页“上釉”）。

为了调色，需要在表面处理产品中添加与其兼容的染料或色素，然后在经过封闭处理的木料表面涂抹。对于这种加入染色剂的表面处理产品，喷涂效果最好，这种产品也被称为调色剂（参阅第 250 页“调色”）。也可以涂抹清漆染色剂，比如明威波利漆，它们不会使木料表面看起来很模糊，因为其中含有的色素极少。但是刷涂会留下刷痕，并且因为色素成分的存在，刷痕会变得特别明显。最好在调色涂层之上涂抹 1~2 层透明的表面处理产品，以保护调色涂层，防止其被从木料上刮掉。

就个人而言，在只制作薄膜表面处理涂层而不染色的情况下，我最喜欢松木。

# 橡木

对橡木进行表面处理的难度几乎与松木相同。橡木早材和晚材的密度差别同样很大。不管是红橡木还是白橡木，早材的孔隙都非常大，甚至裸眼就能看到。这些孔隙使最常用的弦切橡木外观看起来较为粗糙。

当你只用手指支撑砂纸手动打磨弦切橡木的时候，相比致密的晚材部分，多孔的早材部分被打磨掉的更多。这在打磨时很难注意到，但经过表面处理后你就会发现，所有的早材区域存在明显的凹陷（第 227 页照片 14-3）。

如果使用平整的砂磨块或电动砂光机打磨，较厚的表面处理涂层可以在一定程度上弥补凹陷问题，产生类似塑料的外观。在塑料老化之前，这样的外观可能非常吸引人，但我不认为这是我们需要的。可以通过填充孔隙获得更为平整的表面，但获得真正平整的表面需要很大的工作量。即便如此，早材区域仍然可能有些下凹。我发现，较薄的表面处理涂层可以使孔隙边缘变得更加明显，此时的橡木最吸引人。

用常见的擦拭型染色剂擦拭橡木表面，然后擦除多余部分。染色剂会附着在含有大量孔隙的早材区域，而在致密的晚材表面，染色剂几乎全被擦掉了。因此，木料越粗糙、孔隙越大，染色效果就越突出，这在弦切橡木上体现得尤为明显（第 58 页照片 4-3）。但我认为这样的效果并不吸引人。

另一方面，橡木上较深的孔隙有利于获得一些其他木料无法获得的装饰效果。彩色的膏状木填料或釉料能够赋予孔隙不同的颜色，使其与保持原色或染成其他颜色的周边高密度区域明显不同（参阅第 120 页“用膏状木填料填充孔隙”和第 242 页“上釉”）。为了制作出各种效果，可以使用任意颜色组合（照片 17-3）。

有三种非常受欢迎的橡木家具风格：旧英格兰和米申风格（颜色非常深）、金色风格（质地均匀的棕色）和现代风格（自然色，未经染色）。这些风格的家具具有一个重要的共同特征：不强调木料中早材与晚材的对比效果。

**照片 17–3** 这块样板橡木门经过了染色、封闭处理，并使用不同颜色的釉料上釉以突出木料的孔隙

旧英格兰风格的家具是使用英国棕橡木制作的，相比美国红橡木或白橡木，这种橡木的颜色更深。几个世纪以来，因为开放式木柴壁炉或燃煤炉产生的烟气对蜡表面处理涂层的渗透，这种橡木的颜色变得更深了。

20 世纪早期的米申和金色风格的橡木家具通常用径切橡木板制作。这种径切木板的年轮与木板的端面保持垂直（图 17-1），其孔隙分布相比弦切板更为均匀，并带有被称为射线斑的独特纹理（照片 17-4）。木射线是硬木细胞在树干中径向延伸形成的，并在橡木径切板中呈现为细长、致密、浅色的斑纹。木射线看起来很像虎皮纹，所以径切橡木也被叫作“虎皮橡木”。有时，可以通过一种叫作熏蒸的方法为橡木着色。将家具放置在充满氨气的房间中，使氨气与木料中的鞣酸反应，通过化学方法加深木料颜色。无论是在早材区域还是晚材区域，熏蒸都可以使其呈现均匀的棕色，染料不易附着的木射线区域也不例外。

可以使用染料仿制旧英格兰和米申风格的橡木家具的均匀着色效果。染料可以渗透进入橡木的任何角落（木射线区域除外），从而使致密的晚材区域获得与多孔的早材区域基本一致的染色效果。除了水基染料，其他种类的染料染色剂都可以用。为了给孔隙处着色，可以使用颜色相似的擦拭型染色剂在染料染色剂（干燥后的）之上涂抹，然后擦除多余部分。染色剂会附着在孔隙内，从而使整个表面的颜色变得均匀。为了保持染料染色剂产生的均匀上色效果，在使用擦拭型染色剂之前，需要首先封闭木料表面，或在表面制作基面涂层。

当然，也可以使用酒精、油或不起毛刺染料避免这个问题。另一种方法是使用胡桃木色的沃

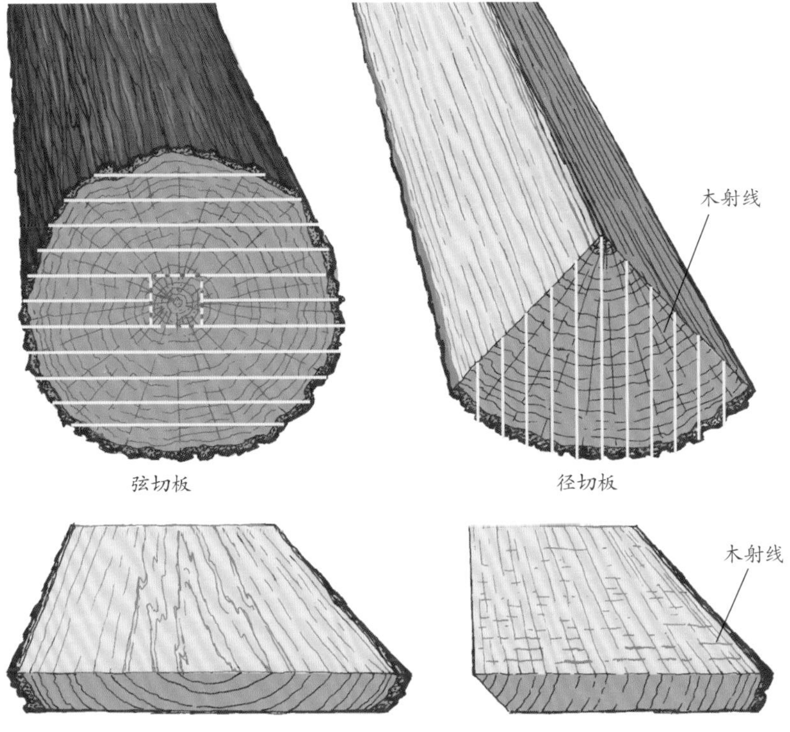


**图 17-1** 原木可以弦切或径切。对橡木而言，径切会在木板的表面形成“虎皮”样式的木射线

**照片 17-4** 由于橡木的的纹理非常明显，所以弦切板（左）和径切板（右）很容易区分。注意，在径切板的表面，射线斑是横向于纹理分布的

特科和戴夫特丹麦油表面处理产品。这类油与清漆混合物产品中的染色剂成分是沥青（焦油），它具有与染料非常类似的渗透特性。可以用其获得非常均匀的深胡桃木色。

# 使用缎面合成漆处理橡木

在橡木表面涂抹一层很薄的薄膜涂层，无须将孔隙边缘处理得圆润，这样的橡木外观效果最好。涂抹较少的涂层或者在使用前稀释涂料，任何表面处理产品都可以在木料表面形成很薄的涂层。

1 将木料打磨至150目或180目，并去除打磨产生的尘粒。

2 喷涂一层合成漆打磨封闭剂或者经漆稀释剂稀释后浓度减半的合成漆。干燥几个小时，最好干燥过夜。

3 使用280目或更精细的硬脂酸盐砂纸去除粉尘颗粒以及任何起毛刺导致的粗糙，并去除打磨产生的尘粒。

4 喷涂一层缎面合成漆，等待几个小时让其充分干燥。

5 如果需要去除粉尘颗粒，可以使用320目或更精细的硬脂酸盐砂纸打磨，否则的话无须打磨。

6 喷涂第二层缎面合成漆。如果需要，可以相应增加涂层。

## 使用胡桃木色油与清漆的混合物处理橡木

可以使用沥青基的染色剂-表面处理剂组合产品处理橡木获得非常均匀的颜色，尽管橡木自身的纹理并不均匀。

1 将木料打磨至 180 目，并去除打磨产生的尘粒。

2 使用胡桃木色的油与清漆的混合物擦拭或刷涂一层湿润的涂层（我喜欢使用沃特科和戴夫特黑胡桃丹麦油表面处理产品），并通过在浸润了表面处理产品的位置涂抹更多表面处理产品的方式，保持表面处于湿润状态至少 5 分钟。

3 在涂层变得黏稠之前擦去多余的表面处理产品（待抹布晾干变硬后再将其扔入垃圾箱）。将处理好的部件放在温暖的房间内过夜干燥。

4 涂抹第二层黑胡桃木色的油与清漆的混合物，并在其表面仍然湿润的情况下使用 600 目的湿 / 干砂纸轻轻打磨。

5 重复步骤 3。

6 如果涂层表面没有呈现令人满意的、均匀的光泽度，重复步骤 4 涂抹第三层涂层，然后擦去多余的表面处理产品。

### 注意

由于橡木的纹理深而明显，所以其径切板材与弦切板材有很大不同，并且不易出现污点。在所有木料中，橡木的可装饰潜力最大：可以填充或不填充孔隙；可以使纹理更为突出，可以使纹理变得模糊，甚至可以将其做成完全不同的颜色；可以使用任何类型的染色剂；使用任何类型、任何颜色的表面处理产品都能获得出色的外观效果。

# 使用水基表面处理产品酸洗橡木

可以直接在木料表面涂抹白色染色剂或加水稀释的乳胶漆，然后擦除多余部分，如果刷涂或喷涂得比较均匀，也可以不擦拭，经过这样的处理可以获得酸洗的效果。而且，水基表面处理产品不像其他表面处理产品那样会产生黄色。

1 将木料打磨至150目或180目，并去除打磨产生的尘粒。

2 在木料表面擦拭、刷涂或喷涂水基的白色酸洗染色剂。或者，也可以加入25%的水稀释白色乳胶漆，然后将其涂抹在木料表面。擦去多余部分，如果外观效果已经达到了你的要求，也可以不擦拭。固化过夜。

3 刷涂或喷涂一层缎面效果的水基表面处理产品。至少固化2个小时，最好过夜。

4 使用220目或更精细的硬脂酸盐砂纸轻轻打磨掉毛刺。打磨光滑即可，不要过度打磨。去除打磨产生的尘粒。

5 涂抹另一层缎面效果的水基表面处理产品。

6 如果你希望涂层厚一些，可以根据需要涂抹额外的涂层。任何涂层如果需要去除粉尘颗粒，可适度打磨。

## 使用缎面合成漆染色和酸洗橡木

如果完成染色后你选择封闭木料表面或制作基面涂层，接下来你只能酸洗橡木的纹理部分。使用缎面效果的合成漆制作的面漆层会使这种效果更加柔和。

1 将木料打磨至 150 目或 180 目，并去除打磨产生的尘粒。

2 在背景色上（这个例子中使用的是“法国乡村风格”）擦拭、刷涂或喷涂油基或合成漆基的染色剂，然后擦去多余部分。

3 使用合成漆或透明虫胶封闭木料表面或制作基面涂层，至少干燥 2 小时，最好过夜干燥。

4 使用白色酸洗染色剂或经过稀释的涂料，比如乳胶漆或油性涂料。在其干燥之前去除多余部分，然后过夜充分固化。

5 使用 280 目或更精细的硬脂酸盐砂纸轻轻打磨涂层表面，直至其摸上去十分光滑。只在纹理部分保留酸洗的颜色，并去除粉尘。

6 喷涂一层缎面效果的合成漆，等待几个小时，最好过夜充分干燥。

7 如果需要去除粉尘颗粒，可以使用 320 目或更精细的硬脂酸盐砂纸轻轻打磨，否则的话无须打磨。

8 如果需要，可以增加额外的涂层。

同样可以涂抹琥珀色的染料染色剂仿制氨熏橡木的效果。然后封闭木料表面，或在表面制作基面涂层，并使用棕色的擦拭型染色剂处理，最后擦除多余染色剂。这样可以给木料的纹理添加正确的颜色，并且不会改变其他部分的颜色。

不过，你要记住，对于20世纪早期的橡木家具，其氨熏效果都是用径切橡木制作形成的。使用弦切橡木永远不会得到与径切橡木同样的外观效果。

就个人而言，我最喜欢纹理的粗糙度差别不明显，同时孔隙轮廓清晰的橡木，所以我通常不会给橡木染色，或者只用染料或沥青染色。我通常会使用油与清漆的混合物或者擦拭型清漆完成橡木的表面处理，或者在其表面涂抹多层很薄的薄膜型表面处理产品。我也很喜欢经过酸洗处理、孔隙呈现白色的橡木外观效果。

# 胡桃木

胡桃木是美国至高无上的本土家具硬木。它坚硬耐用，并具有美丽的图案以及层次丰富的深色。胡桃木质地光滑，具有细腻的手感和中等水平的孔隙，所有染色剂都可以为其均匀染色，任何表面处理产品都可以获得漂亮的处理效果。自然风干的胡桃木心材呈现温暖的红棕色。窑干的胡桃木心材因为经过了蒸发处理，与边材的色差减小，呈现较冷的灰棕色。随着蒸干的胡桃木逐渐老化，木料的色调会变得温暖并略显红色。老化的胡桃木所呈现出的红色与老家具中的桃花心木非常接近，难以分辨。

使用胡桃木做表面处理时存在两个问题：深色的心材与近于白色的边材之间颜色差异过于明显，同时窑干的胡桃木偏冷色调。

有5种方法可以消除心材与边材的色差。

- 切去所有边材，只使用心材。
- 合理排列木板，利用木板之间的颜色差异做出装饰效果。
- 将木料漂白成均匀的灰白色，然后通过染色处理获得任何想要的颜色（参阅第66页“漂白木料”）。
- 使用调色剂处理边材，使其颜色与心材接近（参阅第250页“调色”）。
- 在完成其他染色和表面处理步骤前，使用一种几近黑色的染料（树液颜料）为边材染色。

很多木匠会从前两种方法中选择一种制作一些独一无二的家具：切去边材或者利用色差做装饰。20世纪50年代，在金色家具流行的时候，漂白胡桃木的做法在家具工厂非常流行。现在的家具工厂则会使用染色剂和调色剂将边材和心材的颜色调整均一。

可以通过染色或调色获得温暖的胡桃木色调。大多数表面处理产品都带有天然的琥珀色，可以为木料增加一点暖色调。橙色虫胶的暖色最为明显，因此常用于胡桃木的表面处理，但它不是很耐用，并不适合处理桌面。水基表面处理产品完全没有颜色，所以若要用水基表面处理产品处理胡桃木，需要首先完成染色（参阅第220页照片13-1）。

就个人而言，我喜欢任何胡桃木的表面处理效果。我曾经使用过的产品包括油与清漆的混合物、擦拭型清漆和薄膜型表面处理产品。我通常使用熟褐色的染料染色剂或擦拭型染色剂为胡桃木染色，以提高木料的暖色调。这些染色剂产品通常贴有“美国胡桃木”的标签。

# 使用油与清漆的混合物处理胡桃木

油与清漆的混合物使用简单，并且无须在木料表面形成明显的薄膜涂层就可为其提供保护。

1 将木料打磨至 180 目，并去除打磨产生的尘粒。

2 擦拭一层湿润的油与清漆的混合物。如果有任何地方在几分钟内失去了湿润状态，需要涂抹更多的表面处理产品。

3 5 分钟后擦除多余的表面处理产品。

4 将处理部件放在温暖的房间中，使涂层过夜固化。

5 使用 400 目或更精细的砂纸轻轻打磨，或者用钢丝绒擦拭以去除毛刺，然后去除处理过程中产生的粉尘。

6 擦拭第二层油与清漆的混合物，并擦除多余的表面处理产品。

7 如果产生的光泽均匀而令人满意，处理就完成了；如果没有达到预期，需要继续涂抹 1~2 层，并在每层涂抹完成后留出 1 天的固化时间。

## 使用橙色虫胶和蜡处理胡桃木

橙色虫胶中的琥珀色可以为偏冷色的胡桃木带来暖色调，并使其色彩层次更为丰富。这种表面处理产品适合在不经常使用的家具和配件表面使用；用这种方式处理的桌面需要使用桌布或杯垫提供保护。

1 将木料打磨至150目或180目，并去除打磨产生的尘粒。

2 刷涂或喷涂一层1磅规格的橙色虫胶（含蜡或去蜡虫胶都可以）。至少干燥2小时使其充分固化。最好干燥过夜。

3 使用280目或更精细的硬脂酸盐砂纸轻轻打磨，然后去除打磨产生的粉尘。

4 刷涂或喷涂一层2磅规格的橙色虫胶。至少干燥2小时使其充分固化。最好干燥过夜。

5 使用00号或000号钢丝绒沿纹理方向擦拭（如果粉尘颗粒很多，则需要首先使用320目或更精细的砂纸进行打磨处理）。然后去除操作产生的粉尘。

6 重复步骤4。

7 使用000号钢丝绒擦拭涂层，然后去除操作产生的粉尘。

8 涂抹一层膏蜡，并在膏蜡层的光泽褪去后擦除多余部分。放置过夜，然后再次上蜡。

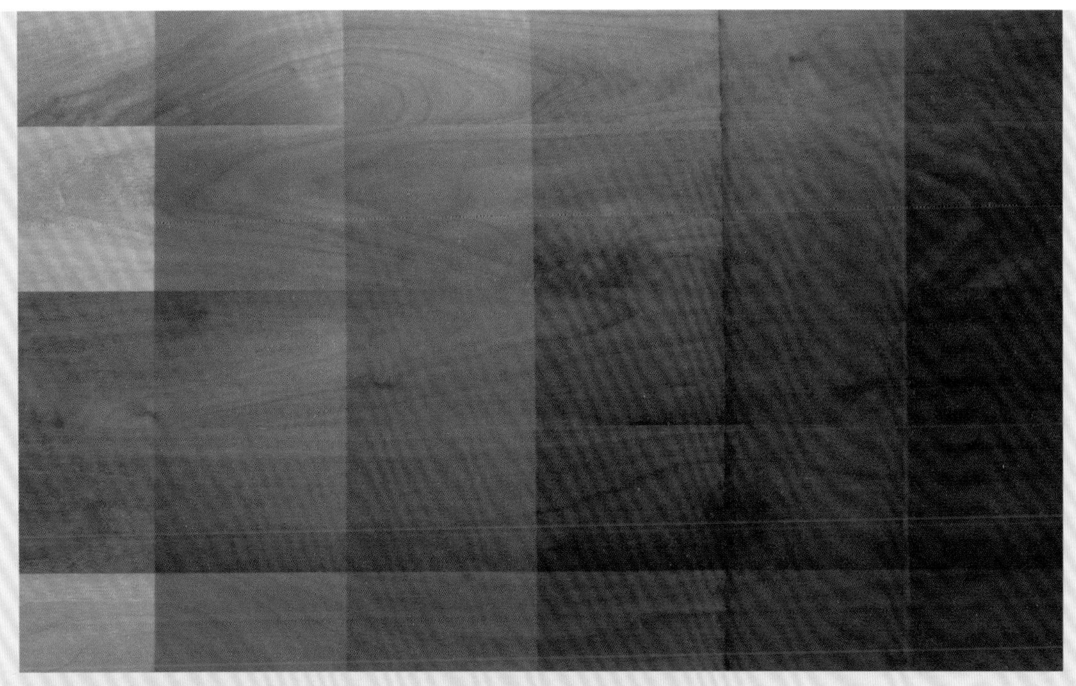

# 使用树液染色剂和合成漆处理胡桃木

可以首先使用胡桃木树液染色剂将边材染成与心材类似的颜色，然后使用擦拭型的背景色染色剂进一步处理木料，以获得更为均一的颜色。最后，制作表面处理涂层。接下来我会依次介绍每个步骤，就像在分步色阶板上完成的那样（参阅第 253 页“分步色阶板”）。

1 将木料打磨至 150 目或 180 目，并去除打磨产生的尘粒。

2 将胡桃木树液染色剂刷涂或喷涂（最好喷涂）在边材表面，使其“羽化”至相邻的心材部分。可以使用市售的不起毛刺胡桃木树液染色剂，也可以自行制作。在胡桃木色的染料中添加 10%~20% 的黑色染料，并以此为基础进行调整。染料比例应根据所用染料的强度调整。应首先在废木料上练习。

3 喷涂不起毛刺染料染色剂获得预期的背景色。

4 制作基面涂层，将染料与下一层涂料分隔开。

5 擦拭“美国胡桃木”擦拭型染色剂（熟赭色或者微带红色的胡桃木色），并擦除多余部分。

6 喷涂一层合成漆打磨封闭剂或者经漆稀释剂稀释后浓度减半的合成漆。晾置 2 小时使其充分干燥，最好过夜处理。

7 使用 280 目或更精细的硬脂酸盐砂纸轻轻打磨涂层，然后去除粉尘颗粒。

8 喷涂一层缎面合成漆，晾置 2 小时使其充分干燥，最好过夜处理。

9 如果需要更多涂层，可以重复步骤 7 和步骤 8。

# 桃花心木

在 18 世纪和 19 世纪早期，桃花心木被认为是最重要的家具硬木。这种硬木非常致密坚硬，并具有色彩层次丰富的红棕色。人们经常称其为古巴桃花心木或多米尼加桃花心木，因为它们主要产自这些地区。

古巴桃花心木和多米尼加桃花心木的天然木色层次非常丰富，通常不需要染色，并且木料结构致密（其孔隙比胡桃木小），外观美丽，也不需要填充处理。因为桃花心木可用的板面很宽大，所以被用来制作新款的桌面，其中最吸引人的就是大型饼形桌。

不幸的是，这种桃花心木已经没有了。现在最常见的桃花心木是洪都拉斯桃花心木。洪都拉斯桃花心木的年轮呈螺旋状交替生长，径切木料能够呈现出典型的带状纹理（照片 17-5）。因为径切桃花心木的这种纹理特点，这种木材常被切割成单板使用。

其他可用于家具制作的桃花心木还有非洲桃花心木和菲律宾桃花心木。这两种木料都不是真正植物学意义上的桃花心木，但因为它们的外观与洪都拉斯桃花心木非常像，所以通常被当作桃花心木销售。

相比洪都拉斯桃花心木，非洲桃花心木更为粗糙，稳定性较差，质地也差一些。尽管整体的颜色以及随着时间的推移颜色会变深的特性是一

**照片 17-5**　桃花心木的纹理因锯切方式不同产生的变化：平纹（左），带状条纹（右）。后者是径切木料产生的

# 用擦拭型清漆处理桃花心木

擦拭型清漆用起来很简单，并能保留桃花心木的天然外观。因为擦拭型清漆在木料表面形成的涂层非常薄，所以不会使孔隙的边缘变得圆润。不过你要注意，木料的颜色会在几年之后明显变深。

1 将木料打磨至 180 目，并去除打磨产生的尘粒。

2 擦拭或刷涂一层擦拭型清漆。如果出现涂抹不均匀或涂层过厚的表面，则需要擦除多余清漆。过夜充分固化（参阅第 194 页“擦拭型清漆”）。

3 使用 280 目或更精细的砂纸轻轻打磨涂层，直到表面摸起来很光滑。然后去除打磨产生的尘粒。

4 重复步骤 2 和步骤 3。

5 尽可能在无尘环境中重复步骤 2。

6 如果表面光泽度比想象中的还要光亮，可以使用 0000 号钢丝绒轻轻擦拭，以降低光泽度。

# 使用研磨漆染色并填充桃花心木

这种表面处理方式需要额外花费一些功夫，但是处理后的外观非常优雅：镜面一样的光泽以及更好的色彩层次。

1 将木料打磨至150目或180目，并去除打磨产生的尘粒。

2 使用水基染料染色剂（这个例子中使用的是“棕色桃花心木”染料）染色，并在染色剂干燥之前擦除多余部分。或者，也可以喷涂不起毛刺染料染色剂，无须擦拭。让水基染料染色剂干燥过夜。

3 使用虫胶或合成漆刷涂或喷涂一层基面涂层（参阅第82页“基面涂层”）。等待几个小时

让其充分干燥。

4 刷涂一层油基膏状木填料（参阅第126页“使用油基膏状木填料”）。

5 当填料表面光泽变暗后，用粗麻布横向于木料的纹理方向擦拭，擦除多余填料，然后用柔软的抹布顺着纹理方向轻轻擦拭，使擦痕与木料纹理的走向一致。让填料过夜干燥，如果天气比较潮湿或阴冷，需要适当延长干燥时间。

6 重复步骤4和步骤5。

7 使用320目或更精细的硬脂酸盐砂纸轻轻打磨，将涂层处理光滑，然后去除打磨产生的粉尘。

8 重复步骤3和步骤7。

9 喷涂4~6层合成漆，注意每天喷涂的层数不要超过3层。

10 等待2周时间，或者直到你的鼻子贴近涂层表面时闻不到任何漆稀释剂的气味，让合成漆充分固化。

11 按照第268页“整平与擦拭”部分的方法，擦拭并整平面漆层，直至获得你想要的光泽度。

12 因为很难看到家具较低位置的反光，所以通常使用擦拭桌面用的研磨剂处理侧面、挡板和支撑腿部分就可以了，并且这样的表面不需要预先进行整平操作。

13 用硅酮家具抛光剂或膏蜡擦拭表面。

样的，但是这种桃花心木的纹理更加粗犷，心材和边材的对比效果更为强烈。

菲律宾桃花心木被称作“柳安”，它比洪都拉斯桃花心木以及非洲桃花心木更为粗糙，质地更差，木料的孔隙也要粗大得多，因此很难做出漂亮的表面处理。房屋建筑中的空心结构的门通常会用这种木料制作贴面。尽管菲律宾桃花心木的颜色会随着时间的推移变深，并且经过孔隙填补后外观会相当优雅，但是它不像洪都拉斯桃花心木以及非洲桃花心木那样，可以作为优质的家具木料使用。

18世纪和19世纪早期留存下来的高质量的桃花心木都没有经过染色和填充处理。当桃花心木在19世纪末回归人们的视野，尤其是在20世纪20~30年代邓肯·法夫风格的家具大量涌现之时，可用的桃花心木木料就只有质量较差的洪都拉斯桃花心木和非洲桃花心木了，且用这些木料制作的家具大都经过了染料染色并填充了孔隙。

洪都拉斯桃花心木和非洲桃花心木适合均匀涂抹各种类型的染色剂。不过，在决定给桃花心木染色之前，你要记得一点——桃花心木的颜色会在几年之后自然变深。如果现在就将木料染成你想要的颜色，你会很快发现木料的颜色变得比预期的颜色更深。因此，只需将木料的颜色染至预期颜色的一半深度。

如今的木匠通常不会为桃花心木做染色和填充处理。他们通常使用油与清漆的混合物或者擦拭型清漆。随着时间的推移，木料颜色会加深并变红，并且因为这两种表面处理产品可以制作很薄的涂层，所以孔隙不会呈现圆润的、塑料样的外观。

就个人而言，我更喜欢使用偏棕色的染料，而不是偏红色（木料本身已经包含足够的红色）

# 使用合成漆为桃花心木染色和上釉

釉料可以使凹槽和裂缝处的颜色变暗，从而起到使线脚、雕刻件和木旋件的颜色层次更为丰富、雕刻效果更加突出的作用。

1 将木料打磨至150目或180目，并去除打磨产生的尘粒。

2 擦拭或喷涂合成漆染色剂，并在其仍然湿润的情况下擦去多余部分。等待1小时使其充分干燥。

3 喷涂一层合成漆打磨封闭剂。等待2个小时使其干燥。最好过夜干燥。

4 使用280目或更精细的砂纸轻轻打磨涂层，并去除打磨产生的尘粒。

5 擦拭、刷涂或喷涂油基釉料。待釉料层失去光泽后，擦拭所有突出部分，并将多余的釉料集中到凹陷处。在2个小时内喷涂一层薄漆，或者在一个温暖的房间内让釉料过夜固化。

6 喷涂2~3层缎面合成漆，每涂抹一层至少等待2个小时使其充分固化。最好可以让涂层过夜干燥。

的染料染色并填充孔隙（至少在桌面部分），使用合成漆制作表面处理涂层，并将其擦拭至均匀的半光亮状态。这样的表面处理可以让质量较差的洪都拉斯桃花心木和非洲桃花心木看起来更接近高贵的古巴桃花心木和多米尼加桃花心木。

# 硬枫木

硬枫木是一种非常适合木工行业的木料，具有强度高、耐磨性好、加工特性好等优点。这种木料非常适合制作地板，因为其不易磨损，平整光滑，不易开裂。硬枫木也是最好的厨房案板制作材料，因为其结构致密，纹理细腻，没有任何可能影响食物品质的异味。硬枫木来自糖枫树，与制作槭糖浆的枫树液来自同一种树木。偶尔，糖枫树的生长模式会形成独特的、吸引人的虎皮纹理和雀眼纹理（照片 17-6）。具有紧密虎皮纹理的枫木被称为波纹枫木（译者注：Fiddleback 本义为小提琴背面，因其背面纹理呈波纹状所以该单词也有波纹的含义），因为其常用来制作小提琴的背面。

硬枫木比大多数木料完成表面处理的难度更大，因为大多数硬枫木的颜色非常浅，纹理不够明显，不经过染色很难获得漂亮的外观。尽管虎皮枫木和雀眼枫木例外，但经过染色处理后，其纹理的变化和对比效果同样可以得到显著改观。需要注意的是，为了成功地为硬枫木染色，必须使用染料染色剂。

很多木匠和表面处理师使用色素或擦拭型染色剂为硬枫木染色，效果并不理想。原因在于木料的密度。硬枫木的孔隙不够大，难以吸附大量

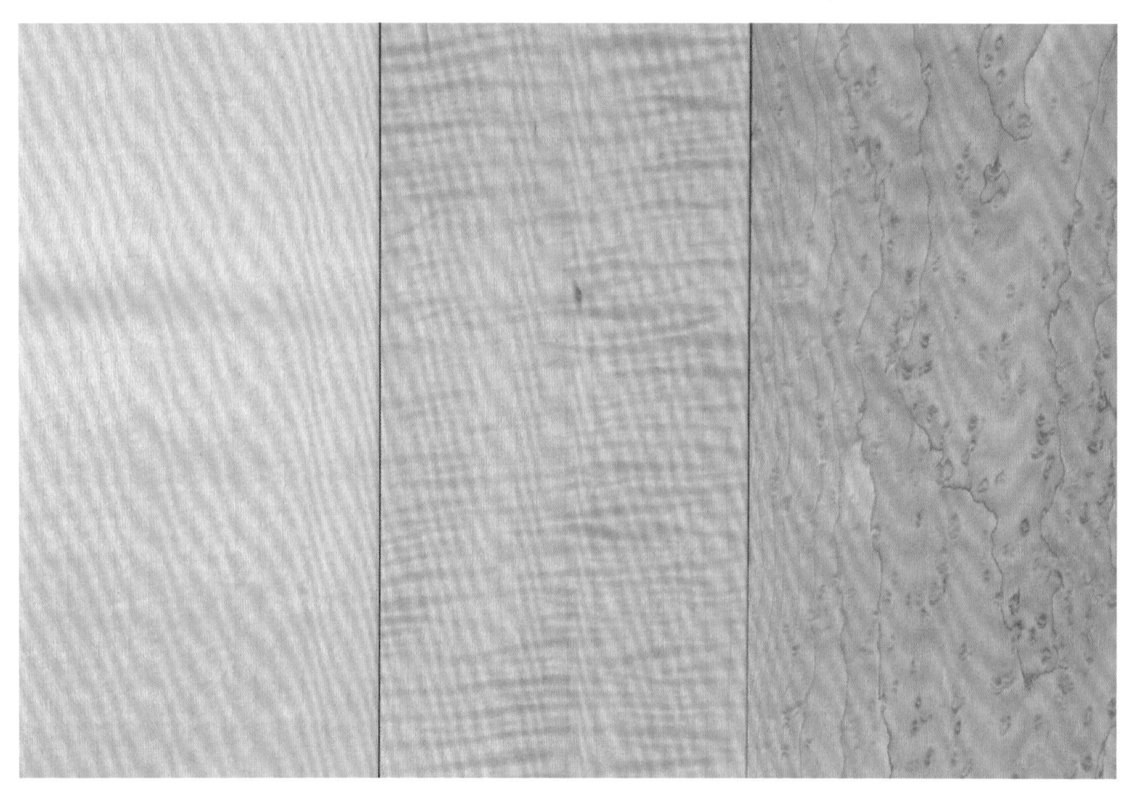

**照片 17–6**　枫木的纹理通常比较平淡（左），也可以呈现有特点的图案，比如虎皮图案（中）或雀眼图案（右）

# 用染料和虫胶处理硬枫木

染料能让硬枫木呈现最美的外观效果，尤其是对虎皮枫木和雀眼枫木来说。薄膜型表面处理产品可以加深颜色。

1 将木料打磨至 150 目或 180 目，并去除打磨产生的尘粒。

2 为木料去除毛刺（参阅第 20 页“去除毛刺”）。

3 使用琥珀色水基染料染色剂（比如洛克伍德品牌的“蜜色琥珀枫木”）处理枫木，并在其干燥前擦除多余染料。为了更好地突出虎皮或雀眼的特殊效果，可以用经过高度稀释的染料涂抹几层涂层（可以加入 5~10 倍的稀释剂），并且每涂抹一层，打磨或刮掉虎皮纹理或雀眼纹理之间的颜色。将颜色保留在虎皮或雀眼的纹理内，这样颜色会随着每次擦拭变得更深。缓慢地加深虎皮或雀眼的纹理颜色，直至在染料保持湿润的情况下获得想要的颜色效果，然后等待染料完全干燥，用熟亚麻籽油擦拭表面以强化效果。

照片由克里斯·克里森伯里（Chris Christenberry）友情提供

4 刷涂或喷涂一层 1 磅规格的金色虫胶，静置几个小时使其充分干燥。（如果擦拭了亚麻籽油，应在使用虫胶或其他表面处理产品之前静置 1 周时间使其充分固化。）

5 使用 320 目或更精细的硬脂酸盐砂纸轻轻打磨除去毛刺，然后除去打磨产生的尘粒。

6 刷涂或喷涂一层 2 磅规格的金色虫胶，静置干燥几个小时。

7 使用 320 目的砂纸轻轻打磨，然后除去打磨产生的尘粒。

8 重复步骤 6 和步骤 7。

9 用 1 磅规格的金色虫胶涂抹最后一层，静置，或者使用 0000 号钢丝绒轻轻擦拭，并使用蜡润滑。

# 使用擦拭型清漆处理硬枫木

对于硬枫木制作的装饰品，可以使用擦拭型清漆处理，为木料带来愉悦的光泽和温暖的色调。

1 用木工车床将木料表面打磨至400目或更精细的程度，然后除去打磨产生的尘粒。

2 擦拭一层很薄的擦拭型清漆，至少等待4个小时使其充分固化，最好能够过夜（参阅第194页“擦拭型清漆“）。

3 使用320目或更精细的硬脂酸盐砂纸轻轻打磨，除去粉尘颗粒以及任何因起毛刺产生的粗糙表面。如果砂纸不能很好地匹配木料表面的形状，可以使用00号或000号钢丝绒处理。除去打磨产生的尘粒。

4 擦拭第二层擦拭型清漆，过夜，使其充分固化。

5 如果第二层清漆涂层不是最后的涂层，可以使用000号或0000号钢丝绒，或者400目的砂纸擦拭涂层。

6 如果表面光泽度不均匀，或者你希望涂层更厚一些，可以涂抹更多层擦拭型清漆。注意，每涂抹一层清漆都要用钢丝绒擦拭或用砂纸轻轻打磨，以去除粉尘颗粒。

7 如果最终的涂层比你想要的更加光亮，那就等待1~2天，然后使用0000号钢丝绒轻轻擦拭。可以搭配使用油或蜡润滑剂来掩盖划痕。

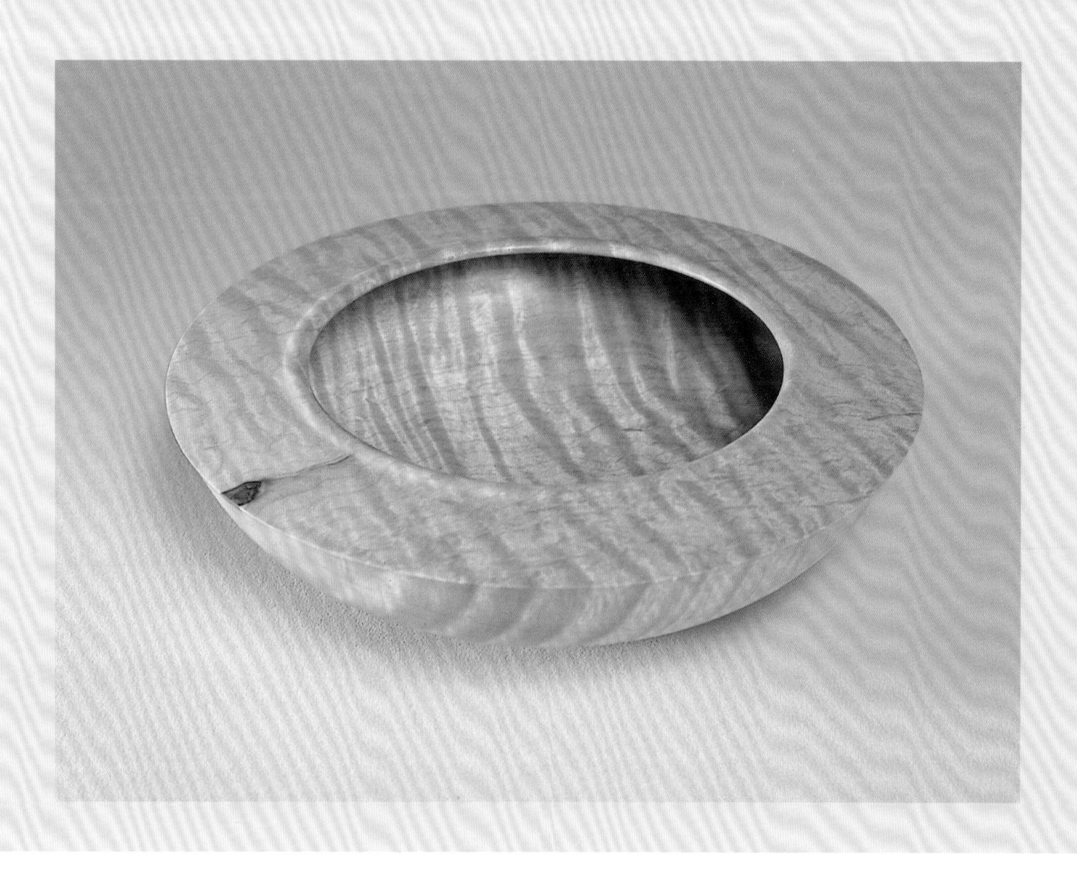

# 使用水基表面处理产品处理硬枫木

为了建立一层具有保护效果的涂层，并让硬枫木尽可能地保持原色，可以使用水基表面处理产品。

1 将木料打磨至 150 目或 180 目，并去除打磨产生的尘粒。

2 刷涂或喷涂一层水基表面处理产品。（为了减少毛刺，最好先为木料去除毛刺。具体操作参阅第 20 页“去除毛刺”。）

3 静置 2 个小时使表面处理涂层充分固化，最好可以过夜，然后使用 220~320 目的砂纸顺次打磨去除毛刺。硬脂酸盐砂纸的打磨效果最好。

4 去除打磨产生的尘粒，涂抹第二涂层。至少等待 2 个小时使其充分固化，然后使用 320 目或更精细的硬脂酸盐砂纸打磨涂层，除去粉尘颗粒。

5 尽可能在无尘环境中刷涂或喷涂第三层缎面效果的水基表面处理产品。

色素，因此色素染色剂的效果并不好。在最外层使用色素染色剂效果会好一些，但会遮盖木料本身的纹理。这一点对虎皮枫木和雀眼枫木来说也是一样的。虽然色素染色剂可以增强虎皮和雀眼的效果，但其染色效果还是赶不上染料染色剂。可以使用染料染色剂将枫木染成任何需要的颜色，任意深度，并且不会遮盖木料原有的纹理（参阅第 71 页“黑化木料”）。

那些 18 世纪和 19 世纪早期用来制作家具的硬枫木基本没有经过染色。那些枫木现在呈现温暖的琥珀色，单纯的岁月流逝不能解释这种颜色的变化。我猜测这些木料可能涂抹了亚麻籽油，亚麻籽油的颜色变深造就了这种颜色。当然，你也可以使用亚麻籽油获得同样的效果，但这种效果需要经过漫长的岁月才能显现出来（第 109 页照片 5-6）。使用琥珀色染料可以很快仿制出这样的颜色效果。

硬枫木在染色时不易出现斑点（尽管与樱桃木或桦木相比会略差些），因此在 20 世纪 50 年代，琥珀色枫木家具流行的时候，工厂通常会选择为硬枫木调色而不是染色。他们会在合成漆中添加少量色素。

现在，手工枫木家具大量保留了未经染色的枫木，我相信，这在很大程度上是因为，现在的木匠不明白使用染料可以获得的效果。不过，未经染色的硬枫木也有其独特的魅力。

我相信，经过染料染色的枫木具有更为丰富的特征。尽管我不反对使用油与清漆的混合物对硬枫木进行表面处理，但我还是比较喜欢经过薄膜型表面处理产品处理的硬枫木。薄膜型表面处理产品有利于显示更多木料本身的特征，因为其厚度有利于增强颜色的深度和层次。

# 樱桃木

18 世纪以来，樱桃木成了广受欢迎的家具木料，并作为美国进口桃花心木的本土替代木料使用。有时可以通过染色来加速樱桃木变深的进程，但是通常不需要染色，其颜色就可以自然加深。在 20 世纪 50 年代，樱桃木在家具生产行业非常受欢迎。工厂通常会对樱桃木进行调色而不是染色处理。调色可以消除心材和边材的颜色差异，使整体颜色更均匀，并且不会产生斑点。

近些年来，樱桃木成了木匠制作独特作品最受欢迎的木料。因为受欢迎，樱桃木成了美国最贵的本土硬木。樱桃木之所以大受欢迎，最重要的原因是，古董樱桃木家具所呈现出来的锈红色的、半透明的、暖色调的外观。不仅如此，樱桃木易于加工，并能在加工过程中产生令人愉悦的气味，这一点在与其他木料做对比时尤其突出。并且这种木料还与人们熟知的美味水果——樱桃同名（尽管出产樱桃木的树并不结樱桃）。

尽管非常受欢迎，但是樱桃木很难做表面处理。刚刚切割的樱桃木并不具有古董樱桃木的温暖、均匀、锈红色的外观。新樱桃木通常呈现粉红至淡红的颜色，也可能带有一点淡灰色。不同的板材颜色也不相同，即使是同一块板材，其不同部位的颜色也可能存在明显的变化。此外，新樱桃木的纹理比古董樱桃木的更加明显，并且颜

注意 ▼

对这里的信息感到失望吧，自然变深的古董樱桃木实际上是无法与染色剂或调色剂的效果完全匹配的。颜色可以匹配得非常完美，但不论是染色剂还是调色剂，都无法重现樱桃木自然老化形成的特有的半透明效果。

色更为柔和。因为自然形成古董樱桃木的颜色外观需要很多年，所以很多木匠尝试使用染色剂仿制这样的颜色效果。

问题在于，为樱桃木染色常常会形成斑点。在这方面，樱桃木类似于松木和桦木。此外，通过染色获得的均匀的锈红色效果（我发现，洛克伍德“古董樱桃木”水基染料染色剂最适合该操作）不易保持，因为樱桃木的颜色会随着自然进程持续加深，最终可能变得过深。因此，你最好非常认真地选择那些颜色匹配、含有很少或者不含边材的木板，然后让樱桃木自然变深。（可以在使用其他表面处理产品之前首先涂抹一层熟亚麻籽油，然后固化1周时间，用来加快这个过程。）如果你决定为樱桃木染色，最好使用不含斑点图案或漂亮斑点纹路的木板。使用凝胶染色剂或调色剂处理樱桃木可以最大限度地减少斑点。

凝胶染色剂很适合为樱桃木染色。早期的巴特利樱桃木家具套装就使用了这种染色剂，并获得了巨大成功。这种染色剂的缺点是无法添加过多颜色，因此很难达到古董樱桃木的颜色效果。

调色需要使用喷涂设备，但整个过程的控制比较容易。如果你的目标是加深木料的颜色，同时不会导致纹理变模糊，可以使用染料调色剂；如果你的目的是使纹理变得柔和一些，那么使用色素调色剂比较好；如果需要在整个表面使用调色剂，我发现将染料调色剂和色素调色剂混合使用效果最好。大多数制作现代樱桃木家具的工厂就是这样做的。木板的颜色同样存在差异，所以你要根据需要做决定。

有时会听到使用碱液或重铬酸钾为樱桃木做旧的建议。两种方法都可以显著加深樱桃木的颜色，有时也能获得与古董樱桃木非常接近的外观效果。不过，除了樱桃木的颜色仍然会持续变深外，这两种方法还存在其他问题。

> **注意**
>
> 为了使边材的颜色与心材的颜色相匹配，使用染料调色剂效果最好。用色素调色剂单独处理边材会使木料的纹理变得模糊，使其看起来与心材部分明亮且清晰的纹理差别更加明显。

首先，这两种化学制剂的使用存在危险性，你需要保护好眼睛和皮肤。其次，碱液如果穿过表面处理涂层进入木料中可能会发生反应，从而转化为一种剥离剂。所以，必须使用酸液（比如醋酸）中和碱液（参阅第361页“碱液”）。此外，使用任何化学品为木料染色都存在某种程度的不确定性。可能得到的颜色不够均匀，也可能颜色太深了。对于过深的颜色，除了用力打磨或者漂白，没有其他方法可以使其变浅。

因为上述这些问题，我不推荐使用碱液或重铬酸钾为樱桃木染色。我倾向于不做任何处理，任由樱桃木的颜色自然变深，或者使用染料染色剂（如果斑点问题得到控制的话）、凝胶染色剂或调色剂。我同样倾向于在樱桃木表面使用薄膜型表面处理产品，而不是油或者油与清漆的混合物。因为薄膜涂层可以加深颜色，并使其层次更为丰富。不过，很多木匠喜欢使用油与清漆的混合物，可能因为使用方便吧，处理的效果看上去也并不令人反感。

# 白蜡木、榆木和栗木

白蜡木、榆木和栗木的纹理结构与橡木非常相似。家具制造商经常用这些木料代替橡木，或

## 使用凝胶清漆处理樱桃木，并任其自然老化

暴露在光照和氧气中会导致樱桃木的颜色自然变深。颜色的显著加深可以迅速发生，但是需要经过多年（可能要数十年）才能呈现出古董樱桃木家具所特有的赏心悦目的、温暖的锈红色外观。凝胶清漆使用简单，可以做出柔和的缎面光泽效果，并且不会产生斑点。

1 将木料打磨至150目或180目，并去除打磨产生的尘粒。

2 擦拭一层凝胶清漆，并在其固化之前擦去多余部分。等待4~6个小时使其充分固化，最好可以过夜。（凝胶清漆会很快固化到无法擦拭的状态，所以在处理宽大表面时最好分段完成，每次只处理一部分。）

3 使用280目或更精细的砂纸轻轻打磨涂层，并去除打磨产生的尘粒。

4 重复步骤2，直到获得想要的外观效果。每涂抹一层，你要观察涂层是否存在瑕疵，并将其打磨除去。

# 用研磨漆为樱桃木调色

调色（在表面处理的面漆层添加染色剂）可以用于调和边材与心材的颜色，并且不会产生斑点。将涂层擦拭至缎面光泽可以使外观显得更加精致。

1　将木料打磨至150目或180目，并去除打磨产生的尘粒。

2　喷涂1~2层经过稀释的不起毛刺染料（樱桃木色）可以使木料的纹理更加清晰。让染料干燥1个小时。

3　喷涂一层合成漆打磨封闭剂或者经漆稀释剂稀释后浓度减半的合成漆。然后等待数小时使其充分干燥，最好可以过夜。

4　使用280目或更精细的硬脂酸盐砂纸轻轻打磨，直到涂层表面光滑，然后去除产生的尘粒。

5　将樱桃木色的色素-染料混合物与合成漆1∶1混合，再加入4~6倍的漆稀释剂制成调色剂。

喷涂多层调色剂。你可以购买市售的合成漆染色剂，或者使用不起毛刺染料和工业染色剂（色素）。除了红色染色剂，还需要额外添加一点黄色和黑色染色剂。

6 如果木料中含有部分边材，需要在边材部分喷涂更多的调色剂，这样才能使木料颜色更为均一。等待数小时让染料充分干燥，最好可以过夜干燥。

7 如果需要去除粉尘颗粒，可以使用 400 目或更精细的硬脂酸盐砂纸十分轻柔地打磨。然后去除打磨产生的尘粒。

8 喷涂 4~8 层合成漆，每涂抹一层，你要观察是否存在粉尘颗粒，如果存在，要将其打磨除去。可以使用任何光泽度的合成漆，但最终涂层的光泽度应该与你想要获得的表面效果接近。

9 使用 600 目的湿 / 干砂纸以及矿物油和油漆溶剂油混合的润滑剂打磨面漆层。或者，也可以使用市售的擦拭润滑剂代替上述润滑剂。在砂纸背面套上一块平整的打磨块，持续打磨，直至去除所有的橘皮褶。

10 使用软布和石脑油清理表面。

11 使用 1000 目的砂纸，重复步骤 9 和步骤 10。

12 使用 0000 号钢丝绒配合蜡或油润滑剂擦拭表面。如果需要，也可以这样处理挡板和支撑腿。

者将其与橡木混合使用。这些木料经过染色后，只有非常有经验的专家才能分辨出彼此。

当你使用色素染色剂为白蜡木、榆木和栗木染色时，遇到的问题大体与处理橡木时相同：木料粗糙的天然纹理会变得更加明显。但是这几种木料的情况没有橡木那样严重，因为它们的晚材并不是很致密。因此，白蜡木、榆木和栗木的晚材相比橡木的晚材可以吸附更多的色素，总体的染色效果也更为均匀。不过，那些用于弱化橡木粗糙外观的方法对于白蜡木、榆木和栗木还是适用的。

# 红香杉木

红香杉木通常用于制作杉木橱柜，因为它的气味可以驱除飞蛾。用来制作橱柜内部的杉木一般不需要进行染色或表面处理，因为其天然的木色很漂亮，而且表面处理涂层会封闭木料中的气味，使其无法有效发挥驱虫作用。当用于制作橱柜的外部框架时，杉木一般也无须染色，只做表面处理即可。

为杉木橱柜的任何内部构件做表面处理都会出现问题，不管经过处理的部分是不是用杉木做的。因为杉木散发出的芳香类溶剂分子在橱柜内的积累会软化大多数的表面处理涂层，使其变得黏稠。为了避免这个问题，杉木内部的所有构件都不应做表面处理。

我个人认为，用来制作家具外部构造的红香杉木不需要进行染色，只用薄膜型表面处理产品处理，得到的外观效果是最好的。

# 使用缎面合成漆为白蜡木调色

调色是一种为任何纹理不均匀的木料上色的有效方式，并能消除染色造成的对比度差别。缎面合成漆可以进一步增强这些效果。

1 将木料打磨至 150 目或 180 目，并去除打磨产生的尘粒。

2 擦拭或者喷涂一层合成漆染色剂，并在合成漆干燥前擦去多余部分。放置 1 个小时使其充分干燥。

3 喷涂一层合成漆打磨封闭剂或者经漆稀释剂稀释后浓度减半的合成漆。静置 2 个小时使其充分干燥，最好可以过夜干燥。

4 使用 280 目或更精细的硬脂酸盐砂纸轻轻打磨，直至涂层表面变得光滑。去除打磨产生的尘粒。

5 将合成漆与合成漆染色剂或色素混合，再加入 4~6 倍的漆稀释剂稀释制成调色剂。喷涂调色剂，直到获得想要的颜色。

6 喷涂 2~3 层缎面合成漆。每涂抹一层，你要观察是否存在粉尘颗粒或者其他瑕疵。如果存在，要用 320 目或更精细的硬脂酸盐砂纸将其轻轻打磨除去。

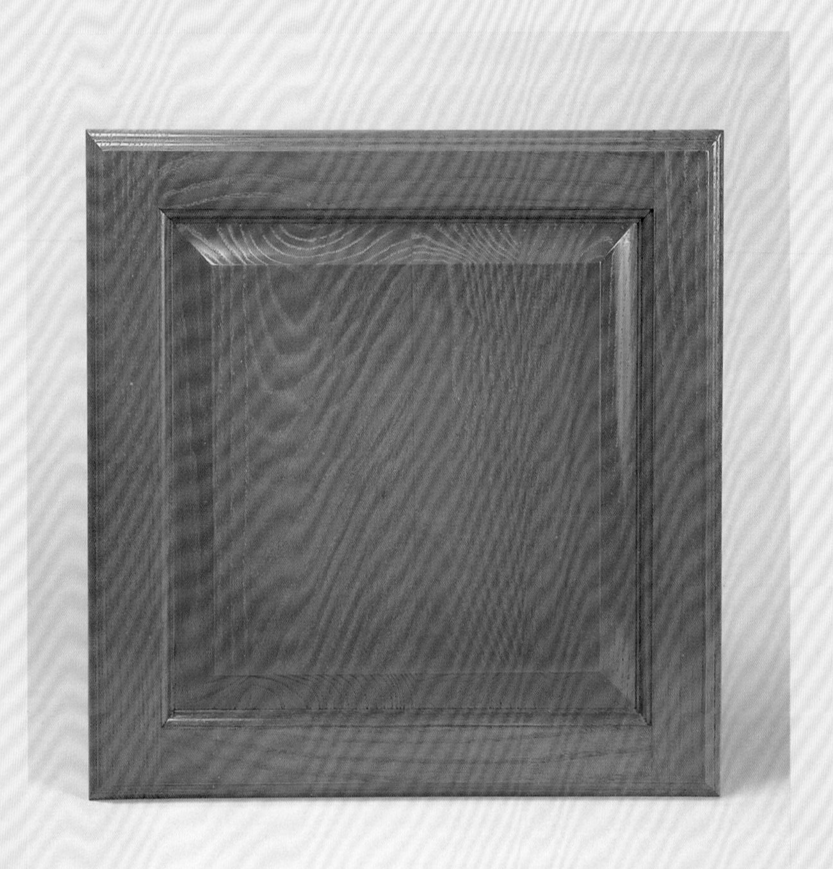

# 软枫木、橡胶木和杨木

软枫木、橡胶木和杨木易于加工，价格相对便宜，通常作为制作家具的备选木料使用。家具工厂和定制家具制造商通常使用这些木料制作桌子、柜子和椅子的结构部件，使用更好的木料或贴面胶合板制作重要的部件。通常这类木料会用染料染色（如果可见）以模仿品质更好的木料，但大多数人不会发现其中的不同。

给软枫木、橡胶木和杨木制作表面处理有两个问题：相比胡桃木和硬枫木，这些木料的纹理平淡且密度较低。平淡的纹理不经过染色很难吸引人。你可以使用色素染色剂或染料染色剂，但用染料染色剂处理得到的颜色会很深。低密度木料通常需要用薄膜型表面处理产品处理，而不能用油与清漆的混合物，这样才能获得看起来不错的光泽效果。

我喜欢这些木料经过薄膜型表面处理产品处理后的样子，并会根据最终的颜色要求，选择色素染色剂或染料染色剂为其染色。

# 桦木

桦木看起来与枫木很像，因此有时候会被误认为是枫木。桦木同样具有高密度的材质，因此不太容易吸附色素染色剂。相比枫木，桦木有更多的旋涡状纹理。如果染色产生的斑点过多，可以使用调色剂为其表层上色，而不是任由斑点留在木料上。如果将染料加入到表面处理产品中，不仅可以获得均匀的染色效果，同时不会使木料的纹理变得模糊。

在进入20世纪时，桦木与枫木一样，通常会用染料染成红色以模仿樱桃木和桃花心木，然后用于家具制作。我喜欢用处理枫木的方式为桦木做表面处理。如果斑点问题比较严重，我会用枫木代替桦木。

# 油性木料

很多木匠出于装饰目的喜欢使用色彩丰富的进口硬木，比如柚木、花梨木、巴西花梨木、黄檀木和黑檀木，它们有时也被用来突出其他木料，当然，这些木料也适合制作整个家具。这些硬木很少染色，它们的天然纹理非常漂亮，这也是这些名贵木料被优先选择的原因。不过，这些木料往往需要做表面处理，因为它们自身含有的油性成分会带来一些问题。

最常见的问题是，这些表面处理产品需要经过很长时间才能固化。当你使用油、油与清漆的混合物或清漆的时候，这种情况就会出现。木料中的油性成分会进入表面处理涂层中延缓涂料的固化。

还有一种问题会在使用合成漆、双组分表面处理产品和水基表面处理产品时出现。木料中的油性成分会阻止这些表面处理产品与木料表面的结合。

使用石脑油或漆稀释剂这样的快速挥发型溶剂擦拭木料表面可以防范这两种问题。这个方法可以将木料表面的油性成分除去。在溶剂挥发之后，你要快速完成表面处理，此时木料内部的油性成分还来不及渗透到木料表面。

## 使用水基表面处理产品为杨木染色

杨木本身缺少特色，通常需要通过染色模仿其他木料，一般情况下会模仿胡桃木。水基聚氨酯可以形成坚硬的表面处理涂层，非常适合处理容易磨损的物品。

1 将木料打磨至 150 目或 180 目，并去除打磨产生的尘粒。

2 沿着木料纹理以长长的笔划刷涂一层胡桃木色的油基染料染色剂，也可以使用沃特科或戴夫特黑胡桃丹麦油代替。擦去多余染色剂，放置 1 周时间使其充分固化，然后再使用水基表面处理产品处理。（如果选择刷涂，不要在水基表面处理涂层下使用水溶性的或不起毛刺染料，以免溶解染料涂层造成拖尾。）

3 刷涂一层缎面光泽的水基聚氨酯。放置 2 个小时使其充分干燥，最好可以过夜干燥。

4 如果存在瑕疵或粉尘颗粒，可以使用 320 目或更精细的硬脂酸盐砂纸将其轻轻打磨除去。去除打磨产生的尘粒。

5 重复步骤 3 和步骤 4。

6 尽可能在无尘环境中刷涂最终的涂层。

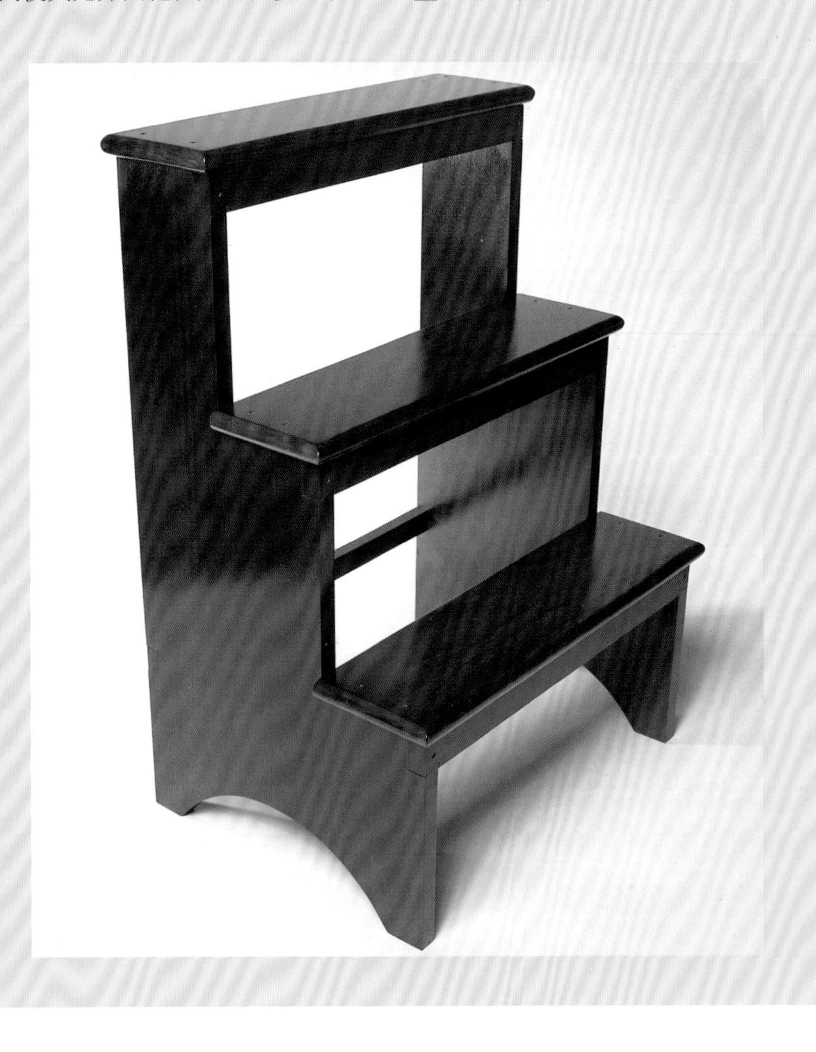

# 以法式抛光的方式为桦木染色

你可以使用染料染色剂为桦木染色，以模仿桃花心木。（这个桦木柜子的顶层抽屉使用来自桃花心木的木皮贴面。）以法式抛光的方式使用虫胶，可以制作出深邃的镜面光泽效果。

1 将木料打磨至 150 目或 180 目，并去除打磨产生的尘粒。

2 去除木料产生的毛刺（参阅第 20 页“去除毛刺”）。

3 涂抹一层水溶性的染料染色剂（这个例子中使用的是桃花心木色染料），并在其干燥前擦除多余的染料。过夜干燥。

4 使用 400 目的硬脂酸盐砂纸非常轻柔地打磨涂层。注意不要磨穿染料涂层，尤其是在边缘位置。

5 去除打磨产生的尘粒。

6 刷涂一层 1 磅规格的金色虫胶。静置 2 个小时使其充分干燥，最好可以过夜干燥。

7 使用 320 目或更精细的砂纸轻轻打磨，去除毛刺和粉尘颗粒。去除打磨产生的尘粒。

8 重复步骤 6 和步骤 7。

9 以法式抛光的方式处理表面，覆盖整个表面 3~4 次，或者直到整个表面呈现均匀的光泽（参阅第 162 页“法式抛光”）。

10 使用浸润了石脑油的抹布擦拭，去除残留的油。

11 用硅酮家具抛光剂或膏蜡处理表面。

对于全部使用进口硬木制作的作品，当需要孔隙边缘看起来非常清晰的时候，我会使用油与清漆的混合物或擦拭型清漆做表面处理。如果希望为木料提供更好的保护，我会建立更厚的薄膜涂层。有时候，我会只用蜡处理一些装饰性的、不需要经常触碰的木工作品。当使用进口硬木用于装饰和修饰时，我会根据作品的整体需要，选择合适的表面处理产品。

## 给花梨木上蜡

蜡对花梨木的天然颜色影响最小。

1 使用木工车床将作品表面打磨至 400 目，然后去除打磨产生的粉尘。

2 涂抹一层膏蜡。当膏蜡的光泽消失后擦去多余部分。过夜干燥。

3 涂抹第二层膏蜡。当膏蜡的光泽消失后擦去多余部分。（在处理密度较小的木料时，应根据需要增加涂层数，以获得均匀的缎面光泽效果。）

4 用手或装有羊毛垫的机器擦拭涂层表面，直到去除所有条痕，得到均匀的光泽。

◆ 第五部分 ◆

# 表面处理涂层的后期维护

18

# 表面处理涂层的保养

## 简介

- 涂层退化的原因
- 使用液态家具抛光剂
- 防止涂层退化
- 退化原因及预防措施
- 如何选择产品
- 家具抛光剂综述
- 家具保养产品的类型
- 古董家具的保养

对所有完成表面处理的木工制品来说，表面处理涂层的保养是迄今被制造商曲解最为严重的方面。有各种各样的说法，有些说法只有部分是可信的，诸如“家具抛光剂能够保护表面处理涂层”，还有一些说法则完全不靠谱，诸如“家具抛光剂能够置换木料中的天然油分”。目前，美国市场上有数百万的消费者被成功洗脑，家具抛光产业让消费者坚信，木料本身含有的油分需要被置换。

欺骗性的营销使得人们关注的重点偏离了家具抛光剂在防尘、清洁并改善房间气味方面的优点。除此之外，有些制造商更是完全否定了蜡的作用。他们非但没有指出蜡能够提供持久的光泽和耐磨性，而且在蜡的使用上制造了障碍。他们抱怨蜡堵塞了木料的孔隙，使其无法呼吸，而且蜡涂层容易导致木料表面积累油污。

大量的困惑催生了一个新的分支行业，这个行业专门从事“神奇”的补救工作，以及与古董家具和庭院的外观维护相关的工作。行业“万金油”

传言

家具抛光剂可以滋养并湿润木料。

事实

如果真是这样，那么家具抛光剂中的油类溶剂必须穿过表面处理涂层，而我们制作表面处理涂层的初衷是把软饮料、汗水、水以及油类溶剂阻隔在木料之外。当家具看起来颜色变暗或发干的时候，不是因为木料内部出现了问题或缺陷，而是因为表面处理涂层退化了。如果家具抛光剂的光泽消失了，也不是因为抛光剂渗入了木料之中，而是因为抛光剂挥发掉了。

的价格是主产业同种物质价格的3~4倍。它成功体现了我们对家具保养工作的严重误解。

为了抓住保养家具表面处理涂层的要点，你首先要了解，为什么表面处理涂层会出现退化，以及如何减缓这种退化。此外，准确了解什么是膏蜡和液态家具抛光剂以及它们的作用也会很有帮助。之后，你就可以针对如何保养家具或者如何为你的客户提供建议做出明智的决定。

# 涂层退化的原因

表面处理涂层的退化主要是由以下几个方面造成的：

- 暴露在强光之下；
- 氧化；
- 物理损坏，包括与高温、水、溶剂和化学物质接触造成的损坏。

## 强光

光线，尤其是阳光，是对表面处理涂层最具破坏性的自然因素。试想一下，房屋南侧的油漆层相比房屋北侧的退化速度要快多少；一辆长期暴露在阳光下的车与遮阴停靠的车相比，其颜色退化速度会快多少。即使是室内光线，时间久了也会对表面处理涂层造成破坏（照片18-1）。

**照片 18-1** 明亮的紫外线，尤其是直射的阳光，会导致颜色退化，表面处理涂层出现破裂并产生裂纹。这种裂纹在超过百年的抽屉前端随处可见，但是中间部分则不会有，因为中间部分被把手挡住了，光线照射不到，所以中间位置的表面处理涂层光亮如新

# 使用液态家具抛光剂

液态家具抛光剂使用非常简单，但是方法有很多种。这取决于你的目的，只是擦除粉尘还是要用抛光剂来提高光泽度。无论哪种情况，都要保证处理层的表面没有任何污渍。如果存在污渍，需要使用温和的肥皂擦拭，比如洗碗液或墨菲油皂。

如果使用抛光剂只是为了擦除粉尘，可以用抛光剂稍微打湿软布，然后轻轻擦拭涂层表面，使粉尘附着在沾湿的布上。但要注意，擦拭时不要在涂层表面留下明显潮湿的痕迹。

如果要用抛光剂提升表面处理涂层的光泽度，或者为了让表面更加光滑以减少划痕，那么需要加入足够的抛光剂将软布打湿，然后轻轻擦拭表面。或者，可以直接在表面处理涂层上喷涂液态家具抛光剂，之后再用棉布擦拭：用抛光剂打湿表面处理涂层，然后用棉布擦掉多余部分。

如果没有及时擦掉多余的抛光剂，就会形成粉尘与蜡和硅酮混合形成的污垢（如果抛光剂中含有蜡或硅酮成分的话）。表面处理涂层会因此变得很黏，并开始显现指印。这通常被错误地认为是“蜡的堆积”造成的。为了清理这种黏性的表面，需要用温和的肥皂清洗，或者用石脑油或油漆溶剂油擦拭。棉布会变脏，底下的表面处理涂层也会变得灰暗（这种灰暗是时间造成的，而不是家具抛光剂的原因）。只要表面处理涂层状况良好，重新涂抹家具抛光剂就可以再次提升涂层的光泽度。但如果表面处理涂层出现了损坏，就只能重新制作表面处理涂层，然后再涂抹抛光剂了。

### 传言

**家具抛光剂能够置换木料中的天然油分。**

### 事实

**常用的家具木料不包含天然油，并且没有木料“需要”油。即使是柚木、紫檀木等少数几种含有天然油的进口硬木也不需要将油置换出来，尤其不能使用含有石油溶剂的家具抛光剂。实际上，这些进口硬木中的油性成分会对表面处理造成影响，正如我在之前章节中提到的那样。**

## 氧化

氧化是第二大破坏性的自然因素。氧气几乎能与所有成分结合起来，使其发生氧化。这个过程虽然很缓慢，但却是使涂料性能退化的一个重要因素。即使没有光照的促进，氧化也会导致表面处理涂层变暗并最终开裂。

## 物理损坏

所有的表面处理涂层都可能因为接触粗糙的物品、高温、水、溶剂、酸和碱而出现不同程度的损坏。有些表面处理产品，比如聚氨酯和催化型表面处理产品，其制作的涂层要比其他表面处理涂层更耐用，但是仍然会出现损坏。

**警告**

有些肥皂生产商会建议你定期用肥皂和水擦拭家具。尽管性能温和的天然皂，比如说象牙皂（Ivory，用动物脂肪和碱液制作而成）和墨菲油皂（用植物油和碱液制作而成）都不会损伤表面处理涂层，但过多与水接触则会造成损伤。如果表面处理涂层存在裂缝，水就会渗透到下面，导致涂层产生褶皱并与木料分离。如果表面处理涂层出现了退化或者磨损，与水过多接触还会导致桌面出现翘曲和凹陷。所以，通常只有在家具被弄脏的时候才会使用肥皂和水进行清理。

**传言**

家具抛光剂能够为表面处理涂层保湿，延缓表面处理涂层的干燥和开裂。

**事实**

除了能够增加光泽度和抗划伤的能力，家具抛光剂对固化后的表面处理涂层没有任何影响，无论好的还是坏的。“保湿”会让表面处理涂层变软变黏，最终导致灾难性的后果。表面处理涂层的软化通常是由于长时间重复性地接触酸性护肤油、强效肥皂或者其他化学物质。

# 防止涂层退化

如何防范由光线、氧化以及物理损伤造成的退化呢？实际上，你所能做的大多数事情都是被动的。主动的保养措施作用非常小（参阅下一页的“退化原因及预防措施”）。

## 被动防护

保护家具表面处理涂层最好的方法就是使其保持持续覆盖的状态，以及远离破坏性的因素。下面举几个例子。

- 为了保护家具免于强光的照射，不要把家具放在阳光可以直射到的地方；要充分利用窗帘和遮阳布；在桌面上铺上桌布；如果外出旅行，则要用床单把比较娇贵的家具盖上。
- 为了减缓氧化进程，不要把家具放置在阁楼上，或者其他较热的地方。高温会加快氧化的速度。
- 为了最大限度地减少物理损伤，最好使用隔热垫、杯垫、餐垫以及桌布。但不能使用塑料布覆盖桌面，因为塑料很容易与表面处理层黏连在一起。

## 主动保养

主动保养需要定期在涂层表面涂抹膏蜡和液态家具抛光剂（参阅第 313 页“使用液态家具抛光剂”）。但是膏蜡和家具抛光剂都无法减缓光线和氧化对表面处理涂层的破坏。蜡和抛光剂同样无法抵挡来自高温、溶剂和水的危害。尽管在垂直表面上，二者都可以促使水形成水珠滑落下去，但在水平表面，它们无法阻止水的渗透。因为蜡或油类溶剂形成的薄膜特别薄，水很容易从一些较大的孔隙或划痕处渗入。

膏蜡和液态家具抛光剂只能增强家具的耐磨性。它们可以减少摩擦，使物体易于从涂层表面滑开而不是切入涂层（参阅第 317 页“家具抛光剂综述”）。

除了增加耐磨性，膏蜡和液态家具抛光剂还能给灰暗的表面增添光泽，并掩盖一些细微的损伤（照片 18-2），因为它们可以填补由于划痕和表面处理涂层退化形成的微小孔隙。这样当你观察表面处理涂层的时候，光线会反射回来而不是散射到各个方向。膏蜡和液态家具抛光剂不仅能

## 退化原因及预防措施

| 原因 | 预防措施 |
| --- | --- |
| **暴露在光线之下** | 把家具放在远离窗户的位置 |
| | 充分利用窗帘和遮阳布 |
| | 在不用的时候，把那些暴露最多的重要表面盖起来 |
| **氧化** | 不要把家具放在闷热的阁楼，高温会加速氧化 |
| **日常的损耗与损伤** | 用膏蜡或家具抛光剂减少表面摩擦 |
| **与高温、水、溶剂、酸或碱接触过多** | 使用隔热垫、杯垫、餐垫以及桌布 |

**警告 ▼**

有些膏蜡（比如布里瓦斯）含有甲苯（通常会列出在包装罐上）。这种溶剂很强效，能够溶解或擦除大多数没有完全固化的表面处理产品，并能破坏已经完全固化的水基表面处理产品形成的涂层。

**照片 18–2** 膏蜡和家具抛光剂的主要功能是提升灰暗表面的光泽度。膏蜡的效果相当持久，液态抛光剂的效果则较为短暂。如图所示，面板右侧就是用膏蜡处理的效果

### 传言

柠檬油和橙油家具抛光剂是用柠檬油和橙油制成的。

### 事实

这些家具抛光剂只是在石油馏出物的基础上添加了柠檬和橙子的香味。如果这些抛光剂真的是用柠檬或橘皮中那点少得可怜的油制成的话，那么它的价格不仅会非常高，而且会在佛罗里达出现霜冻的时候价格飞涨！

使涂层之下的木料看起来颜色更深，层次更加丰富，同时可以减轻对木料的损害。（对某些人来说，这与在制作表面处理涂层之前，用油浸润木料的效果相似。）

**膏蜡**是不会挥发的。液态家具抛光剂不包含挥发性的蜡成分。（如果液态抛光剂中包含蜡，产品通常会被包装在透明的容器中，并且会有蜡沉积在容器底部。）这就是膏蜡和液态抛光剂最显著的区别。这意味着，只要表面的膏蜡没有被磨掉或洗掉，它就可以为家具提供持续的保护和光泽度。相比之下，不含蜡的抛光剂只能在其挥发之前为家具提供保护和光泽度。

**液态家具抛光剂**比膏蜡要干净得多，因为后者更容易沾染粉尘和污渍。大多数的液态抛光剂都能为房间增加一些宜人的气味。

如果家具抛光剂穿过表面处理涂层渗透进入木料中，那么表面处理涂层就会出现严重退化，这时应该考虑重新进行表面处理。此时的涂层和家具抛光剂都已无法保护木料。

用来为裸露木料做表面处理的膏蜡与那些用来为表面处理涂层做抛光的产品本质上是一样的，并且它们的使用方法也是相同的（参阅第 6 章“蜡”）。

液态家具抛光剂通常包含 4 种主要成分：

- 石油馏出物溶剂；
- 水；
- 硅酮；
- 蜡。

**石油馏出物溶剂**是大多数家具抛光剂最主要的成分，它通常被称为“油”，实际上是一种挥发速度较慢的油漆溶剂油，更准确地说，是一种油性溶剂。这种液体能够增加涂层的光泽度及抗划伤性，但只有在其挥发之后才能发挥作用。这个过程通常只需几个小时。这种液体同样有助于消除粉尘，并能擦除油脂和蜡，但对水溶性的污垢则不具有这样的清洁效果（参阅第 198 页“松节油和石油馏出物溶剂”）。

**水**被添加到很多抛光剂中是因为，它是清理多种粉尘的首选清洁剂。（当然，在与温和的肥皂产品，比如洗碗液或“油”皂混合之后，水的清洁效果会更好，但是这样的清洁能力很少用到。）将水和石油馏出物溶剂混合可以制成乳液抛光剂。在第一次使用时，你会发现，这种抛光剂呈现乳白色。这也是你鉴别乳液抛光剂的重要依据。

**硅酮**是一种非常光滑的合成油，当被用于表面处理时，会使木料颜色呈现出富有深度的层次感。这种油可以在木料表面保持一个星期甚至更久，并且它的光滑特性赋予涂层对抗刮擦的强大能力。尽管一直存在各种投诉，但硅酮是完全惰性的，确实不会损伤表面处理涂层和木料，只是在重新制作表面处理涂层时存在一些问题，需要额外付出努力加以克服（参阅第 183 页“鱼眼与硅酮”）。因此，很多表面处理修补师以及维护人员不提倡使用硅酮抛光剂。然而，硅酮抛光剂在消费者中非常受欢迎。

**蜡**在室温下呈固态，不会从家具表面挥发，所以并不常用，也不易于除尘、清理或者添加香味。（为了在不擦掉蜡的情况下除去其表面吸附的粉尘，可以使用蘸水的布或麂皮擦拭，而不能用家具抛光剂代替水。）有时候，液态抛光剂中会添加蜡成分。这很容易辨认，因为蜡会沉淀在容器底部。

### 传言

在表面处理涂层上用蜡做抛光处理会堵塞木料孔隙，妨碍木料呼吸。

### 事实

木料不会呼吸——至少，它不会呼吸空气。木料会由于环境中空气湿度的变化扩张和收缩（参阅第1章“为什么木料必须做表面处理”）。但是作为抛光剂，薄薄地涂抹一层蜡并不会阻碍木料与空气中水分的交换。

蜡也不会妨碍表面处理涂层的“呼吸”，因为表面处理产品并不能呼吸。如果涂抹薄薄的一层蜡能够减缓强光照射和氧化导致的涂层退化当然很好，但蜡并不具备这样的作用。

## 如何选择产品？

选择一款用于家具主动保养的产品并不像你想象的那样复杂，需要从货架的众多产品中将其挑选出来。因为只有4种类型的家具保养产品可供选择：透明抛光剂、乳液抛光剂、硅酮抛光剂和蜡（参阅下一页“家具保养产品的类型”）。这些产品只在气味、挥发速度方面存在显著差别，有时候颜色上也会有所不同（用于为划痕和刮擦处上色）。

你要谨记，并不是必须在家具或橱柜上使用这些产品。如果只是为了除尘，可以简单地用沾湿的布或麂皮来擦掉粉尘，世界各地的很多人都是这样做的。

无论你决定怎么做，都要遵循本章前面提到的被动防护建议。这些方法能够为表面处理涂层提供最好的长效保护。

你还可以使用静电布清理粉尘，比如攫取（Grab-It）品牌的产品。不过，家具抛光剂还具备其他优势，比如提高表面光泽度、增加抗划伤能力、掩盖轻微的划痕、清除吸附在表面的粉尘并产生令人愉悦的气味等。这些效果静电布都没有。此外，由于静电布不含有油类润滑剂，所以吸附在布上的粉尘可能会在擦拭过程中划伤表面。并且清洗静电布或为其涂抹家具抛光剂都会破坏其中的静电荷，影响使用效果。

## 家具抛光剂综述

| 家具抛光剂可用于 | 家具抛光剂不可用于 |
|---|---|
| ■ 增加暂时性的抗划伤性 | ■ 为“油含量少的木料”提供“滋养” |
| ■ 暂时隐藏轻微的划痕 | ■ “滋养”表面处理涂层 |
| ■ 暂时增加光泽度 | ■ 保护涂层免于高温、水、溶剂及其他化学物质的损害 |
| ■ 能够协助清理粉尘 | ■ 减缓由于光线和氧化造成的涂层退化 |
| ■ 清理表面上的油脂、蜡和水溶性的粉尘 | |
| ■ 为房间添加令人愉悦的气味 | |

# 家具保养产品的类型

可将所有的家具保养产品划分为 4 种类型。你可以根据自己的用途选择相应的产品类型，然后根据气味及其挥发速率进一步选择（如果你注意到了某些差别的话）。如果需要掩盖一些裂纹或者划痕，可以选择一些有颜色的产品（参阅第 313 页“使用液态家具抛光剂”以及第 114 页“使用膏蜡”）

| 举例 | 描述 | 选择原因 |
| --- | --- | --- |
|  | **透明抛光剂**属于油漆溶剂油这样的石油馏出物产品。有时候产品中也会包含一些相关的溶剂，比如柑橘油和松节油。这些抛光剂通常包装在透明的塑料容器中。透明抛光剂能够清除油脂和蜡，但不能清除水溶性污垢，比如软饮料或黏性指印干燥后的痕迹 | 如果你想选择一款价格不高、有令人愉悦的气味、有助于清除粉尘的液体抛光剂，透明抛光剂就可以满足要求 |
|  | **乳液抛光剂**是水和石油馏出物的混合物，在第一次使用时呈乳白色。这些抛光剂通常包装在雾化器喷雾罐中。乳液抛光剂优于透明抛光剂的地方在于，它既能清除油脂，又能清除水溶性污垢 | 如果你需要一种辅助除尘、清理效果好的抛光剂，可以选择乳液抛光剂 |
|  | **硅酮抛光剂**是一种在石油馏出物（透明的）或乳液（乳白色）基质中添加了少量硅酮的产品。硅酮是一种油，它不能从木料表面挥发。有一种方法可以辨别硅酮抛光剂：观察手指在表面拖动时留下的指印，如果使用的是硅酮抛光剂，那么即使是在几天之后也能获得相同的测试效果 | 如果你需要持久的光泽度和抗划伤性，同时需要辅助除尘或清洁能力，则可以选用硅酮抛光剂 |
|  | **蜡**是永久性的家具保养产品，也是使用难度最大的产品，因为需要付出额外的努力来擦除多余部分。蜡相对于液态抛光剂的优势在于，在处理退化的涂层表面时不会突出表面上的裂纹或裂痕 | 如果你想使老旧退化的或者较新的表面处理涂层获得相当持久的光泽度和抗划伤能力，又不想使用硅酮抛光剂，那么可以选择蜡作为抛光剂 |

# 古董家具的保养

除非近期刚刚做过修复，否则古董家具看起来会有些暗淡无光、裂纹遍布。此外，将各个部件衔接起来的接合处也会变松，贴面胶合板的木皮也会翘起来。总体来说，古董家具比新家具更为脆弱，必须以此为前提进行处理。

所有可用于新家具的保养方法同样适用于古董家具的保养，而且你必须更加重视古董家具的保养。换句话说就是，对于古董家具，避免强光直射、防止划伤更为重要，因为古董家具的涂层更加脆弱，更容易受到损伤。膏蜡为古董家具提供保养的效果最好。

最好保持房间内湿度恒定，因为湿度的大幅波动会导致家具的接合处变松、贴面胶合板的木皮翘起。除了这种简单的护理，不需要采取进一步的措施了，好好享受家具带来的美感就好。

这些简单并且相当直观的说明也许与你之前在杂志上看到的、通过各种渠道听到的内容是相反的。不幸的是，很多人就是使用道听途说的方法对古董家具进行保养的。很多人都被古董家具吓到过，唯恐做错什么破坏了其原有的价值（参阅第 368 页“表面处理涂层的退化及古董鉴定电视节目”）。

如果你是其中的一员，或者你的某个客户是其中的一员，你要铭记两点。第一，很少有古董在一开始的时候就具有巨大的价值。第二，使用任何膏蜡或家具抛光剂产品都不会损坏原有的涂料、涂层和木料，除非你的操作手法过于粗糙。

除了需要在一些表面处理涂层退化严重的家具上使用膏蜡代替家具抛光剂，古董家具的主动保养措施与新家具的主动保养措施相比是没有区别的。

### 传言

将蜡作为抛光剂使用时，它会堆积在涂层表面形成油污。

### 事实

只有在每次完成涂抹后没有擦除多余部分时，蜡才会在涂层表面形成堆积。在每次涂抹一层新的膏蜡后，其中含有的溶剂会溶解现存的蜡，并形成新的混合物。这样在你擦除多余的蜡之后，留下来的仍然只有与涂层表面紧密结合的那一层。为了有效地擦除多余的蜡，你需要用干净的布擦拭。为了擦除可能造成堆积的蜡，你可以用油漆溶剂油、石脑油、松节油或者某种透明家具抛光剂擦拭表面（如果涂层特别牢固的话）。

19

# 表面处理涂层的修复

## 简介

- 移除异物
- 修复表层损伤
- 修补表面处理涂层的颜色
- 补色
- 用热熔棒填充
- 用环氧树脂填充
- 修复深度的划伤与刀痕

随着时间的推移，表面处理涂层会退化、出现损伤，应对其及时进行修复。正如我在前面的章节提到的那样，有些类型的表面处理涂层要比其他表面处理涂层更易于修复，但是总体而言，大多数表面处理涂层的损伤都是可以修复的。在家具行业中，表面处理涂层的修复是一个专业领域，它与表面处理本身是有区别的。这些专业人员主要集中在家具厂、家具商店以及搬家公司（因为对表面处理涂层最严重的损坏发生在搬家过程中）。

表面处理涂层受损的情况可以分为五种主要的类型，有时候损伤甚至会穿透表面处理涂层并伤及涂层之下的木料。

- 粘在表面处理涂层的异物，通常是蜡烛或蜡笔的蜡、记号笔标记、乳胶漆飞溅的痕迹以及来自标签和胶带的黏合剂。
- 表面处理涂层的表层损伤，一般是轻微的划痕、裂痕（开裂）、磕碰以及包装（挤压）痕迹，这通常会发生在家具堆叠到高温的卡车内或库房中的时候。

- 对表面处理涂层的颜色造成损伤。
- 对木料的颜色造成损伤。
- 损伤深入较厚的表面处理涂层中，甚至穿透表面处理涂层深入木料中，通常是一些较深的划痕和刀痕。

对透明的、渗透性的表面处理产品（油以及油与清漆的混合物）以及在未经染色的木料表面涂抹的很薄的表面处理涂层来说，表层损伤很容易修复，只需用油或者油与清漆的混合物简单地擦拭，然后擦掉多余部分即可。但是发生在这些表面处理涂层上的实质性损伤（颜色问题、刀痕以及深度划痕）是很难修复的，因为涂层的厚度太薄了，缺少可用来操作的界面。一旦受损，这些表面很难再呈现出之前的外观效果。换句话说，所有的薄膜表面处理涂层损伤都能够被修复，但要解决颜色问题、刀痕以及深度划痕往往需要更高的水平和技术。

# 移除异物

所有黏附在表面处理涂层上的异物都可以通过打磨除去。但打磨操作会破坏表面处理涂层的光泽度，所以在擦除异物时最好使用不会影响表面处理涂层光泽度的溶剂。

- 涂层表面的烛用蜡通常经过冰块冷冻就可以脱落。或者，可以首先刮去大块的蜡，然后用油漆溶剂油、石脑油或松节油来擦除残留的蜡。也可以用吹风机加热这些蜡，待其融化或软化后就可以将其擦掉了。但要注意，不要使表面过热，否则表面处理涂层也会软化。如果蜡经过了染色，并且颜色渗入了表面处理涂层或者下面的木料中，那么除了剥离表面处理涂层并重新做表面处理，没有其他办法可以去除渗入的颜色。
- 蜡笔蜡可以使用油漆溶剂油、石脑油或松节油擦除。
- 记号笔的标记可用工业酒精擦除。用酒精打湿棉布并轻轻擦拭即可。棉布上的酒精不能太多，不能让表面处理涂层处在浸润于酒精中的状态。如果酒精不起作用，可以使用漆稀释剂，但这样可能会损伤表面处理涂层（照片 19-1）。
- 乳胶漆飞溅形成的污渍通常可以用甲苯、二甲苯或尼龙酸甲酯（DBE）擦除。用这些溶剂打湿棉布并轻轻擦拭。市售的产品，包括酷弗-奥夫（Goof Off）和奥珀斯（Oops）在内，很多都能够擦除这种类型的异物，并且每种品牌都可提供多种选择。甲苯的效果较强，尼龙酸甲酯的效果较弱，它们使用的溶剂与较弱的脱漆剂使用的溶剂是相同的（参阅第 356 页“N-甲基吡咯烷酮”）。尼龙酸甲酯可以在水基表面处理涂层上安全使用，并被誉为“环境无害型产品”。你需要认真阅读标签上的成分说明，确定罐子中的溶剂成分。
- 来自贴纸或胶带的黏合剂也是一个问题。漆稀释剂通常可以用来擦除这些黏合剂，但可能会损伤表面处理涂层。在使用漆稀释剂之前，可以尝试用石脑油、松节油、甲苯或二甲苯擦除。甲苯和二甲苯通常会有效果（参阅第 198 页“松节油和石油馏出物”）。

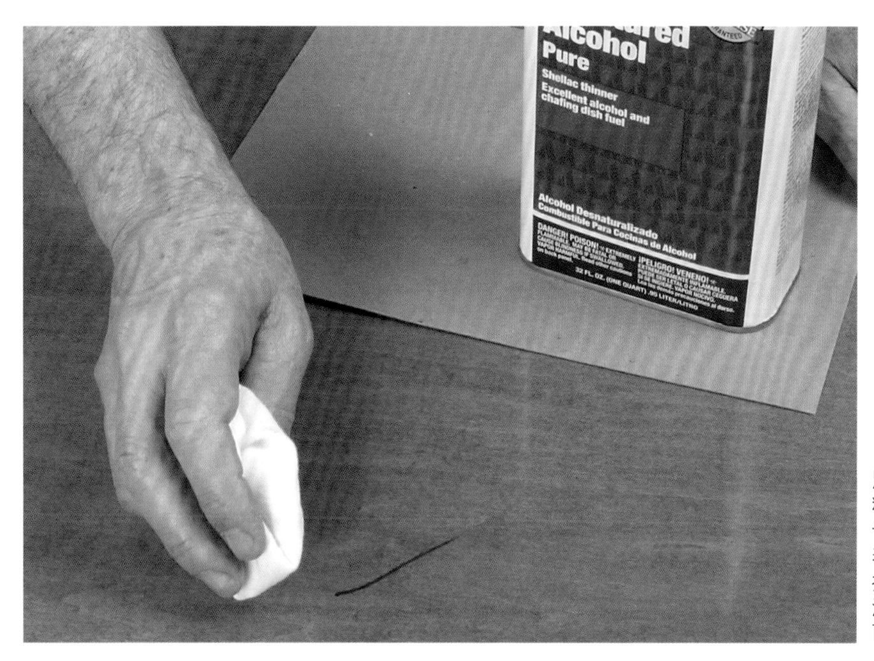


**照片 19–1** 使用经工业酒精打湿的布可以很容易擦掉记号笔的痕迹。如果酒精不奏效，可以尝试用漆稀释剂擦拭，但应尽量少用，因为漆稀释剂会损坏大多数的表面处理涂层

# 修复表层损伤

表层的磨损、划痕、挤压痕迹以及退化都很常见，并且易于修复。下面介绍了 4 种用于修复这类损伤的方法。

- 在涂层表面涂抹一层膏蜡并擦除多余部分。
- 用砂纸打磨掉受损的或磕碰的涂层，露出下方未受影响的涂层。或者，用钢丝绒或研磨膏进行擦拭，用精细的划痕掩盖原有的损伤。
- 另外涂抹一层或两层表面处理产品来掩盖这个问题。这种处理方式既可以直接在损伤的涂层上完成，也可以在使用磨料磨掉损伤涂层之后再进行。
- 合并或“回流”表面处理涂层。随后可以通过打磨将表面处理涂层整平。

## 涂抹膏蜡

在涂层表面涂抹膏蜡是所有修复方法中最简单的。这种方法在掩盖轻微的磨损或划痕时非常有效，并能提高暗淡表面的光泽度（参阅第 114 页“使用膏蜡”）。彩色膏蜡可以为轻微的划痕着色。你要谨记，家具抛光剂可以擦除膏蜡，并留下斑驳的表面，所以拂拭表面应该用干布或者蘸水的湿布。

> 警告
>
> 很多表面处理产品，特别是工厂使用的表面处理产品带有颜色——这些颜色通常来自调色剂或者釉料。所以在打磨表面处理涂层时，你很可能会在接触木料表面之前打磨掉一些颜色。你通常会看到表面处理涂层的颜色在一点点变浅，这可以为你提供早期的预警信号，提醒你停止继续打磨。

## 打磨掉部分表面处理涂层

如果表面处理涂层足够厚，可以打磨掉一些以露出更好的表面。这与擦掉旧涂层暴露出新表面的处理方式完全一样（参阅第 16 章“完成表

小贴士

**修复表面处理涂层的损伤通常需要很多技能，同时也需要一些专业化产品的帮助。“莫霍克表面处理产品”（Mohawk Finishing Products）会在全美的各个城市开办为期 3 天的课程，讲授表面处理涂层的修复技术。这家公司同样销售表面处理的专业化产品（参阅第 373 页“资源”）。**

面处理”）。可以先用砂纸和润滑剂来整平涂层表面，或者也可以跳过这一步，使用钢丝绒或研磨膏进行擦拭。应该始终选择最精细的研磨料以有效消除损伤。大多数情况下，你应选用 400 目、600 目或 1000 目的砂纸，0000 号钢丝绒，灰色研磨垫或者浮石。如果你想要降低磨穿表面处理涂层的风险，就一定不能让不必要的操作进一步加深涂层上的划痕深度。

# 涂抹更多表面处理产品

即使不知道现有的表面处理涂层使用的是哪种涂料，你仍然可以在现有的表面处理涂层的基础上制作更多的表面处理涂层（参阅第 148 页“表面处理产品的兼容性”）。在涂抹新涂层之前，可以先用钢丝绒将涂层表面打磨或擦拭平整，就像之前涂抹多层表面处理涂层时所做的那样。如果最初的表面处理是你完成的，并且你还记得使用的是哪种表面处理产品，那么现在最好使用与之前相同的表面处理产品。（是否使用同一品牌的产品并不是很重要。）如果不记得或不知道之前使用的产品类型，那你面前有三种选择：一是使用油与清漆的混合物或擦拭型清漆进行擦拭；二是在涂层表面进行法式抛光；三是选用一种薄膜型表面处理产品，为你提供所需的涂层特性，比如，聚氨酯能够提供良好的耐久性。很多表面处理修复师会在将涂层表面清理干净后喷涂一层薄薄的合成漆，这样既快又有效（参阅第 8 章“薄膜型表面处理产品”）。

油与清漆的混合物并不比膏蜡更好用，因为需要擦除多余部分。但是在有些时候，彩色的油与清漆的混合物能够非常有效地为颜色较浅的区域着色，并且油与清漆的混合物比膏蜡的效果更持久（参阅第 5 章“油类表面处理产品”）。不过，在涂层如镜面般平滑的桌面上使用油与清漆的混合物并不是明智之举。因为表面上的每一处缺陷都会清晰地显现出来，而且由于油与清漆的混合物质地柔软，形成的涂层很容易受到损坏。使用膏蜡或者某种其他的方法修复这种类型的表面通常会更好。

法式抛光对修复轻微受损的表面来说是非常不错的选择（参阅第 162 页“法式抛光”）。19 世纪的时候，这项技术被广泛使用。现在，欧洲仍有很多地方沿用这项技术，美国同样将其用于为精细古董家具的古旧表面“提亮”。由于现代家具最初的表面处理不是用虫胶完成的，所以经过法式抛光处理的家具表面干净、无光泽是非常重要的。用钢丝绒打磨或擦拭表面以制造一些划痕，为虫胶提供一个易于黏附的粗糙表面，这个做法相当不错。

刷涂或喷涂一层薄膜型表面处理产品，无论使用的表面处理产品是否与最初的产品相同，覆盖原有涂层总是存在风险的。任何不可预见的事情都有可能发生，从流布性差到起泡以及产生鱼眼（参阅第 183 页“鱼眼和硅酮”）。这种做法通常也不太方便：你必须把家具移动到专门做表面处理的区域，这样家具可能会在一段时间不能投入使用。如果你选择使用这种方法修复家具，请在开始操作之前参阅第 148 页的“表面处理产品的兼容性”。

通常情况下，如果不能打磨掉部分表面处理涂层或在表面制作更多的涂层，就需要剥离原有涂层重新进行表面处理。所以，在尝试修复表面处理涂层的时候，些许损失在所难免。

## 合并表面处理涂层

虫胶和合成漆都是挥发型表面处理产品，因此可以使用适当的溶剂将其重新溶解或回流（用酒精处理虫胶，用漆稀释剂处理合成漆，参阅第 8 章“薄膜型表面处理产品”）。回流又称为合并，你可以选择这种方法来保留现有的表面处理涂层及其颜色。

有两种可以合并表面处理涂层的方法：在涂层表面喷涂或刷涂溶剂，或者用法式抛光的方法把溶剂擦进涂层中。喷涂或刷涂溶剂可以浸润表面处理涂层，从而实现回流，额外擦拭涂层表面可以使其变得更加平滑。如果做得好，这两种方法都能够提高涂层的光泽度和光滑度。但是，这两种方法都无法修复木料的整个表面涂层。因为做到这一点通常需要把表面处理涂层完全溶解，而这样做会导致滚动、流挂，或者使涂层变得凹凸不平。

如果使用虫胶，就不用为选择溶剂发愁了，因为只能使用工业酒精。如果选择使用合成漆，就需要根据挥发速率选择漆稀释剂的种类，通常挥发速率最慢的漆稀释剂产生的效果最好（参阅第 174 页“漆稀释剂”）。虫胶或合成漆的溶解状态越接近液态，并且没有出现流挂，修复就会越深入、越彻底。

合并表面处理涂层也存在风险。除非你做好了失败后重做表面处理的准备，否则不要轻易尝试（照片 19-2）。简而言之，如果开裂严重或者裂纹特别深，直视裂缝可以看到涂层内部的话，

**照片 19-2** 通过涂抹更多的表面处理涂层，开裂的表面处理涂层可以与新涂层合并，或经打磨后完成更新。但是这架钢琴的表面处理涂层破损有些严重。最明显的一点就是表面处理涂层的缺失——裂纹如此之深，以至于很多位置的涂层已经脱落了。不幸的是，你只能通过不断地尝试和试错来了解更新的限制。如果剥离表面处理涂层是替代方案的话，试试也无妨

你可以尝试这种处理方式。

# 修补表面处理涂层的颜色

表面处理涂层的颜色损伤分为三种类型：

- 水造成的损伤（水环）；
- 高温造成的损伤；
- 划痕或擦掉了部分颜色造成的损伤。

## 去除水渍

当湿气渗入表面处理涂层内部的时候就会产生水环，薄膜涂层的透明度会因此受到影响而变得模糊。湿气渗入的薄膜涂层区域会出现混浊或者发白，并呈现环状的外观，因为这种损伤通常是由潮湿的水杯或者热杯子放在涂层表面，使杯子下方的湿气进入表面处理涂层凝结造成的。高温会加速湿气的渗透。水环在一些年代比较久远并且存在细小裂痕的表面处理涂层上较为常见。裂痕通常会成为湿气进入木料的通道。酒精也会产生水环，因为在其渗透进入表面处理涂层的时候，水分也会随之渗入。

尽管修复非常老旧的表面处理涂层的损伤很难，但除去水环还是可能的（照片 19-3）。下面介绍几种可以做到这一点的方法，每种方法都要比之前的方法更为激进，因此潜在的破坏性也会更大。

- 在受损区域涂抹一层油类物质，比如家具抛光剂、凡士林或蛋黄酱，之后保持过夜。这种方法很少有效，并且有时会让颜色出现轻微的褪色，但不会损伤表面。
- 用布料蘸取少量的工业酒精轻轻擦拭受损区域——在擦拭过程中出现拖尾的蒸气轨迹就

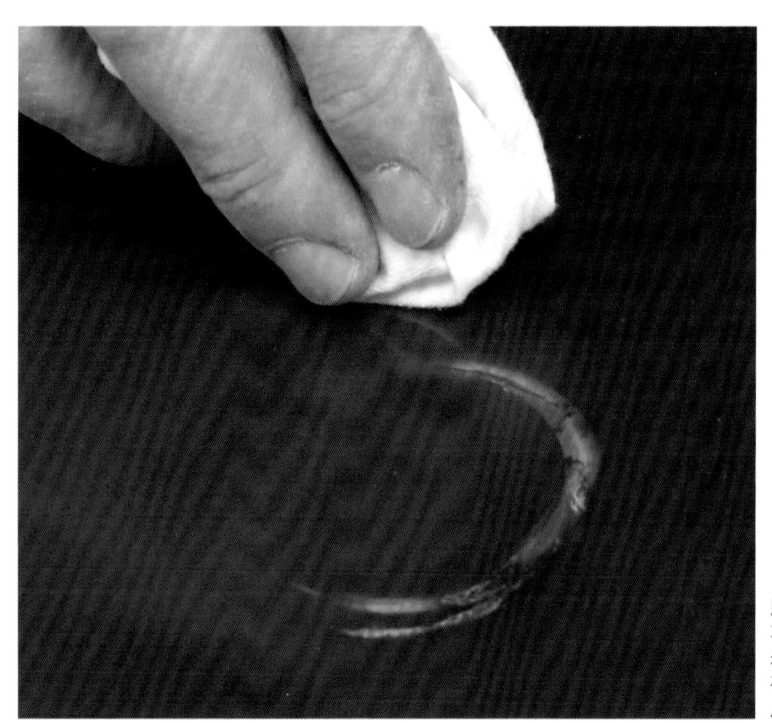

### 传言

水环通常出现在家具抛光剂层或蜡层。

### 事实

家具抛光剂或者蜡都不会产生水环。这种传言广为流传是因为，有时使用油漆溶剂油这样的油类溶剂擦拭表面会使水环消退，就像能用这类溶剂擦除家具抛光剂或蜡那样。

**照片 19-3** 一块用酒精润湿的布能够非常有效地去除水渍。为了不会损伤表面处理涂层，酒精不宜太多，只要在轻轻擦拭后可以在布料后面留下拖尾的蒸气轨迹就可以了

> 警告 ▼
>
> 如果水完全渗透了表面处理涂层，并使涂层与木料发生分离，那就需要去除翘起的涂层，修复它以及任何颜色的损伤，或者将涂层剥离并重做表面处理。通常这种类型的损伤表现为表面处理涂层的裂缝。如果水分渗入了表面处理涂层并加深（染色）了木料的颜色，那就需要剥离表面处理涂层并用草酸来漂白深色区域（参阅第 354 页“使用草酸”）。

可以了。更多的酒精不一定更好，因为过多的酒精会软化表面处理涂层，使其变得不均匀，或者自身产生一些水渍。擦拭时不要太用力，也不要让酒精润湿涂层表面。

- 大多数表面处理产品，特别是合成漆，可以经乙二醇醚溶剂溶解后制成喷雾。常用的溶剂是乙二醇丁醚，可用于制作气溶胶喷雾罐产品。常见的品牌包括雾浊消除者（Blush Eliminator）、雾浊控制（Blush Control）和超级雾浊缓凝剂(Super Blush Retarder)。(在合成漆或虫胶制作的表面，水环与雾浊很相似。）这些面向非专业人士的产品可以在 www.woodfinishingsupplies.com 上找到。
- 对所有的表面处理涂层来说，都可以使用温和的研磨料擦拭受损部分，将涂层磨掉。不过，由于损伤经常处于涂层的表层，所以过多的擦拭操作是没有必要的。关键在于避免擦拭的部分形成与涂层的其他部分截然不同的光泽度。牙膏或者烟灰与水或油的混合物有时也有效果，可以留下光亮的表面。硅藻岩与水或油形成的混合物有些粗糙，但仍能产生光亮的光泽度。浮石和 0000 号钢丝绒会产生缎面光泽的表面，并且一直都很有效。加入油或者蜡作为润滑剂可以减少划伤。如果经过擦拭的部分光泽过于暗淡，可以使用更精细的研磨料擦拭处理区域，或者用喷雾器在处理区域喷涂能够产生所需光泽效果的涂料。同样可以擦拭整个表面，以获得均匀的光泽效果。

## 修复高温造成的损伤

高温造成的损伤与水造成的损伤很相似：薄膜涂层出现混浊并呈灰白色。高温也会导致表面处理涂层出现一些凹陷。由于高温造成的损伤遍及整个表面处理涂层，所以除了剥离涂层并重新进行表面处理，修复的可能性不大。不过，可以尝试一下去除水环的方法。可以像处理压痕一样处理凹陷，参阅第 323 页“修复表层损伤”。

## 置换缺失的颜色

轻微的颜色损伤通常是由于刻痕、划痕和擦痕的存在。有四种颜色损伤的情况，每种情况都需要不同的应对方法。

- 无论是木料本身的天然颜色还是来自染色剂的颜色，木料表面仍然保留了足够多的颜色，你要做的就是在损伤处涂抹一层透明的表面处理产品，使其融入原有的涂层。你使用的表面处理产品应能将损伤处的颜色加深到足够的深度。
- 木料表面未能保留足够的颜色，这就需要在修复损伤的过程中进行补色。
- 木料表面仍然处于封闭状态，这会阻止颜色的渗透。在这种情况下，必须使用有颜色的表面处理产品修复顶层损伤。
- 木纤维的损坏非常严重，以至于涂抹任何液体涂料都会产生过深的颜色。此时需要使用中性（无色）的膏蜡、水基表面处理产品或者干燥速度非常快的表面处理产品。

由于每种情况的修复方法都不相同，所以你要提前测试，以确定针对不同情况的最有效的方法。这里有一个简单的测试方法：在损伤处涂抹一些透明液体，观察接下来发生的情况。液体会使损伤的痕迹消失，还是会轻微地加深损伤？是没有任何效果，还是会加深损伤处的颜色？

油漆溶剂油是最好的选择。但如果你的工作地点远离店铺，或者你去拜访朋友，而他那里找不到油漆溶剂油，你可以用口水作为替代。用手指沾上口水在损伤处简单涂抹（照片 19-4）。根据液体对颜色的影响，几秒钟之内你就可以知道具体情况。

- 如果液体能够恢复损伤处的颜色，那你需要涂抹一层透明的表面处理产品。最好的选择是油与清漆的混合物、透明虫胶或清漆。与透明虫胶相比，油与清漆的混合物加深颜色的效果更强。清漆则介于两者之间。
- 如果液体只能部分恢复损伤处的颜色，那就需要涂抹一些染色剂产品。选择一种油基的擦拭型染色剂或者水溶性的染料染色剂最为简单，因为擦除多余的染色剂不会对周边的区域造成损伤。你也可以选择市售的商业产品，比如霍华德表面处理修复者（Howard's Restor-a-finish）或者彩色膏蜡。
- 如果液体没有产生任何效果，说明木料仍然处于表面处理产品的封闭之下（涂层并未完全被破坏）。要置换的颜色仍然位于表面处理涂层中，所以需要重新将其覆盖。可以用修色笔来完成这个操作（照片 19-5），也可以刷涂一层含有黏合剂的染色剂。典型的黏合剂包括虫胶、清漆和水基黏合剂。此外，作为用漆稀释剂溶解的虫胶制品，你也可以使用填补漆进行处理（参阅第 168 页“填补漆”和照片 19-6）。实际上，你使用的是经过稀释的涂料。可以使用通用染色剂和色素粉末与虫胶、填补漆、水基表面处理产品或

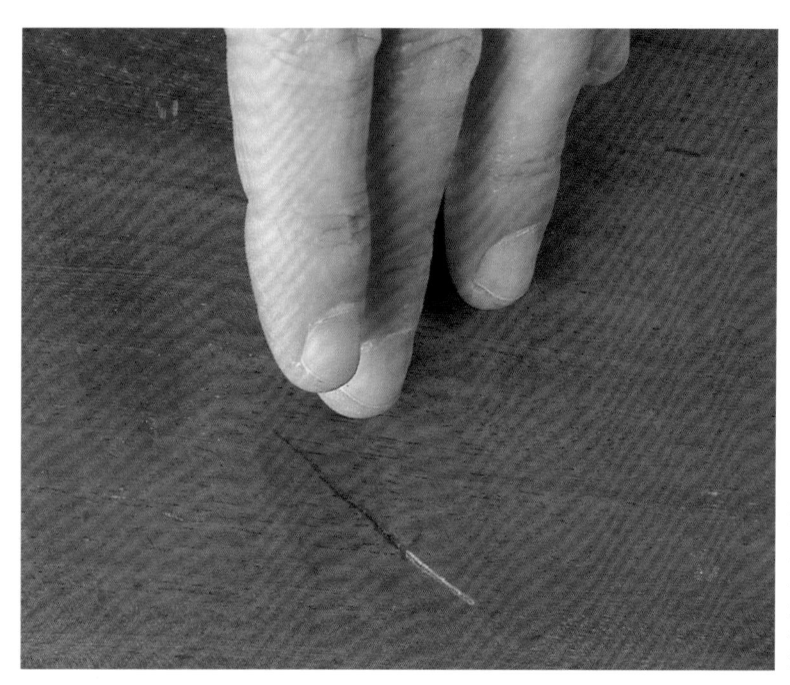

**照片 19-4** 判断表面处理涂层颜色损伤情况的最好方法，就是用手指蘸一些油漆溶剂油或口水沾湿损伤表面。如果损伤处的颜色恢复了，简单地涂抹一些透明的表面处理产品即可；如果损伤处的颜色恢复了一些但不完全，可以涂抹一些染色剂；如果损伤处的颜色没有任何变化，则需要涂抹一层彩色的表面处理产品；如果损伤处的颜色变得特别深，可以使用透明的膏蜡做处理

## 传言

只要选择了正确的颜色，修补痕迹是看不出来的。

## 事实

实际上，获得正确的光泽度与平整度更为重要。只要涂层表面平整并且光泽均匀，颜色上的些许差别会被当作木料本身的天然变化。

**照片 19–5** 为了修复边缘处的颜色损伤，可以使用补漆笔。这种笔与记号笔类似，但颜色是木料色调的。选用合适的颜色，沿着受损的边缘简单地拖动笔尖即可

**照片 19–6** 最初的填补漆成分是虫胶，通常会添加一些树脂来增强防水性能，也可以添加强效的漆稀释剂作为溶剂来代替酒精。在修补较小的区域时使用填补漆更方便，因为其中含有的润滑剂成分会在修补完成后挥发，省去了擦除的工作

油混合，或者将日式染色剂与清漆混合（参阅下一页“补色”）。

- 如果液体使受损部位的颜色变得特别深，这通常表明木料表面过于粗糙，并吸附了过多的液体。
- 如果你不能整平表面，可以涂抹一层透明的膏蜡，这是对颜色的加深程度影响最小的方式。此外，你也可涂抹一层虫胶或水基表面处理产品。

粉末状染色剂比液态染色剂更容易使用。一个小的工具盒能够很方便地存放这些粉末，但是在移动过程中要非常小心，以免染色剂漏出或者彼此混合。在这个小盒子里我同时填装了染料和色素。薄膜罐则很方便用来盛装黏合剂

# 补色

在那些颜色被擦掉或刮掉的区域，在纯色的木粉腻子、老化处和硬蜡上，在经过环氧树脂修补的位置以及胶水形成的污渍处，颜色可以被填充，木料的纹理也能被勾画出来。在任何时候，最好选择在同种类型的光源（白炽灯、荧光灯或者自然光源）下进行操作。在涂抹涂料之前，最好使用气溶胶或者虫胶或填补漆来封闭木料的表面（参阅第168页“填补漆”——将虫胶溶解在漆稀释剂中）。封闭剂既能显示木料表面的真正颜色，也方便在涂错颜色的时候能够更容易地擦除修复痕迹。

至于染色剂，色素或染料都可以使用，这主要取决于你想要得到何种程度的透明度。如果染色剂中不含有黏合剂，那你需要自己添加一种。大多数修复专家会选用快干型的虫胶或填补漆黏合剂，也可以将清漆与油或日式染色剂混合，以获得你需要的较长的操作时间。这样各个步骤之

如果你需要用一小块木补丁修补纹理较为粗大的木料（诸如橡木或桃花心木），除了为木块染色使其与木料的颜色相匹配，还需要用刀尖在木块上切割出一些类似的纹理

一块玻璃板可以用来作为混合染色剂的托板，因为它是透明的，允许你透过它观察染色剂与木板的颜色匹配情况。在上图中，我正在玻璃板上把绿色色素加入到深褐色的色素中削减红色调，以更好地匹配这块橡木板的纹理和颜色（参阅第 74 页“配色”）

使用精细的艺术画笔在补色区域画线，将其与周边的木料纹理连接起来，匹配木料的纹理样式。色素（含有黏合剂）通常最适合完成这项任务。你同样可以使用木纹笔画线。木纹笔可以达到与艺术画笔同样的效果，使用也很方便，只是可用的颜色有限

# 补色（续）

待线条干燥，喷一些气溶胶或者用擦拭垫蘸取一些虫胶或填补漆来“填补”线条处的凹陷（参阅第30页“抹布”）。然后，通过微调背景色（周边木料最浅的颜色），即使用艺术画笔画出很多短线，完成着色工作。除此之外，你也可以用擦拭垫蘸上虫胶或填补漆快速地来回擦拭修补区，待其表面变黏，用手指蘸上少量的染料或色素粉末涂抹上去。当你完成修复工作之后，可以用气溶胶或擦拭垫来制作一层保护性涂层。使用光泽度合适的喷雾漆或者用研磨料擦拭以调整光泽度。如果需要在表面处理涂层之间进行修复，那么在完成修复之后，你要继续制作表面处理涂层

间需要等待的时间会明显变长。

尽管由于颜色匹配的限制会导致操作效率降低，但是可以用染色剂和黏合剂代替彩色铅笔。在各个步骤之间，你可以使用气溶胶来封闭不同涂层的颜色。

如果是在家或者办公室完成操作，你同样需要考虑所用溶剂的气味因素。可以换用水基的表面处理气溶胶，但它可能不像溶剂基的产品那样效果好，或者换用水基填补漆，比如莫霍克品牌的终结者（Finish Up）产品，效果也可以。（要保证经常擦拭喷雾器的喷嘴，以防止喷雾器堵塞。）在修复表面处理涂层时，并没有一个通用的解决方案能够解决溶剂的气味问题。

## 小贴士

可以用喷枪或气刷在任何损伤或者补丁处“羽化”缺失的颜色。

**方法一。**若要处理上述问题，可以在一块硬纸板的中间剪一块与损伤区域或补丁块大小相近的洞，对正，放上纸板，将喷枪置于硬纸板上方几英寸的高度做短暂的喷涂。

**方法二。**调整喷枪或气刷的喷雾模式，形成细窄的喷雾面以喷射细雾。按压扳手到刚好可以打开空气阀的程度，然后横向于处理表面，向着颜色缺失的区域移动。当喷枪经过待修补区域的时候，加力按压扳手，同时像钟摆那样来回摆动手腕完成喷涂，然后再松开扳手。将染色剂稀释到可以来回喷涂几次的程度，以满足操作要求。这样在每次喷涂的间隙，你有足够的时间观察和判断，以得到最佳的修补效果。

# 用热熔棒填充

热熔棒是一种固体的棒状表面处理产品。从成分上来说，这种产品通常是挥发型表面处理产品，比如虫胶或合成漆。挥发型表面处理产品的优点在于可以融化，因此很容易通过控制热度进行操作（参阅第 8 章“薄膜型表面处理产品”）。下面会详细介绍使用热熔棒的步骤。相同的技术同样可以用来涂抹硬蜡，只是为了保持表面平整，你需要经常刮掉多余的蜡。

使用热熔刀、电切刀或丁烷刀熔化热熔棒，并将融化物填入损伤处。或者，你也可以用钎焊枪或者在火焰上烧灼的螺丝刀（要确保擦掉烟灰）熔化热熔棒，然后轻轻地填充损伤部位。确保填料略为溢出

首先要用砂纸或刮刀清除损伤区域边缘及其周围的任何粗糙之处，完成损伤区域的预处理。如果损伤是由香烟造成的，那么首先要把烧焦的部分切掉。选择与背景色（最浅的颜色）相匹配的彩色热熔棒（可以几种混合使用）。如果受损区域内部的颜色是正确的，那你可以选择一种透明的热熔棒。使用热熔刀、电切刀或丁烷刀熔化固体表面处理产品，将融化物填入损伤处。或者，可以用钎焊枪或者在火焰上烧灼的螺丝刀（要确保擦掉烟灰）熔化热熔棒，之后轻轻地填充损伤部位。确保填料略为溢出。

# 用热熔棒填充（续）

待填料冷却，将其刮平。可以使用 320 目的砂纸或者更精细的湿 / 干砂纸搭配一种油性润滑剂进行打磨。在砂纸背面垫上软木块，选用的软木块应比需要打磨的修复区略大一些。注意保持软木块的底面与修复区域平行，这样就不会蹭掉周边的涂层了

另外一种方法是：用热熔刀的热量将表层填料融化，然后刮掉多余的部分。理想的情况是，刀具要足够热，可以熔化填料，但又不能过热，造成对周边涂层的损伤。应该首先在涂层表面涂抹一层特殊的"防热膏"（或者凡士林），以防止熔化的填料粘到周边的涂层上。确保刀具是干净的。在填补区域上轻轻地拖动加热的刀具，把一些已经凝固的填料刮到刀具上，然后用布擦除刀具上的涂料。重复操作，刮去多余的填料，直至修补区域与周边表面齐平。之后如图 3 所示的那样完成打磨。最后，为修复区域上色，完成最终的表面处理（参阅第 330 页"补色"）

# 用环氧树脂填充

任何环氧树脂都可以成功地填充划痕与刀痕，但是其中最易于操作的是棒状环氧树脂，或者可以称之为“巧克力棒”（Tootsie-Roll）环氧树脂。这是一种圆柱形产品，部分环氧树脂被包裹在内部。在揉制环氧树脂的时候，可以将其与大多数染色剂混合起来使用，但油性染色剂或日式染色剂除外。或者，你也可以使用预先着色的环氧树脂棒。大多数环氧树脂棒在混合之后留给你的操作时间是8~10分钟。待环氧树脂固化，你就可以像使用热熔棒那样，用一把加热的刀去除多余树脂，或者使用下面的技术完成操作。

可以选择一种与要修复的背景颜色匹配的环氧树脂棒进行修复，或者选用一款中性凝胶树脂棒混合染色剂后使用。切下足够的环氧树脂，用手指进行揉制，直至其变成单一的颜色。揉制之前把手指弄湿有助于完成这步操作

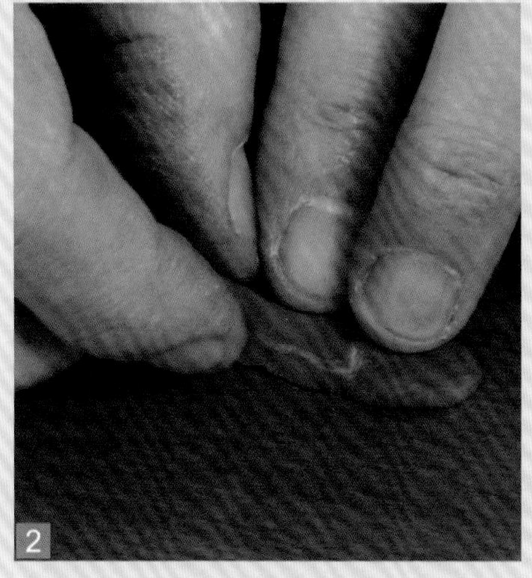

将揉制好的环氧树脂压入损伤部位，使其上表面略高于周围的涂层

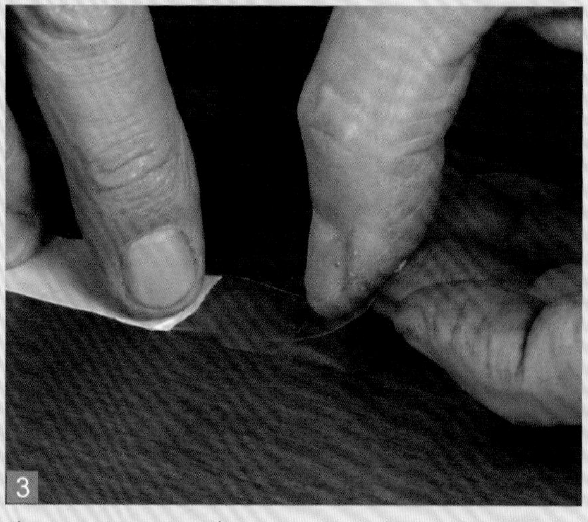

剪下一块透明的聚酯薄膜（Mylar），并将其修剪成刚好可以覆盖填充区域的大小，然后用一块遮蔽胶带固定住薄膜的一端

# 用环氧树脂填充（续）

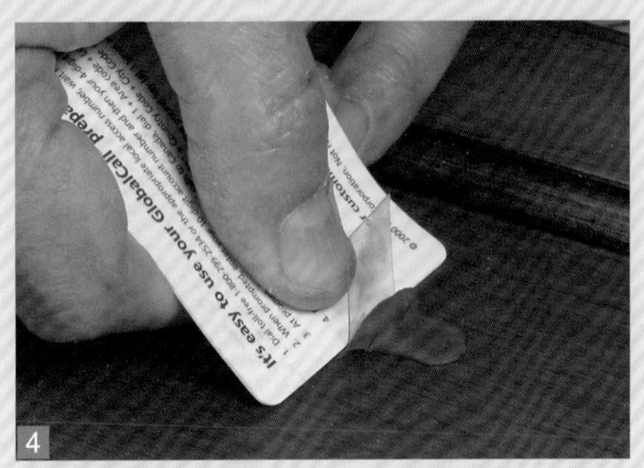


4

用一张信用卡或者类似的物品，从遮蔽胶带固定的那一端起始，将多余的环氧树脂从填充处挤出。信用卡应当挤过整个填充区域，这样就能整平填充区域，使其与周边表面齐平

5

小心去掉薄膜，避免将受损部位的填料拉起

6

在环氧树脂硬化之前，可以用经异丙醇蘸湿的抹布擦去周边区域多余的树脂。如果有必要，可以使用第 330 页介绍的“补色”技术为填充区域着色

# 修复深度的划伤与刀痕

当划痕或刀痕深入表面处理涂层内部，甚至穿透表面处理涂层伤及木料表面时，必须对其进行填充。使用木粉腻子很难成功地填充，因为木粉腻子会在涂层表面粘得到处都是，并在擦除过程中产生更多的损伤。最好使用固态的表面处理产品（比如热熔棒）、环氧树脂或蜡来填充损伤处，这些产品都有不同的硬度可选（参阅第 333 页“用热熔棒填充”和第 335 页“用环氧树脂填充”）。热熔棒、环氧树脂和硬蜡在桌面上的使用效果非常好，因为它们可以变得非常硬。环氧树脂和硬蜡使用起来非常简单，更适合处理橱柜门或者其他垂直表面。与热熔棒相比，这两者获得的光泽度较低，很容易与周边涂层的光泽度匹配。此外，环氧树脂最适合修补桌面边缘、雕刻处和旋切处，因为它固化之后比较牢固。热熔棒和硬蜡固化之后则比较脆。

有些进口家具和钢琴是用聚酯产品进行表面处理的，因此需要使用一款特殊的聚酯修复材料才能完全掩盖损伤。在木料表面处理用品网（www.woodfinishingsupplies.com）可以找到面向业余爱好者的、配有说明书的聚酯修复套装产品。

20

# 室外用木料的表面处理

## 简介

- 木料降解
- 延缓木料降解
- 为户外门做表面处理
- 给室外地板染色
- 紫外线防护
- 如何选择产品

木材是一种美丽的材料。如果在木料表面涂抹一层透明的表面处理产品展现其天然的颜色，它会显得更加美丽。因此，消费者普遍希望可以在室外地板、门、户外家具、围栏和其他需要暴露在户外的木制品上保留这种美丽。这种愿望足够强烈，整个表面处理行业都在为了满足这一需求而努力，并促成了室外表面处理产品的问世。

如果可以持续做好防紫外线和防潮措施，木料就可以无限期地持续使用。那些涂层保养良好的旧建筑便是佐证。去除涂料后的木料仍然跟新的一样。但如果在风吹日晒雨淋的环境中暴露，只需 1 年左右，木料就会变灰，开始开裂和翘曲，甚至腐烂。这样的场景在现实中随处可见。此外，如果是在气候潮湿的地区，特别是在阴凉且空气流通不畅的地方，霉菌就会在木料上生长并形成霉斑，通常表现为出现在木料表面的深色污点。

在本章中，我会详细讲解阳光和水分是如何加速木料降解的，并提供可以阻止或者减缓这种损害的方法。

> 警告 ▼
>
> 家用漂白剂（次氯酸钠或氯漂白剂）可以非常有效地杀死霉菌孢子，但也会破坏木质素，导致木料失去大量颜色，使木料表层纤维变得非常粗糙。使用 3 倍于漂白剂的水并在 10 分钟内将漂白剂清洗掉可以最大限度地减少破坏。只有在需要杀灭霉菌时才能使用家用漂白剂。切勿将家用漂白剂与碱液（氢氧化钠）混合，因为它们混合会产生有毒气体。

# 木料降解

如果长时间暴露在阳光下和雨水中，木料就会发生降解。

木料降解主要表现为以下 4 种形式：

- 褪色；
- 腐烂；
- 开裂和变形；
- 发霉。

## 褪色

在日晒雨淋中，木料会快速变成银灰色，因为这些因素结合在一起会破坏木料表面的木质素和内含物。紫外线会加剧木质素的分解，雨水会冲刷掉分解产物和内含物。木质素可以增加纤维木质细胞的刚性，并能像胶水一样将它们黏合在一起。内含物则可以使木料呈现有趣的色彩，比如黄色、棕色、粉红色和红色。如果木质素和内含物消失，这些颜色也会随之消失，保留下来的只有对紫外线具有抗性的灰色的纤维素。

如果你喜欢灰色，并且木料没有出现腐烂或开裂的情况，也可以保持木料的这种未受保护的状态。事实上，灰化的表面可以非常有效地阻止木料出现更深层次的降解（照片 20-1）。软木的腐蚀速度大概只有每世纪 ¼ in（6.4 mm）。

如果你不喜欢灰色，可以使用商用的室外地板增亮剂或草酸将其去除（去除表层的纤维素）。用草酸清除纤维素非常有效，但你应该在冲洗草酸之前将附近的植物和草地覆盖起来，或者将它们弄湿（参阅第 354 页“使用草酸”）。只有在非常严重的情况下，才需要通过打磨木料表面除去降解的部分。

## 腐烂

木料腐烂是真菌降解并消耗木料中的纤维素导致的（照片 20-2）。昆虫的侵染可以在视觉上产生类似于腐朽的外观。二者都需要水分参与，因此水分是木料腐烂和昆虫侵袭的间接诱因。“干腐”这个词通常是指木料腐烂得非常严重，以至于腐烂的部分变成了干粉状态，但用来描述木料表面的腐烂并不恰当，因为后者是个需要水分的过程。

有些木料的心材部分，比如红杉、雪松和柚木的心材，含有抗腐烂的内含物。因此，这些木料通常被用于室外用途。通常来自原始森林的树木上的木料相比取自次生林树木的木料具有更好的防腐性能。

在美国西部这样气候干燥的地区，木料很少会腐烂，因为水分是腐烂发展的必要条件。因此在这样的环境中，即使不含有防腐成分并且完全不做保护，木料也可以安然保存数十年。当然，它们的表面会变成银灰色，但表层之下的木料不会受到影响。

大多数软木不具有防腐特性，但它们对建筑行业至关重要，并且通常用于容易磨损的场合

（比如室外窗台和地板）。为了使它们（最常见的是南方黄松）具有抗腐蚀性，一般需要加压注射化学品，比如碱性铜季铵盐（Alkaline Copper Quaternary，简称 ACQ）或者铜唑（Copper Azole，简称 CBA）。不久之前，铬化砷酸铜（Chromated Copper Arsenate，简称 CCA）还是行业使用的标准防腐剂，但出于安全考虑，这种产品已经退出了市场。只要这些化学物质已经渗透到了木料中，木料基本上就不会腐烂了。经过处理的木料通常会标有“加压处理”或“PT”字样，并呈现出非常常见的暗绿色或暗棕色。

在某些情况下，可以使用商用防腐剂、防水剂或含有防腐剂的染色剂处理木料表面，以延缓木料的腐烂，但是与某些木料中的天然防腐成分和加压处理技术相比，这些产品提供的防腐效果维持时间很短，并且渗入深度非常浅。应经常使用防腐剂，因为如果腐烂从表层之下开始的话，木料还是会腐烂的。

在潮湿的气候环境中，对未做加压处理、不含防腐成分的木料来说，使用防腐剂是必要的。对一些含有部分边材的防腐木料来说，使用防腐剂也会非常有帮助。在防腐木料的心材上使用防腐剂也有一些效果，尤其是次生林来源的木料。对于加压处理的木料，因为它们本

**照片 20-1** 紫外线照射和雨水冲刷会破坏并去除木料表面的木质素。随后，赋予木料独特颜色的内含物也会流失，木料表面只留下银灰色。这种变化只发生在木料表面

**照片 20-2** 腐烂是由霉菌和其他以木料中的纤维素为食物的生物引起的。水分和氧气则是导致木料腐烂的间接因素，因为没有它们生物是无法生存的

身具有很强的防腐性能，因此防腐剂（通常也含有防霉成分）只能用来预防霉菌。

腐烂并不完全是坏事。如果没有霉菌和昆虫（比如白蚁），森林生态系统就无法正常运转。腐烂是大自然循环利用枯木的方式。

## 开裂和变形

即使你愿意生活在灰白色的环境中，并且使用的是具有防腐特性的木料，仍然需要处理木料开裂和变形的问题。这是阳光和雨水造成的。阳光加热并干燥暴露在外的木料表面，导致其收缩和开裂，进而导致木料出现翘曲。雨水会浸泡暴露的木料表面，导致其吸水膨胀，而木料的厚度会阻止这种膨胀，因为即使在干燥后，压缩的细胞也能保持形状。经过几轮循环之后，木料就会开裂和翘曲。这就是所谓的“压缩收缩”（请参阅第 4 页“断裂、龟裂和翘曲”）。

围栏顶部的木板、户外地板的端部以及木瓦和木板的底部会最先开裂。径切材（沿年轮半径方向锯切）发生开裂和翘曲的情况明显要少于弦切材（沿年轮的切线方向锯切）（第 274 页照片 17-1）。因此，最好选择径切材用于室外木制品的制作（照片 20-3）。

**照片 20–3** 弦切材比径切材更容易开裂。图中的雪松木桌子未做任何保护暴露在阳光下和雨水中长达 8 年的时间。你可以看到，弦切板材（上图）已经出现了多条裂纹，而径切材（下图）除了颜色变灰之外，形状依然保持完好

小贴士

确保将所有水可能穿过并留在涂料层下方的部位填补紧密。最脆弱的部位是木制壁板与墙线拼接对齐的位置。如果选择自行安装木制壁板并修整，在安装之前，通过在木板端面刷涂一层防水剂可以提高壁板的防水性，从而将其使用寿命延长多年。即便如此，仍然需要将拼接处填补紧密。

## 发霉

生长在木料或涂层表面的霉斑呈灰色、深绿色、棕色或黑色，经常出现在气候潮湿的地区，或者空气流动受到限制的树木或灌木的背面。霉菌通常不会对木料或涂层造成严重破坏，它们只是看上去很糟糕（照片 20-4）。测试霉菌（而不是污垢）的简单方法是，将几滴家用漂白剂滴在这些污点上，并观察其是否会变亮。漂白剂可以杀死霉菌，使木料恢复天然的颜色，或者使木料颜色变浅。

相比其他涂料，有些涂料制作的涂层更容易发霉。亚麻籽油制作的或任何含有亚麻籽油的涂层尤其脆弱，霉菌会以亚麻籽油为食到处肆虐。此外，醇酸树脂涂料也很脆弱，使用二氧化钛色素的乳胶漆比使用氧化锌的乳胶漆更易受到霉菌侵袭。可以在任何涂层涂料中添加防霉剂以增强防霉能力。（浓缩型防霉剂在大多数涂料店中有售，尤其是在气候潮湿和湿润的地区。）可以将木料防腐剂定期用于原木的防护，或者将其涂抹在木料表面涂层上以阻止霉菌生长。

# 延缓木料降解

为了防止或减缓放置在室外的木料降解，必须阻挡紫外线，并封闭木料表面，防止其与水接触。在潮湿的气候环境中，还需要使用防腐剂防止霉菌滋生。对于家具这类可移动的物品，在不使用时最好将它们放置在有遮盖物的地方，比如有顶的门廊或者车库。对户外门来说，最好的保护措施是将其悬挂起来（参阅第 345 页“为户外门做表面处理”）。不仅如此，还可以使用油漆、

**照片 20-4** 木料或涂层表面的深色霉斑看起来很糟糕，但是并不会对木料造成深度伤害。在深色斑点处滴上几滴家用漂白剂就可以区分这些斑点是霉菌还是污垢。如果是霉菌，斑点的颜色会明显变浅

**传言**

在安装好室外木墙、地板或栅栏之后，为木料上漆或染色之前，你至少需要等待6个月时间使木料充分干燥。

**事实**

除非木料被浸湿（锯切时你在锯片上喷了水），否则应该在1个月内完成上漆或染色。等待的时间越长，涂料的黏合效果就会越差，上漆或染色失败的风险就会越高，因为日晒雨淋会导致木料性能退化。

染色剂、透明的表面处理产品或防水剂来保护木料。

## 油漆

上漆是保护木料最有效的方法。厚涂层可以阻止水的渗透，其中的色素可以阻挡紫外线。你现在仍能见到200年前制作的、外观保存完美的木制壁板，因为状态良好的油漆涂层为其提供了持续的保护。

有两类油漆可供选择：油基漆和水基漆（乳胶漆）。因为油基漆涂层相比乳胶漆涂层具有更好的耐磨性，所以更适合用于椅子和野餐桌这样的制品。对已经暴露在环境中几个月甚至更长时间的木料来说，尤其是当木料已经变灰的时候，油基漆也是可供使用的最好的底漆。变灰表明木料表层的木纤维已经与深层的木纤维脱离，因为其中的木质素已经被破坏。油基底漆比乳胶漆渗透得更深，因此可以更好地渗入退化木料的内部，并与深层未被破坏的木料部分紧密结合在一起。如果木料刚刚经过打磨，涂抹丙烯酸乳胶底漆的效果会非常好。

乳胶漆最适合用在制作木制壁板和修整的部分，因为允许水蒸气通过的特性使它比油基漆更具优势（参阅照片20-5）。你可能认为这是一个缺点，但实际上这种特性很有用：当你因为供暖

**照片20–5** 乳胶漆是最适合用于木制外墙的油漆，因为它是一种会“呼吸”的涂料。它允许室内因做饭、洗澡产生的水蒸气穿过涂层逸散。醇酸树脂漆由于阻隔水分的效果更强，会导致水分在涂层后面累积，最终造成涂层脱落

或打开空调而封闭建筑物的时候，屋内因为做饭、洗澡等活动产生的水蒸气可以穿过涂层排出去。水蒸气可以借此穿过墙壁、隔热层和木制壁板。对比一下，如果水蒸气无法穿过油漆层，它就会在涂层后累积，导致其剥落。（位于乳胶漆涂层下的油基底漆涂层并没有厚到可以阻止水蒸气渗透的程度。）

油漆非常适合木制壁板和房屋边线的表面处理（因为可以将木板拼接处封闭起来），对于不常暴露在潮湿环境中的家具和外门也非常适合。但是对于室外地板和大部分围栏，油漆是很糟糕的选择，因为它们长期暴露在外部环境中，无法有效地封闭或填补木料的所有端面。水会找到通路渗透到涂层下方，导致其剥落，打磨或剥离涂层并重做表面处理是一件工作量很大的工作。此外，油漆需要很多维护工作，因此很少用于室外地板和围栏的表面处理。

请注意，水蒸气和液态水导致涂层脱落的方式不同。水蒸气是从室内穿过木制壁板的，并且蒸气状态的水可以穿过乳胶漆涂层。液态水则是从外部渗入到涂层下方的，并且因为过于集中，以至于无法穿过较厚的涂层。

## 色素染色剂

色素染色剂是另一种能够有效用于室外木料表面处理的产品。跟油漆一样，色素染色剂既可以防潮又能防紫外线，因为其中同时含有黏合剂和色素。但是由于两者含量都很少，而且根本无法形成有效的薄膜覆盖，所以色素染色剂的保护作用不像油漆那样强，也不及它的效用持久。不过，缺少薄膜涂层使其维护起来更加容易。通常每隔一两年需要重新涂抹一层色素染色剂，具体时间间隔取决于当地的气候条件以及木料在外部环境中的暴露情况。重新涂抹色素染色剂时基本不需要刮削或打磨（参阅第 346 页“给室外地板染色”）。

对室外的木制地板、围栏和未上漆的雪松、柏木或红杉木材质的木制壁板来说，色素染色剂通常是最好的选择。

有三种类型的黏合剂和两类色素可供选择。黏合剂分别是油基型、水基型和醇酸树脂基型。色素染色剂则分为半透明型和纯色型。

油基染色剂是最常见、最受欢迎的类型，也是使用最为简单的。可以刷涂、喷涂或使用滚筒涂抹，这样会有足够多的染色剂渗入到木料中，或者挥发掉，这样在木料表面几乎不会形成任何薄膜。没有薄膜涂层，当然也不会出现涂层脱落的问题，所以重新制作起来也很容易。通常情况下你需要做的就是清除表面的污垢和霉菌，然后重新涂抹。

水基型的丙烯酸染色剂很受欢迎，因为这种产品没有什么气味，易于清理，减少了污染性溶剂的用量。但是水基染色剂会在木料表面形成一层涂层，使木料看起来有些模糊，并且如果水分进入到了涂层下方，会导致涂层剥落。与油基染色剂相比，水基染色剂更容易留下涂抹的痕迹，因为其形成的涂层很薄，很容易磨损。

醇酸树脂基染色剂使用长油清漆将色素黏合到木料上。这种染色剂可以在木料表面建立涂层，同时不易剥落，因为它与木料的黏合非常紧密，并且具有弹性。厂家通常会建议最多涂抹 3 层，并指导你每隔一两年清理一次表面，然后重新涂抹一层。该类产品使用最广泛的品牌是新劲（Sikkens）。这类染色剂的缺点是，在最开始使用或重做涂层时，如果木料表面没有清理得非

### 传言

厂家声称，就功能性寿命而言，他们的染色剂是可靠的。

### 事实

我永远无法理解，当某种产品在天气状况差别极大的地区（比如明尼阿波利斯、新奥尔良和图森）使用时，厂家是如何给出产品的单一使用寿命的。你生活的城市越靠近热带，越应该建议缩短推荐的重做刷涂的时间。

常干净，涂层还是会剥落，并且在使用频率高的部位容易出现明显的磨损。这种情况下，除非剥离全部涂层并重新涂抹，否则很难使磨损区域与其他区域浑然一体。

半透明和纯色染色剂最大的差别在于色素含量。纯色染色剂含有更多色素，因此可以更好地阻挡紫外线，但相比半透明的染色剂，它们会使木料表面变得更模糊。半透明染色剂，尤其是使用透明度更高的反式氧化物色素的染色剂，最为常用也最受欢迎。它们使用起来比较简单，因为可以很方便地避免出现拼接痕迹。

## 透明表面处理产品

透明表面处理产品包含水基表面处理产品和所有种类的清漆产品，它们都可以形成薄膜涂层，很好地阻止水的渗透，但是不能防御紫外线。破坏性的紫外线会穿过薄膜涂层导致木料降解。首先被破坏的是将纤维素黏合在一起的木质素，其强度会由于紫外线的照射而丧失，进而导致木料表层纤维与木料的其余部分分离。当这种情况发生时，与表层木纤维结合的表面处理涂层就会剥落。暴露在阳光下的透明表面处理产品涂层通常会在薄膜完全退化之前就开始剥落。

### 小贴士

有三种方法可以使光亮的舰船清漆产生缎面光泽：

- 使用钢丝绒擦拭；
- 将其他清漆底部的消光剂添加到舰船清漆中（参阅第 138 页“使用消光剂控制光泽”）；
- 在顶部涂抹一层室内用的缎面清漆。（这个面漆层的退化速度会更快，所以需要更频繁地更新，但是舰船清漆中的紫外线吸收剂会阻止紫外线损伤木料。）

在透明表面处理产品中添加紫外线吸收剂可以使涂层在紫外线下正常存在。很多厂家提供这种含有吸收剂的产品。不过，产品的有效性存在极大的差别（参阅第 348 页“紫外线防护”）。

室外使用的透明表面处理产品包含三类：舰船清漆、桅杆清漆和油。户外型的水基表面处理产品也可以使用，只是目前这种产品还未被广泛接受。舰船清漆是一种添加了紫外线吸收剂的长油清漆（参阅第 191 页“油与树脂的混合物”），桅杆清漆则是一种不包含紫外线吸收剂的长油清漆。油中可以添加紫外线吸收剂，也可以不加，但即便添加了紫外线吸收剂，也会因为油在木料表面形成的涂层过薄而无法提供很好的保护。无论暴露在阳光下还是雨水中，油形成的表面处理涂层都会很快从木料表面消失。

不管是生亚麻籽油还是熟亚麻籽油，都没有阻挡阳光和水的效果。更糟糕的是，油类产品很容易发霉。事实上，霉菌能够以亚麻籽油中的脂肪酸作为营养物，所以在经过亚麻籽油处理的表面，霉菌生长得更快。只有在非常干燥的气候环境中，才可以考虑使用亚麻籽油用于室外木料制品的表面处理。

舰船清漆是适合户外使用的最好的透明表面处理产品。它们非常光亮（具有很好的光反射特

# 为户外门做表面处理

户外门存在一个特殊的问题，因为它们通常是用漂亮的硬木制作的，所以木料的选择很大程度上是基于视觉感受的。这些硬木暴露在阳光下和雨水中同样会变灰和开裂，这与用于制作室外地板和围栏的软木是一样的。

由于这些门的样式通常是框架式和面板式，有时候，单个木板会被粘到实心的中心结构上以构建装饰性图案——这几乎不可能阻止水分渗透至涂层下方并导致其剥落。面板或单板会随着季节的变化膨胀和收缩，导致任何涂层出现裂缝。

为了让户外门经过多年使用后仍保持良好的外观，并且不会变灰或开裂，唯一的方法是为其做好防晒和防雨措施。在建筑的北部，防晒不是问题，我们需要的是一扇能够抵御风雨的外重门。对于阳光能够照射的户外门，最好的方法是为其制作一个门檐或有顶的门廊。如果没有使用可以抵御风雪的外重门，门檐必须足够大，不仅可以遮挡阳光，还要能够隔离风雨。

在右图的例子中，门檐会拉低建筑物的整体设计水平，为此可以考虑另一种解决方案——使用舰船清漆为户外门做表面处理。舰船清漆不仅可以抵御紫外线，而且可以保护外重门免受水的破坏。如果没有使用外重门，必须定期刮去表面涂层并重做表面处理，才能保持门的美观度。

这扇前门朝西，没有树木或其他障碍物可以阻挡下午的阳光，所以这扇门几乎没有任何防晒和防雨的保护措施。你会发现，门的顶部依然状态良好，因为门框的深槽结构保护了这部分区域，但是从这里向下，情况逐渐变得糟糕，因为这部分长期暴露在阳光下和雨水中

即使安装了外重门和门檐，不用担心风雪和阳光照射的问题，也应该使用韧性较强的桅杆清漆为户外木门做表面处理，因为木料会随着湿度的变化显著地膨胀和收缩。在这种情况下，不需要使用紫外线吸收剂。

# 给室外地板染色

给室外木地板染色包含两个步骤，而第一步常常被忽略。第一步要清理木料，即使是新安装的地板也要如此。地板非常容易变脏，因为大部分木板是水平放置的。第二步是选择表面处理产品并完成处理。正如之前提到的那样，对大部分木地板来说，染色剂是最合适的涂料。

## 清理

下面的步骤适用于处理任何表面和任何涂层，并可以根据实际情况适当调整。

## 新装地板

1 检查磨釉或蜡涂层。磨釉是在研磨过程中产生的一种状态，它会使液体呈珠状分散开，而不是浸入木料表面。有时在加压处理过程中使用蜡也会产生同样的效果。在表面的各个区域喷洒一些水检查其是否会渗透。如果水变成了水珠，你需要按照下面的方法处理：

- 让木材风化几周；
- 高压清洗木料；
- 使用商用木地板增亮剂，然后用硬毛刷或扫把刷洗；
- 打磨木料。

2 如果木料表面有污垢，需要清洗木料，然后将其晾干。

**注意**

**高压清洗机是一种将水龙头中的水高压喷出的水泵系统。其初始压力在 500~1000 psi（3447.5~6895.0 kPa）的范围，并可根据需要继续增加压力，但压力无须过高，否则会损害木料。**

## 木料之前经过了防水剂处理

1 使用高压清洗机或花园水管配合硬毛刷清洗污垢。

2 如果仍有霉菌残留，可以使用泵式喷雾器、滚筒或刷子刷涂商用木地板增亮剂，然后刷洗木料，或者使用高压清洗机清洗木料。（木地板增亮剂含有次氯酸钠、草酸或氧化漂白剂，通常也含有一种清洁剂。）为了刷洗木料时水可以均匀流出，可以先用花园水管将木料表面喷湿。

3 如果木料表面仍残留有单宁酸或锈斑，可用草酸水溶液或者含有草酸的商用木地板增亮剂或漂白剂处理（参阅第 354 页“使用草酸”）。

4 彻底冲洗木料，然后将其晾干。

## 木料已经染色

1 按照说明清洗已经经过防水剂处理的木料。

2 如果想去除木料上现有的染色，可以使用木地板剥离剂，这通常是一种浓度适中的氢氧化钠溶液（参阅第 361 页“碱液”）。

3 彻底冲洗木料，然后将其晾干。

## 木料已经上漆

1 使用木地板剥离剂、热风枪或溶剂剥离剂剥离油漆层（参阅第21章“剥离表面处理涂层”）。通常打磨不是一个好主意，因为木板中含有钉子或螺丝。

2 彻底冲洗木料，然后将其晾干。

## 涂抹

按照以下方法涂抹木地板染色剂或防水剂。

1 选择天气温暖的日子操作。使用油基产品时，应保持24小时内的温度不低于40 ℉（4.4℃），使用水基产品时，24小时内的温度不能低于50 ℉（10.0℃）。

2 查证天气状况，确保24小时内不会下雨。

3 使用刷子、滚筒（使用短毛滚筒）或擦拭垫（使用油漆垫）涂抹染色剂或防水剂。如果你使用的是滚筒或油漆垫，回刷（制作涂层时前后来回刷涂）可以得到最好的效果。整个刷涂过程应顺纹理进行。也可以使用喷枪，但要注意最终的涂层不能过厚。

4 每次横跨几块木板从一端到另一端刷涂，注意保持木板边缘湿润，这样就不会留下刷痕拼接的痕迹了。

5 如果可以够到，要为所有木板的端面涂抹涂料。

6 在使用水基、纯色和半透明的染色剂以及防水剂和任何种类的油时，只需涂抹一层，并且涂层不能太厚。应尽可能地让产品渗入木料中，不要形成薄膜涂层，或者只留下很薄的涂层。至于醇酸树脂染色剂，它在设计时就是为了在木料表面建立薄膜涂层，因此必须确保木料表面是完全干净的，以减少涂层剥落的可能性。

7 当木地板开始出现磨损或者看起来很干时，需要清理木板表面并重新刷涂。

对户外地板来说，染色剂通常是最好的表面处理产品，因为这种产品不易剥落。此外，染色剂中的色素能够提供一定的防紫外线能力，黏合剂能够提供一定的防水能力

### 小贴士

在使用漂白剂或染色剂前后，应使用塑料薄膜将周围的植物、草地以及其他生命体保护起来，或者喷水将其打湿，以提供必要的保护。

# 紫外线防护

紫外线（主要来自阳光，也可能来自荧光灯）会导致木料、染色剂甚至涂料褪色，表面处理涂层变暗并最终剥落。色素是可用于涂层制作的最好的紫外线阻隔剂。它通过吸收紫外线发挥保护木料的作用。但是，色素会掩盖木料原有的颜色，至少会让木料表面略显模糊。

厂家可以将被称为紫外线吸收剂的化学品添加到透明表面处理产品中防御紫外线。这种化学品不会让木料看起来模糊。它们会像防晒霜一样发挥作用，将光能转化为热能。不过，正如防晒霜那样，紫外线吸收剂也会随着时间的推移耗损。因此，对任何透明的表面处理产品来说，防紫外线的措施都是暂时的。

很多厂家声称他们用于室外的透明表面处理产品很好，而消费者通常在家居中心和油漆店能够买到的消费品牌的产品中并未含有足量的、能够达到有效防护水平的紫外线吸收剂。因为这种产品价格不菲。最有效的防紫外线的透明表面处理产品通常用于码头。其他市售的防紫外线产品通常因为涂抹得太薄难以产生防护效果。这些产品包含防水剂和油，以及被称为“柚木”油的产品（参阅第 102 页“额外的困惑：柚木油”）。这些产品很难在木料表面建立涂层，不管其中含有多少比例的紫外线吸收剂，它们都无法形成紫

在码头销售的舰船清漆与家居中心和油漆店销售的产品是截然不同的。这块染红的木板使用了 4 种不同的清漆制作了 5 个涂层，放置在西向的窗户前长达 6 个月，并为部分木板盖上了报纸加以保护。左侧的木板使用在码头购买的舰船清漆做处理，中间的两块木板则使用家居中心和油漆店销售的常规舰船清漆完成表面处理。右侧木板使用标准的户内用醇酸树脂清漆做表面处理。结果，在码头购买的清漆非常有效地阻止了紫外线对涂层的破坏，使涂层免于褪色。在家居中心或油漆店购买的舰船清漆只是比室内型清漆的保护效果稍好一些，因为后者不含紫外线吸收剂

外线吸收剂发挥作用所需的涂层厚度。它们会很快失去效用。

为了在数年甚至更长时间里有效地保持涂层的防紫外线能力，必须在木料表面建立足够厚的涂层。木船的表面处理师通常会涂抹 8~12 层高质量的防紫外线舰船清漆，并希望它们可以持续使用 10 年，甚至更久——只要能够提供持续的维护和保养工作。保养意味着，每年随着表面处理涂层的变暗，需要打磨掉最顶层的 1~2 层涂层，然后重新涂抹几层。当你使用舰船清漆处理任何室外表面时（例如户外门），只要涂层变暗了，都要如此操作。变暗意味着涂层表面已经退化，防紫外线的能力正在逐渐丧失。

即使窗玻璃可以阻挡部分紫外线，阳光还是会漂白木料和染色剂，导致表面处理涂层剥落。这个橱柜的背面曾在西向的窗户下暴露长达 5 年之久

性），相对柔软（韧性较好），可以涂抹 8~9 层以获得最大的防紫外线能力。此外，由于这些表面处理产品中的紫外线吸收剂并不能阻止表面处理涂层本身的退化，所以当表面处理涂层开始退化时，需要打磨掉退化的表面（出现暗斑、粉化和裂纹），重新涂抹几层表面处理产品。如果涂层是暴露在阳光明媚的南方地区，可能需要每年重新处理 1~2 次。

## 防水剂

防水剂通常是添加了低表面张力的蜡质或硅酮的矿物油，用以将水隔离。有时候，它们也可以只是经过稀释的水基表面处理产品。尽管时效很短，但防水剂可以有效地阻止水的渗透。如果加入了紫外线吸收剂，它们还可以阻挡部分紫外线，只是维持的时间很短。如果涂层太薄，其中含有的少量紫外线吸收剂很快就会损失掉，结果导致涂有防水剂的木料暴露在阳光下和雨水中时变灰、开裂和翘曲的速度与未做保护时几乎是相同的。

防水剂在所有用于室外木料的表面处理产品中保护能力最弱，但是它们易于使用，永远不会留下衔接的痕迹，并且不会剥落。

# 如何选择产品？

根据上面的讨论，选择一种用于室外的表面处理产品并不难。可以在外墙壁板的墙线、户外门、家具甚至围栏上使用油漆。确保填补木制壁板的所有缝隙使其不漏水，并为所有表面制作涂层，包含端面这种水分可以渗入并堆积到油漆层

### 小贴士

如果你愿意付出努力，便可以按照以下方法保持室外地板和围栏的木料原色。从使用新木料开始，首先涂抹一层含有紫外线吸收剂的防水剂。当木料开始变灰的时候，使用木地板增亮剂或草酸清洗木料表面，使其恢复原来的颜色。然后涂抹另一层含有紫外线吸收剂的防水剂。如果你生活在潮湿的气候环境中，请选择含有防腐剂的防水剂产品。根据室外地板的暴露情况以及居住环境的不同，可能需要每隔3~6个月重新制作一次涂层。这种程序可以在很多年里防止木料变灰，但是不能阻止木料开裂或翘曲。

下方的表面。可以在侧板上涂抹乳胶漆，在需要增加耐磨性的表面涂抹油漆。

可以使用染色剂处理室外地板、围栏、雪松壁板，有时也能用来处理家具和门，选择的范围包括醇酸树脂型、纯色型、半透明型和水基染色剂。醇酸树脂型、纯色型和水基染色剂倾向于在木料表面形成薄膜，这种特性使其易于剥落。半透明型染色剂对紫外线和水的抗性较差，但不会剥落，重做涂层也较为容易。

如果你生活在类似沙漠的干燥气候环境中，可以使用透明的薄膜型表面处理产品处理门和家具，并可以在任何地方使用亚麻籽油。如果你希望使用透明型表面处理产品并获得最大的防紫外线能力，可以使用舰船清漆完成处理。如果你的防紫外线要求不高，可以使用桅杆清漆。记住，如果水找到了进入涂层下方的路径，任何薄膜涂层都会剥落。

如果你不介意木料变灰，或者愿意按照左侧小贴士中的方法一直保持下去的话，可以在室外地板上使用防水剂。如果你生活在潮湿的气候环境中，那就需要使用含有防腐剂的防水剂产品，并在安装前使用可上漆的防水剂处理木制壁板和墙线的端面。

# 21

# 剥离表面处理涂层

## 简介

- 用于剥离的溶剂及化学制品
- 快速识别剥离剂
- 使用草酸
- 剥离剂的安全性
- 破解密码——剥离剂综述
- 专业剥离
- 使用剥离剂的常见问题
- 使用剥离剂
- 表面处理涂层的退化及古董鉴定电视节目
- 选择剥离剂

当进行到剥离表面处理涂层环节时，你就完成了一个完整的表面处理循环。在第1章“为什么木料必须做表面处理？”部分，我解释了木料需要表面处理来保持其良好外观的原因。在随后的章节中，我阐述了各种使用表面处理产品的方法、如何选择表面处理产品以及如何修复和保养表面处理涂层的知识。现在，我将讲解如何将其剥离。

自从本书的第1版出版以来，剥离表面处理涂层变得颇具争议——主要是因为古董鉴定电视节目和类似电视节目的流行及其产生的影响。甚至有些人认为，根本没有必要用一个章节的篇幅来阐述这个主题。你可以在第368页“表面处理涂层的退化及古董鉴定电视节目”中找到我对这个问题的看法。

贯穿这本书，我都在强调对表面处理产品和表面处理操作的理解，正如一位主流木工杂志的主编告诉我的那样——表面处理并不是一门“没有人能够理解，所以无法认真对待”的技术。没有比油漆-清漆剥离剂能够

注意

对大多数其他门类的表面处理产品来说，由于制造商不会提供使用的材料，所以用户无法知道不同品牌下的产品所使用的材料是否具有可比性，因此很难以价格作为购买决策的参考因素。但是对每类剥离剂产品来说，成分相同的剥离剂产品可能会有不同的价格，所以用户在选购产品时还是可以并且应该把价格纳入参考因素中。

更好地展示你对表面处理的基本理解的产品了。因为这些产品中的所有主要成分都对健康有害，因此制造商会在包装上列出这些成分。通过使用剥离剂，你可以轻松了解自己想要获得的效果，从而明智地选择需要的产品（参阅第 358 页“破解密码——剥离剂综述”和第 353 页“快速识别剥离剂”）。

剥离剂使用的溶剂（或溶剂组）主要有三种，因此学习它们的名字和每种溶剂的作用方式并不困难（拼写除外）。这三种溶剂的效能、价格和对健康的潜在危害都不相同。有时候这些溶剂会成对或成组混合使用，有时候会为其添加碱或酸用于增加剥离剂的强度，有时候会单独使用一种碱液（碱水）作为剥离剂。可溶性的剥离剂呈液态或均匀的膏状，有些产品中添加了清洁剂使其可以用水清洗。

应该根据溶剂强度、安全性和价格选择不同种类的产品。在每种分类下，应该根据易用性和价格选择产品。在同一类别下，不同产品的溶剂强度、剥离速度和安全性并不存在显著差别。

其他的剥离方式——打磨、刮削或者用热风枪加热辅助的方式对家具来说过于激烈了。机械方法（打磨和刮削）通常是剥离木制外墙或室内木制品油漆层最有效的方法，但是在剥离油漆层或其他表面处理涂层的同时，会不可避免地损耗部分表层木料，也会破坏体现老家具价值和升值潜力的一些老旧特征。打磨也会磨圆脆弱的雕刻线和木旋线，增加磨穿木皮的风险。将油漆层或其他表面处理涂层加热到一定的温度会增加涂料起泡、木料烧焦的风险，并造成木皮或接合部位胶水的熔化。

# 用于剥离的溶剂及化学制品

通常用于剥离剂的溶剂或溶剂组有三类。这些溶剂或溶剂组可以单独使用，也可以与其他溶剂组合使用。因为溶剂的名字很长，有时很难想起来，因此在这里我使用了缩写：

- 二氯甲烷（MC）；
- 丙酮-甲苯-甲醇（ATM）；
- N-甲基吡咯烷酮（NMP）。

剥离过程还会用到两种强碱——氢氧化钠（碱液）和氢氧化铵（氨水）。碱液通常单独使用。这两种碱制品有时可以与溶剂混合使用，以增强其剥离效果。碱液和氨水会使大多数木料颜色变深。碱液在单独使用的情况下会使原有的胶水失效，如果与木料表面接触的时间足够长，还

注意

使用溶剂或化学品剥离铅基产品并不会对人体健康造成危害。铅仍会留在剥离剂的残渣中，操作者不太可能将其吸入。（不过，如果产生了大量的垃圾，处理可能是个问题。）打磨或刮除铅基油漆就是另一回事了，你应该佩戴防尘面罩防止吸入粉尘。（由于溶剂和化学物质的潜在危险性，应避免在孩子或者孕妇面前剥离包含铅基产品的涂层。）

会使其变成纸浆状。因此应该尽可能地避免使用碱液，除非需要用它提高剥离剂的强度。

有时也会在剥离剂中添加草酸来增加强度。因为酸会腐蚀金属罐，所以包含草酸的剥离剂产品一般仅供专业人士使用（参阅第 360 页“专业剥离”）。

## 二氯甲烷（MC）

在过去四五十年里，二氯甲烷一直是油漆-清漆剥离剂中主要的活性成分。它也是普通大众以及一些商业剥离工房可以得到的最有效的剥离溶剂，而且它不可燃。但是，二氯甲烷有毒，并且已经被列为潜在的致癌物（参阅第 357 页“剥离剂的安全性”）。

你可以购买液态的或均匀膏状的二氯甲烷剥离剂，并有 4 种不同强度的配方供选择。如果在非水平的表面作业，剥离剂的黏稠度（或浓度）是重要的考虑因素——液态的剥离剂易于流失，膏状的剥离剂可以粘在表面上。但需要说明的是，黏稠度与剥离剂的强度之间没有相关性。

4 种强度的剥离剂，无论是液态还是膏状，其中的二氯甲烷溶剂的挥发速率都非常快，因此通常需要添加石蜡延缓溶剂挥发。蜡会上浮到剥离剂的表面形成一层薄膜，将溶剂封闭在内部。如果蜡膜受到干扰出现了缝隙，部分溶剂就会挥发出来（参阅第 364 页“使用剥离剂”）。

在涂抹新的表面处理涂层之前，必须除去所有的蜡。如果你没有这样做，新的表面处理涂层就不能很好地与木料黏合，并且可能出现褶皱或者无法彻底干燥的状况。很多方法要求通过“中和”剥离剂以除去蜡质。这样的建议纯粹是误人子弟。蜡不是酸或者碱，它是无法被中和的。你需要使用干净的抹布以及大量的溶剂（油漆溶剂油、石脑油或漆稀释剂）清洗木料，才能将蜡除去。很多时候，需要重做表面处理都是因为在涂

### 快速识别剥离剂

以下是快速识别主要类别剥离剂的方法。参阅第 358 页“破解密码——剥离剂综述”查找更深入的识别方法

| | MC | MC/ATM | ATM | NMP |
|---|---|---|---|---|
| 塑料容器 | | | | X |
| 标记为可生物降解 | | | | X |
| 标记为可燃 | | X | X | |
| 标记为不可燃 | X | | | |
| 明显更重 | X | | | |

MC：二氯甲烷；ATM：丙酮 – 甲苯 – 甲醇；NMP：N-甲基吡咯烷酮

# 使用草酸

草酸可以漂白某些剥离剂中的碱液和氨水造成的深色污渍，以及由水和金属残留物导致的锈斑（黑色水环）。

在药店和很多涂料商店都可以买到草酸晶体，接下来要将其溶解在温水中制成饱和溶液（当晶体不能再溶解时，溶液就饱和了）。要在整个表面刷涂溶液，而不能只刷涂深色的位置，否则这些地方的颜色可能会变得过淡，你不得不想方设法重新处理整个表面以获得均匀的颜色。

等待草酸溶液干燥。然后用软管冲洗，或者使用经过充分浸湿的抹布或海绵洗去结晶（不能将晶体刷至空气中，因为这样极易将其吸入）。用水将涂层表面清洗干净。然后在水中加入一些小苏打、少量的家用氨水或其他某种温和的弱碱，再次清洗涂层，中和残留的草酸。

草酸通常不会漂白木料本身，但应该可以去除深色的污渍。有时候涂抹第二次或第三次效果更佳，但通常情况下第一次处理就可以达到要求了。如果仍然残留有淡棕色的痕迹，通过打磨可以轻松将其除去，因为这样的痕迹通常位于涂层的浅表。

警告 ▼

草酸有剧毒，会导致严重的皮肤和呼吸系统问题。使用时应佩戴手套和护目镜，并避免草酸的粉末进入空气中。

警告 ▼

二氯甲烷在血液中代谢可以形成一氧化碳，导致心脏为了给身体输送更多的氧气必须跳动得更快。因此，对于已经患有心脏病的人，二氯甲烷会导致心脏病发作。所以心脏病患者不能使用二氯甲烷剥离剂。

抹新的表面处理涂层之前没有把蜡清除干净。

通过在配方中加入清洁剂，可以水洗除去不同配方中的二氯甲烷剥离剂。这种水洗能力可以使蜡、剥离剂以及由其产生的黏性垃圾更容易通过水冲除去。但是，水洗会导致木料起毛刺，冲掉水溶性的染料染色剂，导致木皮脱落和接合处出现松动。

二氯甲烷剥离剂的强度主要由配方决定。4种不同强度的配方中都含有少量的甲醇作为“活化剂”，以提高剥离效率。

- 二氯甲烷和甲醇。
- 碱强化的二氯甲烷和甲醇。
- 酸强化的二氯甲烷和甲醇。
- 用丙酮和甲苯稀释的二氯甲烷和甲醇（实际上是二氯甲烷与丙酮-甲苯-甲醇两种类型溶剂的组合）。

**二氯甲烷-甲醇**剥离剂的强度足够高，除了少数有机溶剂抗性最强的表面处理产品，大多数具有有机溶剂抗性的涂料制作的涂层都可以被快速剥离。不过，这种剥离剂配方剥离双组分表面处理产品涂层的效果较差。为了改善剥离效果，在使用剥离剂处理之前，可以用60目或80目的砂纸打磨涂层表面。此外，这些剥离剂不易燃、无污染。（二氯甲烷在配方中占到75%~85%。它不易燃，也未被环境保护局视为臭氧消耗物或烟雾生产者。）它们的主要缺点在于对健康的潜在危害和成本较高。二氯甲烷是一种中等价格的溶剂，所以用高比例的二氯甲烷配制的剥离剂同样也是中等价格。

**碱强化的二氯甲烷剥离剂**比二氯甲烷剥离剂的强度更高，因为添加了碱。这里使用的碱通常是氢氧化铵（氨水），有时候是氢氧化钠（碱液），这些信息通常会在包装上列出，但也有例外。

碱强化剥离剂在大多数的油漆店、船只和汽车车身的用品商店都可以买到，通常被作为舰船清漆剥离剂销售。这类剥离剂的优点是剥离能力得到了增强，可以处理异常坚韧的表面处理产品形成的涂层。其缺点是价格较高，与二氯甲烷相关的健康危害以及会使橡木、桃花心木、樱桃木和胡桃木等硬木出现预期之外的染色。染色是剥离剂中的碱与木料中天然含有的单宁酸反应造成的。可以使用草酸去除染色（参阅第354页“使用草酸”）。

**酸强化的二氯甲烷剥离剂**在专业剥离商店有售，可用于剥离催化漆和改性清漆制作的涂层。

小贴士

尽管从技术上来说，二氯甲烷剥离剂的剥离效能已经比较强了，但制造商有时仍会在其中加入少量的甲苯、二甲苯或酮。这可能会在你阅读产品标签的时候带来一些混乱。下面是两种鉴别高含量的二氯甲烷剥离剂的方法：

- 标签上注明“不易燃”；
- 罐子明显更重（二氯甲烷的比重比剥离剂中其他成分的比重更大）。

警告

丙酮、甲苯和甲醇的蒸气都是高度易燃并且有毒的。高浓度的蒸气会损害你的中枢神经系统，导致疾病，并能在极端情况下导致死亡。所以，在使用丙酮-甲苯-甲醇剥离剂和修复剂时，应采取与使用二氯甲烷剥离剂时同样的防护措施（参阅第357页“剥离剂的安全性”）。

酸的存在使剥离剂对这些涂层非常有效。你也可以在二氯甲烷剥离剂中添加草酸，自己制作酸强化剥离剂。用温水配制草酸的饱和溶液（无法溶解更多草酸晶体的溶液），然后在可水洗的二氯甲烷剥离剂中添加5%的饱和草酸溶液。或者，可以使用漆稀释剂制作饱和草酸溶液，并在非水洗的二氯甲烷剥离剂中添加5%的饱和溶液。注意，这两种饱和溶液都不能存放在金属容器或塑料容器中。

二氯甲烷/丙酮-甲苯-甲醇（MC/ATM）剥离剂是4种以二氯甲烷为基础的剥离剂中效能最弱的，但是其强度已足以剥离所有老旧表面处理涂层了，而且它们也是4种以二氯甲烷为基础的剥离剂中最便宜的。在二氯甲烷中加入丙酮-甲苯-甲醇的缺点是，这些加入的溶剂是易燃的，并可能导致空气污染。

有时可以用甲基乙基酮（MEK）或其他酮类代替丙酮，用二甲苯代替甲苯。这些溶剂比丙酮和甲苯的挥发速率慢一些，并且会被列出在包装标签上。

## 丙酮-甲苯-甲醇（ATM）

丙酮、甲苯和甲醇（包括其他酮类、二甲苯和酒精替代品）是漆稀释剂中的三种基本成分。如果你曾经将漆稀释剂涂抹在表面处理涂层上，会非常熟悉这种溶剂混合物的破坏性。它会溶解虫胶、合成漆和水基表面处理产品，并能软化清漆，有时造成清漆涂层起皱。制造商利用这类溶剂的溶解能力制成了不含二氯甲烷的剥离剂。这类剥离剂包含以下两种类型：

- 含蜡以减缓溶剂挥发速率的剥离剂，通常因为含有增稠剂而呈膏状；
- 不含蜡和增稠剂的修复剂。

丙酮–甲苯–甲醇剥离剂同样有液态和均匀膏状两种形态，分为可水洗和不可水洗的类型，使用方法与前边讲到的 4 种二氯甲烷剥离剂相同。丙酮–甲苯–甲醇剥离剂在剥离大多数老旧涂层时表现出色。这种剥离剂有效是因为蜡延缓了溶剂的挥发，使其与表面处理涂层的接触时间足够长，可以完全渗入。它们的优势是：价格便宜且性能良好，并且没有类似二氯甲烷的健康风险。其缺点是：比二氯甲烷剥离剂的剥离能力弱，高度易燃，会导致空气污染，并且有些品牌的产品中含有碱，会导致硬木的颜色变深。

丙酮–甲苯–甲醇修复剂则不含蜡，所以溶剂挥发迅速——会在其渗透并彻底软化涂层之前挥发掉。因此除了虫胶、合成漆和水基表面处理产品，修复剂对其他表面处理涂层都是无效的。即使是处理虫胶、合成漆和水基表面处理产品制作的涂层，修复剂的剥离效能依然不高。因为修复剂中的溶剂挥发极其迅速，所以必须使用钢丝绒擦拭才能将涂层剥离。你无法像使用剥离剂那样擦掉表面处理涂层，通常厂家会推荐使用机械方式去除软化的涂层。

修复剂对清漆和所有双组分表面处理产品形成的老旧涂层是无效的（尽管制造商声称有效），同时缺乏鉴别待剥离涂层类型的指导说明，这是这类剥离剂最严重的缺陷。很多人因为需要花费大量的精力使用钢丝绒擦除表面处理涂层而备感挫败。此外，考虑到修复剂本质上是一种漆稀释剂（可以使用漆稀释剂代替它），很多品牌的产品价格过高了。修复剂的优点在于不含蜡，所以不会出现影响涂抹新的表面处理涂层的情况，无须在剥离涂层后使用溶剂清洗木料表面，因此节省了一个步骤。

**传言**

有些修复剂可以“调节”木料状态。

**事实**

木料不需要调节。修复剂中所包含的“调节剂”实际上是矿物油。在丙酮–甲苯–甲醇的溶剂挥发后，少量的矿物油会残留在木料上，使木料看起来不那么干燥。当你涂抹表面处理产品后这种现象就会消失。矿物油对木料没有什么好处。如果有的话，那就是它会削弱表面处理产品（尤其是水基表面处理产品）与木料的黏合强度。

## N–甲基吡咯烷酮（NMP）

N–甲基吡咯烷酮剥离剂不像二氯甲烷和丙酮–甲苯–甲醇那样有效，但是它挥发速率极慢，蒸气不会在空气中快速积聚，因此在使用时毒性很小，且不易燃，同时也没有被环境保护局列为空气污染物。由于溶剂挥发速率非常慢，所以这种剥离剂不需要添加蜡来增加溶剂与表面处理涂层接触的时间，因此也不存在完成剥离后清除蜡的问题。不过，N–甲基吡咯烷酮价格昂贵，基于 N–甲基吡咯烷酮的剥离剂价格都很高。

为了降低成本，可以将其他慢挥发和剥离能力较弱的溶剂与之混合使用。这样的溶剂包括一些二元酯——比如己二酸酯、琥珀酸酯和戊二酸酯（DBE）——以及 3–乙氧基丙酸乙酯（EEP）、

# 剥离剂的安全性

所有的剥离剂都对健康有害。如果连油漆溶剂油都会引起头晕和烦躁，这些剥离剂又怎么能例外呢？无论如何，这一点必须澄清，因为很多厂家宣称他们的剥离剂是安全的。有些剥离剂产品甚至名字中都带有“安全”字样，这更增加了欺骗性。

剥离剂的安全性问题在20世纪80年代中期被推上了风口浪尖，因为高剂量的二氯甲烷导致特定的实验小鼠品系出现了癌症，并在大鼠中诱发了良性肿瘤。尽管四项主要的人体研究没有证据显示二氯甲烷对人类具有致癌性，但它仍然被美国国家环境保护局列为了潜在的致癌物。这四项研究涵盖了超过6000名职业工人，他们在其职业生涯中每天都会接触二氯甲烷。

即使二氯甲烷致癌的风险极小，也足以驱动厂家迫切寻找其他可以剥离表面处理涂层的溶剂了。丙酮-甲苯-甲醇剥离剂已经存在，但这些剥离剂本身高度易燃并且具有相当高的毒性（尽管不致癌）。厂家选择N-甲基吡咯烷酮作为最有可能的候选者。它的特点并不是毒性减弱，而是挥发减缓。高浓度的N-甲基吡咯烷酮蒸气毒性极高，但其挥发速率极慢，需要数天时间才能达到二氯甲烷或丙酮-甲苯-甲醇数分钟挥发至空气中形成的浓度。在这段时间里，正常的空气流动已经完成了多次室内空气的更新。

理解这一点差别非常重要，只有这样你才能明白一些厂家的恶意投诉和反投诉行为。一方面，N-甲基吡咯烷酮剥离剂的制造者需要说服用户，二氯甲烷和丙酮-甲苯-甲醇对健康不利，否则用户可能不会购买他们的产品，因为它们并非无毒，只是挥发速率相当缓慢，而且价格昂贵。另一方面，二氯甲烷和丙酮-甲苯-甲醇的制造者会理直气壮地声称，N-甲基吡咯烷酮剥离剂在相同的蒸气浓度下比二氯甲烷和丙酮-甲苯-甲醇毒性更强（事实确实如此）。

所有的溶剂，不管是剥离剂还是稀释剂都对用户的健康有害。我们对溶剂了解得越多，发现的问题就会越多。比如，在20世纪70年代，二氯甲烷在人们的认知中还是安全的，并用来代替剥离剂中被发现具有致癌性的苯。你应该在户外或者对流通风良好的室内工作，尽可能减少在溶剂烟雾中的暴露。请佩戴美国国家职业安全与卫生研究所认证的有机蒸气防护面罩，但你不能单纯依赖它，因为这种面罩抵御二氯甲烷烟雾的有效时间非常短。做好安排，保证良好的通风，你还是要依靠呼吸新鲜空气来避免中毒。

# 破解密码——剥离剂综述

制造商通常会在包装上列出剥离剂中的所有溶剂成分。他们不需要列出每种成分的含量，因为产品配方在行业内是确定的，可以根据给出的溶剂组合推测出相应的配比

|  | 成分 | 配比 |
|---|---|---|
| 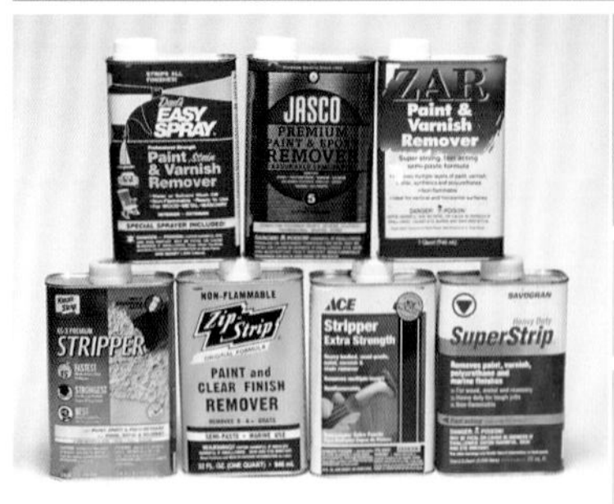  | 二氯甲烷<br>甲醇 | 75%~85% 二氯甲烷 *<br>4%~10% 甲醇 |
|   | 二氯甲烷<br>甲醇<br>氢氧化氨（并不总是列出） | 75%~85% 二氯甲烷 *<br>4%~10% 甲醇<br>1%~5% 氢氧化铵 |
| 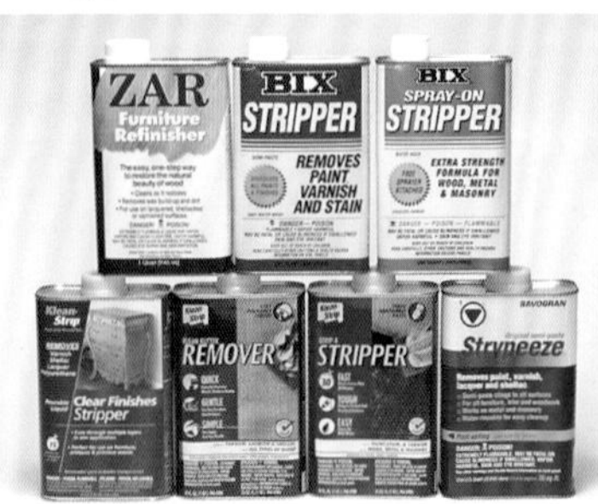  | 二氯甲烷<br>丙酮<br>甲苯<br>甲醇<br>（可用其他酮类溶剂代替丙酮，用二甲苯代替甲苯） | 25%~60% 二氯甲烷<br>其他每种成分比例均在 10%~40% |
| 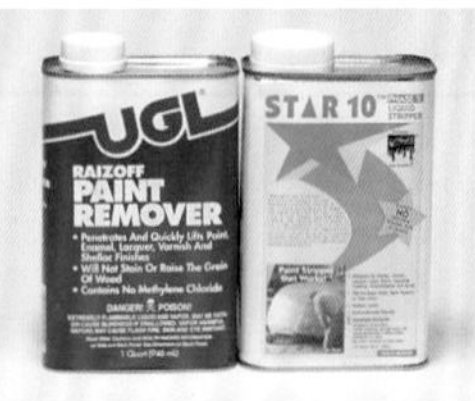  | 丙酮<br>甲苯<br>甲醇（丙酮-甲苯-甲醇剥离剂）<br>（可用其他酮类溶剂代替丙酮，用二甲苯代替甲苯） | 每种成分比例均在 10%~40% |
|   | 丙酮<br>甲苯<br>甲醇（丙酮-甲苯-甲醇修复剂） | 每种成分比例均在 10%~40% |
|   | N-甲基吡咯烷酮 | 40%~80% N- 甲基吡咯烷酮 |

注：* 表示二氯甲烷含量高的剥离剂不易燃（产品包装上通常会注明），并且比相同规格的其他剥离剂产品重得多。

| 相对强度 | 潜在问题 | 安全问题 | 备注 |
|---|---|---|---|
| 除了最坚硬的涂层，对其他表面处理涂层均有效 | 含有蜡，需要在涂抹新的表面处理涂层前将其去除 | 蒸气对健康有害 | 在户外或者对流通风良好的房间内操作 |
| 市售的油漆-清漆剥离剂产品中效能最强的 | 含有蜡，需要在涂抹新的表面处理涂层前将其去除。氢氧化铵会使很多硬木颜色变深 | 蒸气对健康有害 | 在户外或者对流通风良好的房间内操作。可用于处理异常坚固的涂层 |
| 可以剥离大多数的老旧涂层 | 含有蜡，需要在涂抹新的表面处理涂层前将其去除 | 蒸气对健康有害。蒸气和液态溶剂存在诱发火灾的风险 | 在户外或者对流通风良好的房间内操作。是一种能够剥离大多数老旧涂层的高性价比选择 |
| 可以剥离大多数的老旧涂层 | 含有蜡，需要在涂抹新的表面处理涂层前将其去除。有些产品含有氢氧化氨但未注明，可能会导致很多硬木颜色变深 | 蒸气对健康有害。蒸气和液态溶剂存在诱发火灾的风险 | 在户外或者对流通风良好的房间内操作。是一种能够剥离大多数老旧涂层的高性价比选择 |
| 能够溶解虫胶、合成漆和水基表面处理产品，对其他表面处理产品无效 | 效率很低的剥离剂，因为其中不含蜡，所以无法减缓溶剂的挥发速率 | 蒸气对健康有害。蒸气和液态溶剂存在诱发火灾的风险 | 在户外或者对流通风良好的房间内操作。很多使用者会在修复剂不起作用时备感挫败 |
| 比二氯甲烷剥离剂的起效速度慢得多 | 需加快速度 | 因为挥发很慢，所以相对安全 | 在所有剥离剂溶剂中最为昂贵 |

γ-丁内酯（BLO）。这些溶剂的信息都会在包装上列出。

从20世纪40年代开始，N-甲基吡咯烷酮作为清洁溶剂被广泛使用。在20世纪90年代早期，二氯甲烷由于潜在的致癌性受到了攻击，很多公司开始使用N-甲基吡咯烷酮作为替代品。随着N-甲基吡咯烷酮类剥离剂的广泛使用，你几乎可以在所有的涂料商店找到来自不同品牌的此类产品。不幸的是，N-甲基吡咯烷酮类剥离剂后来成了不做产品推广的典型案例，现在已经很难找到了。

基于N-甲基吡咯烷酮的剥离剂起效缓慢，

## 专业剥离

专业剥离工房使用的剥离剂与业余爱好者剥离表面处理涂层使用的剥离剂含有的溶剂和化学成分基本相同。二者最大的差别在于工房拥有更高效的设备和方法进行剥离。

有两种主要的剥离系统：流动（也常被称为“横流”）系统和桶装处理系统。流动系统使用软管和水泵让剥离剂（通常使用二氯甲烷，但是其他剥离剂也是可以的）持续地流过置于金属托盘中的物品表面，同时用硬毛刷刷洗。（很多毛刷与软管是相连的，这样刷子就可以在刷洗的同时起到分配剥离剂的作用。）对于顽固的表面处理涂层，应在剥离剂流过物品表面后浸泡一段时间，然后再开始刷洗。淤渣会被冲下，沿排水管流动并通过筛网过滤，涂料残渣和其他一些固体颗粒被滤网捕获，经过过滤的剥离剂则通过水泵进行再循环利用。

在所有的表面处理涂层都被剥离或者出现松动之后，物品被放置在某个台面上，用高压清洗机对其进行清洗。晾干，然后就可以开始打磨木料表面并重新制作表面处理涂层了。

桶装处理系统使用两个大桶，一个装满碱液，另一个装有草酸。首先把待处理物品放入碱液中浸泡，一直持续到表面处理涂层松动并可以刷洗掉的状态。接下来将其放入盛有草酸的桶中以中和碱液，并漂白在碱液作用下颜色变深的木料。然后从草酸溶液中取出物品并用软管冲洗干净。晾干，然后就可以开始打磨木料表面并重新制作表面处理涂层了。

两种系统都很有效，但通常都需要大量的打磨操作，因为水会导致木料起毛刺。流动系统对木料的伤害较小，但其使用的剥离剂相当昂贵。桶装系统使用的化学品要便宜得多，但如果浸泡时间过长，碱液会对木料造成严重损害，并会溶解原有的胶水。

桶装系统在修复师群体中口碑极差。尽管对训练有素的操作者来说，这个系统的破坏性并不强，但对于大多数木制家具，最好使用流动系统进行表面处理涂层的剥离。金属家具和木质镶边则可以使用桶装系统安全地完成表面处理涂层的剥离。

而且需要几天时间才能从木料表面挥发。因此，如果有必要，可以将处理后的表面放置几天，等待剥离剂穿透多层表面处理涂层。如果你的时间相对宽裕，这样操作的工作量会比使用快挥发型剥离剂的常规工序少得多，因为快挥发型剥离剂通常需要涂抹多次。我通常会选择这种剥离剂而不是快挥发型的产品，因为它可以减少一些工作量。

但是基于N-甲基吡咯烷酮的剥离剂产品并没有按照这样的思路进行宣传和销售。它们曾经（现在仍是）按照30分钟内可以见效的特性被推广，结果被扣上了“不起作用”的帽子，正因如此，现在很难在涂料商店或家居中心找到这种产品的存货。

这些剥离剂通常被标榜为“可生物降解”，这是可怕的误导。快挥发型剥离剂并非一定是可生物降解的。这种误解源于它们挥发得太快，以至于在剥离涂层时已经没有任何残留了。N-甲基吡咯烷酮剥离涂层形成的淤渣会在相当长的时间内维持潮湿状态，无论在哪里都会被认定为危险废物，因为其中包含了被剥离下来的涂层涂料。所以，为了安全起见，你不应在这种淤渣干燥之前将其丢到垃圾桶里。

### 传言

基于N-甲基吡咯烷酮的剥离剂属于环境友好型产品，因为它们是可生物降解的。

### 事实

剥离剂有可能是可生物降解的，但是剥离涂层形成的淤渣是有害的废弃物。在N-甲基吡咯烷酮剥离剂完全挥发、淤渣变硬之前，这种废弃物的危害性不会消失。除非你想处理容器中尚未使用的N-甲基吡咯烷酮剥离剂，否则“可生物降解”是毫无意义的。

## 碱液

碱液可能是最古老的化学脱漆剂。它非常有效，但是使用风险大并且会伤害木料。专业的剥离师经常使用碱液，他们通常会把家具浸入装满碱液的加热桶中。碱液能够剥离表面处理涂层，但也会溶解胶水，损害木料。木料表面会变得柔软松散，需要用力打磨才能磨穿涂层露出下面的木料。很多家具都因为使用碱液作为剥离剂而惨遭破坏，剥离工房同样因为在剥离操作中滥用这种化学品而名声不佳。

当然，碱液并不总是破坏者。它可以将木料孔隙内的顽固涂料溶解，同时不会过于损害木料。它可以有效地剥离金属物品（铝制品除外）表面的涂层而不损伤金属。它可以用于剥离牛奶漆涂层。这是一种在18世纪和19世纪曾经使用的酪蛋白涂料，很难用其他剥离剂去除。它也是一种可用于处理户外木制品、砖石结构和混凝土结构的宽大表面以及室内石膏物品或软木镶边的廉价且有效的剥离剂。

可以在1 gal（3.8 L）温水中溶解0.25 lb（0.11 kg）氢氧化钠（涂料商店有售）制成碱液剥离剂。不要使用铝质或塑料容器，并确保将氢氧化钠放入水中，而不是将水浇在氢氧化钠固体上（氢氧化钠与水接触产生的溶解热会使固体表面的水迅速沸腾造成灼伤）。氢氧化钠与水混合会释放出大量的溶解热，所以不要用手握持容器。

### 警告

碱液可能会导致严重的化学灼伤。在使用碱液时，应佩戴护目镜、手套和防护服，以保护自己免受飞溅的碱液伤害。

# 使用剥离剂的常见问题

如果曾经做过剥离工作，你会发现，剥离操作并不像分步说明介绍的那样简单（参阅第 364 页“使用剥离剂”）。以下是一些常见问题、问题原因及其解决方案

| 问题 | 原因 | 解决方案 |
| --- | --- | --- |
| 剥离剂不起作用 | 处理时间不够长 | 处理更长时间。当温度低于 65 ℉（18.3℃）时，剥离剂的作用速度会明显变慢；当温度高于 85 ℉（29.4℃）时，剥离剂的挥发速率会明显加快。可以涂抹更多层剥离剂来保持处理表面的湿润状态，或者用塑料薄膜将表面盖起来 |
| | 剥离剂的强度不够。（你可以剥离一层涂层，却无法继续剥离下一个涂层，因为这些涂层使用了不同的表面处理产品） | 换用一种更强效的剥离剂（参阅第 358 页“破解密码——剥离剂综述”） |
| | | 使用 60 目或 80 目的砂纸打磨涂层表面，以增加剥离剂的作用面积 |
| | 错把染色剂当作表面处理产品使用。实际上你已经剥离了所有表面处理涂层，残留下的其实是染色剂。剥离剂无法将染色剂完全除去 | 延长木料干燥时间。如果在反光下木料表面或孔隙区域没有光泽，则说明表面处理涂层已被剥离。这时的木料摸起来就像裸木一样 |
| 无法将涂料从孔隙中剥离 | 油基（反应固化型）涂料不会溶解。它们会膨胀起泡。有时乳胶漆也会这样。孔隙内的涂料由于缺少膨胀的空间，所以会一直残留在孔隙中，直到它被擦拭并出现松动 | 在木料表面涂抹更多的剥离剂。用柔软的黄铜毛刷顺着纹理方向擦洗木料。去除黏性泥浆。如有必要，可以重复操作。这种方法可能不适合处理松木、杨木等纹理致密的木料。这种情况下可以尝试使用氨水剥离涂层，然后再打磨 |
| 无法将染色剂从孔隙中剥离 | 染色剂可以是基于各种溶剂的染料，也可以是含有不同黏合剂的色素。没有哪种剥离剂可以将它们完全去除（参阅第 4 章“木料染色”） | 没有必要去除全部染色剂，然后重新染色，以获得与之前相当的或更深的颜色。可以去除一部分水溶性的染料染色剂，这也是老家具中最常用的染色剂类型。可以用剥离剂除去一部分溶剂型的染料染色剂，也可以用氯漂白剂（家庭或游泳池使用的那种）去除大部分染料的颜色，但这会导致木料变白。（注意保护自己免受有机蒸气的伤害。）可以使用上面提到的去除孔隙中涂料的方法去除孔隙中的色素染色剂（稀释的涂料） |

| 问题 | 原因 | 解决方案 |
|---|---|---|
| 剥离剂在木料表面形成条纹并加深了木料的颜色 | 碱液和含碱的剥离剂会使很多硬木的颜色变深 | 使用草酸漂白深色的污渍（参阅第 354 页“使用草酸”）。草酸基本不会漂白木料本身，但它能去除碱性污渍。它也可以去除锈渍（棕色或黑色的水渍） |
| 表面处理涂层被剥离之后，染色剂着色不均 | 木料本身有问题 | 参阅第 85 页“常见染色问题、原因及解决方法”解决这个问题 |
| | 没有剥离所有的表面处理涂层。残留在木料中的涂料阻止了染色剂均匀地渗透 | 重新剥离木料表面的涂层。使用 180~280 目的砂纸轻轻打磨，确保所有的表面处理涂层被除去 |
| 新的表面处理涂层无法完全干燥，或者固化后出现剥落 | 没有去除剥离剂中所有的蜡 | 剥离没有完全干燥的表面处理涂层，使用油漆溶剂油、石脑油或漆稀释剂彻底清洗木料表面。不断折叠并翻转抹布，确保将蜡从木料表面去除，而不是擦拭得到处都是 |
| 在打磨剥离涂层的木料表面时，砂纸出现堵塞 | 剥离剂（N-甲基吡咯烷酮）没有完全挥发 | 等待更长时间，使用热源加热木料，或者用酒精或漆稀释剂清洗木料以加速干燥 |
| | 没有剥离所有的表面处理涂层 | 重新剥离表面处理涂层，如果你不介意光泽，请持续打磨，直到砂纸不再出现堵塞，表明木料表面已经没有表面处理涂层了 |

# 使用剥离剂

剥离表面处理涂层不需要特殊技能，但这个过程可能会对你的健康产生不利影响，而且有些剥离剂是易燃的。以下介绍了除修复剂（参阅第 355 页“丙酮–甲苯–甲醇”）和碱（参阅第 361 页“碱液”和第 362 页“使用剥离剂的常见问题”）之外的常见剥离剂的使用方法。

1 在室外阴凉处或有良好对流通风的房间内工作。在温暖的环境下工作，因为剥离剂在低温下会失去效能。如果使用易燃剥离剂，请远离明火或火花。

2 将五金连接件和可轻松拆卸并且难以触及的部件取下。如果五金连接件也需要剥离涂料，可以将其浸泡在装有剥离剂的容器内。

3 穿戴长袖衬衫、耐溶剂的手套（丁基或氯丁橡胶），佩戴眼镜或护目镜。

4 摇动盛有剥离剂的容器。用一块布盖住盖子，然后缓慢将其打开，使压力逐渐得到释放。然后将剥离剂倒入一个广口瓶或广口罐中。

5 使用旧的或者便宜的油漆刷在木料表面刷涂厚厚的一层剥离剂。（注意，某些合成毛毛刷会在二氯甲烷剥离剂中溶解。）向着一个方向刷涂，

使用旧的或者便宜的刷子在木料表面刷涂一层厚厚的剥离剂

而不是来回刷。这有助于形成厚涂层。剥离剂中的蜡会上浮到溶剂表面，如果没有受到扰动的话可以延缓溶剂的挥发。

6 留出足够的时间使剥离剂作用于涂层表面。然后使用油灰刀试一试，看能否将涂层薄膜从木料表面剥离。如果最初涂抹的剥离剂挥发掉了，需要添加更多的剥离剂。（可以在涂层表面覆盖一层保鲜膜减缓溶剂的挥发。）如果能够保持涂层的湿润状态并提供足够的渗透时间，所有类型的剥离剂都可以一次性剥离很多涂层。

7 根据情况，可按照以下方法去除溶解的、起泡的或软化的涂层薄膜。

- 使用一块塑料刮片或者一把宽而钝的油灰刀将平整区域的涂层薄膜刮下，放入桶内或纸盒中。油灰刀应该是干净平滑的，因此需要用锉刀将其边角锉圆，以免刮伤木料表面。
- 使用重型纸巾浸润并擦除溶解的涂层。
- 使用刨花（平刨或压刨产生的）在木料表面揉搓，吸附溶解的或起泡的涂层薄膜，然后用硬毛刷将其刷去。
- 使用 1 号天然羊毛垫或者合成钢丝绒（思高）将线脚、木旋件和雕刻件上软化或起

用塑料刮片或油灰刀刮去平整表面上溶解或起泡的涂层

使用刨花揉搓溶解的或起泡的涂层

# 使用剥离剂（续）

泡的涂层薄膜破坏、打断。

- 在木旋件的凹槽附近使用一根粗线或绳子反复拉拽，以清除起泡的涂层表面。

  使用一端削尖的木棒或木销将裂纹和凹槽处软化的涂层碎片取出，这样可以避免尖利的金属划伤表面。

- 在剥离涂层后没有必要进行打磨，除非木料本身存在问题，比如存在划痕和刀痕需要去除。打磨也会去除人们追求的老旧家具的时代特性。这些特性包含木料表面颜色的变化、铜锈和正常的磨损痕迹。在大多数情况下，剥离后需要打磨的唯一原因是，清除所有的表面处理涂层。任何残留的旧涂层都会堵塞砂纸。选择 180~280 目的细砂纸轻轻打磨。如果发现木料表面仍有残余的涂层，更好、更简单的方法是再次进行剥离，而不是将其打磨除去。

**8** 在木料表面涂抹更多的剥离剂，并用软黄铜刷刷去木料孔隙中残留的任何涂料或染色剂。擦拭要顺纹理方向进行。

**9** 使用油漆溶剂油，石脑油或漆稀释剂清洗木料，除去来自剥离剂的、残留在木料表面的蜡。如果使用的是修复剂或 N-甲基吡咯烷酮剥离剂则不需要此步骤，因为它们不含蜡。不过，使用 N-甲基吡咯烷酮剥离剂时需要等待几天时间，让木料孔隙中的残留溶剂完全挥发掉。如果想加速溶剂挥发，可以使用加热灯加热，或者用酒精或漆稀释剂擦拭。

如果你需要使用钢丝绒或研磨垫帮助去除涂层，可能会出现颜色去除不均匀的情况，导致在进行修复时产生颜色问题。如果可能，最好使用抹布、纸巾或塑料（不是金属）刮片来清除涂层薄膜。

**10** 待剥离残渣中的溶剂完全挥发，可以将其扔进垃圾桶，除非当地法律禁止这样做。事实上，干燥的残渣与剥离之前家具表面的涂层本质上是完全相同的。相比于把做过表面处理的整个木制品扔过去，将干燥的涂料残渣送去垃圾处理厂并不会导致更多的污染。

用硬毛刷刷去凹槽处残留的刨花

通过在木旋件的凹槽附近使用一根粗线或绳子反复拉拽，清除溶解的或起泡的涂层

使用软黄铜刷刷去木料孔隙中残留的任何涂料或染色剂。擦拭操作应顺纹理进行

# 表面处理涂层的退化及古董鉴定电视节目

你会发现古董鉴定这样的电视节目非常具有讽刺意味，他们非常努力地引导人们了解古董和它们的价值，结果却造成了对大量古董家具的破坏。这是节目的鉴定人员阻止人们修复古董家具的结果，即使是那些老旧但还未成为古董的家具也未能幸免。我在第1章“为什么木料必须做表面处理？”中描述了表面处理涂层退化的必然结果，除了外表不美观，还会导致接合处松动、木皮剥落、木板翘曲和开裂，然后在某个时间，家具可能会被扔掉。

这些电视节目传递的错误信息是，修复表面处理涂层会降低古董家具的价值，他们通常会说：“如果没有为这件家具做修复处理，它的价值是X美元。但因为做了修复处理，它现在的价值只有Y美元。”两种情况下家具的价值差距相当大，而且鉴定人员比较的重点是家具是否处于接近完美的状态。家具需要进行修复的原因则很少被提及。

为什么要为家具做修复呢？当然是因为现有的表面处理涂层状态很糟糕。如果没有为家具做修复，而是任由涂层现有的状况发展下去，这件家具还能估价多少呢？应该比较这个，而不是家具是否处于接近完美的状态。如果保存下来的家具状态非常糟糕，其价值应该比经过修复、状态良好的家具更低。这些鉴定人应该这样表述：“这件家具显然在某个时期的状态很差，并且做过修复。这很好，家具因此得以保存下来，现在价值Y美元。如果这件家具没有做过修复，那它现在的价值会大大降低。此外，如果某件家具一直存放在房间内的黑暗角落（阳光会破坏表面处理涂层），并且几代人都没有移动或使用过（磨损会破坏表面处理涂层），它可能会呈现一种“崭新的”原始状态，这种情况非常罕见。此时家具的价格是X美元，但是没有人会因为获得一件没有使用过的家具而感到愉快。”

除了极少数保存完好并因其稀有性而价值不菲的家具（它们仍将被保存在理想的温度和湿度条件下），对于表面处理涂层退化严重的家具，修复没有任何错误。事实上，应该为家具做修复处理，理想情况下，你应该尽可能地保护家具的老旧外观，或者使其恢复原貌。这两种做法在市场上都有其倡导者以及买家。

使用天然鬃毛刷将配好的碱液刷涂至涂层表面。等待足够长的时间，让碱液刚好可以溶解涂料，同时不会损害木料。在剥离表面处理涂层之后，你需要将白醋和水等比例混合配制成溶液清洗木料，以中和碱液。如果没有中和碱液，残留的碱液可能会在随后的某个时间点由于水分的渗入重新活化，恢复活性的碱液会剥离其所在部位的新涂层。

# 选择剥离剂

如何在不同类型的剥离剂中进行选择？首先，你要决定是否愿意承担使用二氯甲烷剥离剂所带来的健康风险。如果可以，你就可以选择最便宜的产品完成剥离工作。最弱的配方——经丙酮和甲苯稀释的二氯甲烷-甲醇剥离剂是最便宜的，并且可以完成大多数老旧涂层的剥离。更为坚韧的表面处理涂层，比如聚氨酯制作的涂层，则需要使用只含有二氯甲烷和甲醇的剥离剂。最为坚硬的涂层，比如催化型表面处理产品、聚酯和烤漆涂层，需要使用碱或酸强化的二氯甲烷剥离剂，并且可以使用 60 目或 80 目的砂纸打磨涂层，以提高剥离的成功率。

如果你不知道需要剥离的涂层使用了何种涂料，同时希望确保所选的剥离剂能够发挥作用，那你可以使用二氯甲烷-甲醇剥离剂。这种剥离剂几乎可以剥离所有未经染色处理的涂层。

如果你不想使自己暴露在二氯甲烷中，那可以使用丙酮-甲苯-甲醇剥离剂。这种剥离剂当然不如二氯甲烷那样强效，但足以剥离大多数的老旧涂层。

如果你希望尽可能地减少接触有毒溶剂，同时愿意支付更多的钱，可以使用 N-甲基吡咯烷酮剥离剂。你要做的就是为其提供渗透涂层所需的时间。

如果你需要剥离金属（不包括铝）表面的涂层，或者你并不担心木料是否会受损，并且可以保护好自己，可以考虑使用碱液。在使用碱液剥离涂层时，要确保碱液与涂层接触的时间足够长，可以充分溶解涂料，同时时间不能过长，以免损害下层的木料。

如果这些方法都失败了，你需要通过刮削、打磨或使用热风枪的方式剥离涂层。

# 后　记

你现在已经了解了所有的初级、中级表面处理知识以及一些高级技术。你一定认识到，如果在开始时便准确地理解了材料的性能和一些简单工具的使用方法，表面处理其实并不是一个很难驾驭的主题。当然，掌握木料表面处理技术确实需要大量的经验。不幸的是，由于制造商的误导及其提供的大量不准确的信息，以及木工杂志和木工书籍中流传的大量自相矛盾的信息，木料表面处理的难度大大增加了。

自从 1994 年本书的第 1 版发行以来，制造商在提供更完善、更准确的产品信息方面依然毫无长进。但是一些木工杂志和木工书籍的出版商已经在为提高信息的准确性而努力了，他们值得称赞。

当我参加研讨会的时候，我会呼吁与会者将其遇到的不准确的或误导性的信息表达出来，然后向制造商或出版商投诉，或者通知那些零售商店的店员或邮购公司，要求他们将问题反馈给制造商。在这里，我也会向你发出同样的呼吁。我业已确信，在这一领域，“消费者反抗”已经开始取得成效。如果没有这些改变，思维惰性会一直持续下去。

我有幸被邀请编写本书的第 1 版。现在撰写第 2 版更是让我感到荣幸之至。在此我要特别感谢《读者文摘》（*Reader's Digest*）的克里斯·雷焦（Chris Reggio）和多洛雷斯·约克（Dolores York）。感谢他们对我的信任。

在撰写这本书的时候，我非常荣幸可以和另外两位杰出人士一起合作，那就是里克·马斯特利（Rick Mastelli）和德博拉·菲利安（Deborah Fillion），他们同样参与了本书第 1 版的创作。一本指导性书籍的成功与信息的呈现方式密切相关，它们与信息本身同等重要。里克（编辑和摄影师）和德博拉（封面和版式设计师）做得非常好，将信息完美地呈现在读者面前。如果你觉得这本书非常吸引人，又很容易学习，这都要归功于他们。

在学习木料表面处理的过程中，很多人帮助过我。其中第一位的就是吉姆·麦克洛斯基（Jim Mccloskey），他让我主持《表面处理与修复》（*Finishing and Restoration*）杂志，也就是之前的《专业修复》（*Professional Refinishing*）杂志的编辑工作足足有 4 年。在这些年中，我从来自美国各地的高水平的修复师那里学到了很多。另外一个为我提供大量帮助的群体是众多主流木工杂志的编辑，这些杂志包括：《木工房新闻》（*Woodshop News*）、《大众木工》（*Popular Woodworking*）、《木工》（*Woodwork*）、《缅因古董文摘》（*Maine Antique Digest*）、《涂料经销商》（*The Paint Dealer*）以及《美国涂料承包商》（*American Painting Contractor*），他们给了我很多机会，让我在杂志上探讨了数以百计的关于表面处理的话题。在撰写本书的时候，我已经把这些文章中的很多内容融入其中。

我同样很荣幸能够结识这样一批多年来为我提供技术信息支持的朋友。其中表现最为出众的是戴维·比切（David Bueche）、迈克·福克斯（Mike Fox）、杰里·洪特（Jerry Hund）、戴维·杰克逊（David Jackson）、劳埃德·哈斯特拉（Lloyd Haabstra）、拉斯姆·拉米雷斯（Russ Ramirze）以及格雷格·威廉姆斯（Greg Williams）。

非常幸运，我在当地拥有一支阵容强大的木匠和表面处理师团队，他们总能在我需要的时候给予我鼓励和建议。在此我要特别感谢兰德尔·凯恩（Randall Cain）、马修·希尔（Matthew Hill）、比尔·赫尔（Bill Hull）、艾伦·莱克尔（Alan Lacer）以及布莱恩·斯洛科姆（Bryan Slocomb）。艾伦·莱克尔、布莱恩·斯洛科姆、克里斯·克里斯贝利（Chris Christenberry）、查尔斯·拉特克（Charles Radtke）以及迈克尔·珀伊尔（Michael Puryear），他们甚至无偿为我提供了一些作品照片。吉姆·罗伯逊（Jim Roberson）则为我提供了一些他自己拍摄的工作照片。

最后，我要感谢对我来说最重要的人，我的妻子碧特（Birthe），在我追逐一个又一个冒险的路上，她一直相信并支持着我。

# 资　源

尽管当地的涂料商店和家居中心能够提供你所需要的大多数产品，但它们无法提供木工表面处理基本需求之外的任何东西。分销商和少数从事专业产品贸易的涂料商店能够提供合成漆、双组分表面处理产品、不起毛刺染色剂以及其他更为专业的表面处理产品。你可以把这些产品的信息记在你的电话本里。

你也可以在汽车用品商店找到优质的喷涂设备和种类繁多、用途广泛的擦拭产品。这些商品资源也会在黄页中列出。对于当地找不到的其他商品，你可以向提供邮购的供应商寻求帮助。下面列出了一些可靠的供应商，他们会根据你的要求提供产品目录。

如果你不是专业的表面处理师，请务必查看www.woodfinishingsupplies.com网站，这是唯一一个面向非专业的表面处理人员的网站资源。

许多供应商提供莫霍克表面处理（Mohawk Finishing Products）这种专业厂家生产的消费型的贝伦兄弟（H. Behlen Bros.）品牌的表面处理材料。包含大量贝伦品牌产品的目录带有（B）标记。

许多目录中还包含来自洛克伍德（W.D. Lockwood）的各种颜色的粉末染料。这些目录带有（L）标记。

少数目录中会包含一些难以找到的树脂、色素和化学产品。这些目录标记为（C）。

**本科销售公司**（Benco Sales, Inc.）
美国田纳西州克罗斯维尔市（Crossville）
邮政编码 TN 38557，邮政信箱 3649
电话：（931）484-9578，（800）632-3626
网址：www.bencosales.com
为表面处理修复提供涂料和剥离剂产品的供应商

**百威系统公司**（Besway Systems，Inc.）
美国田纳西州麦迪逊市（Madison）威廉姆斯大街 305 号
邮政编码 TN 37116
电话：（615）865-8310，（800）251-4166
网址：www.besway.com
为表面处理修复提供涂料和剥离剂产品的供应商

**化学品商店网**（The Chemistry Store.com）
美国佛罗里达州庞帕诺比奇（Pompano Beach）520 号东北 26 号院
邮政编码 FL 33064
电话：（800）224-1430
网址：www.chemistrystore.com
提供多种常规途径难以找到的化学产品，标记（C）

**康斯坦丁**（Constantine's）
美国佛罗里达州劳德代尔堡（Ft. Lauderdale）
奥克兰公园大道 1040 号西区

邮政编码 FL 33334

电话：（954）561-1716，（800）443-9667

网址：www.constantines.com

提供各种表面处理产品，标记（B）（L）

**加勒特·韦德公司**（Garrett Wade Co.）

美国纽约州纽约市美洲大道 161 号

邮政编码 NY 10013

电话：（212）807-1155，（800）221-2942

网址：www.garrettwade.com

提供各种表面处理产品，标记（B）

**高夫幕墙**（Goff's Curtain Walls）

美国威斯康星州皮沃基市（Pewaukee）威斯康星大道 1225 号西区

邮政编码 WI 53072

电话：（262）691-4998，（800）234-0337

网址：www.goffscurtainwalls.com

提供喷漆工房用的重型塑料窗帘

**高地五金**（Highland Hardware）

美国佐治亚州亚特兰大高地大街 1045 号北区

邮政编码 GA 30306

电话：（404）872-4466，（800）241-6748

网址：www.tools-for-woodworking.com

提供各种表面处理产品以及课程，标记（B）

**胡德表面处理**（Hood Finishing Products）

新泽西萨默赛特

邮政编码 NJ 08875，邮政信箱 97

电话：（732）828-7850，（800）229-0934

网址：www.hoodfinishing.com

为完成表面处理涂层及其修复提供涂料和剥离剂产品的供应商

**家居表面处理**（Homestead Finishing Products）

美国俄亥俄州克利夫兰市

邮政编码 OH 44136，邮政信箱 360275

电话：（216）631-5309

网址：www.homesteadfinishing.com

提供各种表面处理产品，标记（B）

**金世博木工房**（Klingspor's Woodworking Shop）

美国北卡罗来纳州希科里（Hickory）

邮政编码 NC 28603，邮政信箱 3737

电话：（828）327-7263，（800）228-0000

网址：www.woodworkingshop.com

提供各种表面处理产品，标记（B）

**克雷默色素**（Kremer Pigments）

美国纽约州纽约市伊丽莎白大街 228 号

邮政编码 NY 10012

电话：（212）219-2394，（800）995-5501

网址：www.kremer-pigmente.com

提供各种普通表面处理产品以及多种专业产品，标记（C）

**洛克伍德有限公司**（W.D. Lockwood & Co.）

美国纽约州纽约市富兰克林大街 81-83 号

邮政编码 NY 10013

电话：（212）966-4046，（866）293-8913

网址：www.wdlockwood.com

美国表面处理行业最大的水溶性、醇溶性和油溶性粉末染料供应商，标记（B）（L）

**优点产业**（Merit Industries）
美国堪萨斯州堪萨斯市第 10 大街 1020 号北区
邮政编码 KS 66101
电话：（913）371-4441，（800）856-4441
网址：www.meritindustries.com
提供各种表面处理产品和润色产品，标记（B）

**莫霍克表面处理**
美国北卡罗来纳州希科里
邮政编码 NC 28603，邮政信箱 3737 22000
电话：（828）261-0325，（800）545-0047
网址：www.mohawk-finishing.com
向专业表面处理和修复企业提供各种表面处理产品和修复产品，并在美国各地举办“表面处理涂层修复”研讨会

**洛克勒木工和五金公司**（Rockler Woodworking and Hardware）
美国明尼苏达州梅迪纳柳树大街 4365 号
邮政编码 MN 55340
电话：（763）478-8200，（800）279-4441
网址：www.rockler.com
提供各种表面处理产品，并且洛克勒公司的商店遍布美国各地。提供相关课程

**表面修复货栈**（Refinisher's Warehouse）
美国南卡罗来纳州查尔斯顿埃米埃尔西大街 13 号
邮政编码 SC 29407
电话：（843）556-4538，（800）636-8555
提供各种表面处理产品和修复产品，标记（B）

**修复公司**（Restorco）**奎克克林产品**（Kwick Kleen products）
美国印第安纳州文森斯
邮政编码 IN 47591，邮政信箱 807
电话：（812）886-0556，（888）222-9767
网址：www.kwickkleen.com
为修复行业提供各种表面处理产品和剥离剂产品以及课程

**旧磨坊专柜商店**（Olde Mill Cabinet Shoppe）
美国纽约州纽约市华盛顿路 1660 号贝蒂营
邮政编码 PA 17402
电话：（717）755-8884
网址：www.oldemill.com
提供各种表面处理产品和修复产品以及课程。标记（B）（L）（C）

**润色补给站**（Touch Up Depot）
美国得克萨斯州贝敦市苏兰德大街 5215 号
邮政编码 TX 77521
电话：（866）883-3768
网址：www.touchupdepot.com
提供各种表面处理产品、剥离剂产品和润色产品。提供相关课程

**润色方案**（Touch Up Solutions）
美国北卡罗来纳州希科里
邮政编码 NC 28603，邮政信箱 9346
电话：（828）397-6206，（877）346-4747
网址：www.touchupsolutions.com
为表面处理和修复行业提供各种表面处理产品和润色产品

**范戴克修复者**（Van Dyke's Restorers）
美国南达科他州文索基特 SC 高速公路 34 号西侧 39771 号
邮政编码 SD 57385
电话：（605）796-4888，（800）558-1234
网址：www.vandykes.com
美国各种修复产品的最大供应商

**木工技艺**（Woodcraft）
美国西弗吉尼亚州帕克斯堡机场工业园 560 号
邮政编码 WV 26102
电话：（304）422-5412，（800）225-1153
网址：www.woodcraft.com
提供各种表面处理产品，并且木工技艺公司的商店遍布美国各地。提供相关课程。标记（B）

**木工表面处理师–大师魔术**（Wood Finisher's Supply-Master's Magic）
美国俄克拉何马州埃尔里诺霍洛韦大街 2300 号
邮政编码 OK 73036
电话：（405）422-1025，（800）548-6583
网址：www.woodfinisherssupply.com
为表面处理和修复行业提供各种表面处理产品、剥离剂和润色产品

**木工表面处理**（Wood Finish ing Supplies）
美国明尼苏达州罗切斯特 B 区 38 大街 855 号
邮政编码 MN 55901
电话：（507）280-6515，（866）548-1677
网址：www.woodfinishingsupplies.com
为专业人士和非专业用户提供关于表面处理产品和润色产品的网站资源

**木工涂料供应**（Wood Finish Supply）
美国加利福尼亚州布拉格堡
邮政编码 CA 95437，邮政信箱 929
电话：（707）962-9480，（800）245-5611
网址：www.woodfinishsupply.com
提供各种表面处理产品以及多种专业产品，标记（B）（L）

**木工供应**（Woodworker's Supply）
美国新墨西哥州阿尔布开克市东北区林荫道 5604 号
邮政编码 NM 87113
电话：（505）821-0500，（800）645-9292
网址：www.woodworker.com
提供各种表面处理产品，标记（B）（L）

**李威利工具公司**（Lee Valley Tools, Ltd.）
加拿大安大略省渥太华市莫里森大街 1090 号
邮政编码 K2H 8K7
电话：（613）596-0350，（800）461-5053 from USA，（800）267-8767 from Canada
网址：www.leevalley.com
提供各种表面处理产品，标记（B）（L）

# 格木文化

格木文化——北京科学技术出版社倾力打造的木艺知识传播平台。我们拥有专业编辑、翻译团队，旨在为您精选国内外经典木艺知识、汇聚精品原创内容、分享行业资讯、传递审美潮流及经典创意元素。

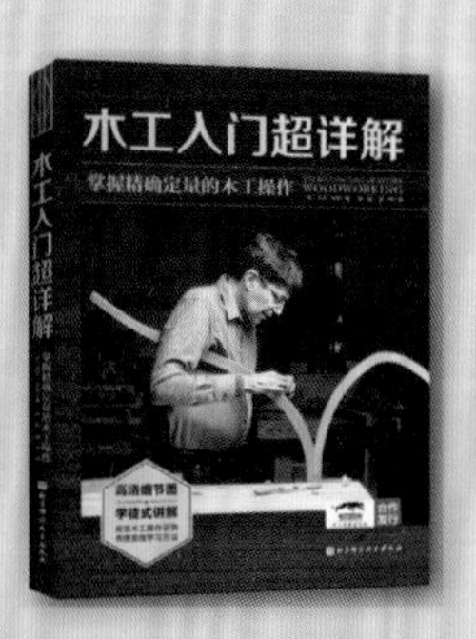

北科出品，必属精品；北科格木，传承匠心。

海威
工场

**南京海威机械有限公司**

旗下一站式精细木工工具零售平台，为全球各大中高等院校以及职业教育院校提供精细木工实训室建设方案，是中国木工文化传播者中的佼佼者。

海威工场零售的木工工具品牌包含自有品牌，比如：海威、桥城。
还代理众多世界品牌，比如：LIE-NIELSEN、SAWSTOP、POWERMATIC等。
详细请登录www.harveyworks.cn或咨询(025)86668168。

地址:南京市江宁经济开发区苏源大道68-10。

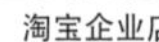

淘宝企业店

天猫专营店

微信公众号